大学物理学教学指导

第 2 版

王晓鸥　张伶莉　应　涛　编

机 械 工 业 出 版 社

本书是与王晓鸥等编写、由机械工业出版社出版的《大学物理学》(上、下册)(第2版)(以下简称教材)配套的教学指导书,符合教育部现行的《理工科类大学物理课程教学基本要求》. 全书按教材中各章节的顺序编写,每章由"学习要点导引""教学拓展""解题指导"和"习题解答"四个部分组成. 本书不仅可以帮助读者梳理教材各章内容的脉络、深入了解教材中不宜展开论述的一些内容,拓展知识视野,而且可以帮助读者熟悉和掌握解题思路、分析方法. 结合教材内容,书中还附有两套"模拟试卷",以便读者能进行一次全面的回顾和自我检测,更好地掌握教材的主要内容,增强学习效果,提高解题能力.

本书可作为课堂讨论或习题课的参考书,以满足学生临考前的复习之需,同时也可帮助教师备课、授课,还可作为网络教育、线上教学用书.

图书在版编目(CIP)数据

大学物理学教学指导/王晓鸥,张伶莉,应涛编.—2版.—北京:机械工业出版社,2021.11

ISBN 978-7-111-69838-8

Ⅰ.①大… Ⅱ.①王… ②张… ③应… Ⅲ.①物理学-高等学校-教学参考资料 Ⅳ.①O4

中国版本图书馆CIP数据核字(2021)第254047号

机械工业出版社(北京市百万庄大街22号 邮政编码100037)
策划编辑:李永联 责任编辑:李永联 李 乐
责任校对:陈 越 封面设计:马精明
责任印制:李 昂
北京捷迅佳彩印刷有限公司印刷
2022年4月第2版第1次印刷
184mm×260mm·15.75印张·387千字
标准书号:ISBN 978-7-111-69838-8
定价:48.00元

电话服务	网络服务
客服电话:010-88361066	机 工 官 网:www.cmpbook.com
010-88379833	机 工 官 博:weibo.com/cmp1952
010-68326294	金 书 网:www.golden-book.com
封底无防伪标均为盗版	机工教育服务网:www.cmpedu.com

前　　言

本书是专门为王晓鸥等编写、由机械工业出版社出版的《大学物理学》(上、下册)(第2版)(以下和正文中简称教材)配套的教学指导书,符合教育部现行的《理工科类大学物理课程教学基本要求》.

大学教育的一个理念是激励学生在教师指导下进行自学和研讨.对学习物理这类基础学科的低年级大学生而言,自学是艰辛的,需要有锲而不舍的坚毅意志.如能从中沉思求索,一旦豁然开朗,将融会贯通,迸发出智慧的火花,并带来丰硕的学习成果,从而获得无比的精神愉悦.鉴于此,本书旨在引领读者在学习教材的过程中,增强阅读效果和提高解题能力.

本书按教材中各章节顺序编写.每章分为“学习要点导引”“教学拓展”“解题指导”“习题解答”四个部分.

“学习要点导引”部分:首先给出本章章节逻辑框图,便于读者梳理全章内容脉络,理顺思路;然后指出本章应重点掌握或理解的主要内容,并对主要内容做提纲挈领的引述,从中指出难点所在和应注意之处,帮助读者着力攻克可能遇到的难点,深化对内容的理解.

“教学拓展”部分:有的是对教材中某些问题做一些钩沉探微,有所深化;有的则根据教学基本要求,对教材中有些不宜过分展开的内容做一些必要的拓展.这样,既可供教师备课时参考,也可供学有余力的学生在掌握教材内容的基础上扩大知识视野.

“解题指导”部分:着重启发读者的解题思路和分析方法,旨在引导读者沿着正确的解题途径规范地解答习题.我们建议读者在理解教材内容的基础上,正确运用有关物理概念和基本定律、定理或原理,并参考和揣摩教材中的有关例题,独立地去分析问题的题意,探索正确的解题思路,完满地进行解答和演算,以提高自己分析问题和解决问题的能力.

“习题解答”部分:仅供读者在解题有困难时参考.我们建议读者在钻研教材的基础上,锻炼独立分析题意、正确运用相关的物理概念和物理理论解决问题的能力.本部分习题题号的编排完全与教材中的相同,以便读者检索查阅.再次强调,读者只有在独立解题过程中难以为继时,才可以参考所提供的解答.另外,读者不应拘泥于本书的解答,本书的解答仅供参考之用.有些题目可能有多种解答,有些题目的解答可能有错漏之处,希望读者加以仔细体察.

此外,本书针对教材内容,分别列有“模拟试题卷(示例)”各两套,并相应地给出了解答,供读者在学完相关内容后进行全面回顾和自我检测.

本书在严导淦、王晓鸥、万伟编写的《大学物理学教学指导》(第1版)基础上进行修订,参加修订工作的有王晓鸥(第0~5章)、应涛(第6~11章和两套模拟试题卷及解答)、张伶莉(第12~17章和两套模拟试题卷及解答).本书由王晓鸥负责策划和统稿事宜.

在编写过程中,编者还参阅了国内外同类教材中的某些资料,深受教益,在此一并表示衷心的感谢.

编　者

目　　录

第0章　物理学　物理量

0.1　学习要点导引

0.1.1　本章章节逻辑框图

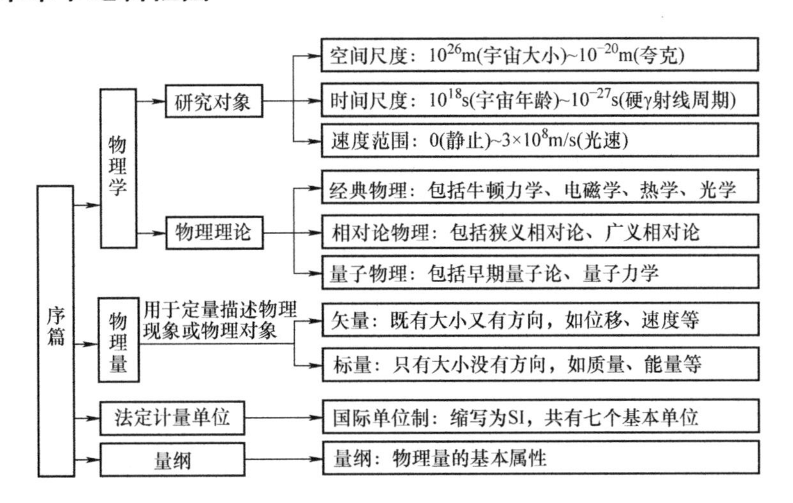

0.1.2　本章阅读导引

这一章作为学习本课程的预备知识，主要内容有：①物理学的概貌、任务及其与理工科专业的关系；②物理量及其量度单位；③以国际单位制（SI）为基础的法定计量单位. 在学习中读者应特别注意：

（1）重点了解国际单位制的使用方法.

（2）与日常的一般概念不同，每个物理概念都有其客观的科学依据，而表述一个物理概念的物理量都要以某种量度方法对它做严格规定.

（3）一般说来，物理量的大小总是包含数字和单位两个要素，缺一不可. 如果是标量，除大小外还可能有正、负之分. 正与负表示物理量的相对性，大小表示该物理量单位的倍数.

（4）物理量的单位虽然是人为规定的，但却是根据科学、技术的需求，由国际会议审定，并得到普遍认同的. 例如，目前通行的国际单位制就是如此. 我国在全面采用国际单位制的基础上，从国情出发，还以法令形式规定了一些允许使用的其他单位，这将在有关内容中再做介绍，这样就构成了法定计量单位. 我们在学习和工作实践中必须严格执行，不能妄加改动和生造.

（5）在学习过程中，我们经常使用矢量来表述一个物理量及有关公式. 为此，建议读者在开始学习前，先将教材上册的书末附录C中有关矢量及其运算的内容认真学习（或复习）一下，以便于学习各章内容.

0.2 教学拓展

1999年3月,在美国亚特兰大市召开的第23届国际纯粹与应用物理学联合会代表大会通过的题为“物理学对社会的重要性”的决议指出:物理学发展着未来技术进步所需的基本知识,而技术进步将持续驱动着世界经济发动机的运转;物理学有助于技术的基本建设,它为科学进步和发明的利用提供所需的训练有素的人才.……物理学扩展和提高我们对其他学科的理解.

物理学使数学有了用武之地.物理学的发展要求尽可能准确地定量给出物质运动的规律,这样,数学就成为物理学不可缺少的工具,而丰富多彩的物理世界又为数学研究开辟了广阔的天地.历史上许多著名科学家,如牛顿(Newton)、欧拉(Euler)、高斯(Gauss)等,对于物理学和数学的发展都曾经做出了重大贡献.很多大数学家如庞加莱(Poincaré)、克莱因(Klein)、希尔伯特(Hilbert)等,也都精通理论物理学.近代物理学中关于混沌现象的研究也是物理学与数学相互结合的结果.

物理学为化学提供了理论依据.俄国化学家门捷列夫(Менделéев)在1869年提出了元素周期律,很好地概括和描述了各种元素物理性质和化学性质之间的内在联系,但元素之间为什么存在这种联系,周期律解释不了.直到20世纪初,量子论的建立和描述微观粒子运动规律的量子力学的诞生,才从本质上说明了各种元素性质周期性变化的规律.量子力学导致了量子化学的产生.

物理学在生物学发展中的贡献.物理学不仅为生命科学提供了现代化的实验手段,如电子显微镜、X射线衍射、核磁共振、扫描隧道显微镜等,还为生命科学提供了理论概念和方法.从19世纪起,生物学家在生物遗传方面进行了大量的研究工作,提出了基因假设.但是,基因的物质基础问题仍然是一个疑问.在20世纪40年代,物理学家薛定谔(Schrödinger)在他的小册子《生命是什么? ——活细胞的物理面貌》中提出,生命的物质载体是非周期性晶体,遗传基因分子正是这种由大量原子秩序井然地结合起来的非周期性晶体,这种非周期性晶体的结构可以有无限可能的排列,不同样式的排列相当于遗传的微型密码,并指出遗传密码存储于非周期性晶体的观点.同一时期,英国剑桥大学的卡文迪什实验室开展了对肌红蛋白的X射线结构分析,经过长期的努力终于确定了DNA(脱氧核糖核酸)的晶体结构,揭示了遗传密码的本质,最终完成了人体信息图谱的工作.

物理学的应用常引发科学广泛的发展,像万维网(WWW)和超大型文本(HTML)就是由研究高能物理的欧洲核子中心的研究人员为了交换实验数据而发明的,现在已经应用于日常生活.

第1章　质点运动学

1.1　学习要点导引

1.1.1　本章章节逻辑框图

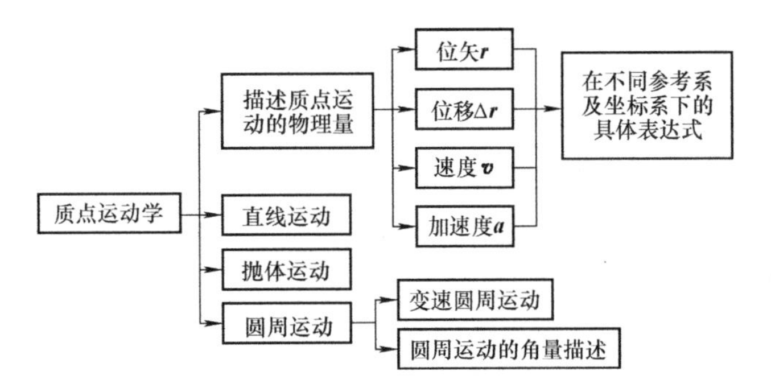

1.1.2　本章阅读导引

本章讨论了质点机械运动的描述，引入了描述质点机械运动的一些物理量，并介绍了几种简单的质点运动（如直线运动、抛体运动、圆周运动等）. 重点内容是位矢、位移、速度和加速度等概念. 通过本章的学习，应着重搞清位矢、速度和加速度的相对性、矢量性及瞬时性，并要求能在直角坐标系中运用矢量的正交分解方法，以简单微积分为工具，求解运动学的有关问题.

（1）物理学研究物质最普遍的运动形式. 在各种运动形式中，较简单而又最基本的就是机械运动——物体位置的变动. 为了描述机械运动以及今后进一步研究力学问题的需要，我们在本章中只讨论物体运动时在空间所占位置与时间的关系，而不讨论运动状态改变的原因，这就是运动学的任务.

（2）在描述和研究物体的运动时，首先要选取合适的参考系. 选择不同的参考系描述同一物体运动的物理量，诸如位矢 $\boldsymbol{r}$、速度$\boldsymbol{v}$、加速度 $\boldsymbol{a}$ 等，其具体表达形式是不同的. 这就是说，位矢 $\boldsymbol{r}$、速度$\boldsymbol{v}$和加速度 $\boldsymbol{a}$ 具有相对性. 为此，在描述物体运动时，必须指出是相对于哪一个参考系而言的.

（3）在许多情形中，我们对物体的位置变动只要求有概括的了解，对它的大小和形状可以不加考虑，而把它近似地看成是拥有物体质量而没有大小和形状的点——质点. 应当指出，质点是实实在在的物体在一定条件下的近似描写. 如果物体的大小、形状在所研究的问题中是次要因素，可以忽略不计，就可把物体抽象为质点，从而使问题的讨论和计算大大简化. 切不可把质点概念神秘化，以为它是没有大小、形状但有质量的玄妙东西. 事实上，它是在一定条件下从客观事物中抽象出来的理想的物理模型. 正确运用它，就可以在一定条件下解决许多物理问题. 这种从复杂的实际问题中抽象出理想化模型的科学方法，在物理学和其他学科中经常用到. 以后，我们会碰到许多理想化的物理模型,诸如刚体、弹簧振子、理想气体、点电荷等.

(4) 有了参考系和质点的概念,便能用位矢 $\boldsymbol{r}$ 描述物体在空间相对于参考系的位置. 如果在参考系上建立一个以某定点 O(参考点)为原点的坐标系,则质点相对于参考系的位置既可用坐标描述,也可用位矢描述,两者对描述质点的位置是等效的.

当质点运动的位置随时刻 t 而改变时,可用运动函数 $\boldsymbol{r}=\boldsymbol{r}(t)$ 来描述. 质点位置的改变可用相应一段时间内的位移矢量 $\Delta\boldsymbol{r}$ 来描述. 若已知位移,可以从已知的初位置找出末位置. 位移和路程是两个不同的概念. 只有在匀速直线运动中,位移的大小与所通过的路程才相等,即 $s=|\Delta\boldsymbol{r}|$.

(5) 位矢 $\boldsymbol{r}$、位移 $\Delta\boldsymbol{r}$、速度$\boldsymbol{v}$和加速度 $\boldsymbol{a}$ 就是描写物体运动的四个基本物理量,它们都是矢量,兼有大小和方向、并服从平行四边形或三角形的求和(或差)法则. 再三叮嘱,由于读者过去习惯于标量运算,对于这些物理量的矢量性往往在概念理解或处理问题时掉以轻心,务必千万留神.

(6) 速度反映物体运动的方向和快慢,以位矢对时间的变化率来量度;加速度反映运动改变的趋向和快慢,以速度对时间的变化率来量度. 一般来说,物体速度大时,加速度不一定大;反之,加速度大时,速度也不一定大. 这一点往往与直觉的想法不一致,须加注意.

对速度和加速度应弄清楚它们的瞬时性. 瞬时速度或瞬时加速度是指质点在某时刻(或某位置)的速度或加速度,分别描述该时刻的运动状态和运动改变情况;平均速度或平均加速度则描述在一段时间或一段距离内运动或运动改变的平均情况. 今后,我们在不指明是瞬时的还是平均的时候,一般都是指瞬时的.

(7) **速度的方向就是物体运动的方向,而加速度的方向是运动改变的方向,即在时间趋向于零时的速度增量的极限方向.** 一般来说,速度与加速度的方向并不一定相同,这一点也往往与直觉的想法不一致,须加注意. 读者从图 1.1-1 所示的各种运动情况中可领会速度$\boldsymbol{v}$与加速度 $\boldsymbol{a}$ 的方向关系,图中以 θ 角表示$\boldsymbol{v}$与 $\boldsymbol{a}$ 两者方向之间的夹角.

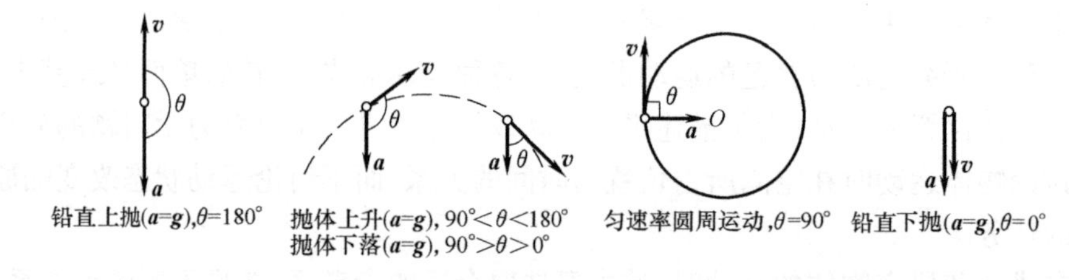

图 1.1-1

(8) 若已知质点在某时刻的位矢 $\boldsymbol{r}$ 和速度$\boldsymbol{v}$,就能明确说出该质点在该时刻位于何处、运动的快慢和运动方向等,因此,$\boldsymbol{r}$、$\boldsymbol{v}$是表述质点运动状态的量. 至于位移 $\Delta\boldsymbol{r}$ 和加速度 $\boldsymbol{a}$,则是表述质点运动状态改变的量. 若 $\boldsymbol{a}$ 为恒矢量(即其大小、方向均不随时间而改变),则质点做匀变速(匀加速或匀减速)运动,但不一定是直线运动. 例如,抛体运动就是一种匀变速($\boldsymbol{a}=\boldsymbol{g}$)的曲线运动.

(9) 在匀速直线运动中,速度是恒量,加速度为零;在匀变速直线运动中,加速度为恒量;在曲线运动中,某时刻速度的方向沿着它在该时刻曲线上所在点处的切线、指向运动的前进方向,而加速度的方向或者沿曲线凹侧的法线方向(当速度大小不变时,即切向加速度为零时,如匀速率圆周运动),或者与曲线凹侧的法线成一定的夹角(如变速圆周运动).

（10）在物理学中，许多物理量和物理规律常需用矢量来表述，例如描述质点运动的一些物理量 $\boldsymbol{r}$、$\Delta\boldsymbol{r}$、$\boldsymbol{v}$、$\boldsymbol{a}$ 等. 这样，不仅形式简洁，而且意义明确. 但对它们进行具体计算时，需选择合适的坐标系（通常选用直角坐标系），并将这些矢量投影到各坐标轴上，用相应的投影（即分量）来表示，就可将矢量的运算转化为对相应分量的运算. 分量是标量，标量（即代数量）的运算是大家所熟悉的，这就方便多了.

在直线运动中，x、Δx、v、a 等量虽是用标量表述的，但并未失去其矢量性，只不过由于它们共处于同一直线轨道上，矢量性体现在指向性上，凡指向与事先规定的 x 轴正向一致者取正值，相反者则取负值.

（11）求解运动学习题的基本任务是：①从已知的质点运动函数确定质点的轨道，并相继求导，可得出速度和加速度的表达式；②从已知质点的速度、加速度的表达式通过逐次积分相应得出它的运动函数及轨道方程.

（12）根据教材中的介绍，对质点的各种运动形式进行归纳，见表 1.1-1.

表 1.1-1　质点的各种运动形式

运动形式	运动速度 $\boldsymbol{v}$	加速度法向分量 a_n	加速度切向分量 a_t	加速度大小	加速度方向
匀速直线运动	$\boldsymbol{v}$的大小、方向都不变	$a_n=0$	$a_t=0$	0	
匀变速直线运动	$\boldsymbol{v}$的大小在改变	$a_n=0$	$a=a_t=\dfrac{dv}{dt}$	$a=\left\lvert\dfrac{dv}{dt}\right\rvert$	沿直线
匀速率圆周运动	$\boldsymbol{v}$的大小不变 $\boldsymbol{v}$的方向在改变	$a_n=\dfrac{v^2}{R}$	$a_t=0$	$a=\dfrac{v^2}{R}$	指向圆心 （$\alpha=90°$）
匀变速圆周运动	$\boldsymbol{v}$的大小均匀改变、方向在改变	$a_n=\dfrac{v^2}{R}$	$a_t=\dfrac{dv}{dt}$	$a=\sqrt{a_n^2+a_t^2}$	$\alpha=\arctan\dfrac{a_n}{a_t}$
变速圆周运动	$\boldsymbol{v}$的大小、方向都在变化	$a_n=\dfrac{v^2}{R}$	$a_t=\dfrac{dv}{dt}$	$a=\sqrt{a_n^2+a_t^2}$	$\alpha=\arctan\dfrac{a_n}{a_t}$

1.2　教学拓展

在教材 1.2.3 节中，我们给出了相对运动的绝对速度公式（1-18），即

$$v=v_0+v_r$$

上式也称为**速度相加公式**. 而今，若在地球上以量值很高的速度发射火箭，在此火箭上（相当于 k′系）又以相对于它以量值很高的速度发射第二级火箭，……. 原则上，只要火箭级数足够多，我们就可由上述速度相加公式得到任意大的速度. 可是，爱因斯坦在相对论中指出，在自然界中，最大的速度是光速 c（$c=3\times10^8\,\mathrm{m\cdot s^{-1}}$），任何粒子（如分子等）及其所组成的物体都不可能达到 c 这么大的极限速度. 因此，上式仅在低速（$v\ll c$）的情况下才近似正确.

1.3　解题指导

质点运动学主要涉及两类问题，第一类问题是已知位矢 $\boldsymbol{r}$ 或运动函数，求解速度 $\boldsymbol{v}$、加速度 $\boldsymbol{a}$，这类问题可直接对位矢 $\boldsymbol{r}$ 求导即可，比较简单. 求解这类问题的关键是正确给出位矢 $\boldsymbol{r}$ 的表

达式.第二类问题是已知速度或加速度,求质点的速度v、位矢(或运动函数).求解这类问题时,要注意根据题意确定初始条件,再根据速度的定义式(1-13)和加速度的定义式(1-21)积分求解.

例 1-1　如例1-1图所示,湖中有一小船,有人在湖边高为h的岸上以匀速率v_0收绳子,小船即向岸边靠拢.当船头与岸的水平距离为x时,不考虑水流的速度,求小船运动的速度与加速度.

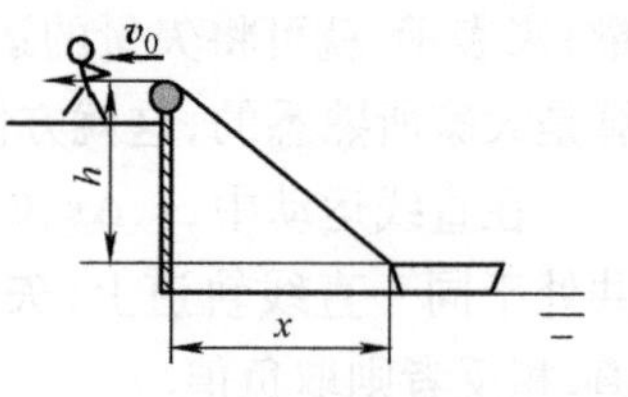

例 1-1 图

分析　本题求解的是速度和加速度,应由定义式(1-13)、式(1-21)分别求解,但题中并没给出位矢$\boldsymbol{r}$的具体关系式,而这一点是求解本题的关键.因此,首先建立确定的坐标系,如例1-1解图所示,然后写出小船在此坐标系中的表达式.

解　船头的位矢为

$$\boldsymbol{r}=x\boldsymbol{i}+h\boldsymbol{j}$$

对此式求一阶导数得到小船运动的速度,求二阶导数得到小船运动的加速度.所以,速度为

$$\boldsymbol{v}=\frac{\mathrm{d}\boldsymbol{r}}{\mathrm{d}t}=\frac{\mathrm{d}x}{\mathrm{d}t}\boldsymbol{i}=\frac{\mathrm{d}}{\mathrm{d}t}(\sqrt{r^2-h^2})\boldsymbol{i}=\frac{r}{\sqrt{r^2-h^2}}\cdot\frac{\mathrm{d}r}{\mathrm{d}t}\boldsymbol{i}$$

$$=-\frac{r}{x}\cdot v_0\boldsymbol{i}=-\frac{\sqrt{h^2+x^2}}{x}\cdot v_0\boldsymbol{i}$$

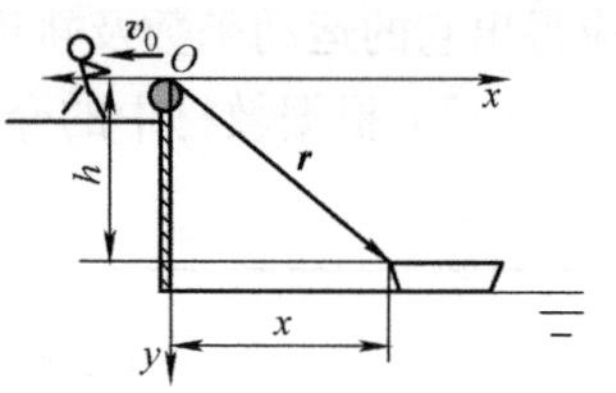

例 1-1 解图

加速度为

$$\boldsymbol{a}=\frac{\mathrm{d}\boldsymbol{v}}{\mathrm{d}t}=\frac{\mathrm{d}}{\mathrm{d}t}\left(-\frac{r}{x}v_0\boldsymbol{i}\right)=-\frac{\frac{\mathrm{d}r}{\mathrm{d}t}x-r\frac{\mathrm{d}x}{\mathrm{d}t}}{x^2}v_0\boldsymbol{i}=-\frac{v_0x-r\frac{r}{x}v_0}{x^2}v_0\boldsymbol{i}=\frac{h^2v_0^2}{x^3}\boldsymbol{i}$$

由所求得的速度、加速度表达式知,小船在做变加速运动.

例 1-2　一艘正在沿直线行驶的汽艇,在发动机关闭后,其加速度方向与速度方向相反,且满足$\frac{\mathrm{d}v}{\mathrm{d}t}=-kv^2$,式中$k$为常数.设关闭发动机时汽艇的速度为$v_0$,汽艇继续向前行驶.求关闭发动机后汽艇速度与行驶距离之间的关系式.

分析　本题属于质点运动学的第二类问题,已知加速度表达式,求速度、位矢.处理此类问题,只需在给定初始条件下,根据定义式积分求解即可.由题给条件可知速度大小随时间的变化率为$\frac{\mathrm{d}v}{\mathrm{d}t}=-kv^2$,但本题求解的是速度与行驶距离之间的关系式,所以要对题给关系式变换,从而找出速度与行驶距离之间的关系.

解　设汽艇在关闭发动机后又行驶x距离,此时汽艇的速度大小为

$$v=\frac{\mathrm{d}x}{\mathrm{d}t}=\frac{\mathrm{d}x}{\mathrm{d}v}\frac{\mathrm{d}v}{\mathrm{d}t}=\frac{\mathrm{d}x}{\mathrm{d}v}(-kv^2)$$

对上式分离变量,得

$$\frac{\mathrm{d}v}{v}=-k\mathrm{d}x$$

由题意可知,发动机关闭时,汽艇的速度大小为v_0,这时$x=0$;当汽艇行驶x距离时,速度设为v,对上述分离变量式积分

$$\int_{v_0}^{v}\frac{\mathrm{d}v}{v}=\int_0^x(-k)\mathrm{d}x$$

得到关闭发动机后汽艇速度与行驶距离之间的关系式,为

$$v=v_0\mathrm{e}^{-kx}$$

1.4　习题解答

1-1　已知质点的运动函数为$\boldsymbol{r}=(1-3t)\boldsymbol{i}+(6-t^3)\boldsymbol{j}$ (SI),求:(1) 质点的速度和加速度;(2) 质点在0

到2s内的位移和平均速度.

解 (1) 由题设运动函数 $\boldsymbol{r}=(1-3t)\boldsymbol{i}+(6-t^3)\boldsymbol{j}$,得质点的速度和加速度分别为

$$\boldsymbol{v}=\frac{\mathrm{d}\boldsymbol{r}}{\mathrm{d}t}=(-3\mathrm{m}\cdot\mathrm{s}^{-1})\boldsymbol{i}+(-3t^2\ \mathrm{m}\cdot\mathrm{s}^{-1})\boldsymbol{j} \quad ⓐ$$

$$\boldsymbol{a}=\frac{\mathrm{d}\boldsymbol{v}}{\mathrm{d}t}=(-6t\ \mathrm{m}\cdot\mathrm{s}^{-2})\boldsymbol{j} \quad ⓑ$$

(2) 在 $t=0\sim2\mathrm{s}$ 内的位移为

$$\Delta\boldsymbol{r}=\boldsymbol{r}_2-\boldsymbol{r}_0=[(1-2\times3)\boldsymbol{i}+(6-2^3)\boldsymbol{j}]\mathrm{m}-[(1-0)\boldsymbol{i}+(6-0)\boldsymbol{j}]\mathrm{m}$$

$$=[(-5\mathrm{m})\boldsymbol{i}+(-2\mathrm{m})\boldsymbol{j}]-[(1\mathrm{m})\boldsymbol{i}+(6\mathrm{m})\boldsymbol{j}]=(-6\mathrm{m})\boldsymbol{i}+(-8\mathrm{m})\boldsymbol{j}$$

当 $t=0,1,2\mathrm{s}$ 时,按式ⓐ可分别算得质点的速度为

$$\boldsymbol{v}_0=(-3\mathrm{m}\cdot\mathrm{s}^{-1})\boldsymbol{i},\quad \boldsymbol{v}_1=(-3\mathrm{m}\cdot\mathrm{s}^{-1})\boldsymbol{i}-(3\mathrm{m}\cdot\mathrm{s}^{-1})\boldsymbol{j},\quad \boldsymbol{v}_2=(-3\mathrm{m}\cdot\mathrm{s}^{-1})\boldsymbol{i}-(12\mathrm{m}\cdot\mathrm{s}^{-1})\boldsymbol{j}$$

其平均速度为

$$\overline{\boldsymbol{v}}=\frac{\boldsymbol{v}_0+\boldsymbol{v}_1+\boldsymbol{v}_2}{3}=\frac{(-3\mathrm{m}\cdot\mathrm{s}^{-1})\boldsymbol{i}+[(-3\mathrm{m}\cdot\mathrm{s}^{-1})\boldsymbol{i}-(3\mathrm{m}\cdot\mathrm{s}^{-1})\boldsymbol{j}]+[(-3\mathrm{m}\cdot\mathrm{s}^{-1})\boldsymbol{i}-(12\mathrm{m}\cdot\mathrm{s}^{-1})\boldsymbol{j}]}{3}$$

$$=(-3\mathrm{m}\cdot\mathrm{s}^{-1})\boldsymbol{i}+(-5\mathrm{m}\cdot\mathrm{s}^{-1})\boldsymbol{j}$$

注意 从式ⓑ可知,质点加速度随时间 t 而改变,故质点做变速运动. 为此,在求平均速度时,应从它的定义式 $\overline{\boldsymbol{v}}=\sum_i \boldsymbol{v}_i/n$ 出发求解,切忌随意套用匀变速直线运动中求平均速度的公式 $\overline{v}=(v_0+v_2)/2$.

1-2 设质点的运动函数为 $\boldsymbol{r}=5\sin t^2\boldsymbol{i}+5\cos t^2\boldsymbol{j}$ (SI). 求:(1) 质点的轨道方程;(2) 质点在 t 时刻的速度和加速度.

解 按题设运动函数 $x=5\sin t^2$, $y=5\cos t^2$,有

$$x^2+y^2=5^2(\sin^2 t^2+\cos^2 t^2)\ (\mathrm{SI})$$

即质点的轨道方程为

$$x^2+y^2=25\ (\mathrm{SI})$$

t 时刻的速度和加速度分别为

$$\boldsymbol{v}=\frac{\mathrm{d}\boldsymbol{r}}{\mathrm{d}t}=\frac{\mathrm{d}}{\mathrm{d}t}(5\sin t^2)\boldsymbol{i}+\frac{\mathrm{d}}{\mathrm{d}t}(5\cos t^2)\boldsymbol{j}=10t(\cos t^2\boldsymbol{i}-\sin t^2\boldsymbol{j})$$

$$\boldsymbol{a}=\frac{\mathrm{d}\boldsymbol{v}}{\mathrm{d}t}=10(\cos t^2\boldsymbol{i}-\sin t^2\boldsymbol{j})+(-20t^2)(\sin t^2\boldsymbol{i}+\cos t^2\boldsymbol{j})$$

$$=[(10\cos t^2-20t^2\sin t^2)\boldsymbol{i}-(10\sin t^2+20t^2\cos t^2)\boldsymbol{j}]$$

1-3 一质点在 xOy 平面上沿抛物线轨道 $y^2=6x$ (SI)运动,当质点分别沿 x、y 轴的速度分量 $v_x=v_y$ 时,求这时质点的位置坐标.

解 按题设 $y^2=6x$ (SI),两边对时间 t 求导,有

$$2y\frac{\mathrm{d}y}{\mathrm{d}t}=6\frac{\mathrm{d}x}{\mathrm{d}t}$$

$$2yv_y=6v_x$$

已知 $v_x=v_y$,则得 $2y=6$,即 $y=3\mathrm{m}$

由 $y^2=6x$ 可求得 $x=\dfrac{y^2}{6}\mathrm{m}=\dfrac{3^2}{6}\mathrm{m}=1.5\mathrm{m}$

1-4 沿直线运动的物体,其速度大小与时间成反比. 求证:其加速度大小与速度大小的二次方成正比.

证 已知 $v=k\left(\dfrac{1}{t}\right)$ (k 为比例恒量),则加速度为

$$a=\frac{\mathrm{d}v}{\mathrm{d}t}=-kt^{-2}=-\frac{1}{k}\left(\frac{k^2}{t^2}\right)=-\frac{1}{k}v^2$$

即 $a\propto v^2$，也即加速度大小与速度大小的二次方成正比.

1-5　悬挂在弹簧下端的一个小球，沿竖直轴 x 的运动函数为 $x=3\sin\left(\frac{\pi}{6}t\right)$（式中，$x$ 以 cm 为单位，t 以 s 为单位）.（1）在什么时刻 $x=0$？（2）在何时小球离 $x=0$ 处为最远？这时，小球的速度大小为多大？（3）加速度的大小在何处最大？何处最小？（4）绘出 x-t 图、v-t 图、a-t 图.

解　这里只对第(2)小题进行解答，其他各小题由读者自行求解.

(2) 对于小球离 $x=0$ 处为最远时的位置，我们可从运动函数 $x=3\sin(\pi/6t)$ cm 给出，其值为 $x_{max}=\pm3$cm，相应的时刻 t 应满足

$$\sin\left(\frac{\pi}{6}t\right)=\pm1$$

得

$$\frac{\pi}{6}t=\frac{(2n+1)\pi}{2}\qquad(n=0,1,2,\cdots)$$

即

$$t=3(2n+1)$$

取 $n=0,1,2,\cdots$，得

$$t=3\text{s},9\text{s},15\text{s},\cdots$$

小球速度的大小为 $v=\frac{\mathrm{d}x}{\mathrm{d}t}=\frac{\mathrm{d}}{\mathrm{d}t}\left[3\sin\left(\frac{\pi}{6}\right)t\right]=\frac{\pi}{2}\cos\frac{\pi}{6}t$，由此可算出上述各时刻的速度 $v=0$.

1-6　一质点从原点 O 以初速 v_0 沿 x 轴正向运动，加速度与速度成正比，且方向相反，即 $a=-kv$，k 为恒量. 求证：其运动函数为 $x=v_0(1-\mathrm{e}^{-kt})/k$.

证　按 $a=-kv$ 及初始条件：当 $t=0$ 时，$x=0$，$v=v_0$，则由 $\frac{\mathrm{d}v}{\mathrm{d}t}=-kv$，分离变量，并积分得

$$\int_{v_0}^{v}\frac{\mathrm{d}v}{v}=-k\int_0^t\mathrm{d}t$$

即得

$$v=v_0\mathrm{e}^{-kt}$$

又由 $v=\mathrm{d}x/\mathrm{d}t$，则

$$\mathrm{d}x=v\mathrm{d}t=v_0\mathrm{e}^{-kt}\mathrm{d}t$$

积分得

$$\int_0^x\mathrm{d}x=v_0\int_0^t\mathrm{e}^{-kt}\mathrm{d}t$$

$$x=-\frac{v_0}{k}(\mathrm{e}^{-kt})\Big|_0^t=\frac{v_0}{k}(1-\mathrm{e}^{-kt})$$

1-7　一机床的部件沿直轨道运动的速度 v 和位移 x 的关系曲线可借实验仪器测绘出来，如习题 1-7 图所示. 试用图解法近似地求出它在 $x=3$cm 时的加速度 a_1 和 $v=10\text{cm}\cdot\text{s}^{-1}$ 时的加速度 a_2.

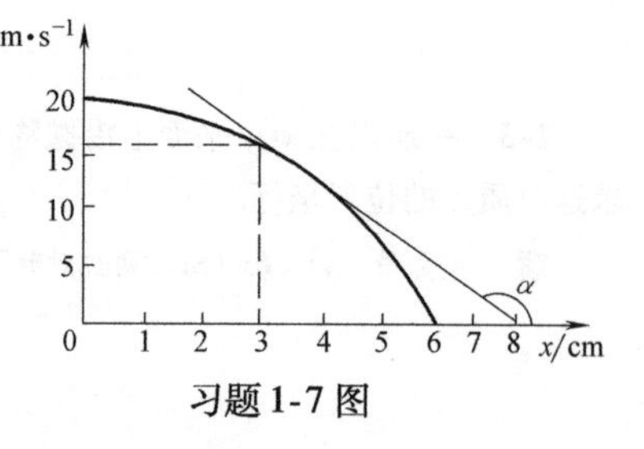

习题 1-7 图

解　从已给的 v-x 曲线可近似地求出 $x=3$cm 时的加速度，即

$$a=\frac{\mathrm{d}v}{\mathrm{d}t}=\frac{\mathrm{d}v}{\mathrm{d}x}\frac{\mathrm{d}x}{\mathrm{d}t}=v\frac{\mathrm{d}v}{\mathrm{d}x}=v\tan\alpha$$

所以
$$a_1=\frac{15.5\text{cm}\cdot\text{s}^{-1}\times(15.5\text{cm}\cdot\text{s}^{-1}-0)}{-(8\text{cm}-3\text{cm})}$$

$$=-48.05\text{cm}\cdot\text{s}^{-2}$$

同理，由加速度 $a=v\frac{\mathrm{d}v}{\mathrm{d}x}$，从图上找出有关数据，可得出 $v=10\text{cm}\cdot\text{s}^{-1}$ 时的加速度 $a_2=-35.6\text{cm}\cdot\text{s}^{-2}$.

1-8　湖中行驶的小艇在发动机关闭后，做减速直线运动，其加速度 a 与速度 v 的二次方成正比，即

$a=-kv^2$(负号表示$\boldsymbol{a}$与$\boldsymbol{v}$反向;比例系数k为一恒量),并设发动机关闭时的速度为$\boldsymbol{v}_0$,求:(1) 在发动机关闭后的t时刻的速度;(2) 在发动机关闭后的时间t内行驶的距离;(3) 在发动机关闭后行驶距离x时的速度.

解　(1) 小艇做减速直线运动,其加速度为$a=-kv^2$,则由$\frac{dv}{dt}=-kv^2$,分离变量,并设关闭发动机的时刻为$t=0$,且此时$v=v_0$,这样,有

$$\int_{v_0}^{v}\frac{dv}{v^2}=-k\int_0^t dt$$

由此得关闭时的速度为

$$v=\left(\frac{1}{v_0}+kt\right)^{-1}$$

(2) 由$v=dx/dt$,有$dx=vdt$,借上式,则

$$\int_0^x dx=\int_0^t\frac{v_0 dt}{1+kv_0 t}=\int_0^t\frac{1}{k}\ \frac{kv_0 dt}{1+kv_0 t}$$

可得行驶的距离为

$$x=\frac{1}{k}\ln(1+v_0 kt)$$

(3) 由 $a=vdv/dx$　即 $-kv^2=vdv/dx$,可写作

$$\int_{v_0}^{v}\frac{dv}{v}=-\int_0^x kdx$$

$$\ln\frac{v}{v_0}=-kx$$

可得行驶距离x时的速度为

$$v=v_0 e^{-kx}$$

1-9　如习题1-9图所示,小球A以速度$v=1m\cdot s^{-1}$沿倾角为30°的斜面匀速下滑,斜面以匀速$v'=3m\cdot s^{-1}$向右沿平地做直线运动.开始时小球A在斜面顶端,经过4s时,求小球A相对于地面的位移大小.

解　按题意,在$t=4s$内,小球相对于斜面的位移大小为$|\boldsymbol{r}_1|=vt=1m\cdot s^{-1}\times4s=4m$,斜面相对于地面的位移大小为$|\boldsymbol{r}_2|=3m\cdot s^{-1}\times4s=12m$,作位移矢量的合成图,如习题1-9图所示,则小球A相对于地面的位移大小为

$$|\boldsymbol{r}|=\sqrt{|\boldsymbol{r}_1|+|\boldsymbol{r}_2|-2|\boldsymbol{r}_1||\boldsymbol{r}_2|\cos150^\circ}$$

$$=\sqrt{4^2+12^2-2\times4\times12\times\left(-\frac{\sqrt{3}}{2}\right)}\ m=15.59\ m$$

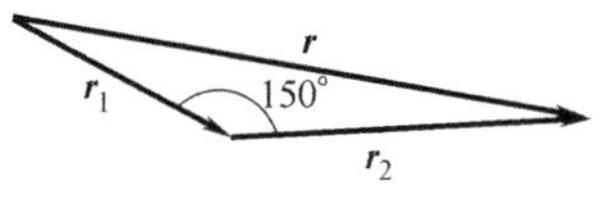

习题1-9图

1-10　如习题1-10图所示,岸边有人用长$l=40m$的绳跨过湖面上方高度为$h=20m$处的定滑轮,拉动湖中的小船靠岸.当绳以恒定的速度$v_0=3m\cdot s^{-1}$通过滑轮时,求第5s末小船速度的v,并问小船是否以匀速靠岸?(提示:$v\neq v_0$)

解　如习题1-10图所示,由几何关系,设小船在t时刻位于x轴上的x处,则

$$x=\sqrt{l^2-h^2}$$

由此得船速为

$$v=\frac{dx}{dt}=\frac{dx}{dl}\ \frac{dl}{dt}=\frac{1}{2}\ \frac{2l}{\sqrt{l^2-h^2}}\ \frac{dl}{dt}=\frac{l}{\sqrt{l^2-h^2}}\ \frac{dl}{dt}$$

已知收绳速度$dl/dt=3m\cdot s^{-1}$,在$t=5s$时,绳长为$l=40m-3\times5m=25m$,$h=20m$,代入上式,算得船速为

$$v=\frac{25}{\sqrt{25^2-20^2}}\times3m\cdot s^{-1}=5m\cdot s^{-1}$$

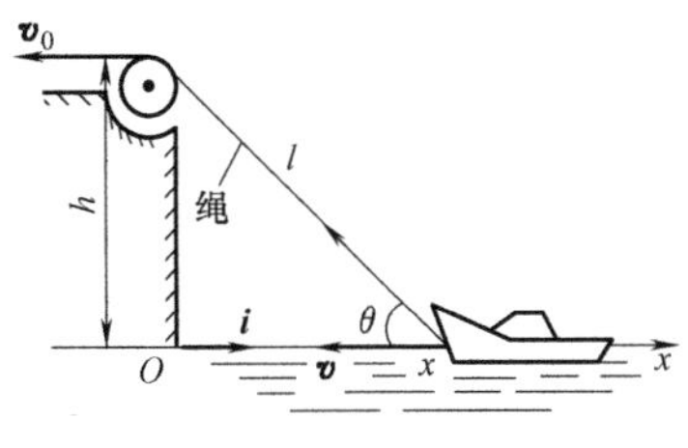

习题1-10图

写成矢量式为

$$\boldsymbol{v}=(-5m\cdot s^{-1})\boldsymbol{i}$$

读者可自行分析：船速是否就是绳速的分速度？小船是否以匀速靠岸？

1-11　一长为 l 的细棒用一条细绳竖直悬挂，离棒下端正下方 l 处有一长为 l 的竖直圆管. 将绳剪断后，棒恰好从管内穿过. 求棒穿过管内所需的时间.

解　按题意，作习题 1-11 图，在棒竖直下落过程中，开始进入圆管的时间为 t_1，穿过圆管的时间为 t_2，

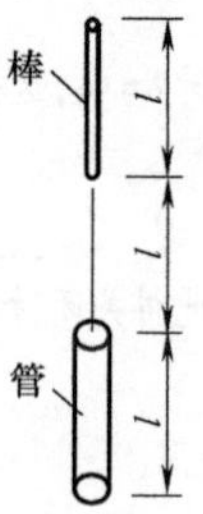

则

$$l = \frac{1}{2}gt_1^2$$

$$3l = \frac{1}{2}gt_2^2$$

由上述两式，可得 $t_1 = \sqrt{2}\sqrt{l/g}$，$t_2 = \sqrt{6}\sqrt{l/g}$，则穿过圆管所需时间为

$$\Delta t = t_2 - t_1 = (\sqrt{6} - \sqrt{2})\sqrt{l/g}$$

习题 1-11 图

1-12　一乘客坐在以速度 $v_1 = 40\text{km} \cdot \text{h}^{-1}$ 行驶于平直轨道上的火车车厢里，看到与之平行的轨道上迎面驶来的列车从其身旁驶过. 已知列车全长为 $l = 150\text{m}$，以匀速 $v_2 = 35\text{km} \cdot \text{h}^{-1}$ 行驶. 问此乘客看到列车经过他身旁的时间有多长？

解　列车相对于乘客的速度为 $v = v_1 + v_2$，则由 $l = vt$ 知，列车经过乘客身旁的时间为

$$t = \frac{l}{v_1 + v_2} = \frac{150}{(35 + 40) \times (1000)/(3600)}\text{s} = 7.2\text{s}$$

1-13　在抗洪救灾时，停在空中的直升机向下投抛救灾物资袋，其运动函数近似地可表示为 $y = 50(t + 5\text{e}^{-0.2t}) - 230$ (SI). 求物资袋降落 10s 时的速度和加速度.

解　物资袋降落速度和加速度分别为

$$v = \frac{\text{d}y}{\text{d}t} = \frac{\text{d}}{\text{d}t}[50(t + 5\text{e}^{-0.2t}) - 230]\text{m} \cdot \text{s}^{-1} = 50(1 - \text{e}^{-0.2t})\text{m} \cdot \text{s}^{-1}$$

$$a = \frac{\text{d}v}{\text{d}t} = \frac{\text{d}}{\text{d}t}[50(1 - \text{e}^{-0.2t})]\text{m} \cdot \text{s}^{-2} = 10\text{e}^{-0.2t}\text{m} \cdot \text{s}^{-2}$$

1-14　为了估测上海市杨浦大桥桥面离黄浦江正常水面的高度，可在夜静时从桥栏旁向水面自由释放一颗石子，同时用手表大致测得经过 3.3s 在桥上听到石子击水声，已知声音在空气中传播的速度为 $330\text{m} \cdot \text{s}^{-1}$. 试估算桥面离江面有多高？

解　按题意，石子的初速 $v_0 = 0$，并具有向下的重力加速度 g，即石子做自由落体运动，取 y 轴竖直向下，则桥面离水面的高度为

$$y = \frac{1}{2}gt^2 \quad ⓐ$$

石子落到水面所发出的击水声，将以声速 $u = 330\text{m} \cdot \text{s}^{-1}$，经 $(3.3 - t)$s 传播到桥上 $(y = 0)$，这里 t 为石子落到水面所需的时间. 于是声音在空气中的传播过程可写作

$$0 - y = -u(3.3 - t) \quad ⓑ$$

联解式ⓐ、ⓑ，测算得桥面离水面的高度约为 $y = 48.7\text{m}$.

1-15　一小车沿平直轨道运动，沿轨道取 x 轴，小车的运动函数为 $x = 3t - t^2$　(SI). 求小车在 $t = 1\text{s}$ 到 2s 内的位移和路程.

解　由 $x = 3t - t^2$，可算出小车在 $t = 0, 1\text{s}, 2\text{s}, 3\text{s}$ 的位置分别为

$x_0 = 3 \times 0 - 0^2 = 0$，　$x_1 = (3 \times 1 - 1^2)\text{m} = 2\text{m}$，　$x_2 = (3 \times 2 - 2^2)\text{m} = 2\text{m}$，　$x_3 = 0$

又由 $v = \text{d}x/\text{d}t = 3 - 2t = 0$，表明小车在 $t = 3/2\text{s}$ 时将达到最远端而折回，这时 $v = 0$，$x_{\max} = 3 \times (3/2)\text{m} - (3/2)^2\text{m} = 2.25\text{m}$.

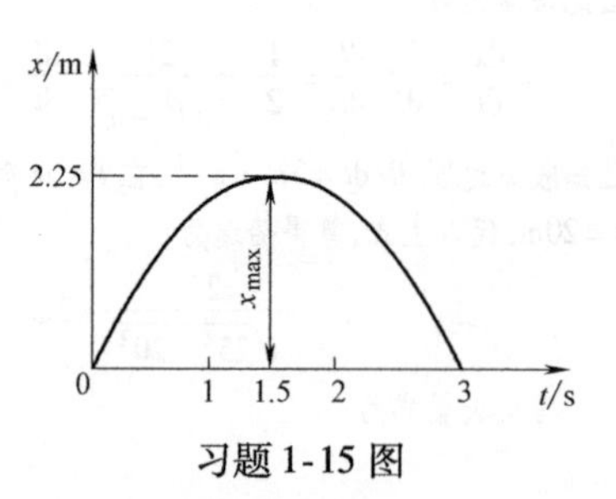

习题 1-15 图

根据上述结果，可绘出 x-t 图线（见习题 1-15 图），并算出 $t = 1 \sim 2\text{s}$ 内的位移 Δx 和路程 Δs 分别为

$$\Delta x = x_2 - x_1 = 2\text{m} - 2\text{m} = 0$$

$$\Delta s = |x_{max} - x_1| + |x_2 - x_{max}| = |2.25 - 2|\text{m} + |2 - 2.25|\text{m} = 0.5\text{m}$$

1-16 从平地上斜抛一颗石子，其射高 h 与射程 H 相等. 求抛斜角 θ.

解 按题设 $h = H$，即

$$\frac{v_0^2 \sin 2\theta}{g} = \frac{v_0^2 \sin^2\theta}{2g}$$

得

$$\theta = \arctan 4 = 76°$$

1-17 如习题1-17图所示，在平地上 O 点以仰角 α 发射一颗炮弹，初速为 $v_0 = 260\text{m} \cdot \text{s}^{-1}$，不计空气阻力，求击中山顶上一个军事目标B所需的炮弹飞行时间. 已知山顶的高度为600m，与发射处 O 相距为4000m.

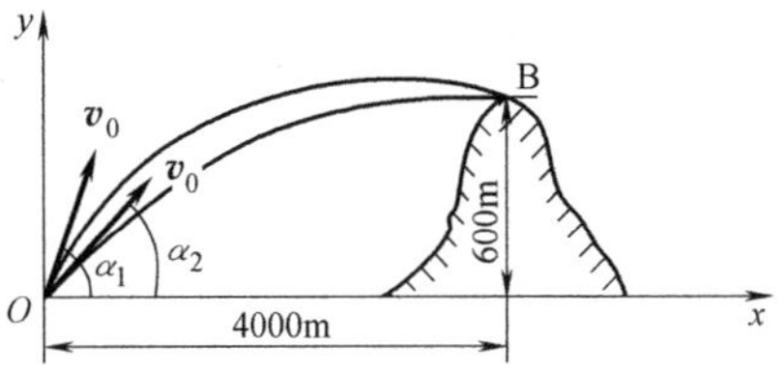

习题1-17图

解 以发射点 O 为原点，沿平地取 x 轴，沿竖直方向取 y 轴，如习题1-17图所示，则目标B的位置坐标为 $x = 4000\text{m}$，$y = 600\text{m}$. 根据斜抛运动的轨道方程

$$y = x\tan\alpha - \frac{g}{2v_0^2 \cos^2\alpha} x^2$$

欲使炮弹击中目标B，则炮弹轨道应通过B处. 将B的坐标及初速 $v_0 = 260\text{m} \cdot \text{s}^{-1}$ 代入上式，化简成关于抛射角 α 正切的二次方程

$$116\tan^2\alpha - 400\tan\alpha + 176 = 0$$

解得两个根为

$$\alpha_1 = 71°, \quad \alpha_2 = 27.4°$$

把它们代入运动函数

$$x = (v_0 \cos\alpha) t$$

可分别求出击中目标B所需的飞行时间为

$$t_1 = \frac{x}{v_0 \cos\alpha_1} = \frac{4000\text{m}}{(260\text{m} \cdot \text{s}^{-1})\cos 71°} = 47.26\text{s}$$

或

$$t_2 = \frac{x}{v_0 \cos\alpha_2} = \frac{4000\text{m}}{(260\text{m} \cdot \text{s}^{-1})\cos 27.4°} = 17.33\text{s}$$

1-18 一质点做变速圆周运动，其路程 s 随时间 t 的变化规律为 $s = t^3 + 3t$ (SI)，当 $t = 2\text{s}$ 时质点的加速度为 $15\text{m} \cdot \text{s}^{-2}$. 求此圆周轨道的半径.

解 已知 $s = t^3 + 3t$，则

$$v = \frac{\text{d}s}{\text{d}t} = 3t^2 + 3, \quad \frac{\text{d}v}{\text{d}t} = 6t$$

当 $t = 2\text{s}$ 时，速度为 $v = (3 \times 2^2 + 3)\text{m} \cdot \text{s}^{-1} = 15\text{m} \cdot \text{s}^{-1}$，切向加速度的大小为 $\frac{\text{d}v}{\text{d}t} = 6 \times 2\text{m} \cdot \text{s}^{-2} = 12\text{m} \cdot \text{s}^{-2}$，又因加速度 $a = 15\text{m} \cdot \text{s}^{-2}$，则由 $a = \sqrt{\left(\frac{\text{d}v}{\text{d}t}\right)^2 + \left(\frac{v^2}{R}\right)^2}$ 读者可算出 $t = 2\text{s}$ 时、质点做圆周运动的半径为 $R = 25\text{m}$.

1-19 设电风扇叶片尖端的切向加速度为法向加速度的3倍，求当风扇转速由 ω_0 转变到 ω 时所需的时间 t.

解 按题设，$\frac{\text{d}v}{\text{d}t} = 3\frac{v^2}{R}$，即 $R\alpha = 3R\omega^2$，也即

$$\alpha = \frac{\text{d}\omega}{\text{d}t} = 3\omega^2$$

则

$$\int_{\omega_0}^{\omega} \frac{\text{d}\omega}{\omega^2} = 3\int_0^t \text{d}t$$

得

$$t = \frac{1}{3}\left(\frac{1}{\omega_0} - \frac{1}{\omega}\right)$$

1-20 一汽车通过半径 $R=400\text{m}$ 的一段圆弧形弯道,已知汽车的切向加速度 $a_t=0.25\text{m}\cdot\text{s}^{-2}$,求当汽车拐弯时速度大小为 $v=36\text{km}\cdot\text{h}^{-1}$ 的这一瞬间,它的法向加速度和总加速度.

解 按题设 $R=400\text{m}$,$v=36\text{km}\cdot\text{h}^{-1}=\dfrac{36\times10^3\text{m}}{3600\text{s}}=10\text{m}\cdot\text{s}^{-1}$,故法向加速度为

$$a_n=\frac{v^2}{R}=\frac{(10\text{m}\cdot\text{s}^{-1})^2}{400\text{m}}=0.25\text{m}\cdot\text{s}^{-2}$$

已知 $a_t=0.25\text{m}\cdot\text{s}^{-2}$,则总加速度 $\boldsymbol{a}$ 的大小为

$$a=\sqrt{a_t^2+a_n^2}=\sqrt{(0.25\text{m}\cdot\text{s}^{-2})^2+(0.25\text{m}\cdot\text{s}^{-2})^2}=0.354\text{m}\cdot\text{s}^{-2}$$

$\boldsymbol{a}$ 的方向用 φ 角表示(见习题1-20图),即

$$\varphi=\arctan\frac{a_n}{a_t}=\arctan\frac{0.25\text{m}\cdot\text{s}^{-2}}{0.25\text{m}\cdot\text{s}^{-2}}=\arctan1=45°$$

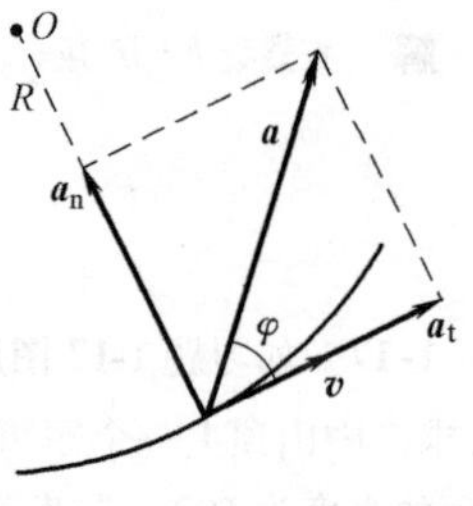

习题1-20图

1-21 如习题1-21图所示,一质点沿半径为0.1m的圆周运动,其角坐标 θ 随时间 t 的运动函数为 $\theta=2+4t^3$ (SI).求:(1) 在 $t=2\text{s}$ 时,质点的法向加速度和切向加速度;(2) 当角坐标 θ 角多大时,质点的加速度和半径成45°角?

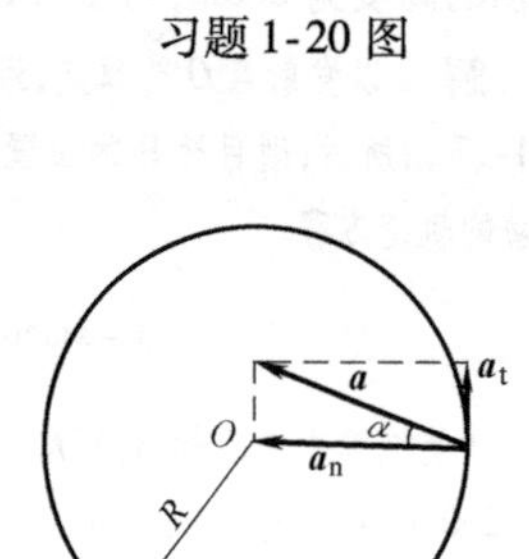

习题1-21图

解 (1) 质点沿半径 $R=0.1\text{m}$ 的圆周运动时,其运动函数为

$$\theta=2+4t^3$$

由此可得质点的角速度 ω 和线速度 v 分别为

$$\omega=\frac{\text{d}\theta}{\text{d}t}=12t^2$$

$$v=R\omega=12Rt^2$$

按题设数据,在 $t=2\text{s}$ 时,质点的法向加速度和切向加速度分别为

$$a_n=\frac{v^2}{R}=R\omega^2=R(12t^2)^2=[0.1(12\times2^2)^2]\text{m}\cdot\text{s}^{-2}=230.4\text{m}\cdot\text{s}^{-2}$$

$$a_t=\frac{\text{d}v}{\text{d}t}=R\frac{\text{d}}{\text{d}t}(12t^2)=24Rt=(24\times0.1\times2)\text{m}\cdot\text{s}^{-2}=4.8\text{m}\cdot\text{s}^{-2}$$

(2) 设加速度 $\boldsymbol{a}$ 与半径成 α 角,则由题意,有

$$\tan\alpha=\frac{a_t}{a_n}=\frac{24Rt}{R(12t^2)^2}=\frac{1}{6t^3}$$

$\alpha=45°$,$\tan\alpha=\tan45°=1$,由上式得 $t^3=1/6$,故由运动函数可求得

$$\theta=2+4t^3=2\text{rad}+(4\times1/6)\text{rad}=2.67\text{rad}$$

第2章　质点动力学

2.1　学习要点导引

2.1.1　本章章节逻辑框图

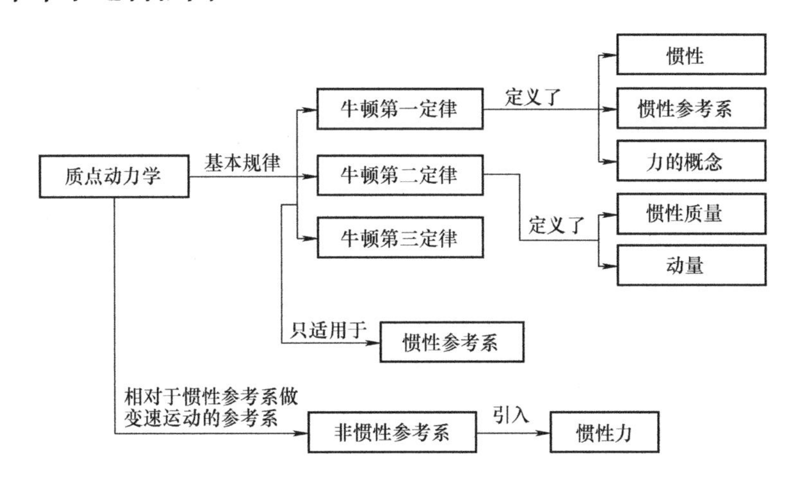

2.1.2　本章阅读导引

(1) 本章所讨论的牛顿运动三定律,乃是动力学的最基本规律.读者应能正确叙述这三个定律,而且对定律本身以及它们之间的相互联系也要有深入理解,并能用来解决简单的质点动力学问题.牛顿运动定律适用于惯性参考系,并可归结为

牛顿第一定律　　$\boldsymbol{F}=\boldsymbol{0}$,　$\boldsymbol{v}=$恒矢量

牛顿第二定律　　$\boldsymbol{F}=m\boldsymbol{a}$

牛顿第三定律　　$\boldsymbol{F}_1=-\boldsymbol{F}_2$

(2) 牛顿运动定律是从前人长期实践中归纳出来的客观规律,它们的正确性是在实践中被直接或间接证明了的.

(3) 物体间并不是相互孤立的,而是相互联系、相互作用的,这种相互间的联系和作用在自然界中是多方面的(如电、光、热等).力就是从一个方面反映了这种相互作用,因此,力是力学中的一个基本概念.具体来说,力就是改变质点速度的那种作用.由于速度的改变量是矢量,所以力也是矢量.

力不是凭空产生的,因此分析力时应该也只能从物体间的相互联系上去寻找力.在提到一个力时,必须弄清它是哪个物体作用的,并弄清楚作用在哪个物体上.切忌凭直觉、凭经验去猜测和臆断.

(4) 牛顿第一定律阐明孤立物体以速度为表征的惯性运动.任何物体都具有保持运动状

态不变的“顽强性”，即惯性，而力的作用则迫使物体的运动状态改变.物体的惯性企图保持物体的运动状态不变.

惯性是物质最基本的属性之一，量度惯性大小的量称为质量，记作 m. 物质的属性是多方面的，惯性只是其中之一.

(5) 牛顿第二定律是牛顿运动定律的核心，它给出了力 $\boldsymbol{F}$、质量 m 和加速度 $\boldsymbol{a}$ 之间的关系.为此，首先应赋予 $\boldsymbol{F}$、m、$\boldsymbol{a}$ 这三个力学量以明确的意义，并规定量度的方法.这样，才能建立起它们之间的定量关系.对 $\boldsymbol{F}$ 和 m 的量度方法，本书不做缕述，有兴趣的读者可参阅其他大学物理学教材.

(6) 牛顿第三定律说明物体相互间作用的关系.运用牛顿第三定律时应注意三点：

1)力总是成对出现的，若一物体受一力作用，则通常必可找到受该物体所施反作用力的另一物体.

2)作用力与反作用力是作用在两个**不同物体上**的，因此它们虽然大小相等、方向相反，并作用在同一直线上，但决不会互相平衡或抵消.因此，切勿与作用在**同一物体上的**一对等值、共线、反向的平衡力相混淆.

3)作用力与反作用力是同时产生、同时消失的，并不是先有作用力，然后才产生反作用力.

总之，**作用力与反作用力等值、共线、反向**，它们**作用在不同物体上**，并且**是同生同灭、同性质的**.

(7) 牛顿运动三定律是相互联系的一个整体.在研究物体的运动时，只有将这三个定律结合起来运用，才能正确理解和分析力与物体运动的关系，其次，**牛顿运动定律中所说的物体都是可当作质点来看待的**.因此，有关质点动力学的问题都可以应用牛顿运动定律来解决.在具体解决实际问题时，这三个定律常常是交替应用的.

(8) 牛顿运动定律所说的物体虽然是指质点，但它也有助于研究物体更复杂的运动及其规律.因此，牛顿定律是经典力学的基础.

(9) 牛顿第二定律是牛顿运动定律的核心，它阐明了力对物体的瞬时效应，即力与加速度是相伴产生的，有合外力就有相应的加速度，合外力为零，加速度也就为零.力与速度则并没有直接联系，合外力大时，加速度也大，但速度不一定也大；合外力方向与加速度方向一致，而速度的方向则与物体的运动方向一致，加速度与速度的方向往往不同.例如，在上抛运动中，当物体上升时，力和加速度方向向下，而速度方向却向上.

(10) 应用牛顿运动定律求解质点动力学问题的一个重要前提是正确分析物体的受力情况，然后再按牛顿第二定律 $\boldsymbol{F}=m\boldsymbol{a}$ 列出运动方程(矢量形式)，继而在选定的坐标轴上进行正交分解，对相应的分量式做具体运算，但这时必须根据所选取的坐标轴正方向，注意力和加速度各分量的正、负，并使各量的单位一致.

据上所述，在应用牛顿运动定律解题时，读者务必熟练掌握隔离体法及其解题步骤，这可归纳为五句话：**取隔离体，画示力图，列出方程，选取坐标系，分解和演算**.

(11) 当物体受变力作用时，牛顿第二定律的表达式

$$\boldsymbol{F}=m\boldsymbol{a}=m\frac{\mathrm{d}\boldsymbol{v}}{\mathrm{d}t}=m\frac{\mathrm{d}^2\boldsymbol{r}}{\mathrm{d}t^2}$$

及其相应的分量式实质上是二阶常微分方程.这时，如给出运动的初始条件，原则上可以唯一

地解出物体的具体运动规律：$\boldsymbol{r}=\boldsymbol{r}(t)$.

2.2　教学拓展

(1) 以牛顿运动三定律为基础所建构的经典力学(也称牛顿力学)，对研究宏观物体的机械运动卓有成效，取得了划时代的贡献. 例如，17 世纪末叶，当牛顿第二定律和牛顿万有引力定律问世后，几乎解决了全部的天体运行问题. 天王星、海王星的发现在当时就展示了牛顿学说无与伦比的魅力.

在 20 世纪初，人们在把牛顿定律以及自牛顿以后在研究宏观物体的运动中所形成的许多概念推广到高速运动($v/c\approx 1$)时，都遭到了失败. 代替它的是爱因斯坦于 1905 年建立的相对论. 当时，还把它推广到原子等微观领域中去，也遭到了失败，代替它的是上世纪 20 年代建立起来的量子力学的规律.

(2) 对于牛顿第一定律成立的参考系称为**惯性系**. 惯性系有无穷多个. 找到了一个惯性系，则所有相对于它静止或做匀速直线运动的参考系都是惯性系. 例如，取地面为惯性系，则在地面上做匀速直线运动的任何物体都可看作惯性系.

伽利略指出，力学定律对所有惯性系皆取相同的形式. 所以，借力学实验无法判断实验室相对于另一惯性系是静止的还是运动的. 一人在以匀速而平稳地前进的船上行走时，感觉到与在地面上行走时没有两样.

(3) 以地面作为惯性系，研究质点在有限范围内的运动，是近似正确的. 当涉及范围较大时，考虑到地球有自转和公转，以地面作为参考系，对惯性系的偏离就显示出来了. 因此，以太阳作为惯性系就比以地球作为惯性系来得合适. 可是，太阳也在运动，这样，以银河系的中心为惯性系就更为合适了；…. 所以，**惯性系实际上是一个理想模型.** 并且，对我们目前的学习要求来说，只要始终认定：惯性系的模型是牛顿第一定律成立的全宇宙空间.

(4) 牛顿第二定律是力学的基本规律. 在 20 世纪初，当把该定律的表达式 $\boldsymbol{F}=m\boldsymbol{a}$ 推广到物体以接近光速的高速运动时，遭到了失败. 在爱因斯坦建立狭义相对论的第二年，普朗克建议把牛顿第二定律表达写成

$$\boldsymbol{F}=\frac{\mathrm{d}(m\boldsymbol{v})}{\mathrm{d}t} \tag{a}$$

也即，在惯性系中，作用于质点的合外力 $\boldsymbol{F}$ 等于质点的惯性质量 m 与速度$\boldsymbol{v}$的乘积 $m\boldsymbol{v}$对时间的变化率.

由于在机械运动中我们通常所遇到的物体运动速度的量值远小于光速(即$v\ll c$)，这时物体的惯性质量近似可视作不变的恒量，因而可将质量 m 提到微分号外，这样，便有

$$\boldsymbol{F}=\frac{\mathrm{d}(m\boldsymbol{v})}{\mathrm{d}t}=m\frac{\mathrm{d}\boldsymbol{v}}{\mathrm{d}t}=m\frac{\mathrm{d}^2\boldsymbol{r}}{\mathrm{d}t^2} \tag{b}$$

其中，$\mathrm{d}\boldsymbol{v}/\mathrm{d}t=\mathrm{d}^2\boldsymbol{r}/\mathrm{d}t^2=\boldsymbol{a}$ 是加速度. 于是，牛顿第二定律在$v\ll c$ 的情况下，便可近似地写作通常惯用的公式，即

$$\boldsymbol{F}=m\boldsymbol{a} \tag{c}$$

它在惯性坐标系 $Oxyz$ 中的三个分量式为

$$\begin{cases} m\dfrac{d^2x}{dt^2}=F_x \\ m\dfrac{d^2y}{dt^2}=F_y \\ m\dfrac{d^2z}{dt^2}=F_z \end{cases} \quad ⓓ$$

数学上,求解上述式ⓓ中每个二阶常系数微分方程,必须有两个初始条件,即 $t=0$ 时质点的位置矢量 $\boldsymbol{r}_0$ 和速度 $\boldsymbol{v}_0$. 这样,由式ⓓ,根据质点所受合外力便可求得任何时刻质点的位置和速度. 所以,正如上一章所说,我们可以用质点的位置和速度表示质点在该时刻的运动状态.

(5) 关于力的种类,迄今为止,自然界已知的相互作用有四种:引力相互作用、电磁相互作用、弱相互作用和强相互作用. 后两种是短程力,只发生在原子核大小的范围内,这里不予研究. 当前,万有引力和电磁相互作用力已研究得很清楚.

引力相互作用可由牛顿万有定律表述,其数学表示式为

$$\boldsymbol{F}=-G\frac{m_1m_2}{r^2}\boldsymbol{e}_r \quad ⓔ$$

式中,G 是引力常量. 式ⓔ中的质量 m_1、m_2 是指物体的引力质量,它是表征物体与别的物体之间引力相互作用强弱的一种定量描述. 它与物体的惯性质量是物体的两种不同属性. 实践证明,对于任何材料的物质,两者的比值为一常数. 若选取此常数为1,则引力质量和惯性质量就无须区别,而可统一记作 m.

(6) 牛顿第三定律对于力学中的接触力是成立的.

对于万有引力而言,当两个质点相距很远而处于静止时,牛顿第三定律仍成立;当其中一个或两个质点在运动时,则仅当物体运动速度的量值远小于光速($v\ll c$)时,才近似成立.

设质点 A 和 B 相距甚远,而质点 B 开始运动,将改变 A、B 间的距离,从而改变 A 对 B 的引力,A 对 B 的这个引力改变怎样紧跟着 B 的运动而传递过去? 与此同时,B 对 A 的引力传到 A 时,B 已离开了原来的位置. 为了回答这些问题,牛顿时代的有些人认为引力改变的传播是**超距作用**,其传播速度为无限大,不论 B 如何运动,其引力的改变会即时地传播到 A,A 对 B 的引力改变也会即时地跟上 B. 但是超距作用的概念不被科学家甚至牛顿本人所接受. 广义相对论指出,万有引力场是由时空中存在的物质所决定的,随着物质运动所导致的引力变化是以光速 c 传播的. 对低速($v\ll c$)运动物体之间的引力变化,其传播时间可忽略不计,可看作是即时的. 所以,对万有引力来说,牛顿第三定律只是在物体速度小于光速时才近似成立.

(7) 总而言之,以牛顿运动三定律和万有引力定律为基础所建构的一套体系完整的经典力学理论,在宏观上研究物体的机械运动时,若速度的量值远小于光速($v\ll c$),都可以认为是正确的.

通常,由于我们所研究的机械运动,诸如火箭升空、人造卫星绕地球运转、地球绕太阳公转等,其速度皆远小于光速,所以我们尽可以放心地运用这些基于上述牛顿定律的经典力学理论. 不过,当我们碰到高速运动现象,例如,加速器中的高速粒子、放射性元素放出的射线等时,v/c 并不远小于1,这时我们就必须采用爱因斯坦的相对论. 尽管如此,迄今300多年以来,牛顿定律仍在宏观领域的低速运动情况中发挥着广泛而重要的作用.

2.3　解题指导

质点动力学主要解决两类问题,第一类是已知力,求运动情况(如求解速度$\boldsymbol{v}$、位矢 $\boldsymbol{r}$ 等);第二类是已知运动情况(如已知速度$\boldsymbol{v}$、位矢 $\boldsymbol{r}$ 等),分析质点受力.这两类问题都需要利用牛顿第二定律并结合物体的受力和运动情况求解.但需要注意的是牛顿第二定律只能研究单个质点,只在惯性参考系中成立,对多体问题,需用隔离法进行分析.具体解题步骤分为:①认物体——明确问题中所求运动的物体;②看运动——考察该物体所受的力和运动的参考系;③分析力——分别画出各质点所受的力和运动参考系;④列方程——写出运动方程,找出有关的几何关系;⑤解方程——做必要的近似并求解.

例 2-1　如例 2-1 图所示,一内部盛有液体的圆柱形容器以角速度 ω 绕竖直轴 z 做匀速旋转,求液体自由表面形状.

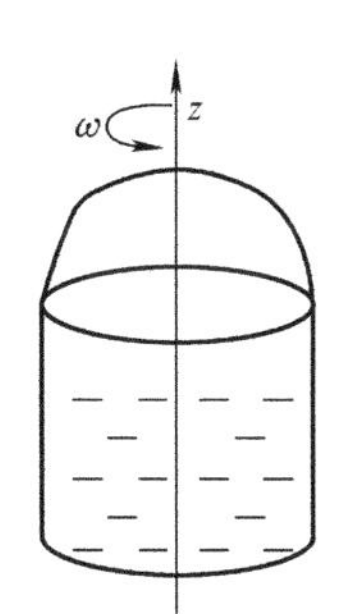

例 2-1 图

分析　当圆柱形容器旋转时,液体自由表面应呈现中间低边缘高的抛物面.本题要求解的问题是给出液体自由表面的抛物面方程.但整个液体自由表面不能看成质点,这样就要在液体自由表面上任选一质元作为研究对象,当容器绕竖直轴旋转时,液体自由表面上任一质元都在做圆周运动.下面就按照本章的解题步骤求解.

解　认物体(就是找出研究对象):液体表面;

看运动:液体自由表面为抛物面,其切面为抛物线;

分析力:在水面上任找一质元,设其质量为 m.因为质元是任找的,所以它的运动规律就是液体自由表面的运动规律.接下来要对质元进行受力分析,为了看清楚,给出如例 2-1 解图 a 所示的切面图.质元受到的外力有:重力 $m\boldsymbol{g}$、支持力 $\boldsymbol{F}_{\mathrm{N}}$.

列方程:根据牛顿第二定律列方程,质元受到的合外力

$$\boldsymbol{F}_{\mathrm{N}} + m\boldsymbol{g} = m\boldsymbol{a} \qquad ⓐ$$

解方程:方程ⓐ为矢量方程,在具体求解时常用标量,为此需要选例 2-1 解图 a 所示的直角坐标系.质元在合外力作用下做圆周运动,即合外力的方向指向圆心,方程ⓐ中的加速度应为向心加速度(即法向加速度),则有 $a=\omega^2 x$.方程ⓐ在法向方向的投影为

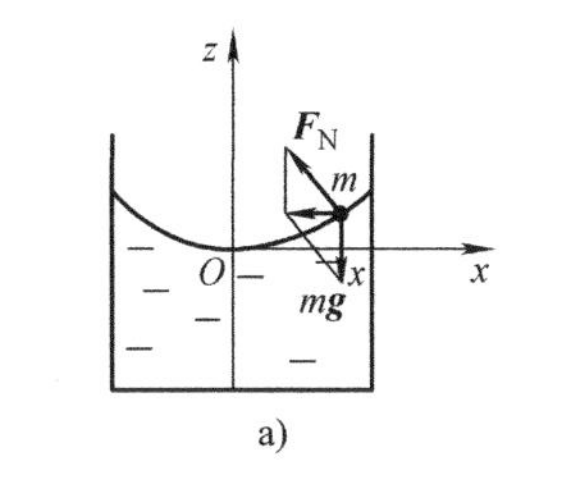

a)

$$mg\tan\alpha = m\omega^2 x \qquad ⓑ$$

式中,α 为重力与支持力之间的夹角,如例 2-1 解图 b 所示.这里需要借助几何关系求解 α 角.过质元 m 点作曲线的切线,则曲线的斜率为

$$\tan\alpha = \frac{\mathrm{d}z}{\mathrm{d}x} \qquad ⓒ$$

由式ⓑ和式ⓒ得到

$$\mathrm{d}z = \frac{\omega^2 x}{g}\mathrm{d}x \qquad ⓓ$$

b)

例 2-1 解图

对式ⓓ积分,选例 2-1 解图 a 所示的坐标,当 $x=0$ 时,$z=0$,则

$$\int_0^z \mathrm{d}z = \int_0^x \frac{\omega^2 x}{g}\mathrm{d}x$$

解得

$$z = \frac{\omega^2}{2g}x^2$$

此为抛物线方程,抛物线沿例 2-1 解图 a 中的 z 轴旋转即为抛物面.由此可得出结论,液体自由表面为抛物面.

例 2-2　在光滑的水平桌面上固定一半径为 R 的半圆形挡板,有一质量为 m 的物块以速度v_0 沿切线方向进入半圆形挡板,如例 2-2 图所示.设物块与半圆形挡板之间的摩擦因数为 μ.求 t 时刻物块 m 的速度v、路程 s,并

证明摩擦力是个变力,其计算公式 $\boldsymbol{F}_{\mathrm{f}}=-\mu mR\left(\frac{v_0}{R+\mu v_0 t}\right)^2\boldsymbol{\tau}$.

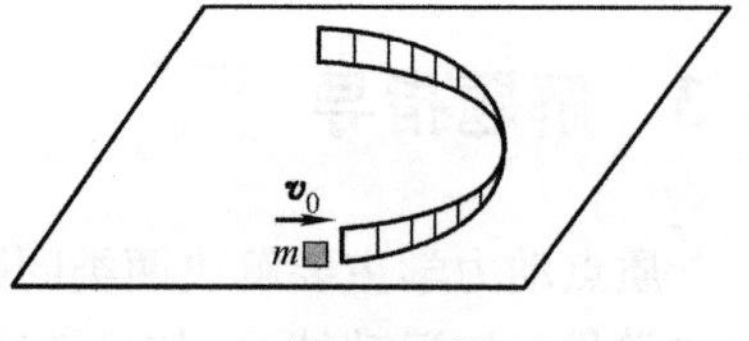

例 2-2 图

分析　物块进入半圆形挡板后,除了受到重力和桌面对其支持力(此二力平衡)外,在平行于桌面方向上还受到半圆形挡板对其的支持力 $\boldsymbol{F}_{\mathrm{N}}$,以及挡板对其的摩擦力 $\boldsymbol{F}_{\mathrm{f}}$. 支持力 $\boldsymbol{F}_{\mathrm{N}}$ 沿半圆形挡板的法线方向,摩擦力 $\boldsymbol{F}_{\mathrm{f}}$ 沿半圆形挡板的切向. 因此,本题选取自然坐标系求解更方便.

解　认物体:研究对象为物块 m.

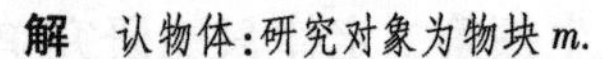

看运动:物块 m 沿半圆挡板做圆周运动. 由于物块沿曲线运动,所以选自然坐标系,如例 2-2 解图所示.

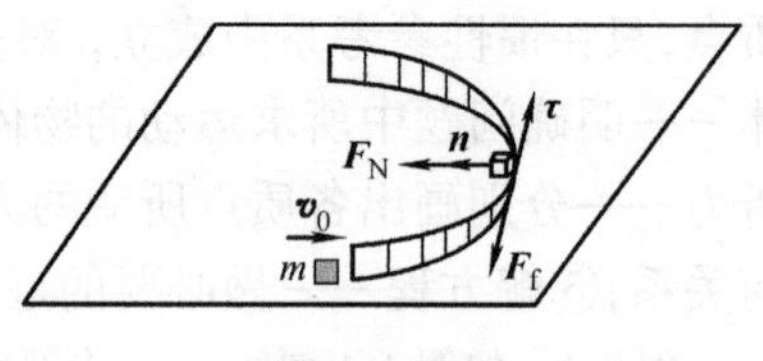

例 2-2 解图

分析力:物块在运动平面受到挡板对其的支持力 $\boldsymbol{F}_{\mathrm{N}}$ 和摩擦力 $\boldsymbol{F}_{\mathrm{f}}$,如例 2-2解图所示.

列方程:根据牛顿第二定律,有

$$\boldsymbol{F}_{\mathrm{N}}+\boldsymbol{F}_{\mathrm{f}}=m\boldsymbol{a}$$

其分量式(沿法向、切向分解)为

法向:

$$F_{\mathrm{N}}=m\frac{v^2}{R}=ma_{\mathrm{n}} \tag{a}$$

切向:

$$F_{\mathrm{f}}=\mu F_{\mathrm{N}}=-ma_{\mathrm{t}}=-m\frac{\mathrm{d}v}{\mathrm{d}t} \tag{b}$$

解方程:将式ⓐ代入式ⓑ,得

$$\mu m\frac{v^2}{R}=-m\frac{\mathrm{d}v}{\mathrm{d}t}$$

对此式分离变量,得

$$\frac{\mathrm{d}v}{v^2}=-\frac{\mu}{R}\mathrm{d}t$$

设 $t=0$ 时,$v=v_0$,对上式积分,

$$\int_{v_0}^{v}\frac{\mathrm{d}v}{v^2}=-\int_0^t\frac{\mu}{R}\mathrm{d}t$$

积分得速度的大小

$$v(t)=\frac{v_0 R}{R+\mu v_0 t} \tag{c}$$

其中方向沿切线方向 τ. 由 $\mathrm{d}s=v\mathrm{d}t$,并设 $t=0$ 时,$s=0$,则积分

$$\int_0^s\mathrm{d}s=\int_0^t\frac{v_0 R}{R+\mu v_0 t}\mathrm{d}t$$

得到路程

$$s(t)=\frac{R}{\mu}\ln\left(1+\frac{\mu v_0}{R}t\right) \tag{d}$$

将式ⓒ代入式ⓐ中,然后再代入式ⓑ,即得物块受到的摩擦力大小

$$F_{\mathrm{f}}=\mu m\frac{v^2}{R}=\mu mR\left(\frac{v_0}{R+\mu v_0 t}\right)^2$$

写成矢量式,得到

$$\boldsymbol{F}_{\mathrm{f}}=-\mu mR\left(\frac{v_0}{R+\mu v_0 t}\right)^2\boldsymbol{\tau}$$

2.4　习题解答

2-1　为了确定混凝土块与木板之间的摩擦因数,把一立方体的混凝土试块放在平板上,渐渐抬高板的一

端. 当板的倾角达到30°时,试块开始滑动,求静摩擦因数μ'. 当试块开始滑动后,恰好在4s内匀加速滑下4.0m的距离,求动摩擦因数μ.

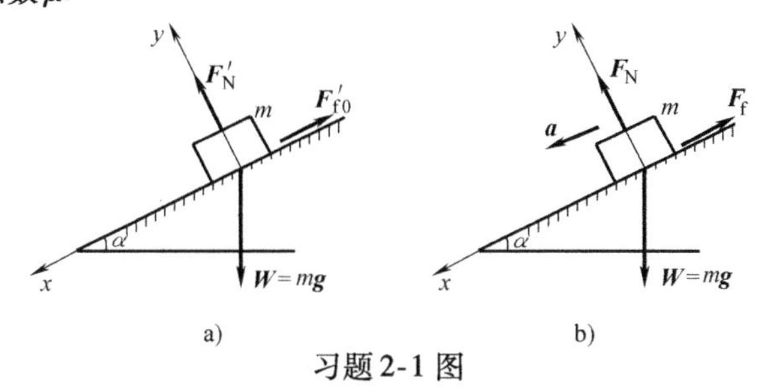

习题2-1图

解 按题意,作习题2-1图 $\boldsymbol{F}'_{f0}=\mu'\boldsymbol{F}'_N$, $\boldsymbol{W}=m\boldsymbol{g}$, $\alpha=30°$

$$F'_N-mg\cos\alpha=0$$

$$mg\sin\alpha-\mu'F'_N=0$$

由上述两式,可得静摩擦因数μ'为

$$\mu'=\tan\alpha=\tan30°=0.58$$

由题意,$v_0=0$,则$x=at^2/2$,已知$x=4\text{m}$,$t=4\text{s}$,得

$$a=2x/t^2=2\times4\text{m}/(4\text{s})^2=0.5\text{m}\cdot\text{s}^{-2}$$

按$F_x=ma_x$,令$a_x=a$,且$F_f=\mu F_N$,则有

$$mg\sin\alpha-\mu mg\cos\alpha=ma$$

由上式可解得动摩擦因数μ为

$$\mu=\frac{g\sin\alpha-a}{g\cos\alpha}=\frac{9.81\times\sin30°-0.5}{9.81\times\cos30°}=0.519\approx0.52$$

2-2 一气球的总质量为m,以大小为a的加速度竖直下降,今欲使它以大小为a的加速度竖直上升,那么需从气球中抛掉压舱沙袋的质量为多大? 设气球在升降时的空气阻力不计,而空气浮力则不变.

解 按题意,作习题2-2图a、b,气球竖直下降时,受向下的重力$\boldsymbol{W}=m\boldsymbol{g}$和向上的空气浮力$\boldsymbol{F}$作用,加速度$\boldsymbol{a}$的方向向下. 取竖直向下的$y$轴,按牛顿第二定律,沿$y$轴的分量式$F_y=ma_y$,则

$$mg-F=ma \quad ⓐ$$

当气球抛掉质量为Δm的沙袋后,将以加速度$\boldsymbol{a}$竖直上升,这时,向下的重力为$\boldsymbol{W}'=(m-\Delta m)\boldsymbol{g}$,浮力$\boldsymbol{F}$大小不变. 同理,可列出

$$(m-\Delta m)g-F=(m-\Delta m)(-a) \quad ⓑ$$

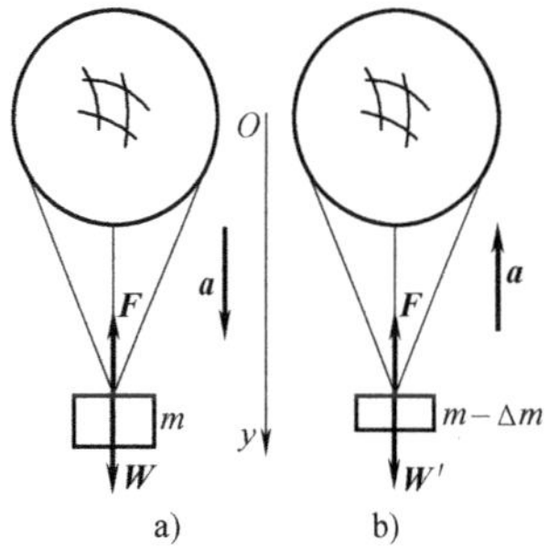

习题2-2图

联立求解式ⓐ、式ⓑ,可得

$$\Delta m=\frac{2ma}{a+g}$$

2-3 如习题2-3图a所示,重物的质量$m'=50\text{kg}$,人的质量$m=60\text{kg}$,若人不把绳握牢,而是相对于地面以加速度$g/18$下降,不计绳和滑轮的质量及其间的摩擦,求重物的加速度a.

解 分析人和重物的受力情况,其示力图分别如习题2-3图b、c所示. 人受重力$\boldsymbol{W}_A=m\boldsymbol{g}$和绳子拉力$\boldsymbol{F}_T$;重物受重力$\boldsymbol{W}_B=m'\boldsymbol{g}$和绳子拉力$\boldsymbol{F}'_T$,它们的加速度分别为$\boldsymbol{a}_A$和$\boldsymbol{a}_B$,方向如习题2-3图b、c所示. 对人和重物沿竖直方向依次列出运动方程为

$$mg-F_T=ma_A \quad ⓐ$$

$$F'_T-m'g=m'a_B \quad ⓑ$$

且

$$F_T=F'_T \quad ⓒ$$

已知 $a_A = g/18$，联立上列三式求解，可算得重物的加速度 $a_B = 2g/15$，方向竖直向上.

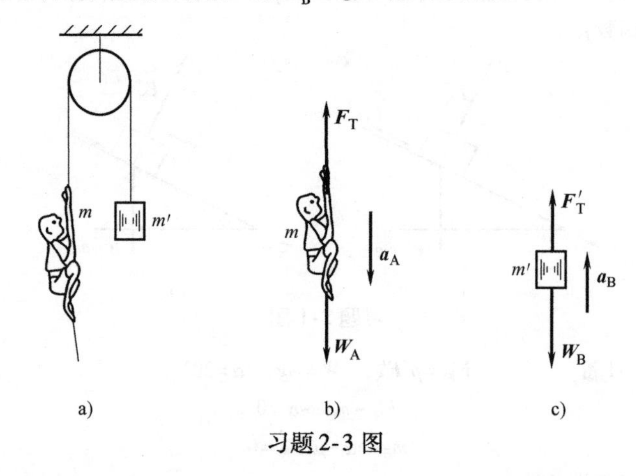

习题 2-3 图

2-4　如习题 2-4 图 a 所示，质量 $m = 3.0\text{t}$ 的卡车驶过丘陵地带的一座半径为 $R_1 = 20\text{m}$ 的圆弧形小山，求卡车驶到山顶而仍能保持与山顶接触的最大速率 v_{max}；若卡车保持此最大速率接着驶入一半径为 $R_2 = 500\text{m}$ 的圆弧形低洼路段，求卡车驶到路面最低点处时，路面对卡车的支承力和卡车对路面的压力.

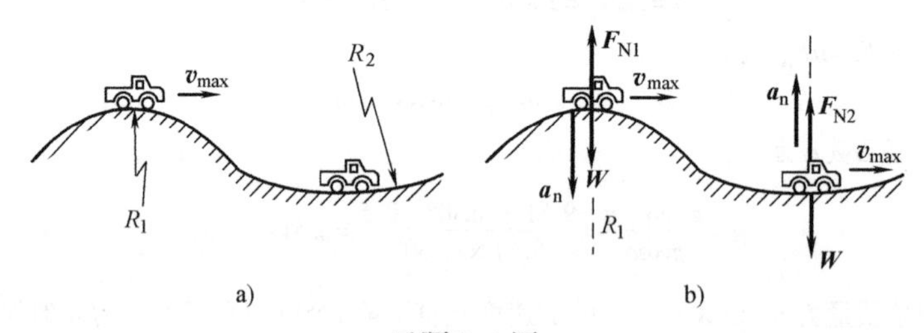

习题 2-4 图

解　当卡车驶到山顶时，受重力 $\boldsymbol{W} = m\boldsymbol{g}$ 和山顶的支承力 $\boldsymbol{F}_{N1}$ 作用，方向如习题 2-4 图 b 所示. 按题意，驶过山顶而达到最大速度 $v = v_{max}$ 时，$\boldsymbol{F}_{N1} = \boldsymbol{0}$，即由

$$mg - F_{N1} = m\frac{v_{max}^2}{R_1}$$

按题设数据可算得　　$v_{max} = \sqrt{gR_1} = \sqrt{9.8 \times 20}\ \text{m} \cdot \text{s}^{-1} = 14\text{m} \cdot \text{s}^{-1}$

当卡车抵达路面最低点时，受重力 $\boldsymbol{W} = m\boldsymbol{g}$ 和支承力 $\boldsymbol{F}_{N2}$ 作用，方向如习题 2-4 图 b 所示，则有

$$F_{N2} - mg = m\frac{v_{max}^2}{R_2}$$

得
$$F_{N2} = mg + m\frac{(\sqrt{gR_1})^2}{R_2} = mg\left(1 + \frac{R_1}{R_2}\right)$$
$$= 3 \times 1000 \times 9.8 \times \left(1 + \frac{20}{500}\right)\text{N} = 3.06 \times 10^4\text{N}\quad(\uparrow)$$

按牛顿第三定律，卡车对路面最低点的压力为

$$F'_{N2} = F_{N2} = 3.06 \times 10^4\text{N}\quad(\downarrow)$$

2-5　如习题 2-5 图所示，单摆的摆长为 l，摆锤的质量为 m，当单摆在摆动过程中，摆锤相对于平衡位置 O 的路程 s 随时间 t 的变化规律为 $s = s_0 \sin\sqrt{\frac{g}{l}}t$（式中 s_0 为正的恒量）. 求摆锤经过最低点 O 时，摆线对摆锤的拉力.

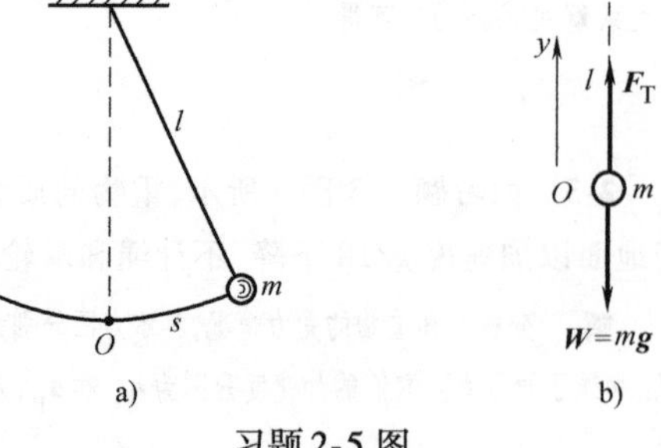

习题 2-5 图

解 如习题2-5图所示,已知$s=s_0\sin\sqrt{\frac{g}{l}}t$.在平衡位置时$s=0$,则

$$\sin\sqrt{\frac{g}{l}}t=0$$

由此得
$$t=\sqrt{\frac{l}{g}}(2k\pi)$$

又因
$$v=\frac{ds}{dt}=s_0\sqrt{\frac{g}{l}}\cos\sqrt{\frac{g}{l}}t$$

则在平衡位置处,有
$$v=s_0\sqrt{\frac{g}{l}}\cos\sqrt{\frac{g}{l}}\left(\sqrt{\frac{l}{g}}2k\pi\right)$$
$$=s_0\sqrt{\frac{g}{l}}\cos2k\pi=s_0\sqrt{\frac{g}{l}}$$

按牛顿第二定律,沿y轴的分量式$\boldsymbol{F}_y=m\boldsymbol{a}_y$,有$F_T-mg=m\frac{v2}{l}$,式中的$F_T$为摆线对摆锤的拉力,所以

$$F_T=mg+ms_0^2\frac{g}{l^2}=mg\left(1+\frac{s_0^2}{l^2}\right)$$

2-6 一质量为1kg的质点沿x轴运动,其运动函数为$x=3(e^{-2t}+e^{2t})$(SI),求质点在$x=8$m处所受的力.

解 由题设的质点运动函数为

$$x=3(e^{-2t}+e^{2t})\text{(SI)}$$

当$x=8$m时,质点的加速度为

$$a\Big|_{x=8m}=\frac{d^2x}{dt^2}\Big|_{x=8m}=4[3(e^{-2t}+e^{2t})\Big|_{x=8m}=4x\Big|_{x=8m}=32\text{m}\cdot\text{s}^{-2}$$

质点所受合力的大小为

$$F=ma=1\text{kg}\times32\text{m}\cdot\text{s}^{-2}=32\text{N}$$

方向沿x轴正向.

2-7 一质量为30t的机车以20m · s^{-1}的速率驶入半径为400m的圆弧形弯道后,其速率均匀减小,在5s内减到10m · s^{-1}.求机车进入弯道后第2s末所受的合外力.

解 按题意,作习题2-7图,切向加速度为$a_t=dv/dt=[(10-20)/5]\text{m}\cdot\text{s}^{-2}=-2\text{m}\cdot\text{s}^{-2}$,$v|_{t=2s}=20\text{m}\cdot\text{s}^{-1}+(-2)\times2\text{m}\cdot\text{s}^{-1}=16\text{m}\cdot\text{s}^{-1}$.机车进入弯道后第2s末所受的切向力和法向力分别为

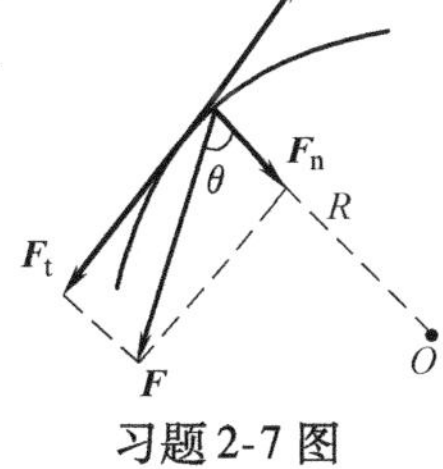

习题2-7图

$$F_t=ma_t=30\times10^3\times(-2)\text{N}=-6\times10^4\text{N}\quad(\boldsymbol{F}_t\text{与}\boldsymbol{v}\text{反向})$$

$$F_n=m\frac{v2}{R}=30\times10^3\times\frac{(16)^2}{400}\text{N}=1.92\times10^4\text{N}$$

机车所受合外力的大小和方向分别为

$$F=\sqrt{F_t^2+F_n^2}=\sqrt{(-6)^2+(1.92)^2}\times10^4\text{N}=6.3\times10^4\text{N}$$
$$\theta=\arctan\frac{F_t}{F_n}=\arctan\frac{-6\times10^4}{1.92\times10^4}=-72.26°$$

2-8 如习题2-8图a所示,一物体靠置在墙角上,其重力为$W=30$N,物体与地面间的静摩擦因数$\mu'=0.5$.若一水平向右的外力$\boldsymbol{F}$作用于此物体上,在外力$\boldsymbol{F}$的大小为10N时,试分析:(1) 物体的受力情况;(2) 地面对物体作用的摩擦力;(3) 当$F=25$N时,墙壁是否对物体有力作用?

解 (1) 先确定研究的对象——物体.根据题设,分析该物体的受力情况,并将各力画在示力图上,如习题2-8图b

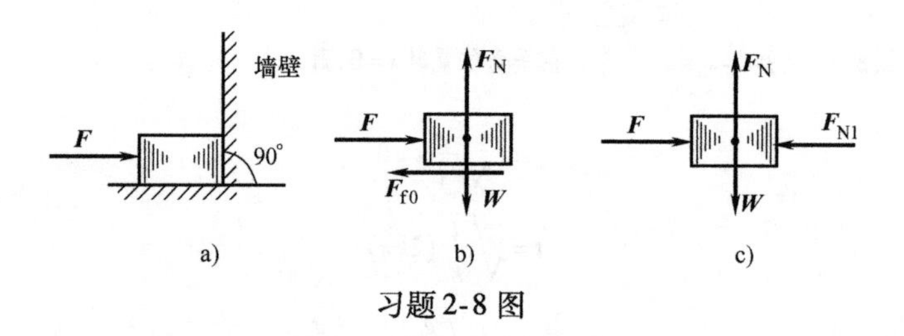

习题 2-8 图

所示:

① 物体受有水平外力 $\boldsymbol{F}$,方向向右.

② 物体受有重力 $\boldsymbol{W}$,方向铅直向下.

③ 物体与地面接触,且相互挤压,故地面对物体有法向支承力 $\boldsymbol{F}_N$ 作用,方向向上.

④ 地面是否存在对物体作用的摩擦力,可以这样来考虑,即先设想接触面不存在摩擦力,于是物体在外力 $\boldsymbol{F}$ 作用下,相对于地面存在着向右的滑动或滑动趋势. 而摩擦力是阻碍物体相对滑动或相对滑动趋势的力,因此,地面对物体必存在着方向向左的摩擦力.

(2) 这个摩擦力是静摩擦力还是滑动摩擦力? 要回答这一问题,可先姑且假定地面对物体作用的是静摩擦力. 这时,物体在水平方向处于二力平衡状态,由此得静摩擦力的大小为

$$F_{f0} = F = 10\text{N} \tag{a}$$

为了确定上式是否成立,需求最大静摩擦力 $F_{fmax} = \mu' F_N$. 考虑到物体在竖直方向无运动,重力 $\boldsymbol{W}$ 与支承力 $\boldsymbol{F}_N$ 相平衡,则 $F_N = W = 30\text{N}$,于是得

$$F_{fmax} = \mu' F_N = 0.5 \times 30\text{N} = 15\text{N} \tag{b}$$

比较式ⓐ和式ⓑ,有 $F_{f0} \leqslant F_{fmax}$,所以,上述的假定是合理的,即地面对物体确实存在着静摩擦力 $\boldsymbol{F}_{f0}$ 的作用,使物体保持静止.

(3) 如果外力大小为 $F = 25\text{N}$,则与式ⓑ比较,有 $F > F_{fmax}$. 由于静摩擦力不能无限地变大,而有一个最大限度 $F_{fmax} = 15\text{N}$,所以,接触面不可能提供 25N 这样大的静摩擦力以维持相对静止的局面,从而发生滑动. 这时,地面对物体作用的摩擦力便是阻碍相对滑动的滑动摩擦力. 若 $\mu = 0.6$,读者试自行计算这个滑动摩擦力.

当物体向右滑动而一旦抵紧墙壁时,墙壁将对物体作用一个支承力 $\boldsymbol{F}_{N1}$,如习题 2-8 图 c 所示,它与外力 $\boldsymbol{F}$ 相平衡,使物体静止,其相对滑动或相对滑动趋势随之消失,这时摩擦力也就不存在了.

2-9 一个重力为 W 的物体放在倾角为 θ 的斜面上,受水平力 $\boldsymbol{F}$ 作用,如习题 2-9 图 a 所示,设斜面的静摩擦因数 $\mu' = \tan\beta$,且 $\theta > \beta$. 求证:欲防止物体下滑或上滑,则此水平力 $\boldsymbol{F}$ 的大小应满足 $W\tan(\theta - \beta) < F < W\tan(\theta + \beta)$.

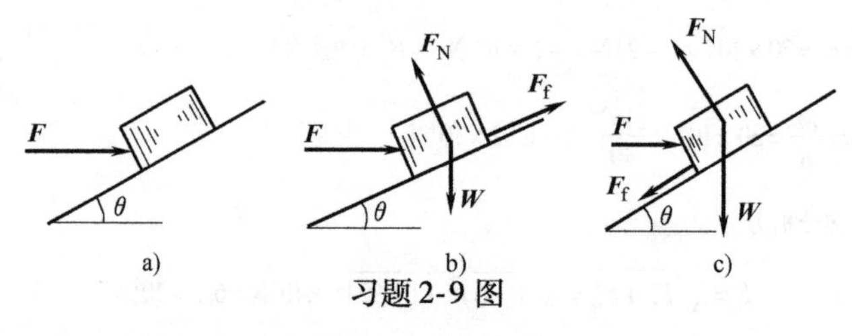

习题 2-9 图

证 因 $\theta > \beta$,若不受力 $\boldsymbol{F}$ 作用,物体必下滑(为什么?). 今使力 $\boldsymbol{F}$ 的大小由零逐渐增大,在物体将要下滑时,摩擦力 $\boldsymbol{F}_f$ 沿斜面向上(见习题 2-9 图 b),且 $F_f \leqslant \mu' F_N$. 由物体的平衡条件,有

$$F\cos\theta - W\sin\theta + F_f = 0$$

$$F_N - F\sin\theta - W\cos\theta = 0$$

因 $F_f \leqslant \mu' F_N$,则由上两式,存在如下关系式:

$$W\sin\theta - F\cos\theta \leqslant \mu'(F\sin\theta + W\cos\theta)$$

或
$$F(\mu'\sin\theta + \cos\theta) \geqslant W(\sin\theta - \mu'\cos\theta)$$

借式 $\mu' = \tan\beta$，由上式可给出保证物体不下滑的条件为

$$F \geqslant W\tan(\theta - \beta)$$

当 $\boldsymbol{F}$ 增加到某一值时，物体沿斜面上滑，在尚未向上滑动的限度内，摩擦力沿斜面向下（见习题2-9图c，且 $F_f \leqslant \mu N$，同理可得

$$F \leqslant W\tan(\theta + \beta)$$

欲保证物体不下滑或不上滑，则 $\boldsymbol{F}$ 的大小应满足

$$W\tan(\theta - \beta) < F < W\tan(\theta + \beta)$$

2-10 如习题2-10图所示，一人坐在小车上，为了把自己拉上倾角为 $\theta = 21°$ 的斜坡，对绳子需施加350N的拉力，若人与车的总质量为120kg，绳子和滑轮的质量及一切摩擦皆不计，拉车上坡时各段绳子均保持与斜坡平行，求车的加速度.

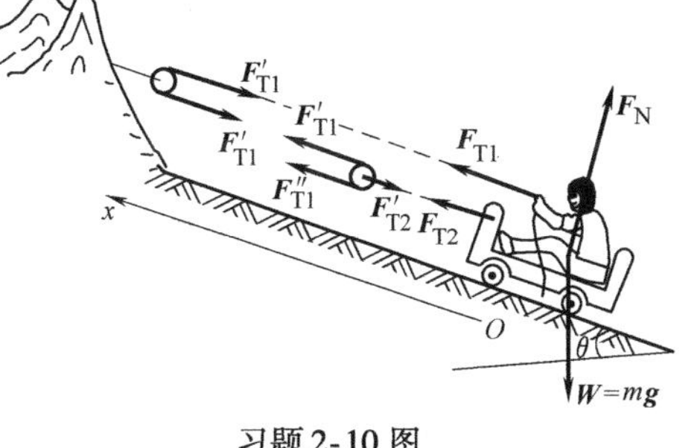

习题2-10图

解 将人与小车视同一体，作为一质点，按牛顿第二定律沿 x 轴方向的分量式，有

$$F_{T1} + F_{T2} - mg\sin\theta = ma \quad ⓐ$$

$$F_{T2} = 2F_{T1} \quad ⓑ$$

联解式ⓐ、式ⓑ并代入题设数据，可算得

$$a = \frac{3F_{T1} - mg\sin\theta}{m} = \frac{3 \times 350 - 120 \times 9.8 \times \sin 21°}{120}\text{m} \cdot \text{s}^{-2} = 51.3\text{m} \cdot \text{s}^{-2}$$

2-11 在顶角为 2α 的圆锥顶点 O 系一弹簧（弹簧质量不计），其劲度系数为 k，原长为 l_0，今在弹簧的另一端挂一质量为 m 的物体，使它停留在圆锥面上绕铅直的圆锥轴线 Oz 做圆周运动.（1）试沿如习题2-11图所示的 $O'x$、$O'y$ 轴列出物体运动方程的分量式；（2）求出恰使物体离开圆锥面的角速度 ω 和此时弹簧的长度 l.（圆锥面与物体间的摩擦力不计）

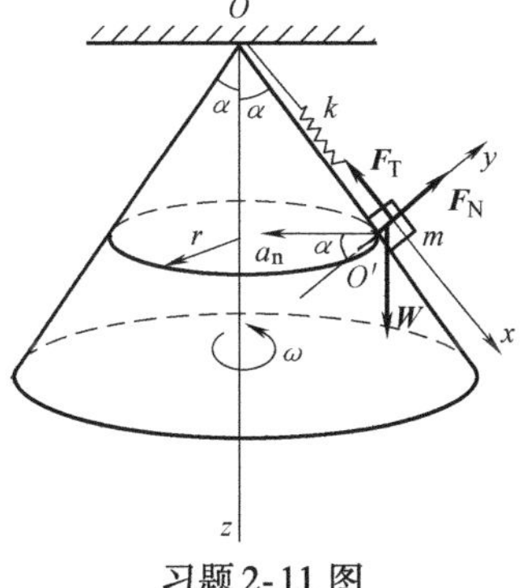

习题2-11图

解 物体受力有三个：重力 $\boldsymbol{W} = m\boldsymbol{g}$、弹簧弹性力 $\boldsymbol{F}_T$ 和锥面支承力 $\boldsymbol{F}_N$；并绕 Oz 轴做半径为 r 的圆周运动，且

$$a_n = r\omega^2 = (x\sin\alpha)\omega^2$$

式中，x 为弹簧被拉伸后的物体位置坐标. 物体运动方程的分量式为

$$mg\cos\alpha - F_T = -ma_n\sin\alpha = -mx\omega^2\sin^2\alpha \quad ⓐ$$

$$F_N - mg\sin\alpha = -ma_n\cos\alpha = -mx\omega^2\sin\alpha\cos\alpha \quad ⓑ$$

其中
$$F_T = k(x - l_0) \quad ⓒ$$

物体刚离开锥面时，有 $F_N = 0$，则联立上述式ⓐ～式ⓒ，可求得

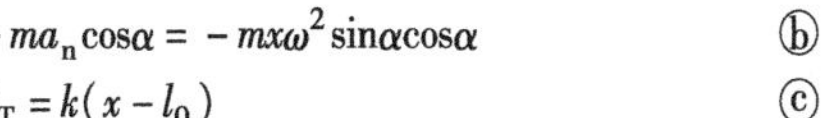

$$x = l = l_0 + \frac{mg}{k\cos\alpha}$$

$$\omega = \left(\frac{kg}{kl_0\cos\alpha + mg}\right)^{1/2}$$

2-12 如习题2-12图所示，两圆环A、B可以在水平杆上滑动，环与杆之间的静摩擦因数为 μ，环的质量不计. 用长为 a 的细绳将两环连接起来，并在线的中点 C 悬挂一重物 W，试证：在平衡时，两环之间最大可能的距离为 $l = \mu a / \sqrt{1 + \mu^2}$.

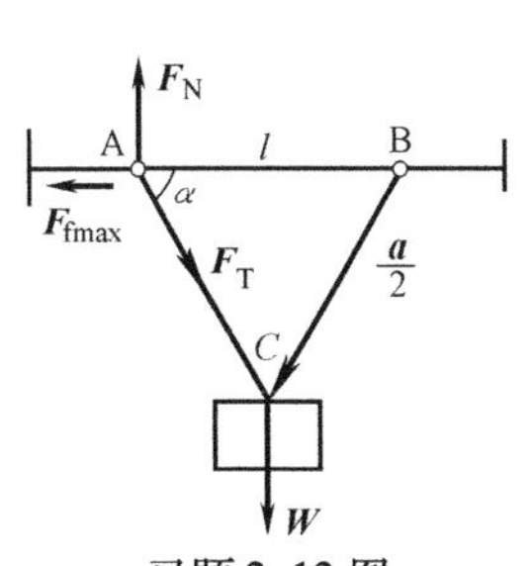

习题2-12图

证 按题意，由于A、B两环受力情况类同，因此，只需分析A环受力情况，有

$$F_{\mathrm{fmax}}=\mu F_{\mathrm{N}},F_{\mathrm{N}}=F_{\mathrm{T}}\sin\alpha,F_{\mathrm{fmax}}=F_{\mathrm{T}}\cos\alpha$$

则

$$\mu F_{\mathrm{T}}\sin\alpha=F_{\mathrm{T}}\cos\alpha$$

所以

$$\mu=\cot\alpha=\frac{l/2}{\sqrt{(a/2)^2-(l/2)^2}}=\frac{l}{\sqrt{a^2-l^2}}$$

即

$$l=\frac{\mu a}{\sqrt{1+\mu^2}}$$

2-13　如习题2-13图所示,在光滑水平面上放置一质量为5kg的铁块A,在A上又放置一质量为4kg的铁块B,为了使铁块B在铁块A上滑动时铁块A保持不动(利用外界对A施力来维持),必须对铁块B施加12N的水平力,试问:(1)使两铁块一起运动时,在铁块A上最多能施加多大的水平力F_{TA}?(2)两铁块一起运动时的加速度为多大?

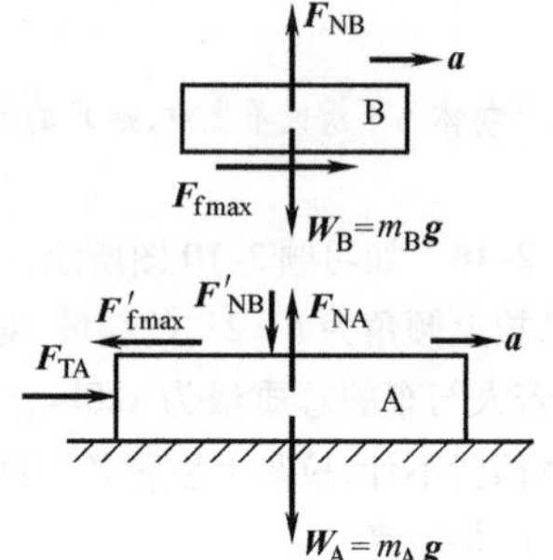

习题2-13图

解　按题意,画出铁块A和B的示力图.其中,对铁块B,应有$F_{\mathrm{fmax}}=12\mathrm{N}$.当两铁块一起运动时,设加速度为$a$,则对铁块B,有

$$F_{\mathrm{fmax}}=m_{\mathrm{B}}a \quad ⓐ$$

对铁块A,有

$$F_{\mathrm{TA}}-F_{\mathrm{fmax}}=m_{\mathrm{B}}a \quad ⓑ$$

代入有关数据,从式ⓐ、式ⓑ可算出$a=3.0\mathrm{m}\cdot\mathrm{s}^{-2}$,$F_{\mathrm{TA}}=27\mathrm{N}$

2-14　一水平圆台以角速度$\omega=10\mathrm{rad}\cdot\mathrm{s}^{-1}$做匀速率转动,如习题2-14图a所示.长3m的细绳的一端连接于转台的竖直轴上.在细绳上,每隔1m连接一小球.三个小球A、B、C放在转台平面上和转台一起运动.小球的质量均为$m=0.1\mathrm{kg}$.问绳子的BC段、AB段和OA段各受张力多大?不计一切摩擦.

解　小球C、B、A的受力情况分别如习题2-14图b、c、d所示,按牛顿第三定律,图中$\boldsymbol{F}_{\mathrm{T1}}=-\boldsymbol{F}'_{\mathrm{T1}},\boldsymbol{F}_{\mathrm{T2}}=-\boldsymbol{F}'_{\mathrm{T2}}$,且$m=0.1\mathrm{kg},\omega=10\mathrm{rad}\cdot\mathrm{s}^{-1},r=1\mathrm{m}$.按$\boldsymbol{F}=m\boldsymbol{a}$,对小球C、B、A分别列出法向分量式:

$$F_{\mathrm{T1}}=m(3r\omega^2)$$

$$F_{\mathrm{T2}}-F'_{\mathrm{T1}}=m(2r\omega^2)$$

$$F_{\mathrm{T3}}-F'_{\mathrm{T2}}=m(r\omega^2)$$

且

$$F_{\mathrm{T1}}=F'_{\mathrm{T1}},F_{\mathrm{T2}}=F'_{\mathrm{T2}}$$

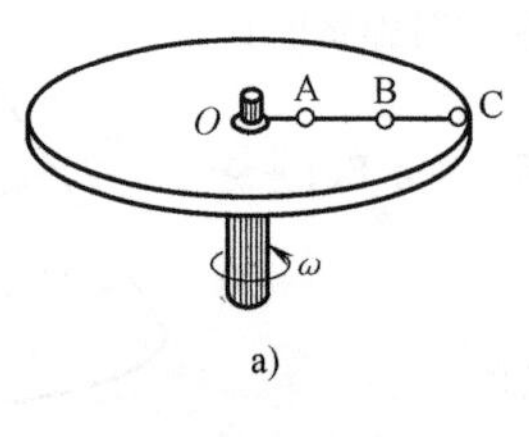

a)

b)

c)

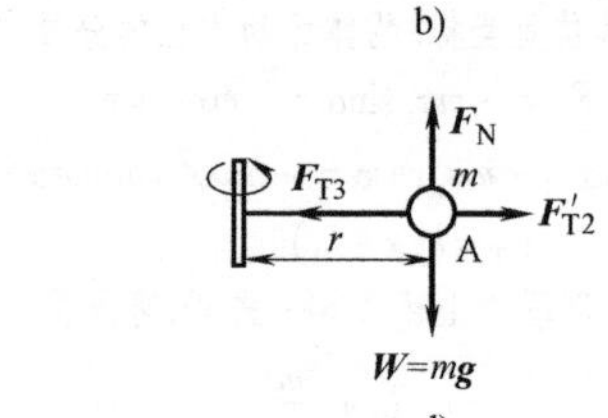

d)

习题2-14图

联立求解上述各式,可算得

$$F_{\mathrm{T3}}=6mr\omega^2=6\times0.1\mathrm{kg}\times1\mathrm{m}\times(10\mathrm{rad}\cdot\mathrm{s}^{-1})^2=60\mathrm{N};$$

$$F_{\mathrm{T2}}=5mr\omega^2=5\times0.1\mathrm{kg}\times1\mathrm{m}\times(10\mathrm{rad}\cdot\mathrm{s}^{-1})^2=50\mathrm{N};$$

$$F_{\mathrm{T1}}=3mr\omega^2=3\times0.1\mathrm{kg}\times1\mathrm{m}\times(10\mathrm{rad}\cdot\mathrm{s}^{-2})^2=30\mathrm{N}.$$

2-15　如习题2-15图a所示,升降机以加速度$\boldsymbol{a}$向下运动,跨过滑轮的物体A和物体B的质量分别为

m_1、m_2，且 $m_1 > m_2$，不计绳和滑轮的质量，忽略一切阻力，求物体 A 和物体 B 相对于升降机的加速度和绳中的张力.

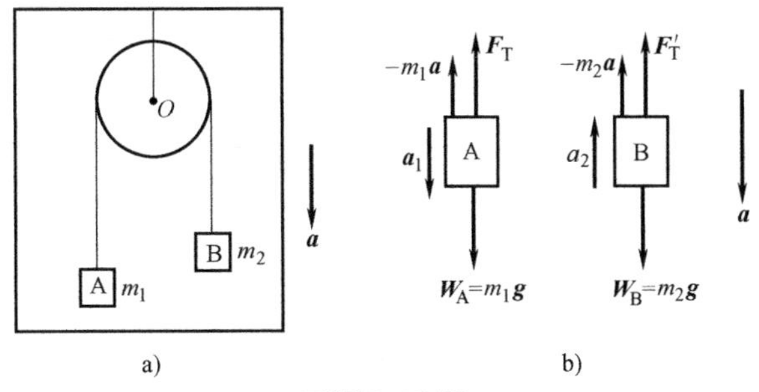

习题2-15图

解　按题意，以加速度为 $\boldsymbol{a}$ 的升降机乃是一个非惯性系，在物体 A 和物体 B 上分别加上惯性力 $-m_1\boldsymbol{a}$ 和 $-m_2\boldsymbol{a}$（见习题2-15图b），则按牛顿第二定律，可列出

$$-F_T - m_1a + m_1g = m_1a_1 \quad ⓐ$$

$$F'_T + m_2a - m_2g = m_2a_2 \quad ⓑ$$

且

$$F_T = F'_T \quad ⓒ$$

$$a_1 = a_2 \quad ⓓ$$

联解上列四式，可得物体 A 和 B 相对于升降机的加速度为

$$a_1 = a_2 = \frac{(m_1 - m_2)(g - a)}{m_1 + m_2}$$

绳中的张力为

$$F_T = \frac{2m_1m_2(g - a)}{m_1 + m_2}$$

第3章　力学中的守恒定律

3.1　学习要点导引

3.1.1　本章章节逻辑框图

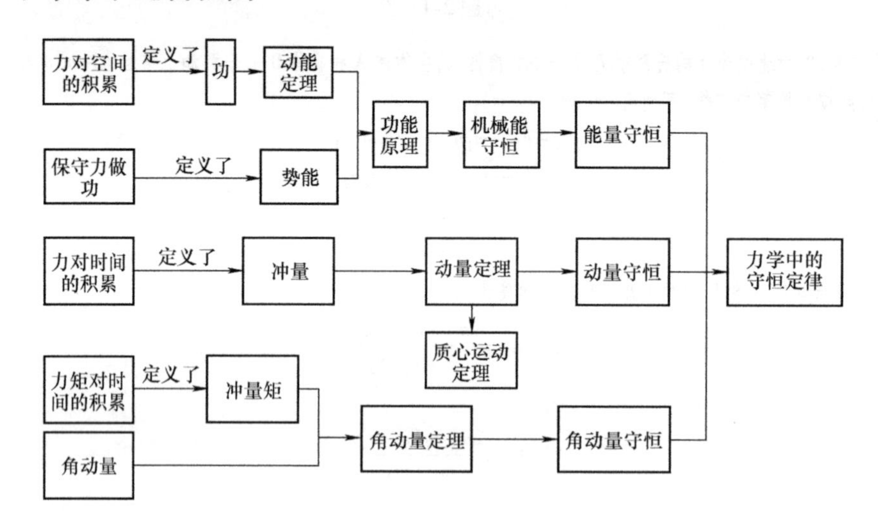

3.1.2　本章阅读导引

牛顿运动定律阐明了力及其对物体所产生的瞬时效应,即物体受合外力作用的同时会产生相应的加速度.可是,物体在某时刻具有加速度,这只意味着物体的运动状态(速度)有改变的趋势.所以,欲使物体运动状态发生有限的改变,需要在力的持续作用下经历一个过程.

(1)本章将依次讨论力对物体(可视作质点)持续作用一段位移(空间过程)或一段时间过程以及力矩持续作用一段时间过程所产生的累积效应,相应地这些效应可用功、冲量和冲量矩来描述.合外力对物体做功将引起物体运动状态的改变,显示出物体动能的改变,可由质点的动能定理表述;合外力对物体作用的冲量也将引起物体运动状态的改变,显示出物体动量的改变,可由质点的动量定理表述;合外力矩对物体作用的冲量矩也将引起物体运动状态的改变,显示出物体角动量的改变,可由质点的角动量定理表述.

(2)上述质点的动能定理、动量定律和角动量定理三者皆可从牛顿第二定律导出.上一章说过,牛顿第二定律只适用于任何惯性系.因而按此定律推导出来的这三条定理,在形式上也都适用于任何惯性系,但在具体计算时,必须在同一惯性系中去考察和确定这三条定理中有关的物理量.

(3)从本章开始,我们不仅研究单个物体的运动,还要研究系统的运动.在研究系统的动力学时,应根据问题的性质和要求,首先确定系统是由哪些质点或质元(即具有一定质量的微粒)组成的. 系统以外的其他物体或质点统称为**外界**. 外界对系统内任一质点或质元的作用力称为**外力**;系统内的质点(或质元)之间的相互作用力称为**内力**. 外力和内力是在系统一经明确划定后而区别出来的. 例如,以太阳系作为研究对象,并且其中各行星和太阳如果都可简化为质点,则整个太阳系就是一个质点系,各行星之间以及各行星与太阳之间的引力即为此系统的内力,而其他星系对太阳和各行星的引力便是太阳系所受的外力. 如以太阳与地球两者构成的系统作为研究对象,则太阳与地球之间的引力即为该系统的内力,而其他行星以及其他星系对太阳和地球的引力即为该系统的外力. 可见,内力和外力的划分是相对的,需视所研究的系统而定.

务必注意,组成系统的质点或质元一旦划定,不管运动过程怎样复杂,要记住该系统始终是由这些质点(或质元)组成的.

(4) 再次重申,在求解任何力学问题时,首要也是关键性的一步就是正确分析物体或系统的受力情况和每个力的性质. 对系统来说,还应在划定系统后,仔细区分该系统所受的外力和内力.

(5) 现在先说功与能的关系. 功是标量,不涉及方向问题. 在计算功时,对正、负功的意义要搞清. 功的正、负可以由力与位移的夹角 θ 来判断. 在力对物体做负功时,也可以说是物体克服此力做正功. 例如在上抛运动中,重力对物体做负功,我们也可以说物体反抗重力做了正功. 其次,功是与物体受力过程有关的一个物理量,没有过程便没有功. 故功是一种过程量.

物体动能的改变可用合外力对该物体所做的功来量度. 系统势能的改变可用相应的保守性内力所做的功来量度. 总而言之,在力学范围内,我们把系统的动能和势能合称为系统的机械能. 做功是引起机械能改变的唯一原因,功是机械能变化的量度.

然而,广泛地说,除了机械能外,随着物质运动形态的不同,可以有各种形式的能量(如热能、电能等),引起各种能量变化的原因也并不仅仅局限于做功这一种方式,也可通过热传递、辐射传播等方式来实现,它们也可用来量度能量(包括机械能)的变化.

(6) 高山上的石头落下时,重力会做功;伸长的弹簧恢复原状时,弹性力也会做功. 因此,我们也常常这样说:当石头静止在高山上或弹簧停留在某一伸长的位置时,它们虽不做功,但拥有做功的本领(能量). 这种处于一定位置(指相对于另一物体的位置,例如地球)所拥有的做功本领叫作势能,**势能是物体系统所拥有的**(如物体与地球). 而运动着的物体所拥有的做功本领则叫作动能. **动能可以是某一物体或系统拥有的**. 我们可以从物体(或系统)所能做的功的大小来量度物体(或系统)究竟拥有多大的做功本领——能量.

(7) 功与能不能混为一谈. 从广义上说,能量是表征物体或系统的物理状态的物理量. 对处于某一状态的系统,其状态可用一些物理量来描述. 描述系统(或物体)状态的这些物理量都称为状态参量. 例如,在力学中,若已知划入系统的各物体的相对位置(可用各物体的坐标或位矢描写)和速度,则此系统的状态就知道了,从而相应于该状态的机械能也就被确定. 然而,在普遍情形下,研究一个物理系统时,仅用一组力学量(位置、速度等状态参量)还不足以描述该系统的状态,还应根据问题的性质,引用电荷、温度以及其他状态参量来描述(例如气体的状态要由它的体积、压强和温度等状态参量来决定). 这时表征系统状态的能量除机械能外,还可有热运动的内能、电磁运动的电能、核运动的核能等. 这些能量的总和将全面地表征系统的物理状态. 因此,我们说**能量是系统状态的单值函数**.

当系统内部发生某些变化或由于外界对系统的作用,此系统可能由某一状态改变为另一状态时，会引起系统能量的变化或各种运动形态的能量相互转换. 而能量转换的具体方式和规律乃是我们研究物理学的一个主题，这是值得读者在今后学习中注意的.

(8) 我们从质点动能定理出发，可以引出系统的动能定理，继而导出系统的功能定理，并由此在满足一定条件下给出系统的机械能守恒定律. 必须指出，机械能守恒定律不过是自然界普遍适用的能量守恒定律的一个特例.

其中，系统的动能定理和功能原理并无本质上的区别，不同之处仅在于功能原理中引入了系统的势能，而不需考虑保守性内力的功. 这正是功能原理的优点. 因为有时计算势能的改变比直接计算保守性内力的功来得方便.

正因为在功能原理中已将保守性内力的功用相应的势能改变所置换，因此，在应用功能原理时，绝不能在计算式中既考虑保守性内力的功，同时又计入相应的势能.

由功能原理可知，只有系统的外力和非保守性内力做功，才会引起机械能的改变. 例如，将电动机视作一系统，通电流后，它从静止开始转动起来，其动能（这里就是它的机械能）增加，这是由于作用在电动机内转子上的磁场力（非保守性内力）做正功的结果. 若切断电流，电动机逐渐停下来，动能（机械能）减小了，这是由于摩擦阻力（非保守性内力）做负功的结果.

值得注意，机械能守恒定律的适用条件是系统的外力不做功，换句话说，外力可以作用于系统，只要不做功就可以了. 同时，也不能有摩擦力、黏滞力等非保守性内力做功，否则，将产生其他形式的能量（如热能等），而使机械能总和不能在一定的过程中时时刻刻保持不变（即守恒）.

(9) 继而，再来回顾：在牛顿第二定律的基础上，从力的时间累积效应出发，引入了冲量、动量等重要概念，导出了在力的时间累积过程中质点或系统运动状态改变的规律——质点动量定理和系统动量定理，并进一步引述了系统在不受外力或外力矢量和为零的情况下，系统运动状态所遵循的规律，即动量守恒定律.

要求读者理解冲量和动量等概念，并能正确运用质点动量定理、系统动量定理以及动量守恒定律（包括适用条件）去求解有关的力学问题.

要注意动量和冲量都是矢量. 动量定理和动量守恒定律的表达式都是矢量式，对于在同一直线上运动的物体，则可以用标量式来表示. 运算时特别要注意各量的方向，并搞清冲量（或冲力）的作用和反作用关系.

*(10) 根据反映系统整体运动规律的系统动量定理，可以通过质心的概念，导出质心运动定理. 若系统所受合外力的矢量和为零，则系统的质心 C 将保持静止或做匀速直线运动. 这是系统动量守恒定律的另一种表述.

(11) 最后，我们从力矩的时间累积效应引入了冲量矩、角动量等概念，并借助于牛顿第二定律，导出质点角动量定理，并由此给出质点角动量守恒定律. 至于进一步导出的系统的角动量定理和系统的角动量守恒定律，作为机动内容，读者如有时间，也可学习一下.

虽然涉及物体或系统处于转动状态的情况，往往利用角动量这一物理量来描述，并借其有关定理或定律来考察和处理问题. 但有关角动量及其有关定理或定律的应用决不仅仅限于转动情况.

(12) 质点动量（或角动量）定理和由此推出的系统动量（或角动量）定理以及动量（或角动量）守恒定律与有关功、能方面的一些规律相仿，在具体计算时，皆必须相对于同一惯性参考系而言.

(13) 在分析、求解力学问题时,对物体在某一时刻(或某一位置)的运动情况,可从牛顿第二定律所表述的力与加速度的瞬时关系入手去考虑.当问题涉及质点或系统所受的力经历一段时间过程时,通常可用与动量有关的一些定律或定理去解决;当涉及质点或系统所受外力矩经历一段时间过程时,通常可用与角动量有关的一些定理或定律去求解;当涉及质点或系统所受的力经历一段空间过程时,通常可从功、能关系去考虑.对于复杂的力学过程,应考察过程的性质和特点,将过程分成几个阶段(或分过程),分别列出有关的方程,并认清各阶段之间的联系.对此,读者宜仔细琢磨本章中的一些例题.

(14) 动量(或角动量)和动能都是表征物体运动状态的物理量,它们从不同角度描述物体的运动状态.动量(或角动量)从机械运动的角度描述物体的运动状态,而动能则是从能量角度描述物体的运动状态.

(15) 在运用上述三条守恒定律时,可以不管系统运动过程中其内部各质点运动的详细过程(如详细的受力情况和运动轨道等),只需根据系统始、末的运动状态就能解决问题,这为探讨系统的运动提供了较为简捷的途径.特别是功与能量都是标量,便于计算,因而在探讨动力学问题时,我们往往先考察能否从功与能的关系去求解.否则,就得从动量(或角动量)方面的途径运用相应的定理或守恒定律去处理.总之,在分析问题和探索求解过程中应全局在胸,择善而从.

(16) 本章介绍了经典力学中的能量守恒定律(在力学范围内表述为机械能守恒定律)、动量守恒定律和角动量守恒定律.它们在任何惯性系中都适用.今将这三者的守恒条件列于表3-1中,供读者参考.

这三条守恒定律不仅适用于宏观的一般力学问题,而且在接近光速的高速运动领域和粒子线度小于 10^{-8}m 的微观领域内,牛顿定律虽然不再适用,但是这三条守恒定律仍然是成立的.也就是说,它们是自然界中的普遍规律.

表3-1　能量、动量和角动量的守恒条件

定　律	对系统的外力的要求	对系统内力的要求
能量守恒定律	外力不做功,并且没有其他能量交换(如热传递、光照射等)	任意
机械能守恒定律	外力不做功	除了保守性内力(如重力和弹性力等)外,其他内力不做功
动量守恒定律	没有外力作用,或外力的矢量和为零	任意
角动量守恒定律	没有外力矩作用,或外力矩的矢量和为零	任意

此外,在自然现象中还存在其他的守恒定律,例如,质量守恒定律,电荷守恒定律,粒子反应中的轻子数、重子数、奇异数、宇称的守恒定律等.

3.2　教学拓展

守恒定律指出,在自然界变化多端的过程中存在着某种不变性,其特点是只要物理过程满足一定的条件,就可以不考察过程的细节,而断言系统的始、末状态的某些特征.因此,人们在研究一个新的物理过程时,往往是先从已知的守恒定律入手,而不涉及过程及其细节. 这是因为有的过程太复杂而不易处理,或者其中许多细节尚不清楚. 由此也使我们进一步认识到守恒定律在物理学研究中的重要性.

前面说过,能量、动量和角动量这三条守恒定律虽然都是从牛顿定律导出的,但它们比牛顿定律具有更广泛的适用范围. 这是基于它们是自然界更普遍的属性——时空均匀性或对称性的表现. 人们发现,任一给定的物理实验,不论早做或迟做,甚至现在开始做,其进展过程是完全一样的. 这一事实称为**时间均匀性**,也称为**时间平移对称性**. 能量守恒定律正是这种对称性的表现. 又如,任一给定的物理实验,其进展过程与此实验所在的空间位置无关,也即换一个地方做此实验,其进展过程也完全一样. 这一事实称为**空间均匀性**,也称为**空间平移对称性**. 动量守恒定律正是这种对称性的表现. 再如,任一给定的物理实验,其进展过程与此实验装置的空间取向无关,也即把实验装置转换一个方向,该实验的进展过程仍完全一样. 这一事实叫作**空间的各向同性或空间转动对称性**. 角动量守恒定律正是这种对称性的表现. 在现代物理理论中,由上述对称性可以相应地导出能量、动量和角动量的守恒定律.

除了上述三种对称性以外,自然界还存在着一些相应于其他守恒定律的对称性. 对称性展示了自然规律的简单、和谐与完美!

3.3　解题指导

本章解题的核心思想是从定义式、定理、定律出发,分析物理过程,若在过程中满足守恒定律的条件,则应用守恒定律求解问题;若不满足守恒定律条件,则应用定义式、动能定理、动量定理、角动量定理等求解. 需要注意的是,在研究转动问题时,通常都用角动量定理或角动量守恒定律求解.

例 3-1　如例 3-1 图所示,在水平地面上放置一个横截面面积为 $S=0.2\text{m}^2$ 的直角弯管,管内有 $v=2.5\text{m}\cdot\text{s}^{-1}$ 的流水通过. 求水流对弯管的作用力的大小和方向.

分析　在时间 Δt 内,从 A 端流入的水量等于从 B 端流出的水量. 对于这部分水,在 Δt 时间内动量的增量为 $\Delta\boldsymbol{p}=\Delta m(\boldsymbol{v}_B-\boldsymbol{v}_A)$,而动量的增量是管壁在 Δt 时间内对其作用冲量 $\boldsymbol{I}$ 的结果. 依据动量定理可求出该段水受到管壁的作用 $\boldsymbol{F}$,由牛顿第三定律就可得出水流对弯管的作用力 $\boldsymbol{F}'=-\boldsymbol{F}$.

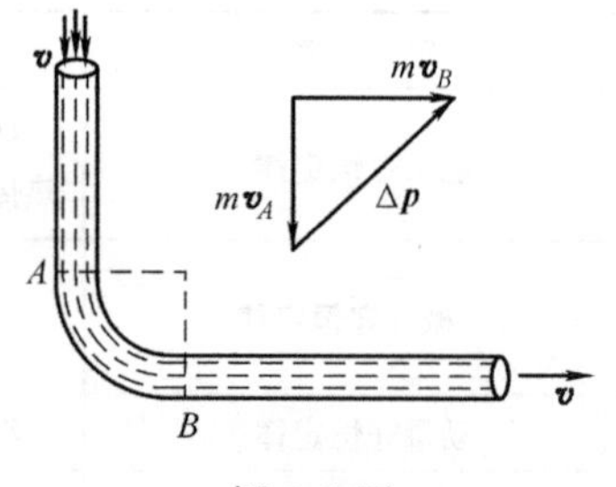

例 3-1 图

解　设 Δt 时间内流过弯管的水的质量为 $\Delta m=\rho vS\Delta t$,则弯管对水流的冲量为

$$\boldsymbol{I}=\Delta\boldsymbol{p}=\Delta m(\boldsymbol{v}_B-\boldsymbol{v}_A)=\rho vS(\boldsymbol{v}_B-\boldsymbol{v}_A)\Delta t$$

由图可知 $|\boldsymbol{v}_B-\boldsymbol{v}_A|=\sqrt{2}v$,所以弯管对水流的平均冲力大小为

$$\overline{F}=\frac{I}{\Delta t}=\sqrt{2}\rho Sv^2=1.77\times10^3\text{N}$$

故水管对弯管的作用力大小为

$$F'=\overline{F}=1.77\times10^3\text{N}$$

方向沿直角平分线指向弯管外侧.

例 3-2　一劲度系数为 k 的弹簧竖直安放在地面上,其顶端连接一静止的质量为 m_0 的物体. 又有一质量为 m 的物体,从距离 m_0 顶端为 h 处自由下落(见例 3-2 图),与 m_0 做完全非弹性碰撞. 试证明:弹簧对地面的最大压力

$$F_{\text{Nmax}}=(m_0+m)g+mg\sqrt{1+\frac{kh}{(m_0+m)g}}$$

分析　对整个运动过程需要分段考虑,第一阶段物体 m 自由下落过程;第二阶物体 m 与物体 m_0 发生完全非弹性碰撞,这个过程物体 m 与物体 m_0 构成的系统动量守恒,物体 m 与物体 m_0 达到共同的速度;第三阶段物体 m 与物体 m_0 共同向下运动,当物体 m、物体 m_0 的速度为零时,弹簧达到最大压缩量,对地面的压力最大. 这是一个变加速运动,但整个过程物体 m、物体 m_0、弹簧与地球构成的系统机械能守恒,利用这一关系可以确定弹簧对地面的最大压力.

解　物体 m 自由下落过程,有

$$v=\sqrt{2gh} \tag{a}$$

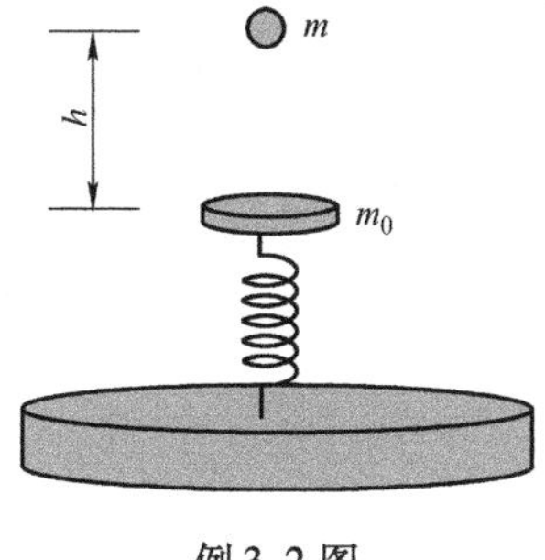

例3-2图

物体 m 与物体 m_0 完全非弹性碰撞过程,选泥块和水平板为系统,由于相互的冲力远大于系统所受的外力,系统碰撞前后动量守恒,设碰后木板与泥块的共同速度为 v_0,则有

$$mv=(m_0+m)v_0 \tag{b}$$

对于物体 m 与物体 m_0 向下运动过程,选物体 m、物体 m_0、弹簧及地球为系统,仅有保守力做功,所以系统的机械能守恒. 设物体 m_0 的原始位置为重力势能零点,此时弹簧的压缩量为 x_0,泥块落下后与平板共同向下的最大位移为 x,应有

$$\frac{1}{2}kx_0^2+\frac{1}{2}(m_0+m)v_0^2=\frac{1}{2}k(x+x_0)^2-(m_0+m)gx \tag{c}$$

又由平板最初的平衡条件可得

$$m_0g=kx_0 \tag{d}$$

由上述四式可得

$$x=\frac{mg}{k}\left[1+\sqrt{1+\frac{2kh}{(m_0+m)g}}\right]$$

当弹簧达到最大压缩量时对地的作用力最大,则有

$$F_{\text{Nmax}}=k(x+x_0)=(m_0+m)g+mg\sqrt{1+\frac{2kh}{(m_0+m)g}}$$

例3-3　如例3-3图所示,质量为0.4kg的小球系于轻绳一端,在光滑的水平平板上做圆周运动. 绳的另一端穿过平板上的光滑小孔并被施以竖直向下的拉力,开始时小球以8.0rad · s^{-1}的角速度做半径为0.50m的圆周运动,然后缓慢地拉动小球,直至小球的运动半径变为0.10m. 试求:(1) 此时小球的角速度;(2) 拉力所做的功;(3) 试问如果这时放开绳,小球将如何运动?

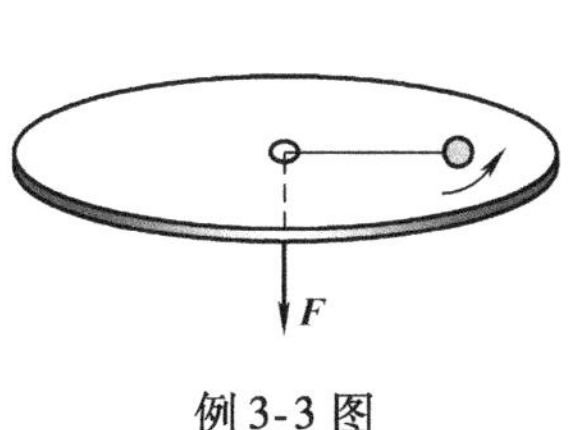

例3-3图

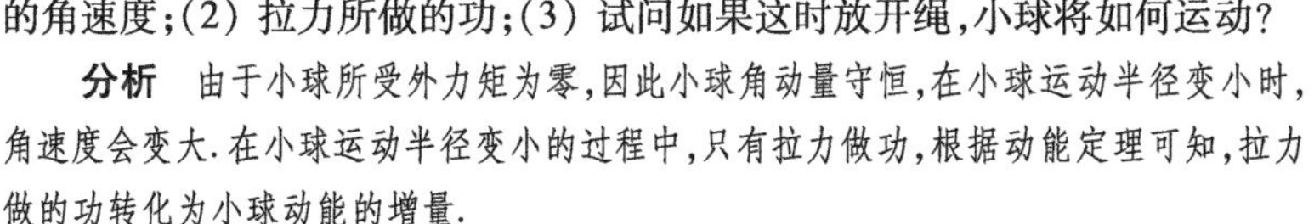

分析　由于小球所受外力矩为零,因此小球角动量守恒,在小球运动半径变小时,角速度会变大. 在小球运动半径变小的过程中,只有拉力做功,根据动能定理可知,拉力做的功转化为小球动能的增量.

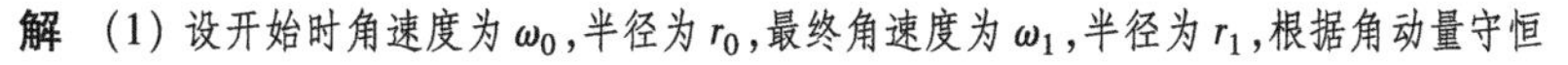

解　(1) 设开始时角速度为 ω_0,半径为 r_0,最终角速度为 ω_1,半径为 r_1,根据角动量守恒

$$mr_0^2\omega_0=mr_1^2\omega_1$$

得

$$\omega_1=\frac{r_0^2\omega_0}{r_1^2}=200.0\text{rad}\cdot\text{s}^{-1}$$

(2) 根据动能定理,拉力所做的功为

$$W=\Delta E_\text{k}=\frac{1}{2}mr_1^2\omega_1^2-\frac{1}{2}mr_0^2\omega_0^2=76.8\text{J}$$

(3) 如果这时放开绳,小球将做匀速直线速度,速率为

$$v=\omega_1r_1=20\text{m}\cdot\text{s}^{-1}$$

3.4 习题解答

3-1 如习题 3-1 图所示，在寒冷的森林地区，一钢制滑板的雪橇满载木材，总质量 $m=5\text{t}$，当雪橇在倾角 $\varphi=10°$ 的斜坡冰道上从高度 $h=10\text{m}$ 的 A 点滑下时，平顺地通过坡底 B，设雪橇与冰道间的摩擦因数为 $\mu=0.03$，求雪橇沿斜坡下滑到坡底 B 的过程中各力所做的功和合外力的功.

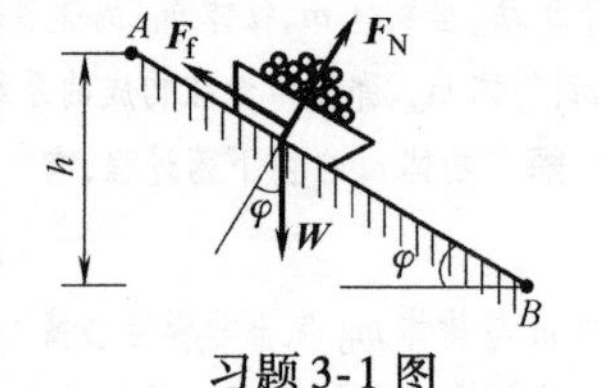

习题 3-1 图

解 雪橇沿斜坡 AB 下滑时，受重力 $\boldsymbol{W}=m\boldsymbol{g}$、斜坡的支承力 $\boldsymbol{F}_N$ 和冰面对雪橇的滑动摩擦力 $\boldsymbol{F}_f$ 作用，方向如习题 3-1 图所示，$\boldsymbol{F}_f$ 的大小为 $F_f=\mu F_N=\mu mg\cos\varphi$. 雪橇下滑的位移大小为 $AB=h/\sin\varphi$. 按功的定义式(3-1)，由题设数据，可求出重力对雪橇所做的功为

$$A_W=(mg\sin\varphi)(h/\sin\varphi)\cos 0°=mgh=5000\text{kg}\times 9.80\text{m}\cdot\text{s}^{-2}\times 10\text{m}=4.9\times 10^5\text{J} \quad ⓐ$$

斜坡的支承力 F_N 对雪橇所做的功为

$$A_{F_N}=(mg\cos\varphi)(h/\sin\varphi)\cos 90°=0 \quad ⓑ$$

摩擦力 F_f 对雪橇所做的功为

$$\begin{aligned}A_{F_f}&=(\mu mg\cos\varphi)(h/\sin\varphi)\cos 180°=-\mu mgh\cot\varphi\\&=-0.03\times 5000\text{kg}\times 9.80\text{m}\cdot\text{s}^{-2}\times 10\text{m}\times\cot 10°\\&=-8.34\times 10^4\text{J}\end{aligned} \quad ⓒ$$

在下滑过程中，合外力对雪橇做功为

$$A=A_W+A_{F_N}+A_{F_f}=4.9\times 10^5\text{J}+0+(-8.34\times 10^4\text{J})=4.07\times 10^5\text{J}$$

3-2 如习题 3-2 图所示，用跨过轻滑轮的细绳，以大小不变的拉力 $F=1600\text{N}$ 牵引一台质量 $m=200\text{kg}$ 的机器，使之沿倾角 $\theta=30°$ 的斜面运动. 求机器从静止开始自位置 A 移到位置 B 的过程中重力和拉力所做的功. 已知机器在 A 和 B 处时绳子与斜面分别成 $\alpha_1=45°$、$\alpha_2=60°$ 角，滑轮的大小不计，它离机器的垂直距离 $h=6\text{m}$.

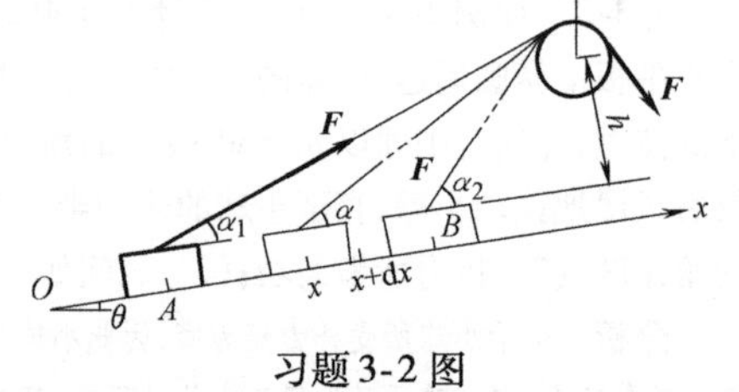

习题 3-2 图

解 按题设数据和功的定义，可求得机器的重力做功为

$$\begin{aligned}A_W&=(mg\sin\theta)[h(\cot\alpha_1-\cot\alpha_2)]\cos\pi\\&=200\text{kg}\times 9.8\text{m}\cdot\text{s}^{-1}\times\sin 30°\times 6\text{m}\times(\cot 45°-\cot 60°)\cos\pi\\&=-2.49\times 10^3\text{J}\end{aligned}$$

以位置 A 为 Ox 轴的原点，机器在任一位置的坐标为 $x=h\cot 45°-h\cot\alpha$，从而 $dx=h\csc^2\alpha d\alpha$，则拉力 $\boldsymbol{F}$ 所做元功为

$$dA=F\cos\alpha dx=(F\cos\alpha)(h\csc^2\alpha d\alpha)$$

拉力 $\boldsymbol{F}$ 所做总功为：

$$A=Fh\int_{45°}^{60°}\frac{d(\sin\alpha)}{\sin^2\alpha}=Fh\left(\frac{1}{\sin 45°}-\frac{1}{\sin 60°}\right)$$

$$=1600\text{N}\times 6\text{m}\times(2/\sqrt{2}-2/\sqrt{3})=2.49\times 10^3\text{J}$$

3-3 设小车受 x 轴方向的力 $F=kx-c$ 作用，从 $x_a=0.5\text{m}$ 运动到 $x_b=6\text{m}$，已知 $k=8\text{N}\cdot\text{m}^{-1}$，$c=12\text{N}$. (1) 求力在此过程中所做的功；(2) 以 x 为横坐标，F 为纵坐标，绘出 F 与 x 的关系图线(称为**示功图**)；并直接计算示功图在 x_a 到 x_b 区间内的面积，以验证你在(1) 中求出的答案.

解 做功为

$$A=\int_{x_a}^{x_b}F\mathrm{d}x\cos0^\circ=\int_{x_a}^{x_b}(kx-c)\mathrm{d}x=\left(\frac{kx^2}{2}-cx\right)\bigg|_{x_a}^{x_b}$$

$$=\left(\frac{kx_b^2}{2}-cx_b\right)-\left(\frac{kx_a^2}{2}-cx_a\right)$$

由题设 $k=8\mathrm{N}\cdot\mathrm{m}^{-1}$, $c=12\mathrm{N}$, $x_a=0.5\mathrm{m}$, $x_b=6\mathrm{m}$,代入上式得

$$A=209\mathrm{J}$$

F-x 的关系图线如习题3-3图所示

$$F=8x-12\ (\mathrm{SI})$$

作示功图,得

$$A=\frac{(1.5\mathrm{m}-0.5\mathrm{m})(-8\mathrm{N})}{2}+\frac{(6\mathrm{m}-1.5\mathrm{m})(36\mathrm{N})}{2}=209\mathrm{J}$$

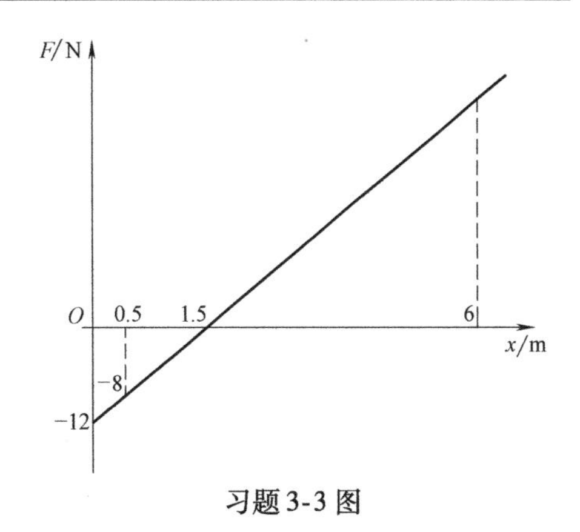

习题3-3图

3-4　一质量为1.5t的汽车在关闭发动机后,以36km·h⁻¹的匀速沿一段斜度(即斜面高/斜面的底边长)为5/100的公路下滑.若令此车以同样的速度向上行驶,问发动机的功率是多大?

解　按题意,汽车匀速下滑时,受斜面对它的向上摩擦力 $\boldsymbol{F}_\mathrm{f}$ 和汽车重力 $\boldsymbol{W}=m\boldsymbol{g}$ 沿斜面的分力 $mg\sin\alpha$ 作用,这里,α 为斜面的倾角.按牛顿第二定律,有

$$mg\sin\alpha-F_\mathrm{f}=m\cdot0=0 \quad ⓐ$$

当汽车在驱动力 $\boldsymbol{F}$ 作用下以同样速度v向上行驶时,其功率为

$$N=Fv=(mg\sin\alpha+F_\mathrm{f})v \quad ⓑ$$

将式ⓐ代入式ⓑ,并按题设数据,可算得汽车发动机的功率为

$$N=(mg\sin\alpha+mg\sin\alpha)v=(2mg\sin\alpha)v$$

$$=\left(2\times1.5\times10^3\times9.8\times\frac{5}{\sqrt{100^2+5^2}}\times36\times10^3/3600\right)\mathrm{W}=1.47\times10^4\mathrm{W}=14.7\mathrm{kW}$$

3-5　一质量为10g、速度为200m·s⁻¹的子弹水平地射入墙壁内10cm后而停止运动.若墙的阻力是一恒量,求子弹射入墙壁内5cm时的速率.

解　已知子弹质量 $m=10\times10^{-3}\mathrm{kg}$,速度 $v_1=200\mathrm{m}\cdot\mathrm{s}^{-1}$, $s=10\mathrm{cm}=0.10\mathrm{m}$,子弹射入墙内所受的力如习题3-5图所示.按题意,由质点动能定理,重力 $\boldsymbol{W}$ 和支承力 $\boldsymbol{F}_\mathrm{N}$ 不做功,则阻力做功为

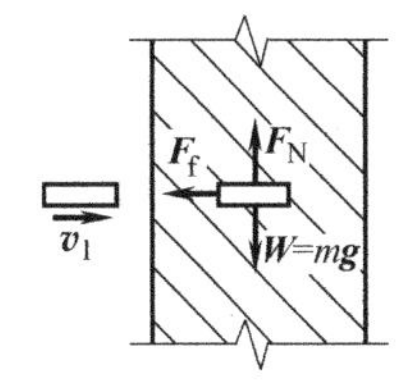

习题3-5图

$$-F_\mathrm{f}s=0-\frac{1}{2}mv_1^2$$

即

$$F_\mathrm{f}=\frac{mv_1^2}{2s}$$

当射入墙内 $s'=5\times10^{-2}\mathrm{m}$ 时,由

$$-F_\mathrm{f}s'=\frac{1}{2}mv_2^2-\frac{1}{2}mv_1^2$$

可得此时子弹的速率为

$$v_2=\sqrt{1-\frac{s'}{s}}v_1=\sqrt{1-\frac{0.05\mathrm{m}}{0.10\mathrm{m}}}\times200\mathrm{m}\cdot\mathrm{s}^{-1}=141.42\mathrm{m}\cdot\mathrm{s}^{-1}$$

3-6　如习题3-6图所示,打捞船借电动机M拖动一卷扬机,以吊起沉于海面下36.5m、质量为2t的一台机器.已知机器刚离开海面时的速度为6.1m·s⁻¹,设海水对机器运动的阻力恒定,等于机器重量的20%.求机器达到海面时,卷扬机所做的功(机器在海水中所受浮力不计).

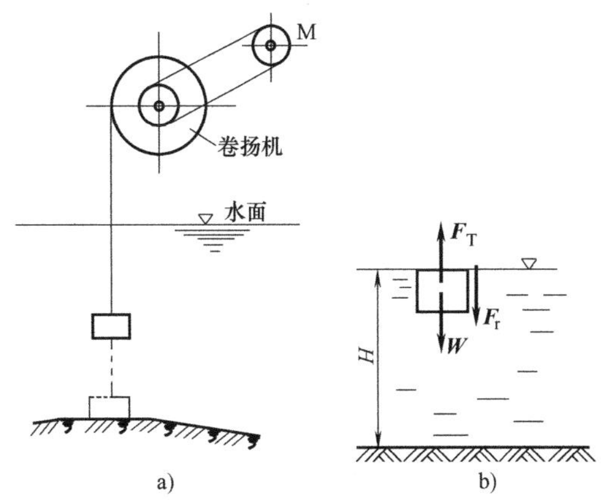

习题3-6图

解　机器在水中受卷扬机拉力 $\boldsymbol{F}_\mathrm{T}$、重力 $\boldsymbol{W}=m\boldsymbol{g}$ 和水的阻力 $F_\mathrm{r}=0.2mg$ 作用,水深为 H,机器抵达水面的末速为v,按

质点的动能定理，有

$$(F_T - F_r - mg)H = \frac{mv^2}{2} - 0$$

卷扬机做功为

$$\begin{aligned} A &= F_T H = \frac{mv^2}{2} + F_r H + mgH \\ &= \left[2000 \times \frac{6.1^2}{2} + (1+0.2) \times 2000 \times 9.80 \times 36.5\right] \text{J} \\ &= (37210 + 858480)\text{J} = 0.896\text{MJ} \end{aligned}$$

3-7　如习题3-7图所示，$\widehat{AB}$ 为半径 $R = 1.5\text{m}$ 的1/4圆周的运料滑道. BC 为水平滑道. 一块质量为2kg的卵石从 A 处自静止开始下滑，滑到 C 点停止. 设滑到 B 点时速度为 $4\text{m}\cdot\text{s}^{-1}$，$B$、$C$ 间距离为 $l = 3\text{m}$. 求卵石自 A 点滑到 B 点克服摩擦力所做的功，并求 BC 段水平滑道的滑动摩擦因数.

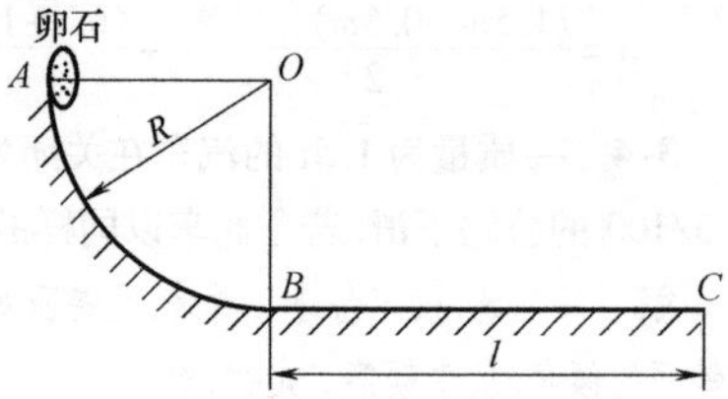

卵石
A
O
R
B
C
l

习题3-7图

解　卵石在1/4圆周滑道滑行时，设摩擦力做功为 A_{F_f}，而重力做功为 $A_W = \int_0^{\pi/2} mg\cos\theta R\text{d}\theta = mgR$. 按质点动能定理有

$$mgR + A_{F_f} = \frac{1}{2}mv_B^2 - 0$$

得

$$A_{F_f} = \frac{1}{2}mv_B^2 - mgR = \left(\frac{1}{2} \times 2 \times 4^2 - 2 \times 9.8 \times 1.5\right)\text{J} = -13.4\text{J}$$

卵石克服摩擦力做功为

$$A'_{F_f} = -A_{F_f} = 13.4\text{J}$$

在 BC 段中，按题意，由质点动能定理，有

$$F_f l\cos\pi = 0 - \frac{mv_B^2}{2}$$

即

$$-\mu mgl = -\frac{mv_B^2}{2}$$

水平滑道 BC 段的摩擦因数为

$$\mu = \frac{v_B^2}{2gl} = \frac{4^2}{2 \times 9.8 \times 3} = 0.27$$

3-8　如习题3-8图所示，传送带沿斜面的向上运行速度为 $v = 1\text{m}\cdot\text{s}^{-1}$，设物料无初速地每秒钟落到传送带下端的质量为 $Q = 50\text{kg}\cdot\text{s}^{-1}$，并被输送到高度 $h = 5\text{m}$ 处. 求配置的电动机所需功率. 不计传送机各部件间的摩擦和物料落到传送带上因碰撞所引起的能量损失.

h
v

习题3-8图

分析　在 Δt 时间内，质量为 $Q\Delta t$ 的物料被提升到高度 $h = 5\text{m}$ 处；与此同时，有质量为 $Q\Delta t$ 的物料连续地被补充到传送带上，且自静止变为以速度 $v = 1\text{m}\cdot\text{s}^{-1}$ 运动. 为此，我们可把整个传送带上被输送的物料作为系统.

解　在 Δt 时间内，系统动能的增量为

$$\sum_i \Delta E_{ki} = \frac{1}{2}(Q\Delta t)v^2 - 0 = \frac{1}{2}(Q\Delta t)v^2$$

在 Δt 时间内，重力做功为

$$A_W = -(Q\Delta t)gh$$

设电动机所需的功率为 N，即电动机每秒钟需提供（传递）给传送带的能量为 N，使传送带作用于物料的静摩擦力驱动物料上移而做功，则在 Δt 时间内所做的功为

$$A_{\text{静}} = N\Delta t$$

由于物料在传送带上以同一速度v行进，彼此之间没有相对位移，纵有内力，也不做功，故而，$\sum_i A_{内i}=0$. 按系统动能定理，有

$$\sum_i A_{外i}+0=\sum_i \Delta E_{ki}$$

即

$$N\Delta t-(Q\Delta t)gh=\frac{1}{2}(Q\Delta t)v^2$$

由上式，根据已知数据，便可解算出配置的电动机所需功率为

$$N=Q\left(\frac{v^2}{2}+gh\right)$$

$$=(50\mathrm{kg}\cdot\mathrm{s}^{-1})\times\left[\frac{(1\mathrm{m}\cdot\mathrm{s}^{-1})^2}{2}+(9.8\mathrm{m}\cdot\mathrm{s}^{-2})(5\mathrm{m})\right]$$

$$=2475\mathrm{W}\approx 2.5\mathrm{kW}$$

3-9　一质量$m_1=0.1\mathrm{kg}$的物块B与质量$m_0=0.8\mathrm{kg}$的物体A，用跨过轻滑轮的细绳连接，如习题3-9图所示. 滑轮与绳间的摩擦不计. 物块B上另放一质量为$m_2=0.1\mathrm{kg}$的物块C，物体A放在水平桌面上. 它们均由静止开始运动，物块B下降一段距离$h_1=50\mathrm{cm}$后，通过圆环D，将物块C卸去，又下降一段距离$h_2=30\mathrm{cm}$，速度变为零. 试求物体A与水平桌面间的滑动摩擦因数.

习题3-9图

解　将物体A、B、C及绳子视作一系统，所受外力如习题3-9图所示，按题意，始、末状态均为静止. 由系统的动能定理，有

$$-F_f(h_1+h_2)+(m_1+m_2)gh_1+m_1gh_2=\sum_i m_i0^2-\sum_i m_i0^2 \quad ⓐ$$

又由$\boldsymbol{F}=m\boldsymbol{a}$，物体A的运动方程在竖直方向的分量式为

$$F_N-m_0g=0 \quad ⓑ$$

且

$$F_f=\mu F_N \quad ⓒ$$

联立式ⓐ~式ⓒ，解得

$$\mu=\frac{(m_1+m_2)gh_1+m_1gh_2}{m_0g(h_1+h_2)}$$

$$=\frac{(m_1+m_2)h_1+m_1h_2}{m_0(h_1+h_2)}$$

代入已知数据，可算出物体A与水平桌面间的滑动摩擦因数为$\mu=0.20$.

3-10　如习题3-10图所示，一质量为m的物体，在倾角为α的斜面上系于一劲度系数为k的弹簧的一端，弹簧的另一端固定，设物体在弹簧处于原长时的动能为E_{k1}，且不计物体与斜面间的摩擦，试求物体在弹簧伸长x时的速率.

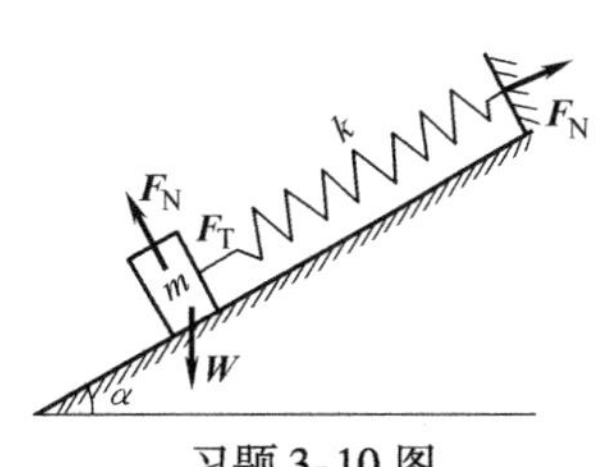

习题3-10图

解　将物体、弹簧和地球三者视作一系统，且不计摩擦，则因$\sum_i A_{外i}=0$，$\sum_i A_{非保内i}=0$，系统的机械能守恒，按题意，有

$$E_{k1}+0+0=\frac{1}{2}mv^2+\frac{1}{2}kx^2-mgx\sin\alpha$$

从而可解得
$$v=[(2E_{k1}+2mgx\sin\alpha-kx^2)/m]^{1/2}$$

3-11　如习题3-11图所示，劲度系数分别为 k_1、k_2 的轻弹簧A、B串联后，在弹簧B下端挂一物体C. 求证此两弹簧的弹性势能之比为 $E_{pA}/E_{pB}=k_2/k_1$.

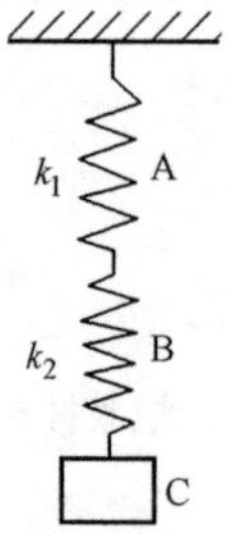

解　设弹簧A、B所受张力为 $\boldsymbol{F}_T$，其大小皆等于物体C的重力 $W=mg$，即
$$k_1x_1=k_2x_2=mg \tag{a}$$
其中，x_1、x_2 分别为弹簧A、B的伸长量，则相应的弹性势能之比为
$$\frac{E_{pA}}{E_{pB}}=\frac{\frac{1}{2}k_1x_1^2}{\frac{1}{2}k_2x_2^2}=\frac{k_1x_1^2}{k_2x_2^2} \tag{b}$$

习题3-11图

再由式ⓐ，得
$$\frac{E_{pA}}{E_{pB}}=\frac{(k_1x_1)x_1}{(k_2x_2)x_2}=\frac{x_1}{x_2}=\frac{k_2}{k_1}$$

3-12　如习题3-12图所示，一劲度系数为 k 的轻弹簧，两端分别固定于 A、B 处，当弹簧处于水平位置时视为原长 $2l$. 今在弹簧的中点 O 悬挂一质量为 m 的仪器，则仪器无初速地开始下降到 O 点以下 h 处的速度为多大？

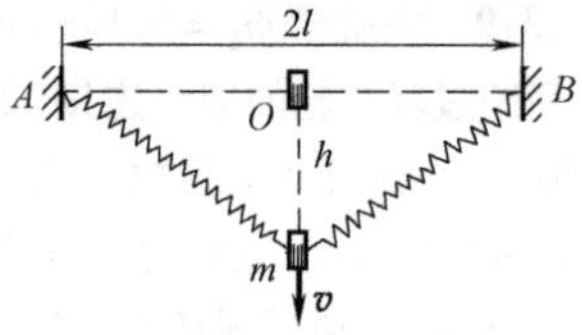

习题3-12图

解　以弹簧和仪器作为一系统. 弹簧的弹性力做功为
$$A_{弹}=\frac{1}{2}k\cdot0^2-2\left[\frac{1}{2}k(\sqrt{h^2+l^2}-l)^2\right]$$
$$=-k(\sqrt{h^2+l^2}-l)^2$$
重力做功为
$$A_W=mgh-0=mgh$$
按系统动能定理，有
$$mgh-k(\sqrt{h^2+l^2}-l)^2=\frac{1}{2}mv^2-\frac{1}{2}m\cdot0^2$$
由此解得速度为
$$v=\left[2gh-\frac{2k}{m}(\sqrt{h^2+l^2}-l)^2\right]^{\frac{1}{2}}$$

3-13　如习题3-13图所示，一质量为 m 的滑环可沿竖直平面内的半圆形（半径为 R）曲杆 ABC 滑动，不计一切摩擦. 若滑环与压缩量为 l 的水平轻弹簧一端相接触，然后自静止开始释放，求滑环到达高度为 R 的 B 点时曲杆对它的作用力（已知弹簧的另一端固定于 A 处，且其劲度系数为k）.

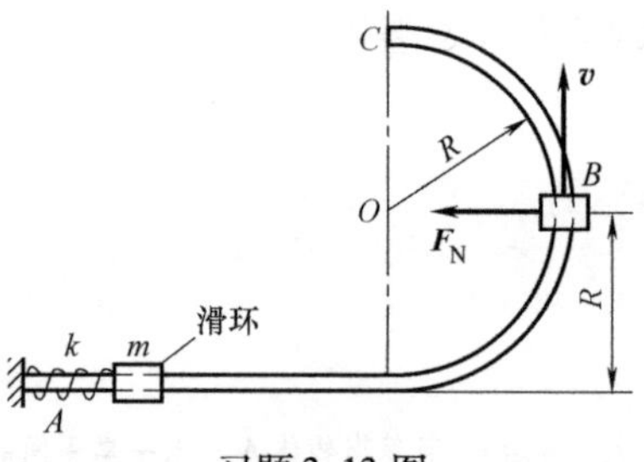

习题3-13图

解　按题意，对滑环、轻弹簧与地球所组成的系统，由于不计摩擦，在滑环释放而沿曲杆滑动过程中，系统的机械能守恒，即
$$0+0+\frac{1}{2}kl^2=\frac{1}{2}mv^2+mgR+0$$
由此可得曲杆对滑环的作用力为
$$F_N=m\frac{v^2}{R}=\frac{kl^2}{R}-2mg$$

3-14　一长为 l 的细绳所能承受的最大拉力为11.8N，上端系于 O 点，下端挂质量为0.6kg的重物（见习题3-14图），问重物应当拉到什么位置，然后放手，就会使重物回到最低点 B 时悬线即断（不计一切摩擦）？

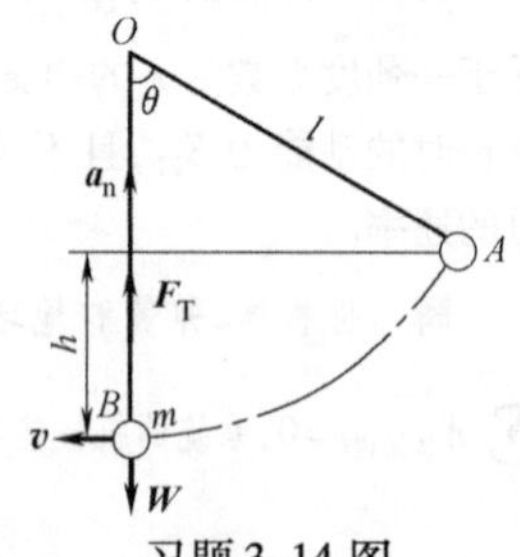

习题3-14图

解　如习题3-14图所示，设 A 为应拉到的位置，$\theta=\angle AOB$. 在重物向下摆动过程中，受绳的拉力 $\boldsymbol{F}_T$ 和重力 $\boldsymbol{W}$ 作用. 若将重物与地球看作一个系统，则 $\boldsymbol{W}$ 为内力，$\boldsymbol{F}_T$ 为外力. 但由

于力 $\boldsymbol{F}_{\mathrm{T}}$ 沿径向而处处与圆弧路径垂直，故外力 $\boldsymbol{F}_{\mathrm{T}}$ 不做功，因此，系统的机械能守恒，即

$$0+mgh=\frac{1}{2}mv^2+0$$

或

$$v^2=2gh=2gl(1-\cos\theta) \tag{a}$$

当重物在 B 点时，受绳的拉力 $\boldsymbol{F}_{\mathrm{T}}$ 和重力 $\boldsymbol{W}$ 作用，以速度v做圆周运动(见习题3-14图)，按牛顿第二定律，有

$$F_{\mathrm{T}}-mg=m\frac{v^2}{l} \tag{b}$$

由式ⓐ、式ⓑ，得

$$F_{\mathrm{T}}=mg+m\frac{v^2}{l}=mg+2mg(1-\cos\theta)$$

绳断时，绳子拉力 $\boldsymbol{F}_{\mathrm{T}}$ 的大小至多为11.8N，又 $m=0.6\mathrm{kg}$，代入上式得 $\theta=60°$

3-15　如习题3-15图所示，在电动机驱动下，倾角为 $\alpha=30°$ 的传送带以保持不变的速度$v_0=3\mathrm{m\cdot s^{-1}}$运行. 今把一质量为 $m=20\mathrm{kg}$ 的货箱无初速地放在传送带底端，并被运送到高度 $h=2.5\mathrm{m}$ 处. 已知货箱与传送带之间的摩擦因数为 $\mu=\sqrt{3}/2$，其他损耗不计. 求传送带运送货箱过程中产生的热能和电动机消耗的电能.

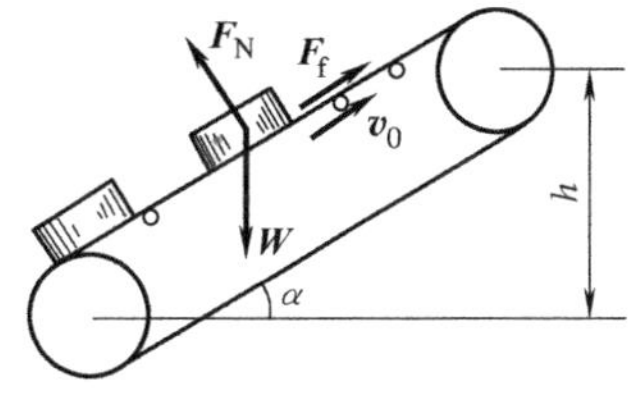

习题3-15图

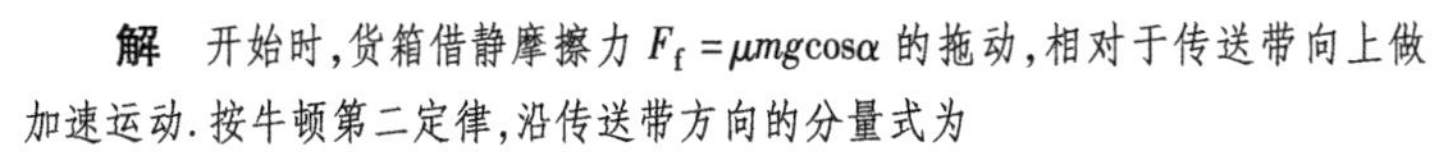

解　开始时，货箱借静摩擦力 $F_f=\mu mg\cos\alpha$ 的拖动，相对于传送带向上做加速运动. 按牛顿第二定律，沿传送带方向的分量式为

$$\mu mg\cos\alpha-mg\sin\alpha=ma$$

可得加速度为

$$\begin{aligned}a&=\mu g\cos\alpha-g\sin\alpha\\&=\frac{\sqrt{3}}{2}\times9.8\mathrm{m\cdot s^{-2}}\times\cos30°-9.8\mathrm{m\cdot s^{-2}}\times\sin30°\\&=2.45\mathrm{m\cdot s^{-2}}\end{aligned}$$

加速过程一旦结束，货箱与传送带就无相对滑动，以v_0 向上运动. 这时，货箱已通过位移为

$$s=\frac{v_0^2}{2a}=\frac{(3\mathrm{m\cdot s^{-1}})^2}{2\times2.45\mathrm{m\cdot s^{-2}}}=1.84\mathrm{m}$$

在上述加速过程中，摩擦力做功就转化为热能，即

$$\begin{aligned}E_f&=(\mu mg\cos\alpha)\cdot s\\&=\frac{\sqrt{3}}{2}\times20\mathrm{kg}\times9.8\mathrm{m\cdot s^{-2}}\times\cos30°\times1.84\mathrm{m}\\&=270.5\mathrm{J}\end{aligned}$$

按能量守恒定律，电动机消耗的电能为

$$\begin{aligned}E_e&=E_f+mgh+\frac{mv_0^2}{2}\\&=270.5\mathrm{J}+20\mathrm{kg}\times9.8\mathrm{m\cdot s^{-2}}\times2.5\mathrm{m}+20\mathrm{kg}\times\frac{(3\mathrm{m\cdot s^{-1}})^2}{2}\\&=270.5\mathrm{J}+490\mathrm{J}+90\mathrm{J}=850.5\mathrm{J}\end{aligned}$$

3-16　一质量为700g的足球从 $h_1=5\mathrm{m}$ 的高处自由落下. 试求：(1) 它以多大的速度撞击地面？此时它的动量是多大？(2) 如果反跳到 $h_2=3.2\mathrm{m}$ 的高处，那么反跳而离开地面的瞬时，其动量为多大？(3) 在撞击的极短过程中动量的变化如何？球受地面的冲量为多大？(4) 若球与地面的接触时间是0.02s，那么，球对地面的平均作用力为多大？

解　按题意，作习题3-16图，(1) 因足球自 $h_1=5\mathrm{m}$ 高处自由落下，初速为0，则刚落地时的速度大小为

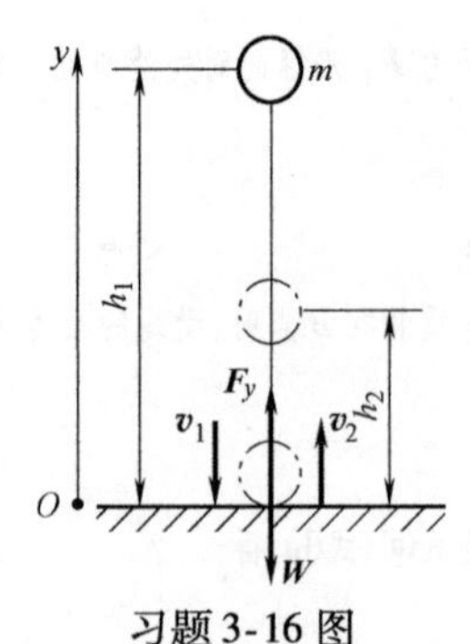

习题3-16图

$$v_1=\sqrt{2gh_1}=\sqrt{2\times9.8\text{m}\cdot\text{s}^{-2}\times5\text{m}}=10\text{m}\cdot\text{s}^{-1}$$

其方向竖直向下.这时,足球动量的方向也是竖直向下,其大小为

$$mv_1=0.7\text{kg}\times10\text{m}\cdot\text{s}^{-1}=7\text{kg}\cdot\text{m}\cdot\text{s}^{-1}$$

(2) 反跳时(即离开地面的一瞬间),足球速度的方向竖直向上,其大小为

$$v_2=\sqrt{2gh_2}=\sqrt{2\times9.8\text{m}\cdot\text{s}^{-2}\times3.2\text{m}}=8\text{m}\cdot\text{s}^{-1}$$

这时,足球动量的方向也是竖直向上的,其大小为

$$mv_2=0.7\text{kg}\times8\text{m}\cdot\text{s}^{-1}=5.6\text{kg}\cdot\text{m}\cdot\text{s}^{-1}$$

(3) 因足球只在竖直方向运动,可取y轴,以向上为正,这样,上述两个动量矢量可分别用它们在y轴上的分量(标量)mv_{1y}、mv_{2y}表示,其增量为$mv_{2y}-mv_{1y}=+5.6\text{kg}\cdot\text{m}\cdot\text{s}^{-1}-(-7\text{kg}\cdot\text{m}\cdot\text{s}^{-1})=+12.6\text{kg}\cdot\text{m}\cdot\text{s}^{-1}$,正号表示动量增量的方向和坐标轴$y$正向一致.

球的动量改变正是球受地面的冲量所致,根据质点动量定理的分量式,这冲量的方向与球的动量增量的方向相同,即竖直向上,其大小为

$$I_y=mv_{2y}-mv_{1y}=12.6\text{kg}\cdot\text{m}\cdot\text{s}^{-1}$$

(4) 已知球与地面的接触时间$\Delta t=0.02\text{s}$,考虑到足球重力$W\ll\overline{F}_y$,故W可忽略不计,于是由$I_y=\overline{F}_y\Delta t$,可得地面对球竖直向上的平均冲力的大小为

$$\overline{F}_y=\frac{I_y}{\Delta t}=\frac{12.6\text{kg}\cdot\text{m}\cdot\text{s}^{-1}}{0.02\text{s}}=630\text{N}$$

根据作用力与反作用力的关系,球对地面竖直向下作用的平均冲力的大小为

$$\overline{F}'_y=630\text{N}$$

3-17　质量为96g的子弹,其速度为$820\text{m}\cdot\text{s}^{-1}$,垂直地穿过墙壁后,速度则变为$722\text{m}\cdot\text{s}^{-1}$,穿过墙壁历时$2.0\times10^{-5}\text{s}$.求墙壁对子弹的平均阻力.

解　沿垂直于墙壁方向取x轴,则按质点的动量定理的分量式,有

$$\overline{F}_x(t_2-t_1)=mv_{x2}-mv_{x1}$$

代入题设数据,得墙壁对子弹的平均阻力为

$$\overline{F}=\frac{mv_{2x}-mv_{1x}}{t_2-t_1}=\frac{96\times10^{-3}\text{kg}\times(722\text{m}\cdot\text{s}^{-1}-820\text{m}\cdot\text{s}^{-1})}{2.0\times10^{5}\text{s}}=-4.7\times10^{-5}\text{N}$$

负号表示阻力的方向与子弹的运动方向相反.

3-18　一消防队员自高度为$h=2.5\text{m}$的墙顶自由地跳落到地面,若他的脚底与地面接触后,经1.6s,身体才完全站定,那么地面沿竖直方向作用于脚上的平均冲力是他体重的几倍?

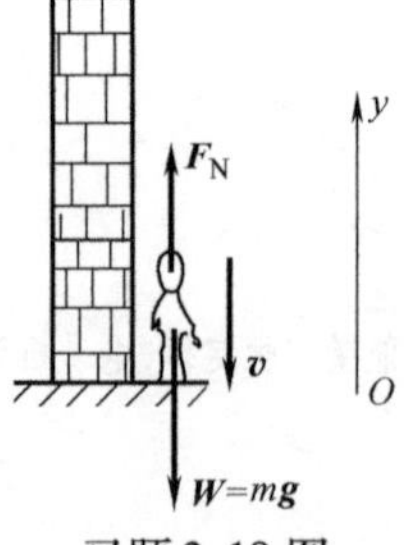

习题3-18图

解　消防队员自由落下到地面时的速度为

$$v=\sqrt{2gh}$$

如习题3-18图所示,取坐标轴Oy向上为正,则按质点动量定理,设$\boldsymbol{F}_\text{N}$为消防队员落到地面时所受的支承力,于是有

$$(-mg+F_\text{N})t=0-(-mv)$$

$$F_\text{N}=\frac{mv}{t}+mg$$

$$\frac{F_\text{N}}{mg}=\frac{v}{gt}+1=\sqrt{\frac{2h}{g}}\frac{1}{t}+1$$

$$=\sqrt{\frac{2\times2.5}{9.8}}\times\frac{1}{1.6}+1=\sqrt{\frac{5.0}{9.8}}\times\frac{1}{1.6}+1\approx1.4\ (\text{倍})$$

3-19　如习题3-19图所示,某风景区的索道运客车厢以速度$2.80\text{m}\cdot\text{s}^{-1}$沿着索道向上运动,倘若系于

车厢 C 处的操纵绳索突然断掉，求自断掉后车厢沿索道向下运动的速度达到$0.65\mathrm{m\cdot s^{-1}}$时所需的时间. 不计摩擦，设索道的倾角$\alpha=12.5°$.

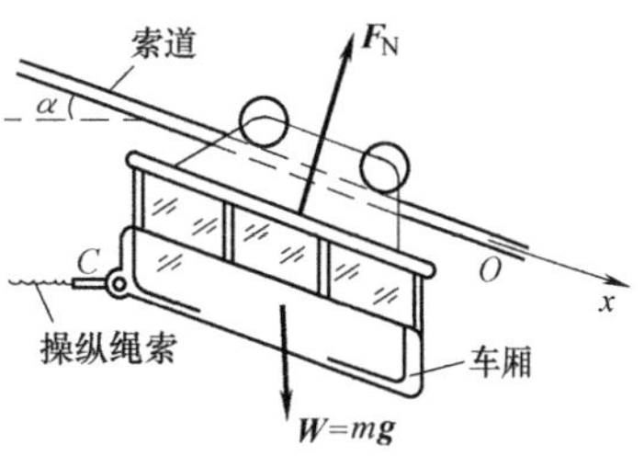

解　车厢受重力 $\boldsymbol{W}=m\boldsymbol{g}$ 和索道支承力 $\boldsymbol{F}_\mathrm{N}$ 作用. 沿索道取 Ox 轴，按质点动量定理，车厢沿 Ox 轴的分量式为

$$(mg\sin\alpha)t=mv_{2x}-m(-v_{1x})$$

则由上式，借题设数据，可解算出所需时间为

$$t=\frac{v_{2x}-v_{1x}}{g\sin\alpha}=\frac{0.65\mathrm{m\cdot s^{-1}}+2.8\mathrm{m\cdot s^{-1}}}{9.8\mathrm{m\cdot s^{-2}}\times\sin12.5°}=1.63\mathrm{s}$$

习题 3-19 图

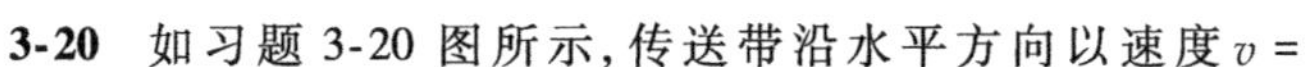

3-20　如习题 3-20 图所示，传送带沿水平方向以速度 $v=$

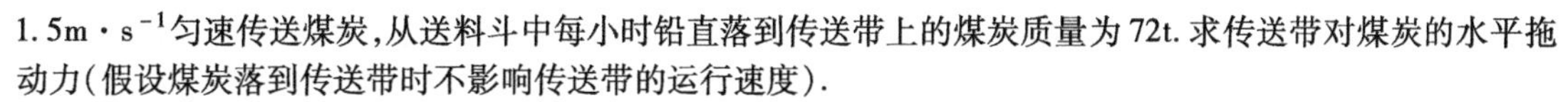

$1.5\mathrm{m\cdot s^{-1}}$匀速传送煤炭，从送料斗中每小时铅直落到传送带上的煤炭质量为 72t. 求传送带对煤炭的水平拖动力（假设煤炭落到传送带时不影响传送带的运行速度）.

解　设传送带对煤炭的水平拖动力为 $\boldsymbol{F}_{\mathrm{T}x}$，则由动量定理，沿 x 轴的分量式为

$$F_{\mathrm{T}x}t=mv_x-0$$

可得传送带对煤炭的水平拖动力为

$$F_{\mathrm{T}x}=\frac{mv_x}{t}=\frac{(72\times10^3\mathrm{kg})(1.5\mathrm{m\cdot s^{-1}})}{1\times3600\mathrm{s}}=30\mathrm{N}$$

3-21　一质量为 m 的质点，在水平面上以匀角速 ω 绕圆心 O 做半径为 R 的圆周运动. 求从点 P_1 转过 90°而到达点 P_2 的过程中，质点所受向心力的冲量（按习题 3-21 图所示的坐标系 Oxy 计算）.

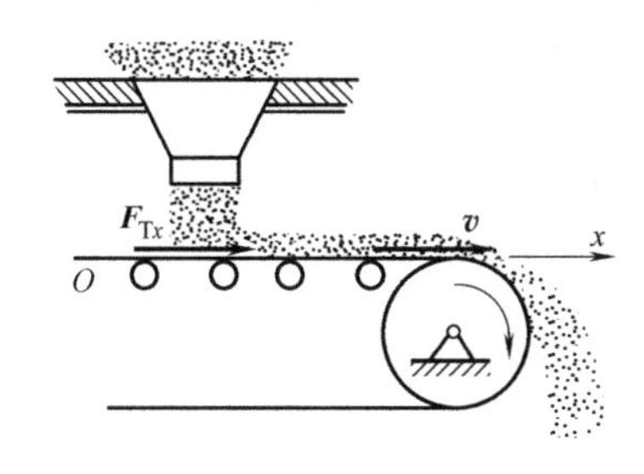

习题 3-20 图

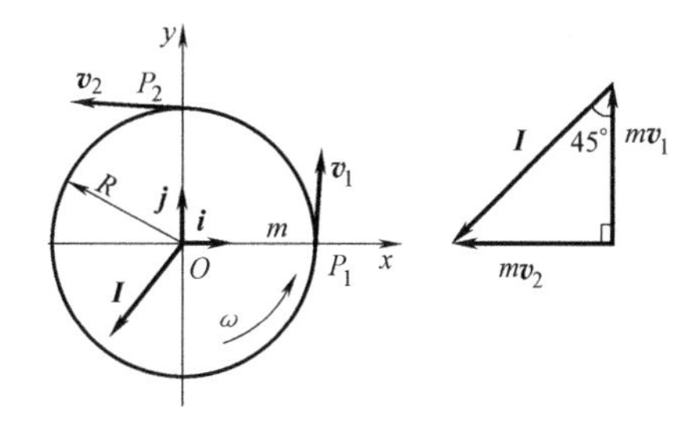

习题 3-21 图

解　按质点动量定理

$$\boldsymbol{I}=m\boldsymbol{v}_2-m\boldsymbol{v}_1$$

如习题 3-21 图所示，有

$$\begin{aligned}\boldsymbol{I}&=[(-mv)\boldsymbol{i}+(m\cdot0)\boldsymbol{j}]-[(m\cdot0)\boldsymbol{i}+(mv)\boldsymbol{j}]\\&=-mv\boldsymbol{i}-mv\boldsymbol{j}=mR\omega\boldsymbol{i}-mR\omega\boldsymbol{j}\end{aligned}$$

则向心力的冲量 $\boldsymbol{I}$ 的大小为

$$|\boldsymbol{I}|=\sqrt{(mR\omega)^2+(mR\omega)^2}=\sqrt{2}mR\omega$$

由习题 3-21 图可知，$\boldsymbol{I}$ 的方向与 x 轴所成夹角为 $\alpha=180°+45°=225°$.

3-22　如习题 3-22 图所示，一质量为 m_0 的楔块，其斜面 AB 的长度为 l，倾角为 θ，楔块底面 BC 可沿水平地面移动. 设一质量为 m 的物体从斜面顶端自静止开始下滑，不计一切摩擦，求物体在下滑到斜面底端的过程中，楔块沿水平地面滑行的总位移.

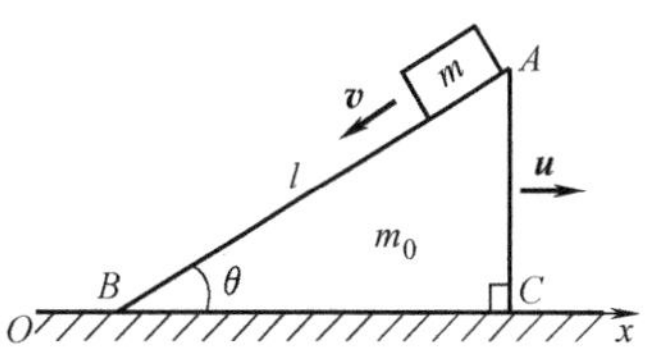

解　由于物体与楔块组成的系统在水平方向不受外力，故此系统在水平方向的动量守恒. 沿水平向右方向取 Ox 轴，则按题意，有

$$0+0=-mv_x+(m_0+m)u$$

习题 3-22 图

式中，v_x 为物体沿楔块斜面下滑速度$\boldsymbol{v}$的水平分量，$\boldsymbol{u}$ 为楔块沿水平面移动的速度. 由上式，得

$$u=\frac{m}{m_0+m}v_x$$

两边乘 $\mathrm{d}t$,积分之,有

$$\int_0^t u\mathrm{d}t=\frac{m}{m_0+m}\int_0^t v_x\mathrm{d}t$$

即

$$\int_0^x \mathrm{d}x=\frac{m}{m_0+m}\int_0^{l\cos\theta}\mathrm{d}x'$$

其中,$\mathrm{d}x$、$\mathrm{d}x'$分别为楔块和物体沿水平方向的位移元,这样,由上式可得楔块的总位移 x 为

$$x=\frac{ml\cos\theta}{m_0+m}$$

3-23　质量为60kg的人以2m·s^{-1}的速度从后面跳上质量为80kg的小车,小车原来沿平直轨道前进的速度为1m·s^{-1}.试问:(1)小车的运动速度变为多少?(2)如果此人迎面跳上小车,小车的速度又变为多少?

解　已知人的质量和速率分别为 $m=60\mathrm{kg}$,$v=2\mathrm{m\cdot s^{-1}}$,车的质量和速率分别为 $m_0=80\mathrm{kg}$,$u=1\mathrm{m\cdot s^{-1}}$.

(1)人从后面跳上车,$\boldsymbol{v}$、$\boldsymbol{u}$ 的方向如习题3-23图a所示,皆沿水平的 Ox 轴正向,均取正值.在人跳上小车短暂的过程中可不计摩擦,则 Ox 轴方向不受外力作用,对人和小车组成的系统,动量守恒,即

$$mv+m_0u=(m+m_0)u'$$

式中,u'为人跳上小车后小车的速度,由上式可算出小车的速度变为

$$u'=\frac{mv+m_0u}{m+m_0}=\frac{(60\mathrm{kg})(2\mathrm{m\cdot s^{-1}})+(80\mathrm{kg})(1\mathrm{m\cdot s^{-1}})}{60\mathrm{kg}+80\mathrm{kg}}=1.43\mathrm{m\cdot s^{-1}}$$

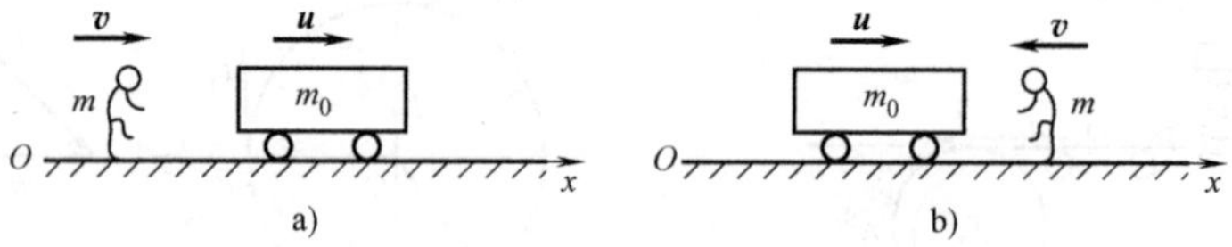

a)　　　　b)

习题3-23图

(2)人迎面跳上小车,$\boldsymbol{v}$、$\boldsymbol{u}$ 的方向如习题3-23图b所示,$\boldsymbol{v}$与所设的 Ox 轴正向相反,取负值.同理有

$$m(-v)+m_0u=(m+m_0)u''$$

式中,u''为人跳上小车后小车的速度,则得

$$u''=\frac{-mv+m_0u}{m+m_0}=\frac{(60\mathrm{kg})(-2\mathrm{m\cdot s^{-1}})+(80\mathrm{kg})(1\mathrm{m\cdot s^{-1}})}{60\mathrm{kg}+80\mathrm{kg}}=-0.29\mathrm{m\cdot s^{-1}}$$

3-24　一辆质量为30t的车厢,在平直铁轨上以2m·s^{-1}的速度和它前面的一辆质量为50t、以1m·s^{-1}的速度沿相同方向前进的机车挂接,挂接后,它们以同一速度前进.试求:(1)挂接后的速度;(2)机车受到的冲量.

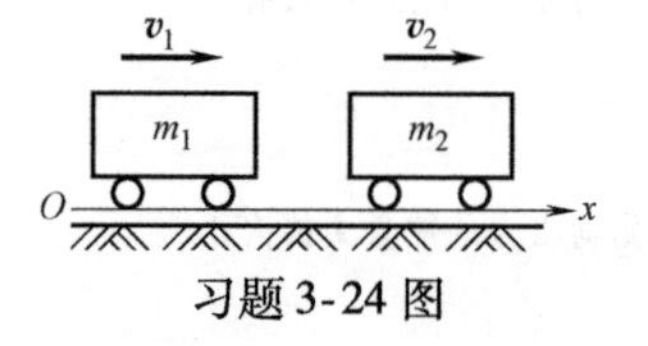

习题3-24图

解　按题意,作习题3-24图.(1)已知 $m_1=30\mathrm{t}=30\times10^3\mathrm{kg}$,$m_2=50\mathrm{t}=50\times10^3\mathrm{kg}$,$v_1=2\mathrm{m\cdot s^{-1}}$,$v_2=1\mathrm{m\cdot s^{-1}}$,在车厢与机车挂接的过程中,将它们视作一系统,且两者与轨道间的摩擦力可忽略不计,故水平方向不受外力作用,系统沿水平的 Ox 轴方向的动量守恒.设挂接后的速度为 $\boldsymbol{u}$,则

$$m_1v_1+m_2v_2=(m_1+m_2)u$$

代入已知数据,得挂接后的速度的大小和方向为

$$u=\frac{m_1v_1+m_2v_2}{m_1+m_2}=\frac{(30\times10^3\mathrm{kg})(2\mathrm{m\cdot s^{-1}})+(50\times10^3\mathrm{kg})(1\mathrm{m\cdot s^{-1}})}{30\times10^3\mathrm{kg}+50\times10^3\mathrm{kg}}=1.38\mathrm{m\cdot s^{-1}}(\rightarrow)$$

(2)质量为50t的机车所受的冲量为

$$\begin{aligned}I&=m_2u-m_2v_2=(50\times10^3\mathrm{kg})(1.38\mathrm{m\cdot s^{-1}}-1\mathrm{m\cdot s^{-1}})\\&=19\times10^3\mathrm{kg\cdot m\cdot s^{-1}}=1.90\times10^4\mathrm{N\cdot s}\end{aligned}$$

$\boldsymbol{I}$ 的方向沿 x 轴正向.

3-25　如习题3-25图所示，在溜冰场中，一个质量为 $m_1=75\text{kg}$ 的溜冰员以速度 $v_1=1.5\text{m}\cdot\text{s}^{-1}$ 朝东滑行，另一个质量为 $m_2=60\text{kg}$ 的溜冰员以速度 $v_2=2.0\text{m}\cdot\text{s}^{-1}$ 朝南滑行，他们在 O 点相遇而拥抱在一起滑行. 求两人相遇后的速度.

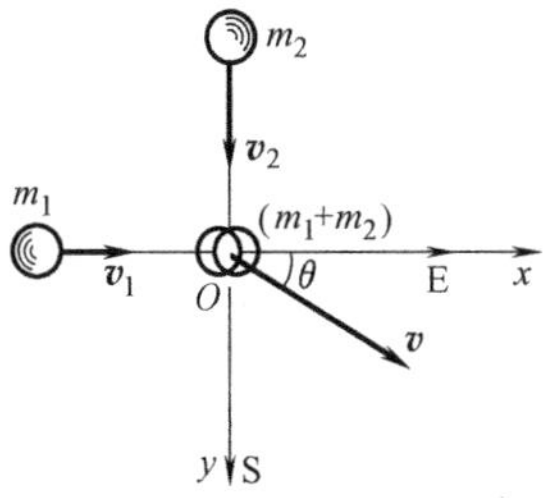

解　将两人相遇时看成一系统，由于水平面上不受外力作用，故在水平面上两人相遇时的动量守恒，按题意，沿 Ox 和 Oy 方向的动量守恒，即

$$m_1v_1=(m_1+m_2)v\cos\theta$$

$$m_2v_2=(m_1+m_2)v\sin\theta$$

式中，v为两人相遇后一起滑行时的速度，并设此速度的方向用 θ 角表示. 联立解上两式，得

习题3-25图

$$v=\sqrt{\frac{(m_1v_1)^2+(m_2v_2)^2}{(m_1+m_2)^2}}$$

$$\theta=\arctan\frac{m_2v_2}{m_1v_1}$$

代入题设数据，可算得

$$v=1.22\text{m}\cdot\text{s}^{-1},\theta=46.9°(\text{即东偏南}46.9°)$$

3-26　如习题3-26图所示，由传送带将矿砂竖直地卸落在沿平直轨道行驶着的列车的一节车厢中，每秒钟卸入的矿砂重量为 W，车厢空载时车身重量为 W_0，初速为v_0，忽略轨道阻力，求车厢在加载过程中某一时刻 t 的速度和加速度.

解　在矿砂卸入列车的过程中，将矿砂与车厢视作一系统，沿水平方向，系统的动量守恒. 设某时刻 t，车厢的速度为v，则由题意，列出系统动量守恒式，有

$$W_0v_0/g=(W_0+Wt)v/g$$

由此得 t 时刻车厢的速度为

$$v=\frac{W_0v_0}{W_0+Wt}$$

习题3-26图

加速度为

$$a=\frac{\mathrm{d}v}{\mathrm{d}t}=-\frac{W_0Wv_0}{(W_0+Wt)^2}$$

3-27　如习题3-27图所示，一质量为 m 的平板车以速度v_0 沿平直轨道运动. 质量为 m_0 的人以相对于车的速度v_r 从车的后端向前行走. 求此时平板车的速度. 不计车与轨道之间的摩擦力.

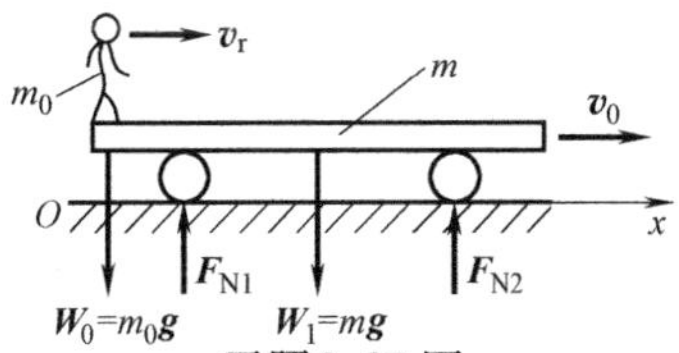

解　以人与车组成的系统作为研究对象. 系统所受的外力有：重力 $\boldsymbol{W}_1=m\boldsymbol{g}$、$\boldsymbol{W}_0=m_0\boldsymbol{g}$，轨道支承力 $\boldsymbol{F}_{\text{N1}}$、$\boldsymbol{F}_{\text{N2}}$，它们皆沿竖直方向，如习题3-27图所示.

习题3-27图

由于系统在水平方向不受外力作用，人与车之间的摩擦力是系统的内力，不改变整个系统的动量. 因此，系统在水平方向的动量守恒. 沿水平轨道取 Ox 轴，如习题3-27图所示，则人走动前的系统动量为

$$p_{Ox}=(m_0+m)v_0$$

人在走动时，他相对于地面的速度为$v_\text{G}=v+v_\text{r}$，方向沿 Ox 轴正方向，这里，v就是人走动时平板车的速度，正是我们所要求的. 这时，系统的动量为

$$p_x=mv+m_0(v+v_\text{r})=(m_0+m)v+m_0v_\text{r}$$

按系统沿某一方向的动量守恒定律，有

$$(m_0+m)v_0=(m_0+m)v+m_0v_\text{r}$$

由此可求得人走动时平板车的速度为

$$v = v_0 - \frac{m_0 v_r}{m_0 + m}$$

说明 动量定理和动量守恒定律都适用于惯性系. 在本题中,我们取地面为惯性系,因此,人在车上行走的速度必须是相对于地面而言的,不能误用人相对于车的速度v_r. 因为车厢对于地面并非做匀速直线运动,所以,不能把车当作惯性系.

讨论 从本题求出的结果,不难看出:

① 当$v_0 > m_0 v_r/(m_0 + m)$时,$v > 0$,平板车将继续前进;

② 当$v_0 = m_0 v_r/(m_0 + m)$时,$v = 0$,平板车将停止运动;

③ 当$v_0 < m_0 v_r/(m_0 + m)$时,$v < 0$,平板车将向后倒退.

3-28 一质量$m = 1\text{kg}$的钢球,拴于长$l = 1\text{m}$的细绳的一端,绳的另一端固定于O点. 在绳处于水平拉直的静止状态时将球释放(见习题3-28图),球经过1/4的圆弧路径到达最低点,对心地撞击一质量$m_0 = 5\text{kg}$的静止钢块. 设碰撞是弹性的,碰撞后钢块沿水平面滑行,与一劲度系数$k = 2000\text{N} \cdot \text{m}^{-1}$的水平轻弹簧相碰撞而将弹簧压紧. 不计一切摩擦,求弹簧的压缩量.

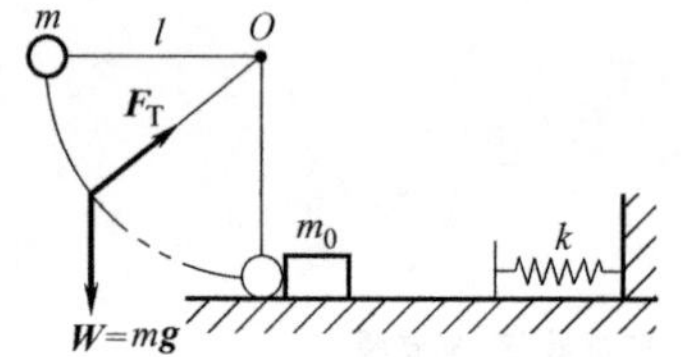

习题3-28图

解 在钢球经1/4圆弧抵达最低点的过程中,将钢球与地球视作一系统,则系统的外力(即绳的拉力)$\boldsymbol{F}_T$处处与路径垂直而不做功,故系统的机械能守恒,即

$$0 + mgl = \frac{1}{2}mv^2 + 0$$

由此得钢球撞击钢块前的速度为

$$v = \sqrt{2gl} \tag{a}$$

钢球与钢块碰撞时,两者构成的系统在水平方向不受外力作用,则系统在水平方向的动量守恒,按题意,并令钢球和钢块在碰撞后的速度分别为$\boldsymbol{u}'$和$\boldsymbol{u}$,则守恒式为

$$mv + 0 = m_0 u + mu' \tag{b}$$

且因弹性碰撞,因而此系统的机械能守恒,即

$$\frac{1}{2}mv^2 + 0 = \frac{1}{2}m_0 u^2 + \frac{1}{2}mu'^2 \tag{c}$$

此后,钢块在水平面上以速度$\boldsymbol{u}'$前进,继而碰撞水平轻弹簧,并将其压紧,在压紧过程中,将钢块、地球、弹簧视作一系统,其机械能守恒,即

$$\frac{1}{2}m_0 u'^2 + 0 + 0 = 0 + \frac{1}{2}kx^2 + 0 \tag{d}$$

联立求解式ⓐ~式ⓓ,可算得弹簧的压缩量为

$$x = \sqrt{\frac{m_0}{k_0}}\frac{2m\sqrt{2gl}}{m + m_0} = \sqrt{\frac{5\text{kg}}{2000\text{N}\cdot\text{m}^{-1}}} \times \frac{2 \times 1\text{kg} \times \sqrt{2 \times 9.8\text{m}\cdot\text{s}^{-2} \times 1\text{m}}}{1\text{kg} + 5\text{kg}} = 0.0738\text{m}$$

3-29 在氢原子中,设想电子绕原子核做半径为$r = 0.5 \times 10^{-11}\text{m}$的匀速率圆周运动. 若电子对原子核的角动量为$h/2\pi$(其中$h$为普朗克常量,$h = 6.63 \times 10^{-34}\text{J} \cdot \text{s}$),求它的角速度. 已知电子的质量为$9.11 \times 10^{-31}\text{kg}$.

解 按题意,电子绕原子核的角动量为

$$L = r\, mv = mr^2\omega$$

因

$$mr^2\omega = \frac{h}{2\pi}$$

得电子角速度ω为

$$\omega = \frac{h}{2\pi r^2 m} = \frac{6.63 \times 10^{-34}}{2\pi \times (0.5 \times 10^{-11})^2 \times 9.11 \times 10^{-31}}\text{rad}\cdot\text{s}^{-1} = 4.63 \times 10^{18}\text{rad}\cdot\text{s}^{-1}$$

第4章　刚体力学简介

4.1　学习要点导引

4.1.1　本章章节逻辑框图

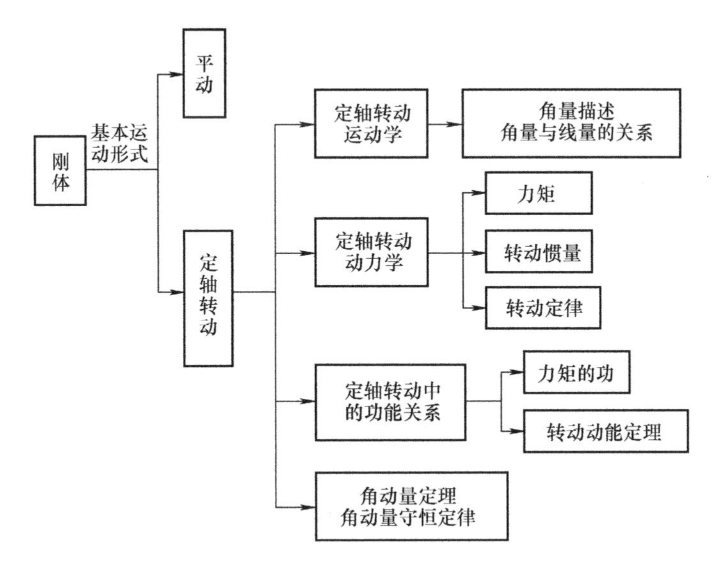

4.1.2　本章阅读导引

本章的研究对象是刚体. 我们首先讨论刚体运动学的两种基本运动形式:平动和定轴转动,然后讨论刚体定轴转动的动力学基本规律. 读者应重点掌握刚体定轴转动的动能定理、转动定律和角动量守恒定律,并应随时联系前几章的有关概念和规律,相互类比. 这样,将有助于掌握本章内容.

(1) 刚体也是实际物体的一种理想模型. 在很多实际问题中所涉及的物体,若其各部分的形变都是很微小的,并且也并不要深究物体内各部分的相互作用,而只研究物体的整体运动,于是,就完全可以忽略物体的形状和大小的变化,而把实际物体抽象成刚体.

研究刚体运动的基本方法是:把物体看成由许多有刚性联系的质元组成(由于刚体形状、大小不变,体内质元间的距离也不变,质元间彼此好像有刚性轻杆牢固地连接着一样).

(2) 刚体运动学的任务在于描述整个刚体的运动以及刚体内各点的运动情况(即刚体内各点的速度和加速度的分布). 在一般情况下,刚体的运动是很复杂的,但是总可将刚体的运动看作平动和转动这两种基本运动的合成.

(3) 刚体最简单而又最基本的一种运动就是单纯的平动. 由于在平动中,刚体各点在同一时刻具有同样的速度和加速度,所以我们也可以说这就是刚体的速度和加速度.

平动刚体内各点的运动情况既然相同,因此只需研究刚体中随便哪一点的运动,所得结果就描述了整个刚体的平动. 而有关质点运动学的结论,便可适用于研究刚体的平动.

(4) 刚体的另一种最简单而又最基本的运动就是刚体绕固定轴的转动. 在描述刚体的定轴转动时,需要解决两个问题:①如何描述刚体整体的运动;②如何描述刚体内各点的运动.

根据刚体定轴转动的特征,我们用角量(角坐标、角位移、角速度和角加速度)来描述整个刚体的转动. 这些角量的含义和描述定轴转动的运动学公式,与质点直线运动中的线量(坐标、位移、速度和加速度)及有关公式是相对应的. 为了标明刚体绕定轴的转向,我们在研究问题时,不要忘记,事先应规定一个正的转向,通常取逆时针转向作为正的转向,这与研究直线运动时总是事先规定一个具有正方向的坐标轴相仿.

绕定轴转动的刚体内各点的运动情况是:轴上的各点,在整个运动过程中都保持不动,因而它们的速度和加速度总是等于零;不在轴上的各点,则都以轴上的一点为圆心,在垂直于轴的平面上做圆周运动,因而求转动刚体上这些点的速度和加速度,就归结为求质点做圆周运动的速度和角速度了.

(5) 物体做平动时,用动量 mv 描述物体的运动状态. 当物体绕定轴转动时,可引入角动量 $J\omega$ 来描述转动刚体的运动状态.

(6) 在系统功能定理的基础上,我们很容易给出刚体绕定轴的转动定律和角动量守恒定律.

(7) 转动定律是读者学习本章时必须掌握的重点内容. 在转动定律 $M = J\alpha$ 中,要注意在同一个问题中,M、J 和 α 这三者都是对同一条轴而言的.

把刚体转动定律 $M = J\alpha$ 和质点做直线运动的牛顿第二定律 $F = ma$ 相比较,可见两者形式相似,合外力矩 M 与合外力 F 相对应,角加速度 α 与加速度 a 相对应,转动惯量 J 与质量 m 相对应.

(8) 刚体定轴转动的角动量守恒定律,其表达式与以前讲过的动量守恒定律相仿. 在具体运用角动量守恒定律时,必须在分析刚体或转动系统受力情况的基础上,明确指出它的适用条件:**刚体或转动系统所受外力对轴的合外力矩为零**.

(9) 从功、能观点研究刚体的运动,是解决刚体动力学问题的一种重要方法. 读者可回忆一下在上一章中学过的有关内容,并与本章相应内容做对照,这样做,在学习时就能够驾轻就熟,不至于发生什么困难.

4.2 教学拓展

4.2.1 关于转动惯量的移轴定理

在教材的表 4-1 中已列出常见的几种刚体对转轴的转动惯量公式. 在此基础上,根据问题的需求,可按照下述两条定理推求刚体对另一转轴的转动惯量.

(1) **平行轴定理** 如图 4.2-1 所示,刚体通过质心 C 并与纸面垂直的轴线的转动惯量为

$$J_C = \int_m R^2 \mathrm{d}m$$

对经过离质心 C、距离为 d 的一点 P 的平行轴线的转动惯量为

$$J_P = \int_m r^2 \mathrm{d}m$$

因 $r^2 = R^2 + d^2 - 2Rd\cos\theta, R\cos\theta = x$，代入上式，有

$$J_P = R^2\int_m \mathrm{d}m + d^2\int_m \mathrm{d}m - 2d\int_m x\mathrm{d}m$$

又因 $x_C = \frac{1}{m}\int_m x\mathrm{d}m, x_C = 0$（见图4.2-1），即 $\int_m x\mathrm{d}m = 0$，从而得

$$J_P = J_C + md^2$$

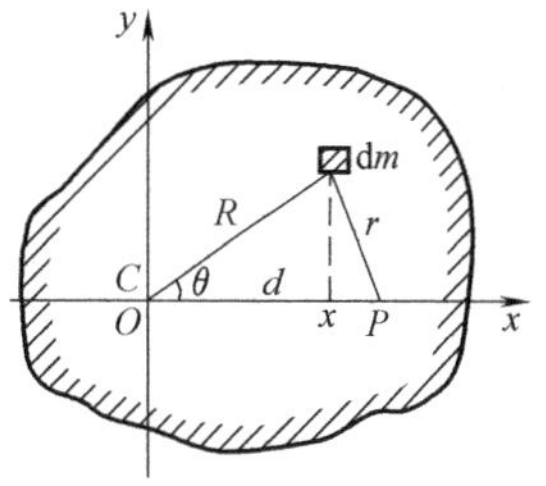

图 4.2-1

上式表明，**当转轴由质心 C 平移到一点 P 时，这时的转动惯量等于原来的转动惯量加上质量与两平行轴之距离的平方的乘积.** 这就是**平行轴定理.**

（2）**正交轴定理**　对薄板状刚体，过其上任一点 O 作坐标轴 Oz 垂直于板面，Ox、Oy 轴在板面内，如图4.2-2所示，则

$$J_z = \sum_i \Delta m_i r_i^2 = \sum_i \Delta m_i (x_i^2 + y_i^2) = \sum_i \Delta m_i x_i^2 + \sum_i \Delta m_i y_i^2 = J_x + J_y$$

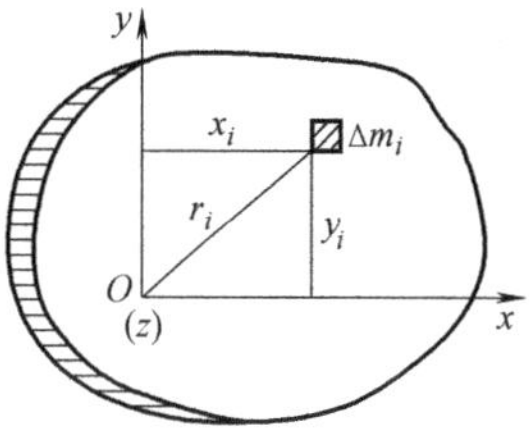

图 4.2-2

即薄板状刚体对于板面内的两条正交轴的转动惯量之和，等于此刚体对经过该两轴交点且垂直于板面的那条轴的转动惯量. 此即正交轴定理.

例　求质量为 m、半径为 R、长为 L 的均质圆柱体对通过中心并与几何轴 Oy 垂直的轴线 Oz 的转动惯量.

解　如图4.2-3所示，取坐标系 $Oxyz$，距所述轴线 Oz 为 y 处取厚度为 $\mathrm{d}y$ 的薄圆盘，它对 Oy 轴的转动惯量为

$$\mathrm{d}J_y = \frac{1}{2}(\mathrm{d}m)R^2 = \frac{1}{2}R^2\left(\frac{m}{L}\mathrm{d}y\right)$$

按正交轴定理，对薄圆盘而言，有

$$\mathrm{d}J_y = \mathrm{d}J_{z'} + \mathrm{d}J_{x'}$$

由对称关系，有 $\mathrm{d}J_{z'} = \mathrm{d}J_{x'}$，则

$$\mathrm{d}J_{z'} = \frac{1}{2}\mathrm{d}J_y = \frac{1}{2}\left[\frac{1}{2}R^2\left(\frac{m}{L}\mathrm{d}y\right)\right]$$

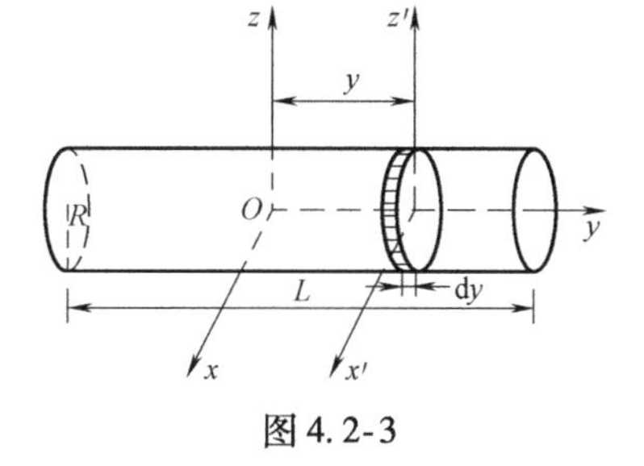

图 4.2-3

按平行轴定理，薄圆盘对 Oz 轴的转动惯量为

$$\mathrm{d}J_z = \mathrm{d}J_{z'} + (\mathrm{d}m)y^2 = \frac{1}{4}\frac{mR^2}{L}\mathrm{d}y + \left(\frac{m}{L}\mathrm{d}y\right)y^2$$

对上式积分，即得圆柱体对 Oz 轴的转动惯量为

$$J_z = \frac{mR^2}{4L}\int_{-L/2}^{L/2}\mathrm{d}y + \frac{m}{L}\int_{-L/2}^{L/2}y^2\mathrm{d}y = \frac{1}{4}mR^2 + \frac{1}{12}mL^2$$

4.2.2　刚体定轴转动时的轴承反作用力

在刚体定轴转动时，通常在轴承上会出现一定的轴承反作用力（即轴承处的支承力的反作用力）. 由于实际制造出来的飞轮等刚体往往稍有偏心，且飞轮本身的金属材料也非理想均质的，有可能会引起具有破坏性的轴承反作用力，这往往比均质刚体在非偏心的定轴转动情况下的轴承反作用力增大十余倍，甚至几十倍. 因此，在工程实践中，在装配飞轮或转子时，必须加以校正. 仅在非常特殊的均质、对称的情况下，这个反作用力才不甚显著. 有关这方面的讨论，可参考理论力学有关书籍.

4.3　解题指导

对刚体定轴转动问题，通常运用转动定律、角动量定理、角动量守恒等分析解决问题.

例 4-1　如例 4-1 图所示，水平桌面上有一长 $l=1.0\text{m}$，质量 $m_0=3.0\text{kg}$ 的匀质细杆，细杆可绕通过端点 O 的竖直轴 OO'转动，杆与桌面之间的摩擦因数 $\mu=0.20$. 开始时杆静止，有一颗子弹质量 $m=20\text{g}$，沿水平方向以 $v=400\text{m}\cdot\text{s}^{-1}$，且与杆成 $\theta=30°$的速度射入杆的中点并留在杆内. 试求：(1) 子弹射入后，细杆开始转动的角速度；(2) 子弹射入后，细杆的角加速度；(3) 细杆转动多大角度后停下来.

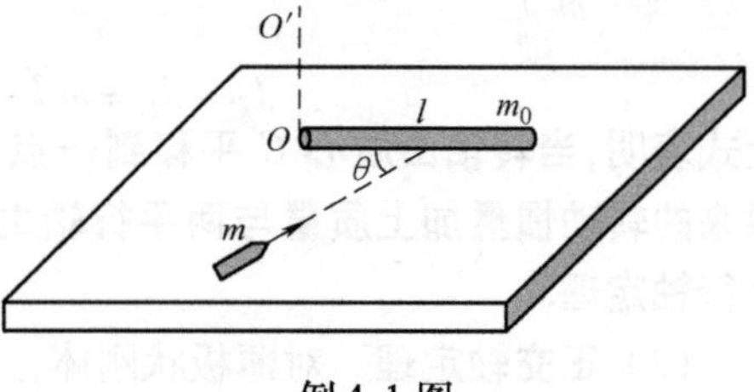

例 4-1 图

分析　将子弹和细杆作为一个系统，子弹射入细杆瞬间，摩擦力矩可以近似忽略，系统角动量守恒. 细杆转动后受到摩擦力矩的作用，根据刚体定轴转动定律可以确定角加速度.

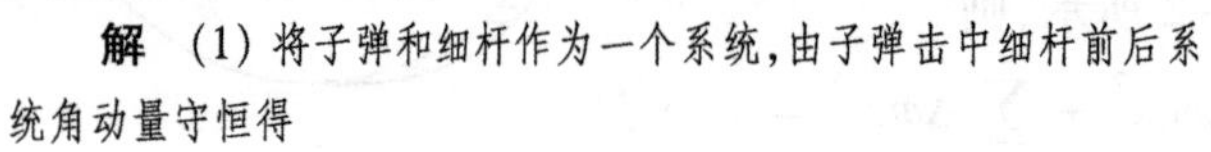

解　(1) 将子弹和细杆作为一个系统，由子弹击中细杆前后系统角动量守恒得

$$mv\frac{l}{2}\sin\theta+0=\left(\frac{1}{3}m_0l^2+m\frac{l^2}{4}\right)\omega_0$$

得细杆开始转动的角速度

$$\omega_0=\frac{mv\frac{l}{2}\sin\theta}{\frac{1}{3}m_0l^2+m\frac{l^2}{4}}=2.0\text{rad}\cdot\text{s}^{-1}$$

(2) 细杆受到的摩擦力矩为

$$M=\int_0^l\frac{m_0gx\mu\text{d}x}{l}+\frac{mg\mu l}{2}=\frac{g\mu l}{2}(m_0+m)$$

根据刚体定轴转动定律

$$M=\left(\frac{1}{3}m_0l^2+m\frac{l_2}{4}\right)\alpha$$

可求得细杆的角加速度为

$$\alpha=\frac{\frac{g\mu l}{2}(m_0+m)}{\frac{1}{3}m_0l^2+m\frac{l^2}{4}}=3.0\text{rad}\cdot\text{s}^{-2}$$

(3) 设细杆转动 θ 后停下来，则

$$\theta=\frac{\omega_0^2}{2\alpha}=0.67\text{rad}$$

4.4　习题解答

4-1　一砂轮在电动机驱动下，以 $1800\text{r}\cdot\text{min}^{-1}$ 的转速绕定轴做逆时针转动，如习题 4-1 图所示. 关闭电源后，砂轮均匀地减速，经时间 $t=15\text{s}$ 而停止转动. 求：(1) 砂轮的角加速度 α；(2) 到停止转动时，砂轮转过的转数；(3) 关闭电源后 $t=10\text{s}$ 时砂轮的角速度 ω 以及此时砂轮边缘上一点的速度和加速度. 设砂轮的半径为 $r=250\text{mm}$.

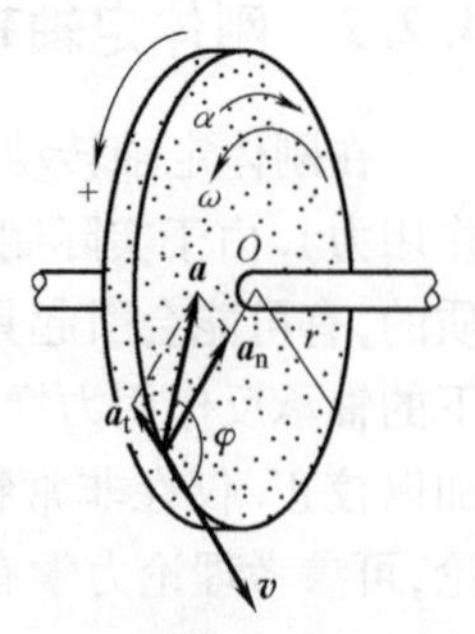

习题 4-1 图

解　(1) 选定循逆时针转向的角量取正值(见习题4-1图),则由题设,初角速度为正,其值为

$$\omega_0 = \left(2\pi \times \frac{1800}{60}\right)\text{rad}\cdot\text{s}^{-1} = 60\pi\text{rad}\cdot\text{s}^{-1}$$

按题意,在 $t=15\text{s}$ 时,末角速度 $\omega=0$,由配套主教材中匀变速转动的公式(4-6),即得

$$\alpha = \frac{\omega-\omega_0}{t} = \frac{0-60\pi\text{rad}\cdot\text{s}^{-1}}{15\text{s}} = -4\pi\text{rad}\cdot\text{s}^{-2} = -12.57\text{rad}\cdot\text{s}^{-2}$$

α 为负值,即 α 与 ω_0 异号,表明砂轮做匀减速转动.

(2) 砂轮从关闭电源到停止转动,其角位移 θ 及转数 N 分别为

$$\begin{aligned}\theta &= \omega_0 t + \frac{1}{2}\alpha t^2 \\ &= 60\pi\text{rad}\cdot\text{s}^{-1}\times 15\text{s} + \frac{1}{2}\times(-4\pi\text{rad}\cdot\text{s}^{-2})\times(15\text{s})^2 \\ &= 450\pi\text{rad}\end{aligned}$$

$$N = \frac{\theta}{2\pi} = \frac{450\pi\text{rad}}{2\pi\text{rad}} = 225\text{r}$$

(3) 在时刻 $t=10\text{s}$ 时砂轮的角速度是

$$\begin{aligned}\omega &= \omega_0 + \alpha t = 60\pi\text{rad}\cdot\text{s}^{-1} + (-4\pi\text{rad}\cdot\text{s}^{-2})\times(10\text{s}) \\ &= 20\pi\text{rad}\cdot\text{s}^{-1} = 62.8\text{rad}\cdot\text{s}^{-1}\end{aligned}$$

ω 的转向与 ω_0 相同.

在时刻 $t=10\text{s}$ 时,砂轮边缘上一点的速度$\boldsymbol{v}$的大小为

$$v = r\omega = 0.25\text{m}\times 20\pi\text{rad}\cdot\text{s}^{-1} = 15.7\text{m}\cdot\text{s}^{-1}$$

$\boldsymbol{v}$的方向如习题4-1图所示,相应的切向加速度和法向加速度分别为

$$a_t = r\alpha = 0.25\text{m}\times(-4\pi\text{rad}\cdot\text{s}^{-2}) = -3.14\text{m}\cdot\text{s}^{-2}$$

$$a_n = r\omega^2 = 0.25\text{m}\times(20\pi\text{rad}\cdot\text{s}^{-1})^2 = 9.87\times10^2\text{m}\cdot\text{s}^{-2}$$

边缘上该点的加速度为 $\boldsymbol{a}=\boldsymbol{a}_t+\boldsymbol{a}_n$;$\boldsymbol{a}_t$ 的方向和$\boldsymbol{v}$的方向相反(为什么?),$\boldsymbol{a}_n$ 的方向指向砂轮的中心.$\boldsymbol{a}$ 的大小为

$$\begin{aligned}a &= |\boldsymbol{a}| = \sqrt{a_t^2 + a_n^2} \\ &= \sqrt{(-3.14\text{m}\cdot\text{s}^{-2})^2 + (9.87\times10^2\text{m}\cdot\text{s}^{-2})^2} = 9.88\times10^2\text{m}\cdot\text{s}^{-2}\end{aligned}$$

$\boldsymbol{a}$ 的方向可用它与$\boldsymbol{v}$所成的夹角 φ 表示,则

$$\varphi = \arctan\frac{a_n}{a_t} = \arctan\frac{9.88\times10^2\text{m}\cdot\text{s}^{-2}}{-3.14\text{m}\cdot\text{s}^{-2}} = 89.82°$$

4-2　如习题4-2图所示,发电机的带轮A被汽轮机的带轮B带动.已知A轮和B轮的半径分别为 $r_1=30\text{cm}$、$r_2=75\text{cm}$.已知汽轮机在起动后以恒定的角加速度 $0.8\pi\text{rad}\cdot\text{s}^{-2}$转动,两轮与带间均无相对滑动发生.问汽轮机起动后经过几秒钟发电机做600r/min的转动?

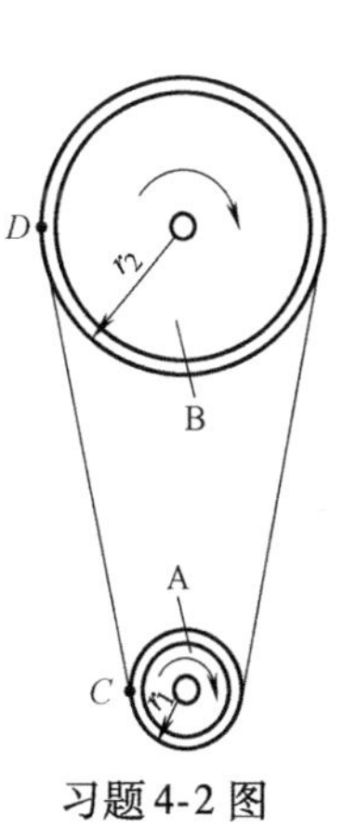

习题4-2图

解　带上 CD 段与轮A、B分别相切于 C、D 点.

由于两轮与带之间均无相对滑动,因此带上 C 点的加速度大小 a_C 必定等于A轮轮缘上与 C 点相接触的那点的切向加速度的大小,即 $a_C=r_1\alpha_1$(设 α_1 为A轮的角加速度);同理,带上 D 点的加速度大小 a_D 必定等于B轮轮缘上与 D 点相接触的那点的切向加速度的大小,即 $a_D=r_2\alpha_2$(设 α_2 为B轮的角加速度).又因带可认为无伸缩,则带上各点具有相同的速度和加速度,对 C 点和 D 点而言,有 $a_C=a_D$,则 $r_1\alpha_1=r_2\alpha_2$,由此得A轮的角加速度为

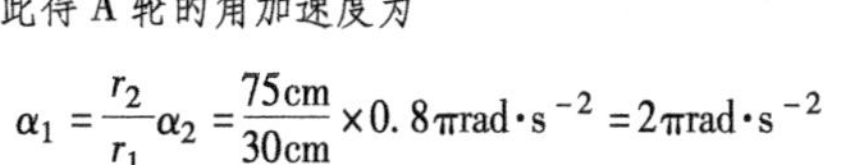

$$\alpha_1 = \frac{r_2}{r_1}\alpha_2 = \frac{75\text{cm}}{30\text{cm}}\times 0.8\pi\text{rad}\cdot\text{s}^{-2} = 2\pi\text{rad}\cdot\text{s}^{-2}$$

于是,汽轮机起动后,发电机达到 $600\text{r}\cdot\text{min}^{-1}$ 的转速,所需时间为

$$t=\frac{\omega}{\alpha_1}=\left(\frac{600\times2\pi}{60}\text{rad}\cdot\text{s}^{-1}\right)\times\frac{1}{2\pi\text{rad}\cdot\text{s}^{-2}}=10\text{s}$$

4-3　如习题4-3图所示，一计算机的磁带分别绕过半径为 $r_1=3\text{cm}$ 和 $r_2=5\text{cm}$ 的鼓轮Ⅰ、Ⅱ，磁带移动的速度在2s内自 $v_1=0.60\text{m}\cdot\text{s}^{-1}$ 匀加速地变为 $v_2=1.80\text{m}\cdot\text{s}^{-1}$，若磁带与鼓轮之间无相对滑动，求鼓轮Ⅱ的角加速度及鼓轮Ⅰ在2s内的转数.

解　磁带移动的加速度即为鼓轮Ⅰ、Ⅱ的边缘的切向加速度 a_t，则按题设，有

$$a_t=\frac{v_2-v_1}{t}=\frac{1.80\text{m}\cdot\text{s}^{-1}-0.60\text{m}\cdot\text{s}^{-1}}{2\text{s}}=0.6\text{m}\cdot\text{s}^{-2}$$

由 $a_t=r_2\alpha_2$，得鼓轮Ⅱ的角加速度为

$$\alpha_2=\frac{a_t}{r_2}=\frac{0.6\text{m}\cdot\text{s}^{-2}}{5\times10^{-2}\text{m}}=12\text{rad}\cdot\text{s}^{-2}$$

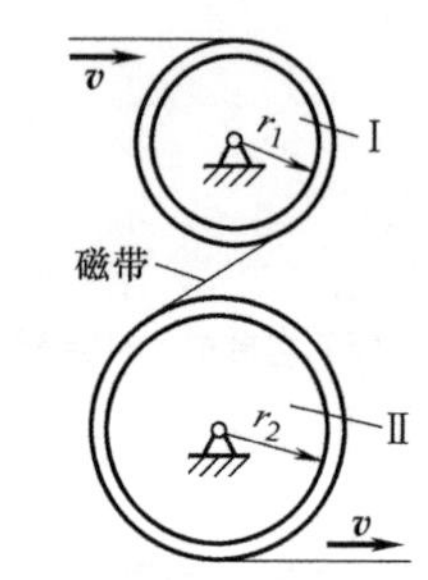

习题4-3图

又因鼓轮Ⅰ的角加速度和初角速度分别为

$$\alpha_1=\frac{a_t}{r_1}=\frac{0.6\text{m}\cdot\text{s}^{-2}}{3\times10^{-2}\text{m}}=20\text{rad}\cdot\text{s}^{-2}$$

$$\omega_0=\frac{v_1}{r_1}=\frac{0.6\text{m}\cdot\text{s}^{-1}}{3\times10^{-2}\text{m}}=20\text{rad}\cdot\text{s}^{-1}$$

则在时间 $t=2\text{s}$ 内，鼓轮Ⅰ的角位移可由上述结果按公式 $\theta=\omega_0t+\alpha t^2/2$ 算出，为 $\theta=80\text{rad}$，相应的转数为

$$n_{\text{I}}=\frac{\theta}{2\pi}=\frac{80\text{rad}}{2\pi\text{rad}\cdot\text{r}^{-1}}=12.73\text{ r}$$

4-4　如习题4-4图所示，假定地球是一均质球体，取地球半径为 $6.4\times10^6\text{m}$，质量为 $6.0\times10^{24}\text{kg}$. 求地球绕自转轴的转动动能.（球体绕自转轴的转动惯量可查教材中的表4-1.）

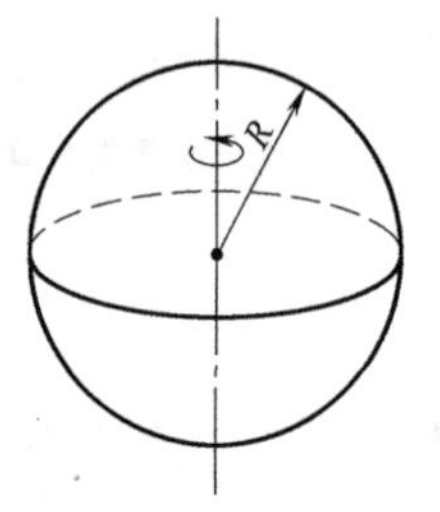

习题4-4图

解　地球绕轴的自转角速度为

$$\omega=\frac{2\pi\text{rad}}{24\times3600\text{s}}=7.27\times10^{-5}\text{rad}\cdot\text{s}^{-1}$$

查教材表4-1知，地球绕自转轴的转动惯量为 $J=2mR^2/5$，则其转动动能为

$$E_k=\frac{1}{2}J\omega^2=\frac{1}{2}\left(\frac{2}{5}mR^2\right)\omega^2$$

代入题给数据，得

$$E_k=\frac{1}{2}\times\frac{2}{5}\times6.0\times10^{24}\text{kg}\times(6.4\times10^6\text{m})^2\times(7.27\times10^{-5}\text{rad}\cdot\text{s}^{-1})^2\approx2.60\times10^{29}\text{J}$$

4-5　如习题4-5图所示，假设直升机的主螺旋桨是由四根质量皆为36kg、长皆为3m的细长杆组成，求它对中心轴 Oz 的转动惯量.

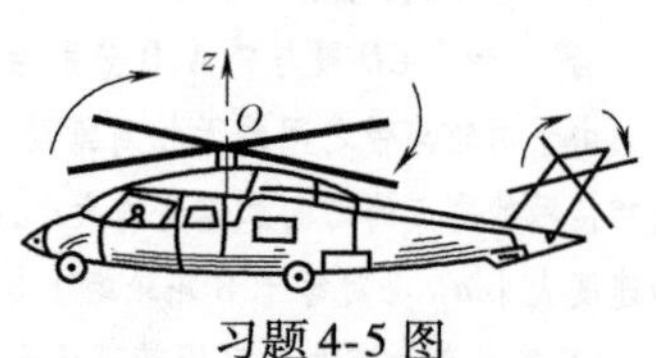

习题4-5图

解　转动惯量为

$$J=4\left(\frac{1}{3}ml^2\right)=\left(4\times\frac{1}{3}\times36\times3^2\right)\text{kg}\cdot\text{m}^2=432\text{kg}\cdot\text{m}^2$$

4-6　一长为 a、宽为 b 的均质矩形薄平板，质量为 m，试证：

（1）对通过平板中心并与长边平行的轴的转动惯量为 $mb^2/12$；

（2）对与平板一条长边重合的轴的转动惯量为 $mb^2/3$.

证　如习题4-6图所示，均质薄板的质量面密度为 $\rho=m/ab$.

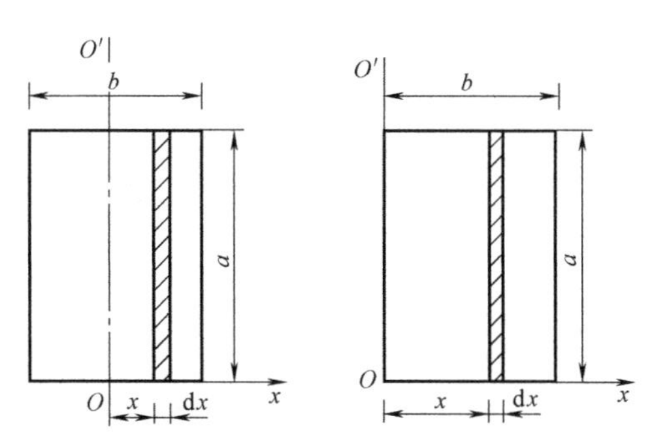

习题4-6图

(1) 当轴线 OO' 通过平板中心并与长边平行时,距轴 OO' 为 x 处,平行于轴 OO' 取宽 dx 的狭条,面积为 adx,质元的质量为

$$dm=\rho(adx)=\frac{m}{ab}adx=\frac{m}{b}dx$$

按转动惯量定义,平板对 OO' 轴的转动惯量为

$$J=\int_{-\frac{b}{2}}^{\frac{b}{2}}x^2dm=\int_{-\frac{b}{2}}^{\frac{b}{2}}\frac{m}{b}x^2dx=\frac{m}{b}\left[\frac{x^3}{3}\right]_{-\frac{b}{2}}^{\frac{b}{2}}=\frac{mb^2}{12}$$

(2) 若轴 OO' 与一条长边重合,则对 OO' 轴的转动惯量为

$$J=\int_0^b x^2dm=\int_0^b\frac{m}{b}x^2dx=\frac{m}{b}\left[\frac{x^3}{3}\right]_0^b=\frac{mb^2}{3}$$

4-7　如习题4-7图所示,半径为 R 的主动轮Ⅰ对轴 O_1 的转动惯量为 J_1,半径为 r 的从动轮Ⅱ对轴 O_2 的转动惯量为 J_2,两轮通过带传动. 若不计带质量和一切摩擦,当主动轮Ⅰ以角速度 ω 转动时,试求整个系统的动能.

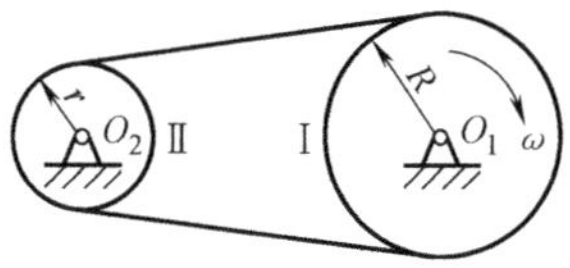

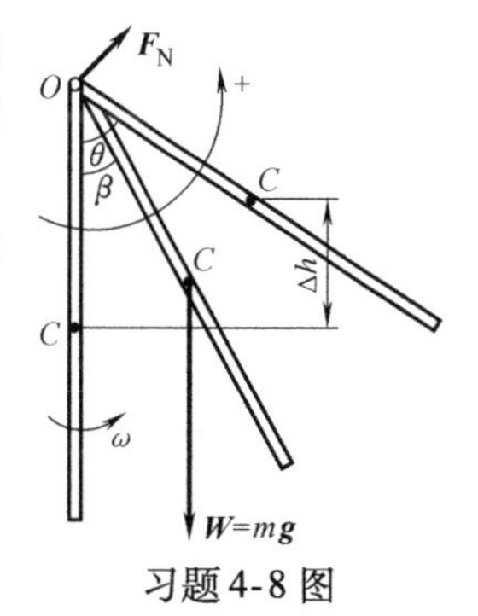

习题4-7图

解　按题意,两轮的动能分别为

$$E_{k1}=\frac{1}{2}J_1\omega^2,\quad E_{k2}=\frac{1}{2}J_2\omega'^2$$

其中,ω' 为轮Ⅱ的角速度,由 $\omega'r=\omega R$,则得 $\omega'=(R/r)\omega$. 则整个系统的动能为

$$E_k=E_{k1}+E_{k2}=\frac{1}{2}J_1\omega^2+\frac{1}{2}J_2(R/r)^2\omega^2=[J_1+J_2(R/r)^2]\omega^2/2$$

4-8　一根长为 l,质量为 m 的均质细棒,其一端通过水平轴,竖直悬挂着的细棒可绕此轴在竖直平面内自由摆动. 今推动它一下,若它在经过竖直位置时的角速度为 ω,试问在摆动过程中,重心能升高多少?

解　如习题4-8图所示,设棒摆动到最高处时,重心 C 升高 Δh,相应地,棒与竖直位置成 θ 角. 在摆动过程中,当棒摆动到与竖直位置成 β 角时,重力 $\boldsymbol{W}=m\boldsymbol{g}$ 对转轴 O 的力矩为

$$M=-mg\frac{l}{2}\sin\beta$$

式中,负号表示 M 与规定的图示正转向相反.

当摆过角位移 $d\beta$ 时,重力矩做功为

$$dA=Md\beta=-mg\frac{l}{2}\sin\beta d\beta$$

习题4-8图

摆过 θ 角的总功为

$$A=-\int_0^\theta mg\frac{l}{2}\sin\beta d\beta=\frac{mgl}{2}(\cos\theta-1)\qquad ⓐ$$

又因轴承处支承力 $\boldsymbol{F}_N$ 不做功,且 $J=\frac{1}{3}ml^2$,故按刚体对轴 O 转动的动能定理,得

$$A=0-\frac{1}{2}J\omega^2=-\frac{1}{2}\left(\frac{1}{3}ml^2\right)\omega^2 \quad ⓑ$$

由式ⓐ、式ⓑ联立求解，可得

$$1-\cos\theta=\frac{l}{3g}\omega^2$$

因而重心 C 升高为

$$\Delta h=\frac{l}{2}-\frac{l}{2}\cos\theta=\frac{l}{2}(1-\cos\theta)=\frac{l^2\omega^2}{6g}$$

4-9　如习题4-9图所示，传送机支承轮Ⅰ、Ⅱ的半径均为 r，质量均为 m，可视作均质圆柱. 在传送带上放置一袋质量为 m 的水泥. 今由电动机向支承轮Ⅰ提供一不变的力矩 M，使传送带自静止开始向上运动. 设传送带的倾角为 θ，并认为传送带与支承轮之间无相对滑动，其质量可不计. 求证：这袋水泥移动距离 l 时的速度 $v=[l(M-mgr\sin\theta)/(mr)]^{1/2}$.

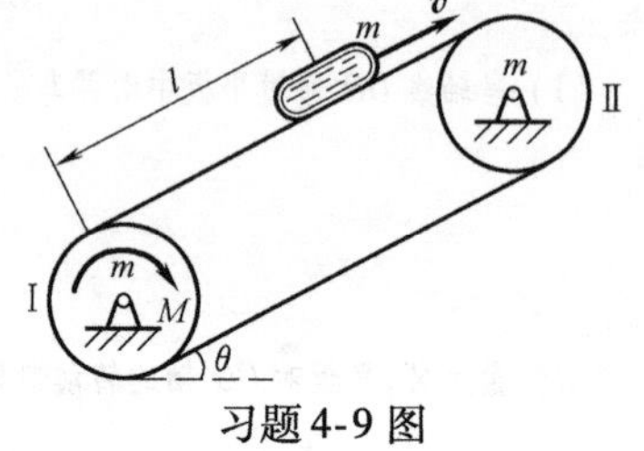

习题4-9图

证　按系统的动能定理，即

$$A=E_{k2}-E_{k1}$$

有

$$\int_0^{\alpha}M\mathrm{d}\alpha=\left(\frac{1}{2}mv^2+\frac{1}{2}J\omega^2+\frac{1}{2}J\omega^2+mgl\sin\theta\right)-0$$

式中，$\alpha=l/r$，$\omega=v/r$，$J=mr^2/2$. 从而可解得

$$v=[l(M-mgr\sin\theta)/(mr)]^{1/2}$$

4-10　一螺旋桨在发动机驱动下，以转速 $1200\mathrm{r}\cdot\mathrm{min}^{-1}$ 做匀速转动，所受的阻力矩为 $8000\mathrm{N}\cdot\mathrm{m}$. 为了保持螺旋桨正常运转，求发动机克服此阻力矩所需提供的功率.

解　螺旋桨欲保持匀速的正常运转，发动机应提供动力矩 $8000\mathrm{N}\cdot\mathrm{m}$，以克服螺旋桨所受的阻力矩，故由题设，所需功率为

$$P=M\omega=8000\mathrm{N}\cdot\mathrm{m}\times\frac{2\pi\times1200}{60}\mathrm{rad}\cdot\mathrm{s}^{-1}$$
$$=1005.3\times10^3\mathrm{W}\approx1005\mathrm{kW}$$

4-11　如习题4-11图所示，长为 l 的均质细杆左端与墙用铰链A连接，右端用一铅直细绳B悬挂，杆处于水平静止状态. 若绳B被突然烧断，求杆右端的加速度.

解　当B绳烧断的一瞬间，杆所受的重力 $\boldsymbol{W}=m\boldsymbol{g}$ 和铰链A处的支承力 $\boldsymbol{F}_N$ 在A处对铰链轴A的力矩 $M=mgl/2+0=mgl/2$，按刚体定轴转动定律，有

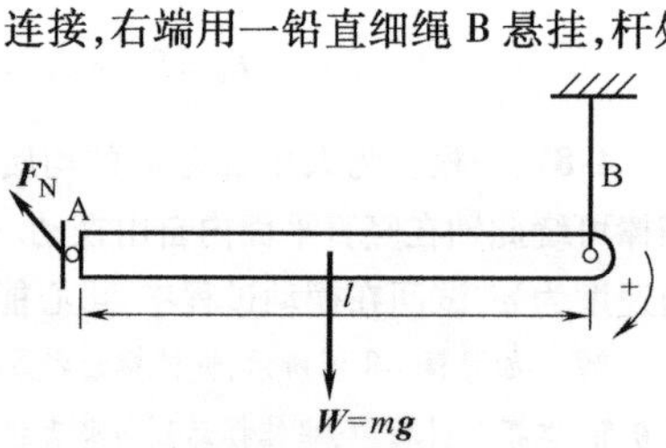

$$\frac{mgl}{2}=\left(\frac{1}{3}ml^2\right)\alpha$$

其中，α 为杆中心处对铰链轴A的角加速度，即

$$\alpha=\frac{3g}{2l}$$

则杆右端对铰链轴A的加速度为

$$a=l\alpha=\frac{3g}{2l}l=\frac{3g}{2}$$

4-12　如习题4-12图所示，轴流式通风机的叶轮以初角速 ω_0 绕轴 O 转动. 所受的空气阻力矩 M_r 与角速度 ω 成正比，即 $M_r=k\omega$，k 为比例恒量. 若叶轮对轴 O 的转动惯量为 J，试问经过多长时间叶轮的角速度减为初角速的一半？并求这段时间内叶轮的转数. 轴与叶轮间的摩擦忽略不计.

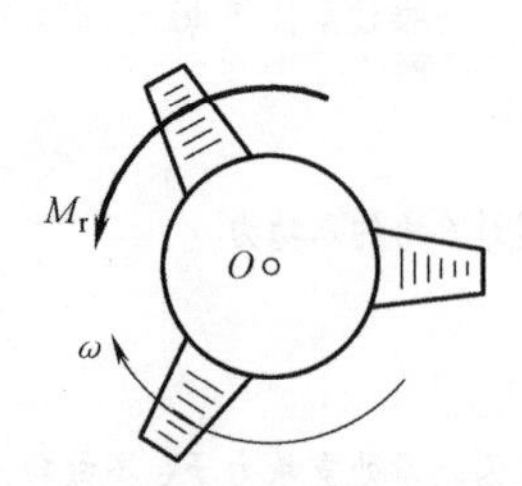

习题4-12图

解 已知空气阻力矩为 $M_r = k\omega$，叶轮的初角速度为 ω_0，则由 $M=J\alpha$，按题意，有

$$-k\omega = J\frac{d\omega}{dt}$$

对上式分离变量，并积分之，有

$$-\int_0^t dt = \frac{J}{k}\int_{\omega_0}^{\omega_0/2}\frac{d\omega}{\omega}$$

遂得所经历的时间为

$$t = (J\ln 2)/k$$

又由

$$-k\omega = J(d\omega/d\theta)(d\theta/dt) = J\omega d\omega/d\theta$$

分离变量，进行积分，有

$$-\int_0^\theta d\theta = \frac{J}{k}\int_{\omega_0}^{\omega_0/2} d\omega$$

得角位移为

$$\theta = J\omega_0/(2k)$$

相应的转数为

$$n = \frac{\theta}{2\pi} = \frac{J\omega_0}{4\pi k}$$

4-13 如习题4-13图a所示，质量均为 m 的两物体A、B，A放在倾角为 θ 的斜面上，并与半径为 r_2 的小轮上的细绳相连接；B与半径为 r_1 的大轮上的细绳相连接. 大轮和小轮共轴，两者对轴 O 的总转动惯量为 J. 轮与细绳间无相对滑动，忽略所有摩擦力. 当物体B下降时，求各条绳子的张力和物体A的加速度.

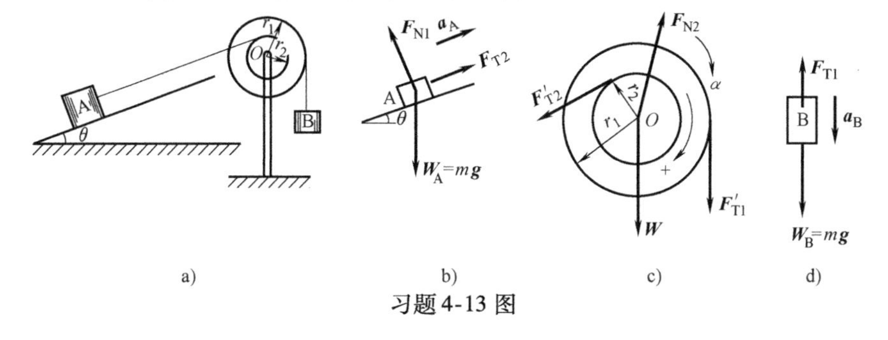

习题4-13图

解 对物体A、共轴轮、物体B三者分别绘出示力图，如习题4-13图b、c、d所示，按 $\boldsymbol{F}=m\boldsymbol{a}$ 和 $M=J\alpha$ 列出运动方程，有

$$\left.\begin{aligned}
&F_{T2} - mg\sin\theta = ma_A\\
&F'_{T1}r_1 - F'_{T2}r_2 = J\alpha\\
&mg - F_{T1} = ma_B\\
&a_A = r_2\alpha\\
&a_B = r_1\alpha\\
&F_{T1} = F'_{T1}, F_{T2} = F'_{T2}
\end{aligned}\right\}$$

且（$a_A = r_2\alpha$，$a_B = r_1\alpha$）

及（$F_{T1} = F'_{T1}, F_{T2} = F'_{T2}$）

联立求解，得

$$\alpha = \frac{(r_1 - r_2\sin\theta)g}{J/m + r_1^2 + r_2^2}$$

$$a_{\mathrm{A}}=r_2\alpha=\frac{(r_1-r_2\sin\theta)r_2 g}{J/m+r_1^2+r_2^2},\quad F_{\mathrm{T2}}=\frac{\left[\left(\frac{r_1}{r_2}\right)^2+\frac{J}{mr_2^2}+\left(\frac{r_1}{r_2}\right)^2\sin\theta\right]mg}{\frac{J}{mr_1^2}+\left(\frac{r_1}{r_2}\right)^2+1}$$

$$a_{\mathrm{B}}=r_1\alpha=\frac{(r_1-r_2\sin\theta)r_1 g}{J/m+r_1^2+r_2^2},\quad F_{\mathrm{T1}}=\frac{\left[\left(\frac{r_1}{r_2}\right)^2+\left(\frac{r_2}{r_1}\right)\sin\theta+\frac{J}{mr_1^2}\right]mg}{\frac{J}{mr_1^2}+\left(\frac{r_2}{r_1}\right)^2+1}$$

各条细绳的张力由读者自行求出.

4-14　如习题 4-14 图所示，两均质轮的半径分别为 R_1、R_2，质量分别为 m_1、m_2，两轮用张紧的带(质量不计)连接. 若在主动轮 A 上作用一外力矩 M，在被动轮 B 上具有摩擦力矩 $\boldsymbol{M}_{\mathrm{f}}$，并设带与轮之间无相对滑动. 求 A 轮的角加速度.

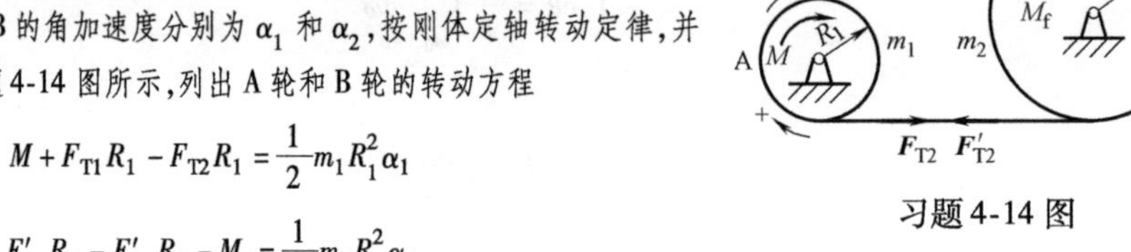

习题 4-14 图

解　设两轮 A、B 的角加速度分别为 α_1 和 α_2，按刚体定轴转动定律，并规定正的转向，如习题 4-14 图所示，列出 A 轮和 B 轮的转动方程

$$M+F_{\mathrm{T1}}R_1-F_{\mathrm{T2}}R_1=\frac{1}{2}m_1R_1^2\alpha_1$$

$$F'_{\mathrm{T2}}R_2-F'_{\mathrm{T1}}R_2-M_{\mathrm{f}}=\frac{1}{2}m_2R_2^2\alpha_2$$

其中，

$$F_{\mathrm{T1}}=F'_{\mathrm{T1}},\quad F_{\mathrm{T2}}=F'_{\mathrm{T2}}$$

且

$$R_1\alpha_1=R_2\alpha_2$$

联立求解上述方程组，得 A 轮的角加速度为

$$\alpha_1=\frac{2(MR_2-M_{\mathrm{f}}R_1)}{(m_1+m_2)R_1^2R_2}$$

4-15　如习题 4-15 图所示，一长为 $2l$ 的棒 AB，其质量不计，它的两端牢固地连接着质量各为 m 的小球，棒的中点 O 焊接在竖直轴 Oz 上，并且棒与 Oz 轴成 α 角.

若棒绕 Oz 轴(正向为竖直向上)以角速度 $\omega=\omega_0(1-\mathrm{e}^{-t})$ 转动，其中，ω_0 为恒量，t 为时间. 求：(1) 棒与两球构成的系统在时刻 t 对 Oz 轴的角动量；(2) 在 $t=0$ 时刻系统所受外力对 Oz 轴的合外力矩.

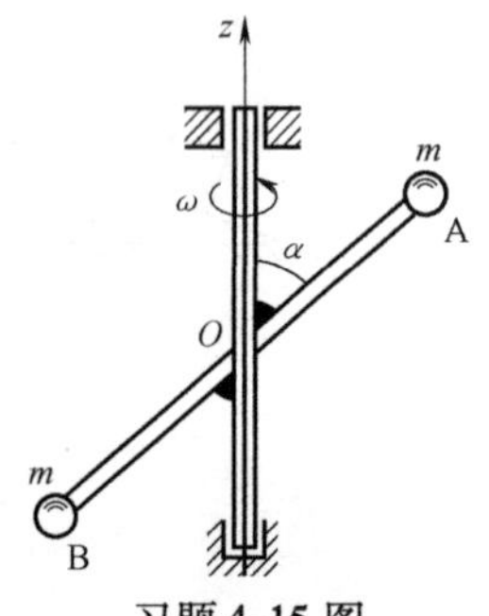

习题 4-15 图

解　(1) 按题设，棒的质量不计，则系统在时刻 t 对 Oz 轴的角动量等于系统中两球绕 Oz 轴转动的角动量之和，即

$$L=\sum_i m_ir_i^2\omega=m(l\sin\alpha)^2[\omega_0(1-\mathrm{e}^{-t})]+m(l\sin\alpha)^2[\omega_0(1-\mathrm{e}^{-t})]$$
$$=2ml^2\omega_0(1-\mathrm{e}^{-t})\sin^2\alpha$$

(2) 按刚体绕定轴转动的角动量定理，作用于系统的合外力矩为

$$M=\frac{\mathrm{d}}{\mathrm{d}t}(J\omega)=\frac{\mathrm{d}L}{\mathrm{d}t}=\frac{\mathrm{d}}{\mathrm{d}t}[2ml^2\omega_0(1-\mathrm{e}^{-t})\sin^2\alpha]$$
$$=(2ml^2\omega_0\sin^2\alpha)\mathrm{e}^{-t}$$

当 $t=0$ 时，合外力矩为

$$M=2ml^2\omega_0\sin^2\alpha$$

4-16　如习题 4-16 图所示，一水平均质圆形转台的质量 $m_0=200\mathrm{kg}$、半径 $r=2\mathrm{m}$，可绕经过中心的竖直轴转动. 质量 $m=60\mathrm{kg}$ 的人站在转台边缘. 开始时，人和转台皆静止. 如果人在台上以 $1.2\mathrm{m}\cdot\mathrm{s}^{-1}$ 的速率沿转台边缘循逆时针转向奔跑，求此时转台转动的角速度. 设轴承对转台的摩擦力矩不计.

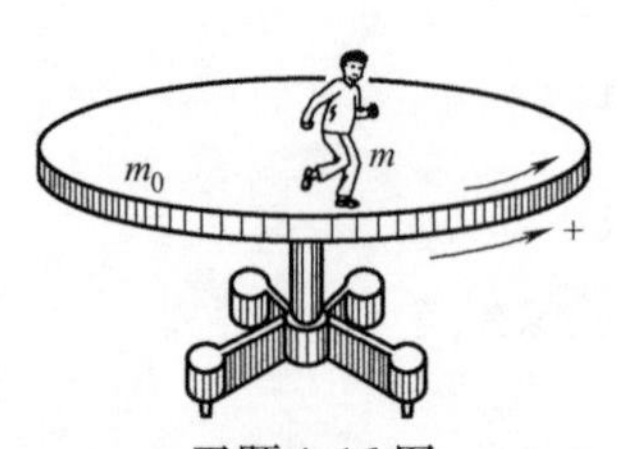

习题 4-16 图

分析　可将人和转台看作一个系统. 人奔跑时，人作用于转台的力和转台对人的反作用力都是系统的内力；系统所受的外力有：人和转台的重力以及竖直轴对转台的支承力，这些力的方向均与竖直轴平行，因而它们对轴的力矩均为零. 故该系统不受外力矩作用，角动量守恒.

解　以地面为参考系，取逆时针转向为正. 转台的角速度 $\omega_台$ 是未知的，但其转向可假定为正（如计算结果为负，表明其实际转向与所假定的相反）；人沿转台的边缘奔跑的速度，是相对于转台而言的，因此，人（可视作质点）相对于转台的角速度为

$$\omega'=\frac{v}{r}=\frac{1.2\mathrm{m\cdot s^{-1}}}{2\mathrm{m}}=0.6\mathrm{rad\cdot s^{-1}}$$

而人相对于地面的角速度 $\omega_人$ 应是

$$\omega_人=\omega'+\omega_台$$ ㊀

开始时，人和转台都静止，系统的角动量为零；当人一旦走动，该系统对轴的角动量为 $J_台\,\omega_台+J_人\,\omega_人$. 根据系统的角动量守恒定律，有

$$J_台\,\omega_台+J_人\,\omega_人=0+0$$

或

$$J_台\,\omega_台+J_人(\omega'+\omega_台)=0$$

式中，$J_台$、$J_人$ 分别是转台和人（视作质点）对轴的转动惯量，$J_台=m_0r^2/2$，　$J_人=mr^2$. 由上式得

$$\omega_台=-\frac{J_人\,\omega'}{J_台+J_人}=-\frac{mr^2\omega'}{m_0r^2/2+mr^2}=-\frac{m\omega'}{m_0/2+m}$$

代入题设数据，算出转台的角速度为

$$\omega_台=-\frac{60\mathrm{kg}\times0.6\mathrm{rad\cdot s^{-1}}}{0.5\times200\mathrm{kg}+60\mathrm{kg}}=-0.225\mathrm{rad\cdot s^{-1}}$$

负号表示转台的转动方向与人的运动方向相反.

4-17　如习题4-17图所示，一长为 $l=0.40\mathrm{m}$、质量为 $m'=1\mathrm{kg}$ 的均质杆，竖直悬挂. 试求：当质量为 $m=8\times10^{-3}\mathrm{kg}$ 的子弹以水平速度 $v=200\mathrm{m\cdot s^{-1}}$ 在距转轴 O 为 $3l/4$ 处射入杆内时，此杆的角速度.

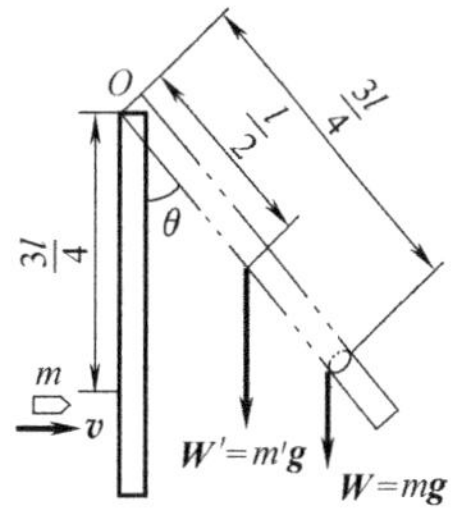

解　读者可以自行分析，显然，子弹与杆组成的系统对轴 O 的角动量守恒，即

$$mv\left(\frac{3l}{4}\right)=\left[m\left(\frac{3l}{4}\right)^2+\frac{1}{3}m'l^2\right]\omega$$

由此即可求出子弹射入杆内时，系统的角速度 $\omega=8.88\mathrm{rad\cdot s^{-1}}$.

通过分析还可看到，系统绕 O 轴转过最大摆角 θ 的过程中，机械能守恒，即

$$\frac{1}{2}\left[\frac{1}{3}m'l^2+m\left(\frac{3l}{4}\right)^2\right]\omega^2=\left(m'g\frac{l}{2}\right)(1-\cos\theta)+mg\left(\frac{3l}{4}\right)(1-\cos\theta)$$

习题4-17图

因而，读者还可由上式进一步求出最大摆角 θ.

4-18　如习题4-18图所示，均质水平钢管 OP 的质量为 m_0，长为 $2l$. 在管内的中点放置一质量为 m 的钢珠B，用长为 l 的细线连接在管端 O. 设钢管与钢珠一起以匀角速度 ω_0 绕通过 O 端的竖直轴 Oz 在水平面内转动. 若细线在某一时刻断掉. 求钢珠飞离到管端 P 时的角速度 ω.

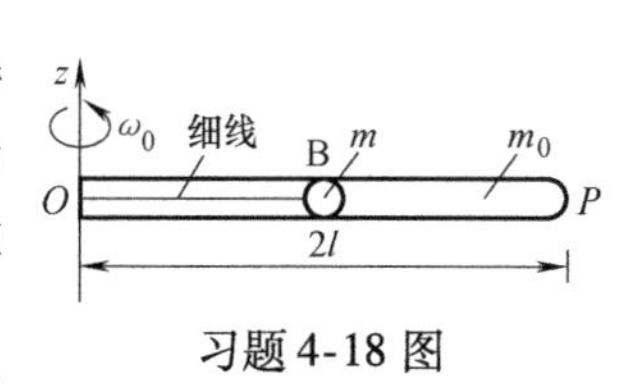

习题4-18图

解　将钢管与钢珠看作一系统，其外力为平行于 Oz 轴的重力和通过 Oz 轴的支承力，它们对 Oz 轴的力矩皆为零，即系统所受的合外力矩为零，$\sum\limits_i M_{i外}=0$，所以系统的角动量守恒. 按题设，有

$$\left[ml^2+\frac{1}{3}m_0(2l)^2\right]\omega_0=\left[m_0(2l)^2+\frac{1}{3}m(2l)^2\right]\omega$$

式中，ω 为钢珠在细线断掉后飞到管端时系统的角速度. 由上式可求得

㊀ 如果人在转台上不动，则人跟着转台一起以角速度 $\omega_台$ 转动. 而今，人在转台上又以角速度 ω' 在转动，那么人绕固连在地面上的转轴（即人相对于地面）的角速度就不只是 $\omega_台$，而应是 ω' 与 $\omega_台$ 两者之代数和.

$$\omega=\frac{(m_0+0.75m)\omega_0}{m+3m_0}$$

4-19　设某恒星绕自转轴每 45 天转一周，其内核半径为 2×10^7m，由于星体内大量物质喷入星际空间而使其内核坍缩成半径仅为 6×10^3m 的**中子星**. 求中子星的自转角速度. 设恒星在星际空间中所受外力矩可忽略不计；恒星坍缩前、后的内核皆可视作匀质圆球.

解　整个恒星在内核坍缩过程中不受外力矩作用，其角动量守恒. 设坍缩前、后的核半径和绕自转轴的自转角速度分别为 r_1、r_2 和 ω_1、ω_2，则有

$$J_1\omega_1=J_2\omega_2$$

这时中子星的自转角速度为

$$\omega_2=\frac{J_1\omega_1}{J_2}=\frac{\frac{2}{5}m_1r_1^2\omega_1}{\frac{2}{5}m_2r_2^2}=\frac{2}{5}\rho\left(\frac{4}{3}\pi r_1^3\right)r_1^2\omega_1\Bigg/\left[\frac{2}{5}\rho\left(\frac{4}{3}\pi r_2^3\right)r_2^2\right]$$

式中 ρ 为恒星的密度. 化简后，代入题设数据，可算得坍缩后的角速度为 $\omega_2=0.65\times10^{12}\,\mathrm{rad\cdot s^{-1}}$.

第5章　狭义相对论

5.1　学习要点导引

5.1.1　本章章节逻辑框图

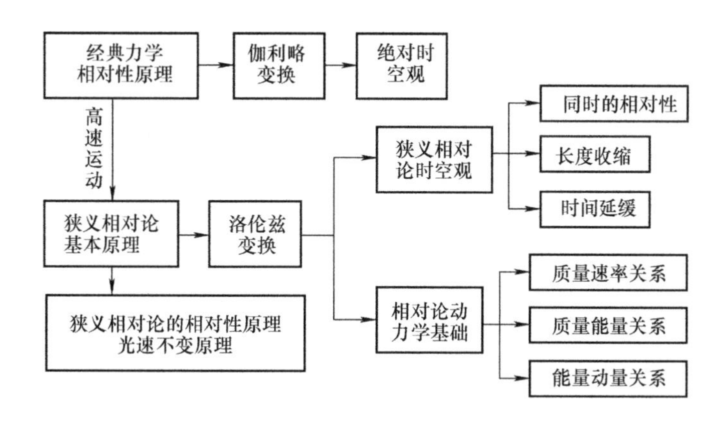

5.1.2　本章阅读导引

本章简要讨论了狭义相对论的基本内容. 要求读者:①了解伽利略相对性原理,了解伽利略变换、绝对时空观及牛顿力学的困难;②理解爱因斯坦狭义相对论的相对性原理和光速不变原理;③理解洛伦兹变换、狭义相对论(以下简称"相对论")中同时的相对性以及长度收缩和时间延缓等现象;④理解相对论的质量与速度的关系、质量与能量的关系等.

(1) 牛顿力学的运动规律只适用于低速运动(即 $u \ll c$)的宏观物体;相对论力学的运动规律则无论在高速还是低速的情况下都适用,因而它更具有普遍性.

(2) 绝对时空观是牛顿力学的相对性原理所要求的. 伽利略变换是绝对时空观的集中表述.

按照伽利略变换,同时性、时间间隔、空间间隔(如长度)都是绝对的,不随惯性系而异;在牛顿力学中,又认为物体的质量是恒量,不随惯性系而异. 其次,物体的速度 u 则为相对的,光速 c 也是相对的.

(3) 按照力学的相对性原理,在所有惯性系中,牛顿力学的规律都保持相同的表述形式,即一切惯性系在力学上是等价的. 或者说,我们无法依仗力学方法判断哪一个惯性系是绝对静止的,而别的惯性系则相对于这个绝对参考系做匀速直线运动.

(4) 设想宇宙中存在一个绝对静止的参考系,称它为**绝对参考系**,相对于绝对参考系的运动称为**绝对运动**. 相对性原理表明,这种绝对参考系是找不到的,因而我们无法觉察到绝对运动.

（5）把伽利略变换和牛顿力学的相对性原理应用到高速运动物体的力学问题，特别是推广到电磁和光学现象中去时，结论与实验事实相悖，这就从根本上动摇了牛顿力学的绝对时空观. 在此历史背景下，1905 年，爱因斯坦提出了两条假说，作为狭义相对论的两条基本原理：

1）狭义相对论的相对性原理：在所有惯性系中，物理定律（包括力学、电磁学及光学等所有物理定律）都具有相同的表达形式.

这个原理表明，一切惯性系对所有物理定律都是等价的. 在任何惯性系中做物理实验（不仅仅是力学实验），都不能确定该惯性系是静止的还是在做匀速直线运动. 也即我们无法企求用任何物理实验等手段去发现绝对参考系的存在.

2）光速不变原理：在所有惯性系中，测得真空中的光速都等于 c，与光源的运动情况无关.

（6）相对论时空观是爱因斯坦两条基本原理所要求的. 洛伦兹变换是相对论时空观的集中表述.

按照洛伦兹变换，时间和空间是互相关联的（不是互不相关），时空与物质的运动也是不可分割的（即不存在脱离物质运动的绝对时间和绝对空间），因此，时间和空间都是相对的，随惯性系而异. 这样，在不同的惯性系中分别有自己的时间和空间坐标，从而表现为同时性、时间间隔和空间间隔都是相对的，在不同的惯性系之间各自观察到对方的时间延缓和长度缩短的相对论效应.

（7）从洛伦兹变换式不难看出，若 $u>c$，洛伦兹变换式就失去意义. 因而，相对论断言，真空中的光速 c 是自然界中物体运动速度的最高限值.

（8）从洛伦兹速度变换式可以看出，当 $u\ll c$ 时，它就退化为伽利略速度变换式.

（9）由于牛顿力学规律的表述形式在伽利略变换下是不变的，而在洛伦兹变换下就不再保持不变，故而需对力学规律加以修正. 这样，在相对论力学中，质量、动量和能量等物理量的概念和牛顿运动方程等基本规律，都应遵循洛伦兹变换的要求做相应的修改：

1）相对论的质量与速度关系：由于动量守恒定律是一条普遍规律，在相对论中也应成立，即动量在洛伦兹变换下总是守恒的，由此可导出运动物体的质量 m 与其速度 v 的关系为

$$m=\frac{m_0}{\sqrt{1-\left(\dfrac{v}{c}\right)^2}} \tag{ⓐ}$$

式中，m_0 是物体静止（$v=0$）时的质量. 式ⓐ表明，物体的质量与其运动情况有关，所以质量也是相对的，并且当物体的速率 v 接近光速 c 时，其质量 m 将剧增，即愈难加速. 这就是物体速率不可能达到或超过光速 c 的动力学原因. 对低速运动的物体而言，$v\ll c$，则 $m\approx m_0$，即物体在运动时的质量趋于静止质量，这与牛顿力学相一致.

根据式ⓐ，相对论中的动量应写作

$$\boldsymbol{p}=m\boldsymbol{v}=\frac{m_0\boldsymbol{v}}{\sqrt{1-(v/c)^2}} \tag{ⓑ}$$

这样，动力学的基本方程必须改造成

$$\boldsymbol{F}=\frac{\mathrm{d}\boldsymbol{p}}{\mathrm{d}t}=\frac{\mathrm{d}}{\mathrm{d}t}\left(\frac{m_0\boldsymbol{v}}{\sqrt{1-(v/c)^2}}\right) \tag{ⓒ}$$

2）相对论的质量与能量的关系：牛顿力学中的动能定理也适用于相对论力学. 由于在相对论中质量是速率的函数，则由动能定理可得

$$E_k = mc^2 - m_0c^2 \quad ⓓ$$

如果把 mc^2 看成物体的总能量 E,即 $E = mc^2$,则当物体静止时,尽管动能 $E_k = 0$,但仍有能量 m_0c^2,因而,m_0c^2 就是静止质量为 m_0 的物体所具有的静能,记作 E_0,则式ⓓ可写作

$$E = E_k + E_0 = mc^2 \quad ⓔ$$

若物体总能量因速度的改变而由 E 增加到 $E + \Delta E$,则它的质量也伴随改变了 Δm,即

$$\Delta m = \frac{\Delta E}{c^2} \quad ⓕ$$

上述相对论中所建立的质量与能量的关系已被大量实验事实所证实,这就为原子核能的利用提供了理论依据.

5.2 教学拓展

洛伦兹变换的推导

爱因斯坦提出狭义相对论的两条基本原理,即相对性原理和光速不变原理,经多年来在实验和理论上的探索,获得了有力的支撑.

这两条原理与经典力学中的速度相加原理存在不可调和的矛盾,从本质上动摇了经典的绝对时空观. 为此,必须修改基于绝对时空观的伽利略变换,寻求更精确的变换关系.

设图 5.2-1 所示的两个惯性系 K 和 K′,在 $t = 0, t' = 0$ 的初始时刻,K 与 K′重合. 当 K′相对于 K 以匀速 $\boldsymbol{u}$ 沿 Ox 轴正向运动时,分别静止在 K 系和 K′系的两个观察者甲、乙考察同一质点 P 在某时刻的位置. 甲观察到它在 t 时刻位于 K 系中的 (x, y, z) 处;乙观察到它在 t'时刻位于 K′系中的 (x', y', z') 处. 而今我们来导出两个惯性系 K 与 K′之间的时空坐标的变换关系.

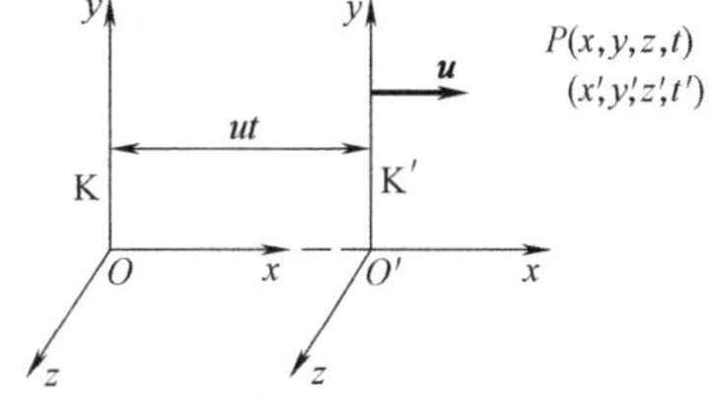

图 5.2-1

由于时间和空间都是均匀的,即所有在空间中和时间中的点都是等价的,两个事件的空间间隔和时间间隔与它们在参考系中何处何时发生无关,因而变换必须是线性的. 否则,若变换不是线性的. 例如,设变换式为 $x' = nx^2$(SI),则静止在 K 系中沿 Ox 轴的一根单位长度的棒,放在 $x_2 = 1\text{m}$、$x_1 = 0$ 与放在 $x_2 = 2\text{m}$、$x_1 = 1\text{m}$ 两种情形下,在 K′系中看来,将会有不同的长度 n 与 $3n$(均以 m 计),即棒长因其空间位置而异,这显然与空间均匀性相悖. 同理,两事件的时间间隔若与钟的指针指在钟面上何处有关,显然也与时间均匀性有悖. 这就表明变换必须是线性的. 其次,由于沿 Oy 轴和 Oz 轴方向无相对运动,且 Ox'与 Ox 轴又重合,则可认为 $y' = y, z' = z$;而 t'又应与 y、z 无关,不然的话,在 yOz 平面内不同地点的钟将对 K′系的观察者显示出不同的读数,空间将不均匀了. 于是,可设所求的时空变换应是如下的线性关系. 即

$$\begin{cases} x' = Ax + Bt \\ y' = y \\ z' = z \\ t' = Ct + Dx \end{cases} \quad ⓐ$$

其中,系数 A、B、C 和 D 皆与时空坐标无关. 考虑到 K′系的原点 O'在某一时刻的位置,从 K 系

与 K′系观察，各为 $x=ut$，$x'=0$，代入式ⓐ中的第一式，得 $Aut+Bt=0$，从而有

$$B=-Au \tag{ⓑ}$$

又设 $t=t'=0$ 时从原点发出光信号经过一定时间光波的波前到达某一位置. 这一事件从 K 系与 K′系观察，各为 (x,y,z,t) 与 (x',y',z',t')，按光速不变原理，观察者甲、乙所看到的光波的波前都是以光速 c 与它所经历的时间的乘积为半径的球面，它们描述了在 K、K′系中观察到的光自原点发出和到达某点的两事件，即

$$x^2+y^2+z^2-c^2t^2=0,\quad x'^2+y'^2+z'^2-c^2t'^2=0 \tag{ⓒ}$$

式ⓒ的两个二次式，从两个惯性系来看，皆为零，因而相等. 对于不以光信号联系的其他事件，从两惯性系观察，它们虽不等于零，但由于时空变换式是线性的，故这两个二次式至多只相差一个恒量因子 λ，即

$$x'^2+y'^2+z'^2-c^2t^2=\lambda(x^2+y^2+z^2-c^2t^2) \tag{ⓓ}$$

式中，$\lambda=\lambda(u)$，表示 λ 只可能与两惯性系间相对速率 u 有关. 又因两惯性系是等价的，则反过来也成立，即

$$x^2+y^2+z^2-c^2t^2=\lambda(x'^2+y'^2+z'^2-c^2t'^2) \tag{ⓔ}$$

将式ⓐ代入式ⓔ，并由式ⓑ可得

$$\begin{cases} A^2-C^2D^2=1 \\ u^2A^2-c^2C^2=-c^2 \\ uA^2+c^2CD=0 \end{cases} \tag{ⓕ}$$

由此可解得

$$A=C=\frac{1}{\sqrt{1-(u/c)^2}},\quad B=-\frac{u}{\sqrt{1-(u/c)^2}},\quad D=-\frac{u/c^2}{\sqrt{1-(u/c)^2}} \tag{ⓖ}$$

将这些系数值代入式ⓐ，就得出从 K 系到 K′系的下列变换式（左侧四式）和由此四式解出从 K′系到 K 系的逆变换式（右侧四式），它们皆称为**洛伦兹变换**式，即

$$\begin{cases} x'=\dfrac{x-ut}{\sqrt{1-u^2/c^2}} \\ y'=y \\ z'=z \\ t'=\dfrac{t-(u/c^2)x}{\sqrt{1-(u/c)^2}} \end{cases}\qquad \begin{cases} x=\dfrac{x'-ut'}{\sqrt{1-u^2/c^2}} \\ y=y' \\ z=z' \\ t=\dfrac{t'+(u/c^2)x'}{\sqrt{1-u^2/c^2}} \end{cases} \tag{ⓗ}$$

上述洛伦兹变换式表述了同一个物理事件在不同惯性系中时空坐标的变换关系. 一个事件必在某一时刻发生于空间某一点，即同时具有空间坐标和时间坐标，且时空坐标是有密切联系的.

当惯性系 K′的运动速度 $u \ll c$（低速）时，洛伦兹变换即退化为伽利略变换.

5.3　解题指导

狭义相对论告诉我们，时间、空间以及物体的运动存在必然联系，它完全突破了经典力学时空概念和理论. 所以，在解答本章习题时，切记不要用脑子里面已有的固有思维（即经典理

论)考虑问题.要用洛伦兹变换讨论相对论中质点运动的运动学问题(即狭义相对论时空观问题),用相对论的质量、能量、动量等关系解决相对论中质点运动的动力学问题.

例5-1　一艘长度为350m的宇宙飞船相对于某一参考系的速率是0.82c.在此参考系中,一颗微流星也以0.82c的速率沿反平行的轨道经过飞船.问在飞船上测量此物体经过飞船要用多长时间?

分析　求出在飞船上测量此流星的速度,也就知道了在飞船上测量此物体经过飞船要用的时间.本题实际是相对论速度变换的问题.取题中的参考系为S系,飞船为S′系,则S′系相对于S系的速度$u=0.82c$.题中给的微流星的速率是在S系中的速率,即$v=-0.82c$.

解　根据分析,由洛伦兹速度变换式得微流星相对S′系的速度

$$v'=\frac{v-u}{1-uv/c^2}=\frac{-0.82c-0.82c}{1-(0.82c)^2/c^2}=-0.98c$$

所以在飞船上测量此物体经过飞船要用的时间为

$$t=\frac{l}{|v'|}=1.2\times10^{-6}\text{s}$$

例5-2　静止的正负电子对湮没时产生两个光子,其中一个光子再与一个静止电子相碰,求它能给予这个电子的最大速度.

分析　这是微观粒子的碰撞问题,由能量守恒可以确定静止的正负电子对湮没时产生两个光子的能量,根据能量-动量关系即可得出光子的动量.光子与静止电子碰撞过程中光子和电子构成的系统符合动量守恒和能量守恒,当碰撞后光子运动的方向与原来方向相反时,电子获得最大速度.注意这里所指的能量守恒为系统的总能量守恒.

解　设电子的静止能量为m_0,根据能量守恒可得静止的正负电子对湮没时产生的光子能量为

$$E_{光子}=m_0c^2$$

由能量-动量关系可以确定光子的动量大小为

$$p_{光子}=m_0c$$

由光子和电子构成的系统碰撞前后能量守恒、动量守恒得

$$m_0c^2+m_0c^2=E'_{光子}+\frac{m_0c^2}{\sqrt{1-\frac{v^2}{c^2}}} \tag{a}$$

$$m_0c=\frac{m_0v}{\sqrt{1-\frac{v^2}{c^2}}}-p'_{光子} \tag{b}$$

$$E'_{光子}=p'_{光子}c \tag{c}$$

由以上三式整理得

$$v=\frac{4}{5}c$$

5.4　习题解答

5-1　甲、乙两人分别所乘的飞船沿Ox轴飞行,甲测得两个事件的时空坐标为$x_1=6.0\times10^4\text{m}$,$y_1=z_1=0$,$t_1=2.0\times10^{-4}\text{s}$;$x_2=12.0\times10^4\text{m}$,$y_2=z_2=0$,$t_2=1.0\times10^{-4}\text{s}$,乙测得这两个事件发生于同时.求乙相对于甲的运动速度和乙测得两个事件的空间间隔.

解　按洛伦兹变换式,今以甲的飞船作为K系、乙的飞船作为K′系,则由题设,$t_1'=t_2'$,有

$$t_2'-t_1'=\frac{t_2-(u/c^2)x_2}{\sqrt{1-(u/c)^2}}-\frac{t_1-(u/c^2)x_1}{\sqrt{1-(u/c)^2}}=0 \tag{a}$$

即

$$t_2-(u/c^2)x_2=t_1-(u/c^2)x_1 \tag{b}$$

代入题设数据，有

$$1.0\times10^{-4}\mathrm{s}-(u/c^2)(12\times10^4\mathrm{m})=2.0\times10^{-4}\mathrm{s}-(u/c^2)(6.0\times10^4\mathrm{m})$$

解之，得

$$u/c^2=-(1/6)\times10^{-8}\mathrm{s}\cdot\mathrm{m}^{-1}$$

于是，乙相对于甲的运动速度为

$$u=-c/2$$

又按洛伦兹变换式，由上式和题设数据，可列出下式，求得乙测得两个事件的空间间隔为

$$x_1'-x_2'=\frac{x_1-ut_1}{\sqrt{1-(u/c)^2}}-\frac{x_2-ut_2}{\sqrt{1-(u/c)^2}}=\frac{(x_1-x_2)+u(t_2-t_1)}{\sqrt{1-(u/c)^2}}$$

$$=\frac{(6.0\times10^4-12.0\times10^4)\mathrm{m}+(-3\times10^8\mathrm{m}\cdot\mathrm{s}^{-1}/2)(1.0\times10^{-4}-2.0\times10^{-4})\mathrm{s}}{\sqrt{1-[(-c/2)/c]^2}}$$

$$=-5.2\times10^4\mathrm{m}$$

或

$$x_2'-x_1'=5.2\times10^4\mathrm{m}$$

5-2 一汽车以 $108\mathrm{km}\cdot\mathrm{h}^{-1}$ 的速度沿一长直的高速公路行驶，问站在路旁的人观察到该汽车长度缩短了多少？已知此汽车停在路旁时，测得其长度为3m.

解 按长度收缩公式

$$L'=L_0\sqrt{1-\left(\frac{u}{c}\right)^2}$$

汽车长度缩短量为

$$\Delta L=L_0-L'=L_0-L_0\left[1-\left(\frac{u}{c}\right)^2\right]^{1/2}$$

把上式右端后一项按泰勒级数展开，并考虑到 $u\ll c$，则有

$$\Delta L\approx L_0-L_0\left[1-\frac{1}{2}\left(\frac{u}{c}\right)^2\right]=\frac{L_0}{2}\left(\frac{u}{c}\right)^2$$

已知 $L_0=3\mathrm{m}$，$u=108\mathrm{km}\cdot\mathrm{h}^{-1}=108\times10^3\mathrm{m}/3600\mathrm{s}=30\mathrm{m}\cdot\mathrm{s}^{-1}$，$c=3\times10^8\mathrm{m}\cdot\mathrm{s}^{-1}$，代入上式，得 $\Delta L=1.5\times10^{-14}\mathrm{m}$，这个缩短量实际上察觉不到.

5-3 假设一宇宙飞船以速率 $0.8c$ 匀速地飞向一恒星. 在地球上测得地球与该恒星相距 $5.1\times10^{16}\mathrm{m}$，试问：飞船中旅客觉察到旅程缩短为多少？

解 按长度收缩公式

$$L'=L_0\sqrt{1-\left(\frac{u}{c}\right)^2}$$

按题设条件，飞船中旅客觉察到旅程缩短为

$$L'=5.1\times10^{16}\times\sqrt{1-\left(\frac{0.8c}{c}\right)^2}\ \mathrm{m}=3.06\times10^{16}\mathrm{m}$$

可见长度缩短显著！即对高速运动情况，须用相对论处理.

5-4 一飞船在静止时的长度为100m. 问：假设飞船以(1) $u=30\mathrm{m}\cdot\mathrm{s}^{-1}$、(2) $u=2.7\times10^8\mathrm{m}\cdot\mathrm{s}^{-1}$ 的速度做匀速直线运动，对地面的观察者来说，它的长度各是多少？

解 (1) 已知 $l_0=100\mathrm{m}$，$u=30\mathrm{m}\cdot\mathrm{s}^{-1}$，借泰勒级数展开，有

$$l=l_0\sqrt{1-(u/c)^2}$$

$$=(100\mathrm{m})\times\sqrt{1-[(30\mathrm{m}\cdot\mathrm{s}^{-1})/(3\times10^8\mathrm{m}\cdot\mathrm{s}^{-1})]^2}$$

$$=(100\mathrm{m})\times\sqrt{1-(10^{-7})^2}$$

$$\approx(100\mathrm{m})\times\left[1-\frac{1}{2}\times(10^{-7})^2\right]=(100-0.5\times10^{-12})\mathrm{m}$$

即飞船长度仅缩短为 $0.5\times10^{-12}\mathrm{m}$. 故在 $u\ll c$ 时，相对论效应可忽略不计.

(2) 当 $u=2.7\times10^8\text{m}\cdot\text{s}^{-1}$ 时,有

$$\begin{aligned} l &= l_0\sqrt{1-(u/c)^2} \\ &= (100\text{m})\times\sqrt{1-[(2.7\times10^8\text{m}\cdot\text{s}^{-1})/(3\times10^8\text{m}\cdot\text{s}^{-1})]^2} \\ &= 43.6\text{m} \end{aligned}$$

即飞船长度缩短了 $\Delta l=100\text{m}-43.6\text{m}=56.4\text{m}$. 长度收缩极为显著.

5-5 设想一宇航员到距地球5光年的星球去旅行,若他所乘的飞船以匀速飞行,宇航员希望他把该路程缩短为3光年,那么他所乘的飞船相对于地球的速度 u 应为多大?

解 按公式

$$\Delta l'=\Delta l\sqrt{1-(u/c)^2}$$

将 $\Delta l'=3$ 光年,$\Delta l=5$ 光年,$c=3\times10^8\text{m}\cdot\text{s}^{-2}$,代入上式,得

$$u=\sqrt{1-\left(\frac{\Delta l'}{\Delta l}\right)}c=\sqrt{1-\left(\frac{3}{5}\right)^2}\times3\times10^8\text{m}\cdot\text{s}^{-1}=2.4\times10^8\text{m}\cdot\text{s}^{-1}$$

5-6 在1966—1972年期间,欧洲原子核研究中心(CERN)对储存环中沿圆周运动的 μ 粒子的平均寿命进行多次实测. μ 粒子固有寿命的实验值为 $2.197\times10^{-6}\text{s}$. 当 μ 粒子的速度为 $0.9965c$ 时,测得其平均寿命为 $26.17\times10^{-6}\text{s}$. 试比较相对论预期的结果与实验值的符合程度.

解 按时间延缓公式,算出 μ 粒子固有寿命的相对论理论值为

$$\begin{aligned} \Delta t_0' &= \sqrt{1-(u/c)^2}\Delta t = \sqrt{1-(0.9965c/c)^2}\times26.17\times10^{-6}\text{s} \\ &= 2.188\times10^{-6}\text{s} \end{aligned}$$

而理论值与实验值仅相差为

$$|2.188\times10^{-6}\text{s}-2.197\times10^{-6}\text{s}|=0.009\times10^{-6}\text{s}$$

相对偏差约为

$$\frac{0.009\times10^{-6}\text{s}}{2.197\times10^{-6}\text{s}}\approx0.4\%$$

这表明相对论时间延缓效应所预言的结果与实验值符合得很好.

5-7 求1kg的纯水从0℃加热到100℃时所增加的能量和质量. (水的比热容为 $c_s=4.186\times10^3\text{J}\cdot\text{kg}^{-1}\cdot\text{K}^{-1}$.)

解 已知水的比热容为 $c_s=4.186\times10^3\text{J}\cdot\text{kg}^{-1}\cdot\text{K}^{-1}$,则水从0℃加热到100℃时,水吸收的热量即为水增加的能量,即

$$\Delta Q=mc_s(T_2-T_1)=(1\text{kg})(4.186\times10^3\text{J}\cdot\text{kg}^{-1}\cdot\text{K}^{-1})(373\text{K}-273\text{K})=4.186\times10^5\text{J}$$

水增加的质量 Δm 可按相对论质能关系求出,即

$$\begin{aligned} \Delta m &= \Delta E/c^2=\Delta Q/c^2 \\ &= (4.186\times10^5\text{J})(3\times10^8\text{m}\cdot\text{s}^{-1})^{-2} \\ &= 4.65\times10^{-12}\text{kg} \end{aligned}$$

5-8 一电子的动能为3.0MeV,求该电子的静止能量、总能量和动量的大小以及电子的速率. 已知电子的静止质量为 $9.11\times10^{-31}\text{kg}$.

解 电子的静止能量为

$$E_0=m_0c^2=[(9.11\times10^{-31})(3\times10^8)^2]\text{J}/(1.60\times10^{-19}\text{J}\cdot\text{eV}^{-1})=0.51\times10^6\text{eV}=0.51\text{MeV}$$

该电子的总能量为

$$E=E_k+E_0=3.0\text{MeV}+0.51\text{MeV}=3.51\text{MeV}$$

按能量与动量的关系式,可得电子动量的大小为

$$p=\frac{1}{c}(E^2-E_0^2)^{1/2}=\left\{\frac{1}{3\times10^8}[(3.51)^2-(0.51)^2]\times1.6\times10^{-19}\right\}\text{kg}\cdot\text{m}\cdot\text{s}^{-1}=1.85\times10^{-21}\text{kg}\cdot\text{m}\cdot\text{s}^{-1}$$

又由 $p=mv$ 和 $E=mc^2$ 两式可得电子速率为

$$u=\frac{pc^2}{E}=\frac{(1.85\times10^{-21})(3\times10^8)^2}{3.51\times10^6\times1.6\times10^{-19}}\text{m}\cdot\text{s}^{-1}=2.965\times10^8\text{m}\cdot\text{s}^{-1}$$

第6章　静　电　学

6.1　学习要点导引

6.1.1　本章章节逻辑框图

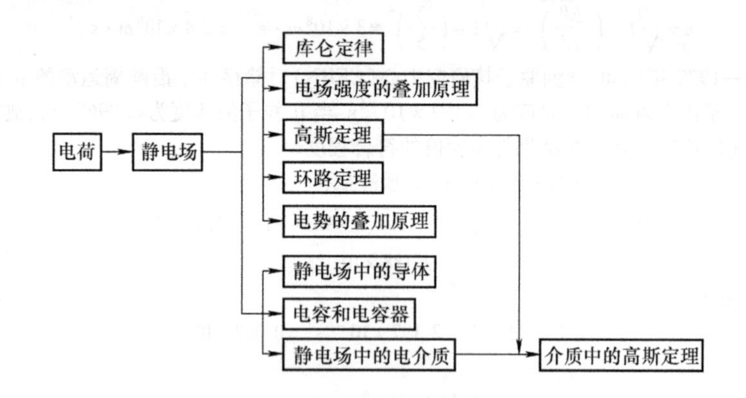

6.1.2　本章阅读导引

本章按照下列顺序研究了静止电荷在真空中所激发的静电场,在此基础上进一步讨论了有导体或电介质时的静电场:①从物质的电结构理论定性说明物体的带电过程;②从带电体间的相互作用引入静电学的基本规律——库仑定律;③从带电体相互作用过程说明静电场的概念;④根据静电场的两种对外表现,先后引入电场强度和电势两个重要概念来描述电场及其基本性质,即根据电场对电荷施力而引入电场强度,并导出高斯定理;根据电荷在电场中移动时电场力做功而引入电势,并导出静电场环路定理;⑤阐明电场强度与电势之间的关系;⑥以导体的静电平衡条件为基础,描述静电场中的导体;⑦从电介质在静电场中的极化现象出发,描述有电介质时的静电场,引入电位移这一辅助量,得出有电介质时的高斯定理;⑧引入反映导体性质的电容概念,并进一步介绍电容器的电容及其计算;⑨从静电场的能量阐明电场的物质性.

本章的重点是搞清电场的意义,掌握描述电场强弱的电场强度和电势这两个场量以及电势差等概念,理解下列几条规律,并能运用有关规律,计算简单几何形状带电体的电场强度和电势:

1）电荷守恒定律;

2）库仑定律;

3）静电力叠加原理,电场强度和电势的叠加原理;

4）真空中静电场的高斯定理;

5）真空中静电场的环路定理；

6）有电介质时静电场的高斯定理.

必须指出，我们的研究对象是电荷，而电荷是物体本身的一种属性，带电体只是电荷的载体，即只提供了电荷以及电荷的分布而已.

所有静电学的结论都基于上述1）、2）、3）这三条基本定律和原理，并可归结为4）、5）条定理，用来描述静电场的基本性质.

（1）物质的电结构理论指出，物质中存在着两种类型的带电粒子，一种带有 $+e$ 的电荷，另一种带有 $-e$ 的电荷. 原子、分子以及由它们所组成的中性物质，本身都具有电的结构，即含有带电粒子，只不过组成物质的每个原子、分子中所带正电荷的量值等于负电荷的量值，因而呈现电中性，对外不显示电性.

（2）当一物理量只能以分立的、一份一份确定的数量存在，而不是以连续的、可取任何数量的形式存在时，我们就说该物理量是"量子化"的. 电子（或质子）的电荷只能是 e，它是电荷的最小基元，任何其他带电体的电荷只能是 e 的整数倍，故电荷是量子化的. 量子化是近代物理学的一个基本概念，当研究微观粒子的运动时，很多物理量（如角动量、能量等）也都是量子化的.

（3）电荷守恒定律是由实验总结出来的，不论在宏观现象中，或在原子和原子核的微观范围内，都证明它是正确的，因此这是物理学中的一条普遍定律.

（4）电荷相互间有力的作用，力的大小和方向由熟知的库仑定律决定，进一步的问题是要研究电荷之间的作用力是通过什么方式实施的，由此引入电场的概念——电荷的周围空间存在着"电场"，由电场再对其他电荷起作用. 换句话说，电荷之间并不能超越空间、时间直接地相互作用，而是以电场作为媒介来实施的. 这一概念的正确性已为许多实验事实所证实.

（5）电场也是一种物质，它具有能量、动量等.

（6）从电场的对外表现来看，我们可以从力、功和能两方面来描述它的客观存在. 电场强度和电势就是分别从这两方面来表征电场强弱的两个场量；在给定的电场中，每一点的电场强度和电势各有确定的值，**与试探电荷存在与否无关**.

（7）在静电场中，一点的电场强度由下式决定：

$$\boldsymbol{E}=\frac{\boldsymbol{F}}{q_0} \tag{ⓐ}$$

应该注意，我们对电场强度做如上的规定根据的是比值 F/q_0 与试探电荷无关这一事实，因此这个比值可用来表征电场的客观存在及其强弱与方向.

在真空中，点电荷电场的电场强度为

$$\boldsymbol{E}=\frac{q}{4\pi\varepsilon_0 r^2}\boldsymbol{e}_r \tag{ⓑ}$$

在计算电场强度大小时，电荷 q 取其绝对值. 电荷 q 的正、负反映在电场强度矢量 $\boldsymbol{E}$ 的方向上，即其方向取决于场源电荷 q 的正负，q 为正，电场强度的方向背离 q；q 为负，其方向指向 q. 在式ⓐ和式ⓑ中，q 和 q_0 所代表的意义是截然不同的，式ⓐ中的 q_0 是引入电场中的试探电荷，而式ⓑ中的 q 是激发电场的场源电荷，读者切勿混淆这两种不同的电荷.

需要注意，式ⓐ是普遍的电场强度的定义，对任何电场都适用，而式ⓑ只对点电荷才适用. 但在实际计算问题时，后者是经常用到的.

电场强度是矢量,除了大小外,尚需考虑方向. 当激发电场的点电荷不止一个时,总电场强度应等于各个点电荷分别激发的电场强度的矢量和. 这就是电场强度的叠加原理. 计算电荷系的电场强度时,我们总是从这一原理出发来考虑的.

(8) 值得注意,习惯上说“某处电场的强弱和方向”就是指该处电场强度的大小和方向.

整个电场的电场强度分布情况可以用画电场线的方法来表示,从电场线的方向可显示电场强度的方向,从电场线的密度可描绘电场强度的大小.

(9) 读者应正确理解真空中的高斯定理

$$\oint_S \boldsymbol{E}\cdot\mathrm{d}\boldsymbol{S}=\frac{1}{\varepsilon_0}\sum_i q_i \quad ⓒ$$

其中, $\sum_i q_i$ 是指被闭合面 S 所包围的电荷的代数和.

(10) 应用电场强度叠加原理或高斯定理所给出的一些带电体(直线、平面、两平行平面、圆环、圆平面、球面等)的电场强度公式,读者应不仅会自行推导,还必须理解和能够直接运用.

(11) 当试探电荷在电场中从始点 a 沿任意路径移至终点 b 时,电场力所做的功 A_{ab} 与其所经过的路径无关. 根据这个结论,我们可以认为电荷在电场中某一位置时拥有一定的电势能. 与重力势能相仿,电场力所做的功可作为电势能改变的量度. 即

$$W_a - W_b = A_{ab} = q_0\int_a^b E\cos\theta\mathrm{d}l \quad ⓓ$$

与重力势能类同,电势能也只具有相对意义. 通常我们规定试探电荷在无限远处的电势能为零,因此得静电场中一点 a 的电势能为

$$W_a = A_{a\infty} = q_0\int_a^\infty E\cos\theta\mathrm{d}l$$

由于比值 W_a/q_0 与试探电荷无关,故也可用来表征电场的做功本领,因而引入了静电场中一点的电势概念. 电势 V_a 为

$$V_a = \frac{W_a}{q_0} = \int_a^\infty E\cos\theta\mathrm{d}l \quad ⓔ$$

式ⓔ表明,**某点 a 的电势在数值上等于将单位正电荷放在 a 处所具有的电势能,也等于单位正电荷从点 a 移至无限远处电场力所做的功**. 显然,电势也只具有相对意义.

值得指出,由式ⓓ和式ⓔ可得出电场力做功的公式

$$A_{ab} = q_0(V_a - V_b) \quad ⓕ$$

这是电学中的一个重要公式,读者必须正确理解,并能熟练运用.

(12) 点电荷 q 在真空中所激发的静电场中一点的电势公式是

$$V=\frac{q}{4\pi\varepsilon_0 r} \quad ⓖ$$

(13) 在点电荷 q 的电场中,利用式ⓖ计算电势时是以无限远处作为电势零点的,那么,由式ⓖ可知,**若场源电荷 $q>0$,则各点电势为正**,距 q 越远,电势越小,在无限远处,电势为零而达最小值;**若场源电荷 $q<0$,则各点电势为负**,距 q 越远,电势的绝对值越小,但电势越大,在无限远处,电势为零而达最大值.

(14) 电势是标量,当激发电场的点电荷不止一个时,**电场的总电势是各个点电荷分别激**

发的电势的代数和. 这就是**电势叠加原理**. 计算电荷系电场中的电势时,常可从这一原理出发去考虑.

(15) 电势是标量,其值有正、负,电势的正、负决定于场源电荷的正、负和电势零点的选取.

(16) 点电荷电场中的电势既然是在规定了无限远处的电势为零而得到的,那么在点电荷电势公式ⓖ的基础上,利用电势叠加原理,对于局限于有限空间范围内的电荷系(如带电的圆环、圆平面、有限长直线等)的电场,所算出的电势也都是以无限远处作为电势零点的.

(17) 在电场中,电势可以用画等势面的方法来表示,等势面越密处,电势变化率$\partial V/\partial l$越大,电场就越强.

(18) 在电场中一点的电场强度与电势之间的关系是

$$E_l = -\frac{\partial V}{\partial l} \tag{ⓗ}$$

即电场强度沿 l 方向的分量等于沿该方向电势的变化率(称为电势沿 l 方向的方向导数)的负值;而负号表征**电场强度的方向指向电势降低的方向**.

根据式ⓗ还可知道,电场中任一点不管其电势是否为零,只要存在着电势变化率(即该点与邻近点之间有电势差),就一定有电场强度,即 $\boldsymbol{E} \neq \mathbf{0}$;反之,如果某点处的电势变化率为零,则电场强度必为零,而不管该点的电势是否为零.

(19) 鉴于导体和电介质的电结构特征不同,它们在静电场中的表现迥异. 把导体引入静电场时,自由电子就要在电场力作用下做定向运动,从而引起电荷的重新分布,产生静电感应. 当达到静电平衡时,导体内部电场强度为零. 把电介质引入静电场时,要发生极化现象,其中的带电粒子在电场力作用下只能就地做微观的相对移动. 在达到静电平衡时,电介质内部的电场强度不等于零,只不过其电场比原有真空中的电场有所削弱而已. 这就是在通常情况下电介质和导体在电场中的表现不同之处.

(20) 读者应能从电场强度、电势及电场线分布这三方面去讨论有关导体的静电平衡问题,特别是用电场线作为工具分析这方面的问题,更是简明方便.

(21) 对电介质在外电场中的极化现象及其描述等,要求读者有所了解.

(22) 要求读者正确理解有电介质时静电场的高斯定理,至于这个定理的具体推导过程只需大致领会即可.

利用有电介质时静电场的高斯定理求电场强度时,对各向同性均匀电介质而言,主要是根据下列两个公式:

$$\oint_S \boldsymbol{D}\cdot \mathrm{d}\boldsymbol{S} = \sum_i q_i \tag{ⓘ}$$

$$\boldsymbol{D} = \varepsilon \boldsymbol{E} \tag{ⓙ}$$

特别要注意,式ⓘ中的 $\sum_i q_i$ 是指被闭合面 S 包围的所有自由电荷的代数和,而与介质中的极化(或束缚)电荷无关.

(23) 要求读者会应用有电介质时静电场的高斯定理计算一些有电介质时的静电场问题.

(24) 从电场强度与电位移的关系 $\boldsymbol{D} = \varepsilon\boldsymbol{E}$ 可知,$\boldsymbol{D}$ 也是一个矢量.

不管是束缚电荷或是自由电荷,凡是正电荷,电场线就从电荷发出;凡是负电荷,电场线就向它汇聚. 而电位移线则总是**从自由正电荷发出,而止于自由负电荷**,因此,在非均匀电介质中,电位移线仍是连续的. 这就是为什么要引入电位移这个物理量的主要原因.

必须指出,电位移 $\boldsymbol{D}$ 只是一个辅助性的场量,利用它来描述有电介质时的电场便可以撇开束缚电荷这一因素,使问题简化. 但是,真正描述电场存在的场量仍是电场强度 $\boldsymbol{E}$. 若把电荷 q 放在电场中,决定它受力的是电场强度 $\boldsymbol{E}$,而不是电位移 $\boldsymbol{D}$.

(25) 电容器的电容定义为

$$C=\frac{q}{V_{\mathrm{A}}-V_{\mathrm{B}}} \quad ⓚ$$

表面来看,其电容似乎与电容器所带的电荷有关;但实际上,按此定义所给出的电容仅决定于电容器本身的结构和形状,与电容器是否带电无关.

正因为如此,我们在求电容器的电容时,若电容器不带电也无妨,可以姑且先假定它的两极板带等量的正、负电荷,由此求出两极板间的电场强度,再根据电场强度与电势差之间的关系,求出电势差与电荷之间的关系,然后按电容器电容的定义(式ⓚ),就可给出所求的电容,这就是计算电容器电容的一种常用方法. 读者务必掌握上述的求解思路和步骤.

(26) 这里我们顺便提一下关于导体和电介质的实际用途. 在生产和生活中,导体和电介质都是不可缺少的电工材料,用途极为广泛. 导体具有储存电荷和电势能以及导电的能力,其性能可用电容及电阻率(或电导率)等指标来衡量;电介质具有绝缘的能力,其性能可用电容率及绝缘强度等指标来衡量. 例如,在平行板电容器的两极板之间填充相对电容率 ε_{r} 的电介质后,可以使电容 C 增大 ε_{r} 倍,从而使电容器实现增大电容、减小体积的要求. 但是,这样一来,将使电容器两极间的电压受到限制. 因为当极板间加上一定电压(电势差)时,极板间的电介质中就建立了电场,根据电场强度与电势的关系可知,所加电压越大,电场强度也越强;当电场强度增大到一定程度时,足以使介质的分子或原子中的一些电子摆脱束缚而成为自由电子,这时电介质中的分子发生电离,使电介质的绝缘性能削弱,成为具有一定导电能力的导体,这就是所谓介质的"击穿",相应的电场强度叫作该电介质的**绝缘强度**;电场强度达到绝缘强度时,电容器上所加的最大电压称为电容器的**耐压**. 通常在市场上出售的电容器铭牌上都标明这项指标,以供选购时参考. 电容器的工作电压不得超过标明的这一最大工作电压,否则极板间的电介质会被击穿而转变为导体,而在工作电压作用下导电,使两极板上的等量异种电荷相互中和,以致两极板上储存的电荷消失,电能释放(转化为热能等),这样就失去了电容器的作用.

(27) 静电学中重要物理量的单位如下:

电荷量 q: C(库);电场强度 E: $\mathrm{V\cdot m^{-1}}$(伏每米)或 $\mathrm{N\cdot C^{-1}}$(牛每库);电势 V: V(伏);电容 C: F(法);功 A、能 W: J(焦)或 eV(电子伏).

6.2 教学拓展

(1) 像力学中首先研究质点的运动一样,在电学中我们采用点电荷这个模型,即从研究点电荷入手. 实际上线电荷、面电荷也是特定的模型. 线电荷是指电荷分布在没有粗细的一条细线上,线的横截面面积可视为零;面电荷是指电荷分布在一薄层中,而层的厚度可忽略.

单位长度上的线电荷称为电荷线密度,记作 λ,即 $\lambda=\dfrac{\mathrm{d}q}{\mathrm{d}l}$. 单位面积的面电荷称为电荷面密度，记作$\sigma$，即$\sigma=\frac{\mathrm{d}q}{\mathrm{d}S}$. 分布在某一区域$V$中的单位体积的电荷，称为电荷体密度，记作$\rho$，即$\rho=\frac{\mathrm{d}q}{\mathrm{d}V}$.

对于不同的惯性系，考虑到带电体沿运动方向长度会收缩，因而会引起V、S和l的改变，故ρ值是不同的，即ρ随带电体的速度而改变，而σ和λ则视带电体的方位而定.

(2) 若两个带电体不能视为点电荷，则在求两个带电体A、B之间相互作用的静电力时，可把两个带电体分成许多电荷元，它们都满足点电荷的条件. 任意一对电荷元$\mathrm{d}q_i$和$\mathrm{d}q_j$之间的相互作用力$\mathrm{d}\boldsymbol{F}$为

$$\mathrm{d}\boldsymbol{F}=\frac{1}{4\pi\varepsilon_0}\frac{\mathrm{d}q_i\mathrm{d}q_j}{r_{ij}^2}\boldsymbol{e}_{r_{ij}}$$

式中，$\boldsymbol{e}_{r_{ij}}$为$\mathrm{d}q_i$指向$\mathrm{d}q_j$的单位矢量，今把两个带电体上所有成对的电荷之间相互作用力借静电力叠加原理进行矢量合成，便可求得两带电体之间相互作用力$\boldsymbol{F}$为

$$\boldsymbol{F}=\int_{q_A}\int_{q_B}\frac{\mathrm{d}q_i\mathrm{d}q_j}{4\pi\varepsilon_0 r_{ij}^2}\boldsymbol{e}_{r_{ij}}$$

式中，q_A和q_B分别为带电体A和带电体B所带的电荷量.

(3) 本章讨论的电荷都是处于静止状态的. 上述的作用力称为静电力，也称库仑力. 实验证明，当电荷运动时，其作用力和静止时不相同，甚至两个电荷以同样速度运动，即二者处于相对静止时，其作用力也和库仑力不同，这是因为运动电荷之间尚存在洛伦兹力的相互作用(参阅第7章). 所以，电荷之间的作用力在不同的惯性系中是不同的.

(4) 库仑定律和万有引力定律具有相同的形式，即电荷之间的相互作用和质点之间的引力作用在行为上颇相似，区别在于电荷有正、负之分，因而表现为引力和斥力；质量没有正、负之分，仅表现为引力. 此外，电荷是量子化的，质量则迄今未发现量子化. 再有，电荷之间的静电力是可以屏蔽的，而物体之间的万有引力是无法屏蔽的.

(5) 电荷A与B之间并不接触而有相互作用，起初人们认为这是一种"超距"作用. 但是，不接触而能相互作用总是令人难以接受. 法拉第认为，在电荷周围存在一种看不见、摸不着的特殊物质，这就是电场. 电荷A的电场接触到电荷B而作用于电荷B，显示出电荷A对电荷B作用的电力；而电荷B对电荷A的反作用力，实际上是电荷B的电场接触到电荷A而作用于电荷A. 如此说来，虽然这两个库仑力大小相等、方向相反，且处于同一条直线上，但两者不是一对作用与反作用力，只是由于A、B两个静止点电荷相互作用的库仑力$\boldsymbol{F}_{AB}$与$\boldsymbol{F}_{BA}$等值、反向、共线，可看作满足牛顿第三定律.

6.3 解题指导

例6-1 如例6-1图所示，一细玻璃棒被弯成半径为R的半圆形，其上半部分均匀分布有电荷$+q$，其下半部分均匀分布有电荷$-q$. 试求圆心P处的电场强度.

分析 本题是一个连续带电体电场强度问题. 在圆弧上取电荷元$\mathrm{d}q=\frac{2q}{\pi R}R\mathrm{d}\theta=\frac{2q}{\pi}\mathrm{d}\theta$，它在圆心$P$处的电场强度$\mathrm{d}\boldsymbol{E}=\frac{\mathrm{d}q}{4\pi\varepsilon_0 r^2}\boldsymbol{e}_r$. 因为圆环上电荷对$x$轴呈对称分布且所带电荷相反，所以电场分布也呈轴对称，有$\int\mathrm{d}E_x=0$，圆心P处的电场强

度 $E=\int \mathrm{d}E_y j$.

解　由以上分析可知，任一电荷元在 P 点处的电场强度沿 y 轴的分量的大小为

$$\mathrm{d}E_y=\frac{1}{4\pi\varepsilon_0}\cdot\frac{2q}{R^2\pi}\cos\theta\mathrm{d}\theta$$

所以圆心 P 处电场强度的大小为

$$E=\int \mathrm{d}E_y=\frac{1}{2\pi^2R^2\varepsilon_0}\left(\int_0^{\frac{\pi}{2}}q\cos\theta\mathrm{d}\theta+\int_{\frac{\pi}{2}}^{\pi}(-q)\cos\theta\mathrm{d}\theta\right)=\frac{q}{\pi^2\varepsilon_0R^2}$$

方向沿 y 轴反方向.

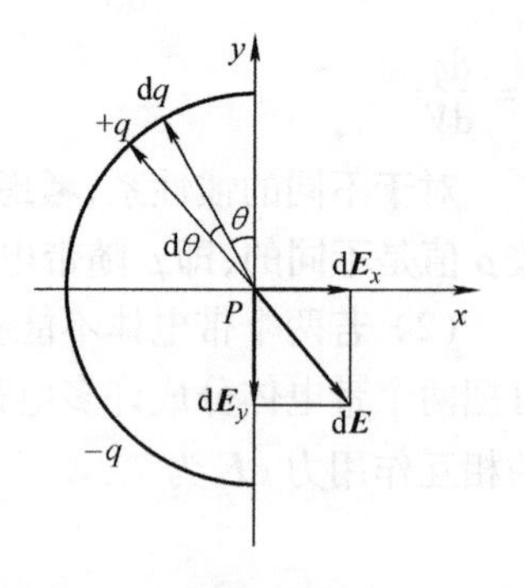

例 6-1 图

例 6-2　在半径为 R、电荷体密度为 ρ 的均匀带电体中挖去一个半径 r 的球形空腔，空腔中心 O_2 与带电球体中心 O_1 相距为 $a(r+a<R)$，求空腔内任一点的电场强度大小.

分析　本题中带电体的电场分布不是对称分布的，无法直接采用高斯定理求解电场分布. 但可以采用填补法求解. 将挖去球形空腔的带电体看成一个完整的、电荷体密度为 ρ 的均匀带电体和一个电荷体密度为 $-\rho$、球心在 O_2 的带电小球体（半径等于空腔球体的半径）. 空腔内任一点 P 的电场强度 $\boldsymbol{E}$ 等于大小球在这点的电场强度 $\boldsymbol{E}_1$、$\boldsymbol{E}_2$ 的矢量和.

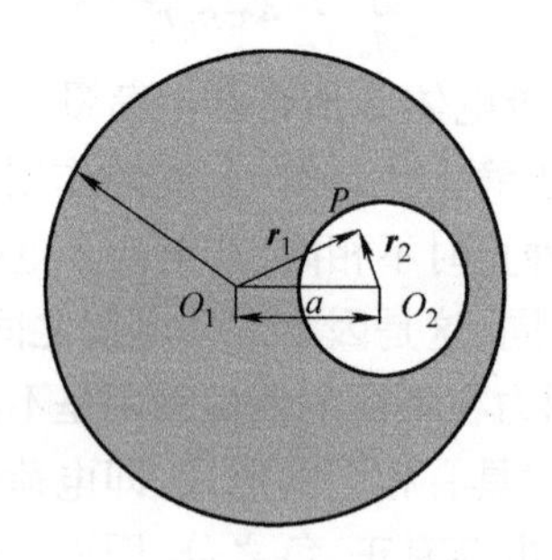

例 6-2 解图

解　如例 6-2 解图所示，均匀带电球体在空腔中任一点 P 处的电场强度为

$$\boldsymbol{E}_1=\frac{\rho}{3\varepsilon_0}\boldsymbol{r}_1$$

小球在任一点 P 处的电场强度为

$$\boldsymbol{E}_2=-\frac{\rho}{3\varepsilon_0}\boldsymbol{r}_2$$

故空腔内任一点的电场强度为

$$\boldsymbol{E}=\boldsymbol{E}_1+\boldsymbol{E}_2=\frac{\rho}{3\varepsilon_0}(\boldsymbol{r}_1-\boldsymbol{r}_2)$$

由矢量几何关系 $\boldsymbol{r}_1-\boldsymbol{r}_2=\boldsymbol{a}$ 得

$$\boldsymbol{E}=\frac{\rho}{3\varepsilon_0}\boldsymbol{a}$$

即空腔内任一点的电场强度大小为　$E=\dfrac{\rho}{3\varepsilon_0}a$

可见空腔内为匀强电场.

6.4　习题解答

6-1　如习题 6-1 图所示，两小球 A 和 B 的质量均为 $m=0.1\times10^{-3}\mathrm{kg}$，分别用两根长 $l=1.20\mathrm{m}$ 的塑料

细线悬挂于 O 点. 当两球带有电荷量相等的同种电荷时,它们相互推斥分开,在彼此相距 $d=5\times10^{-2}$m 处达到平衡. 求每个球上所带的电荷量 q.

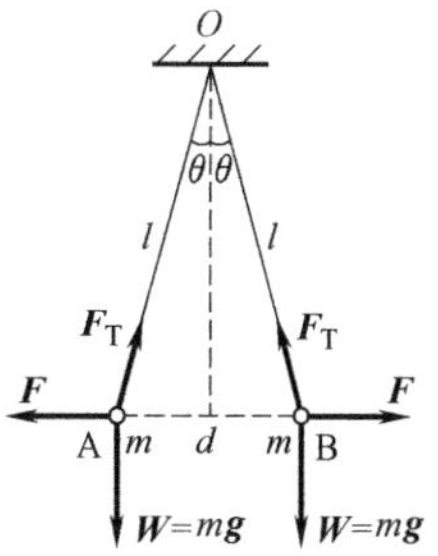

习题6-1图

解 对每个小球来说,受重力 $\boldsymbol{W}=m\boldsymbol{g}$、悬线拉力 $\boldsymbol{F}_T$ 和小球间的静电斥力 $\boldsymbol{F}$ 三个力作用. 根据库仑定律,$\boldsymbol{F}$ 的大小为 $F=q^2/(4\pi\varepsilon_0 d^2)$. 由于小球分别处于平衡状态,它们的速度和加速度皆为零. 根据牛顿第二定律,对其中任一个小球来说,在竖直方向和水平方向分别有

$$mg-F_T\cos\theta=0 \quad ⓐ$$

$$F-F_T\sin\theta=0 \quad ⓑ$$

从式ⓐ、式ⓑ两式得

$$F=mg\tan\theta$$

由于两球分开的距离和悬线长度相比甚小,故角 θ 也甚小,因而 $\tan\theta\approx\sin\theta=\dfrac{d}{2l}$,这样,上式可写作

$$\frac{q^2}{4\pi\varepsilon_0 d^2}=mg\frac{d}{2l}$$

得

$$q=\pm\sqrt{\frac{4\pi\varepsilon_0 mgd^3}{2l}}$$

将题设各值代入上式,读者可自行算出各球所带电荷量为

$$q=\pm2.38\times10^{-9}\mathrm{C}$$

本题有两个答案. 因为两球既然相斥,它们可以都带正电,也可以都带负电.

6-2 点电荷 $q_1=+5.0\times10^{-9}$C,置于距离激发电场的点电荷 q 为 10cm 处一点上时,它所受的力为 30×10^{-5}N,方向则背离 q 向外. 求此点的电场强度大小和场源的电荷 q.

解 按电场强度的定义,这点处的电场强度大小为

$$E=\frac{F}{q_1}=\frac{30\times10^{-5}\mathrm{N}}{5.0\times10^{-9}\mathrm{C}}=6.0\times10^4\mathrm{N\cdot C^{-1}}$$

因 $q_1>0$,$\boldsymbol{E}$ 的方向与力 $\boldsymbol{F}$ 的同向,即背离 q 向外.

场源的电荷 q,可由点电荷电场的公式决定,即

$$\boldsymbol{E}=\frac{1}{4\pi\varepsilon_0}\frac{q}{r^2}\boldsymbol{e}_r$$

由此得

$$q=4\pi\varepsilon_0 r^2E=\frac{1}{9\times10^9\mathrm{N\cdot m^2\cdot C^{-2}}}\times(0.1\mathrm{m})^2\times6.0\times10^4\mathrm{N\cdot C^{-1}}$$
$$=66.7\times10^{-9}\mathrm{C}$$

6-3 氢原子里的原子核外只有一个电子. 设想电子沿圆形轨道绕原子核做匀速率旋转,轨道半径为 0.529×10^{-8}cm,求电子的向心加速度和绕核的转速.

解 因为电子的重力、电子与原子核之间的万有引力都远小于电子与原子核间的静电力,所以可认为电子仅受原子核的库仑力 $F=\dfrac{1}{4\pi\varepsilon_0}\dfrac{e^2}{r^2}$ 作用,并以此力作为向心力,使电子绕原子核做匀速率圆周运动. 按牛顿第二定律的法向分量式,有

$$\frac{1}{4\pi\varepsilon_0}\frac{e^2}{r^2}=ma_n$$

代入有关数据,可算出电子的向心加速度为

$$a_n=\frac{1}{4\pi\varepsilon_0}\frac{e^2}{r^2}\frac{1}{m}=(9\times10^9\mathrm{N\cdot m^2\cdot C^{-2}})\left(\frac{1.60\times10^{-19}\mathrm{C}}{0.529\times10^{-10}\mathrm{m}}\right)^2\times\frac{1}{9.11\times10^{-31}\mathrm{kg}}=9.04\times10^{22}\mathrm{m\cdot s^{-2}}$$

再由 $a_n=r\omega^2$ 及 $n=\omega/2\pi$,可求出电子绕核的转速 $n=6.58\times10^{15}\mathrm{r\cdot s^{-1}}$.

6-4 如习题6-4图所示,两个点电荷 $q_1=+2.0\times10^{-7}$C、$q_2=-2.0\times10^{-7}$C,分别位于斜边长为 $a=0.6$m 的直角三角形的两个顶点上,相距为 $a/2$,求另一顶点 P 处的电场强度.

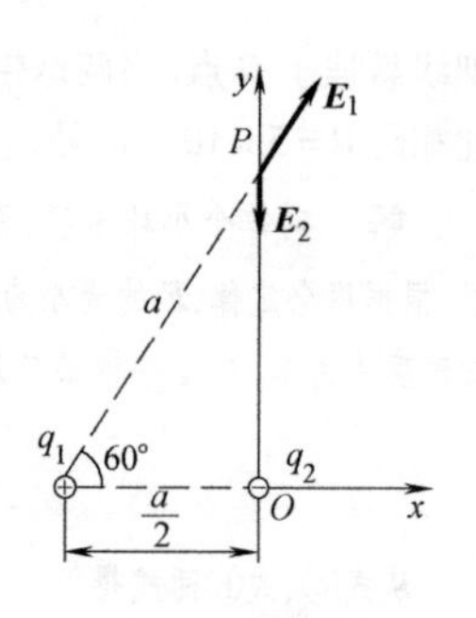

习题 6-4 图

解　本题利用电场强度叠加原理求给定点的电场强度. 以 q_2 处为坐标原点 O,建立平面直角坐标系 Oxy. 设 q_1、q_2 在 P 点激发的电场强度分别为 $\boldsymbol{E}_1$ 和 $\boldsymbol{E}_2$,则它们的大小为

$$E_1=\frac{q_1}{4\pi\varepsilon_0 a^2}$$

$$E_2=\frac{|q_2|}{4\pi\varepsilon_0(\sqrt{3}a/2)^2}$$

把 $\boldsymbol{E}_1$、$\boldsymbol{E}_2$ 分别投影在 Ox、Oy 轴上,得

$$E_{1x}=E_1\cos60°=\frac{q_1}{8\pi\varepsilon_0 a^2},\quad E_{1y}=E_1\sin60°=\frac{\sqrt{3}q_1}{8\pi\varepsilon_0 a^2}$$

$$E_{2x}=0,\quad E_{2y}=-E_2=-\frac{|q_2|}{3\pi\varepsilon_0 a^2}$$

由题设数据,令 $q_1=|q_2|=q$,则 P 点的总电场强度 $\boldsymbol{E}$ 在 Ox、Oy 轴上的分量分别为

$$E_x=E_{1x}+E_{2x}=\frac{q}{8\pi\varepsilon_0 a^2}$$

$$E_y=E_{1y}+E_{2y}=\frac{\sqrt{3}q}{8\pi\varepsilon_0 a^2}-\frac{q}{3\pi\varepsilon_0 a^2}=\frac{(3\sqrt{3}-8)q}{24\pi\varepsilon_0 a^2}$$

$\boldsymbol{E}$ 的矢量形式为

$$\boldsymbol{E}=E_x\boldsymbol{i}+E_y\boldsymbol{j}=\frac{q}{8\pi\varepsilon_0 a^2}\left(\boldsymbol{i}+\frac{3\sqrt{3}-8}{3}\boldsymbol{j}\right)$$

所以,电场强度 $\boldsymbol{E}$ 的大小为

$$E=\sqrt{E_x^2+E_y^2}$$

代入题设数据,可算得

$$E=34.3\times10^2\text{N}\cdot\text{C}^{-1}$$

其方向可由 $\boldsymbol{E}$ 与 Ox 轴之间的夹角 α 表示,即

$$\alpha=\arctan\frac{E_y}{E_x}=-43°3'52''$$

6-5　求电偶极子在其轴线的中垂线上某点 B 的电场强度 $\boldsymbol{E}_B$,如习题 6-5 图所示,令该轴线的中垂线上 B 点到电偶极子中心 O 的距离为 r.

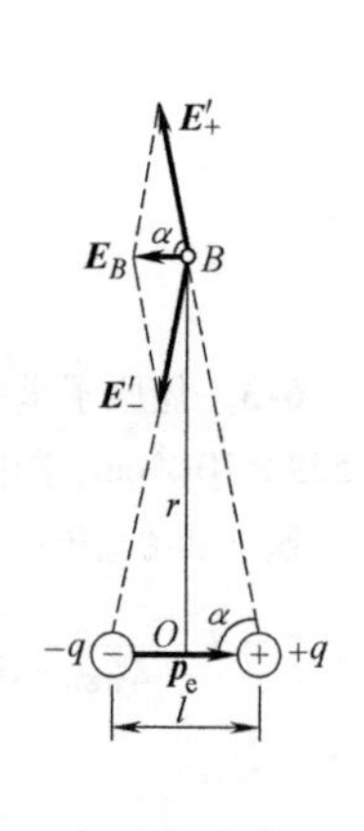

习题 6-5 图

解　如习题 6-5 图所示,则在 $+q$ 和 $-q$ 的电场中,点 B 的电场强度为 $\boldsymbol{E}'_+$ 和 $\boldsymbol{E}'_-$,其大小分别为

$$E'_+=\frac{1}{4\pi\varepsilon_0}\frac{q}{r^2+\frac{l^2}{4}},\quad E'_-=\frac{1}{4\pi\varepsilon_0}\frac{q}{r^2+\frac{l^2}{4}}$$

即 $E'_+=E'_-$,它们的方向分别在电荷 $+q$ 和 $-q$ 到点 B 的连线上,指向如习题 6-5 图所示. 读者可进一步自行求出点 B 处总电场强度的大小为 $E_B=2E'_+\cos\alpha$,或

$$E_B=\frac{1}{4\pi\varepsilon_0}\frac{ql}{\left(r^2+\frac{l^2}{4}\right)^{3/2}}$$

对电偶极子来说,$r\gg l$,则 $(r^2+l^2/4)^{3/2}\approx r^3$,由此得

$$E_B=\frac{ql}{4\pi\varepsilon_0 r^3}=\frac{1}{4\pi\varepsilon_0}\frac{p_e}{r^3}$$

$\boldsymbol{E}_B$ 的方向与电矩 $\boldsymbol{p}_e$ 的方向相反(见习题 6-5 图). 这样,在电偶极子轴线的中垂线上一点的电场强度,可表示成矢量式

$$\boldsymbol{E}_B=-\frac{\boldsymbol{p}_e}{4\pi\varepsilon_0 r^3}$$

式中，负号表示 $\boldsymbol{E}_B$ 与 $\boldsymbol{p}_e$ 反向.

6-6　如习题6-6图所示，在边长为 a 的正方形四个顶点 A、B、C、D 上，分别有相等的同种电荷 $-e$. 求证：若使各顶点上的电荷所受电场力为零，在正方形中心 O 应放置电荷 $e_O=(2\sqrt{2}+1)e/4$.

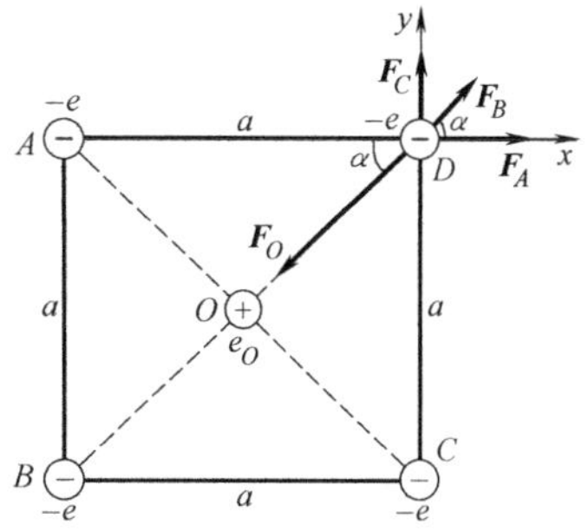

习题6-6图

证　由于对称性，仅需对任一顶点上的电荷，讨论其受力平衡情况即可. 今取如习题6-6图所示的 D 点上的电荷来研究. 顶点 A、B、C 及中心 O 处的电荷所激发的电场对 D 点处的电荷均有电场力作用，其方向分别如图所示，大小分别为

$$F_O=eE_O=\frac{1}{4\pi\varepsilon_0}\frac{|-e|e_O}{(\sqrt{2}a/2)^2}=\frac{2ee_O}{4\pi\varepsilon_0 a^2}$$

$$F_B=eE_B=\frac{1}{4\pi\varepsilon_0}\frac{|-e||-e|}{(\sqrt{2}a)^2}=\frac{1}{4\pi\varepsilon_0}\frac{e^2}{2a^2}$$

$$F_A=eE_A=\frac{1}{4\pi\varepsilon_0}\frac{|-e||-e|}{a^2}=\frac{1}{4\pi\varepsilon_0}\frac{e^2}{a^2}$$

$$F_C=eE_C=\frac{1}{4\pi\varepsilon_0}\frac{|-e||-e|}{a^2}=\frac{1}{4\pi\varepsilon_0}\frac{e^2}{a^2}$$

习题6-6图中 $\alpha=45°$，D 点处电荷 $-e$ 受力的平衡条件为 $\sum\limits_i F_x=0$，$\sum\limits_i F_y=0$. 今由 $\sum\limits_i F_x=0$，有

$$F_A+F_B\cos\alpha-F_O\cos\alpha=0$$

即

$$\frac{1}{4\pi\varepsilon_0}\frac{e^2}{a^2}+\frac{1}{4\pi\varepsilon_0}\frac{e^2}{2a^2}\cos45°-\frac{2ee_O}{4\pi\varepsilon_0 a^2}\cos45°=0$$

由此得

$$e_O=\frac{1+2\sqrt{2}}{4}e$$

读者试由 $\sum\limits_i F_y=0$ 的条件求 e_O，其结果一致吗？

6-7　如习题6-7图所示，水平地放置着一长为 L、线电荷密度为 $\lambda(>0)$ 的均匀带电直线. 设 P 点是带电直线延长线上的一点，它到直线近端的距离为 a. 试求 P 点的电场强度.

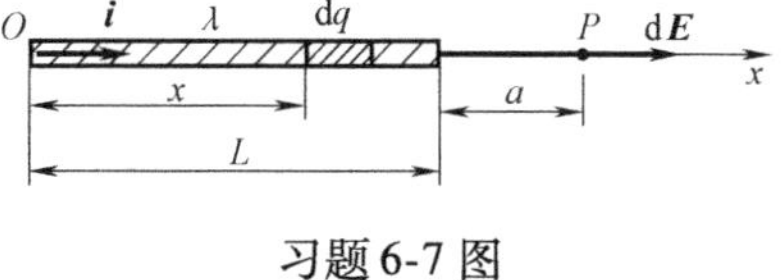

习题6-7图

分析　为求 P 点的电场强度，应首先把带电直线分成无限多个电荷元 $\mathrm{d}q$，求出每一电荷元在 P 点的电场强度 $\mathrm{d}\boldsymbol{E}$，然后根据电场强度叠加原理求出 P 点的电场强度 $\boldsymbol{E}$.

解　以棒的左端点 O 为坐标原点，建立如习题6-7图所示的坐标系 Ox. 在棒上任取一电荷元 $\mathrm{d}q$，其坐标为 x，长为 $\mathrm{d}x$，则 $\mathrm{d}q=\lambda\mathrm{d}x$. 电荷元 $\mathrm{d}q$ 在 P 点的电场强度的大小为

$$\mathrm{d}E=\frac{\mathrm{d}q}{4\pi\varepsilon_0(L+a-x)^2}=\frac{\lambda}{4\pi\varepsilon_0}\frac{\mathrm{d}x}{(L+a-x)^2}$$

显然，带电直线上各个电荷元 $\mathrm{d}q$ 在点 P 的电场强度 $\mathrm{d}\boldsymbol{E}$ 的方向皆相同，都沿 Ox 轴正方向，所以，P 点的总电场强度大小为

$$E=\int_l\mathrm{d}E=\frac{\lambda}{4\pi\varepsilon_0}\int_0^L\frac{\mathrm{d}x}{(L+a-x)^2}=\frac{\lambda}{4\pi\varepsilon_0}\left(\frac{1}{a}-\frac{1}{a+L}\right)$$

$\boldsymbol{E}$ 的方向沿 Ox 轴正方向，$\boldsymbol{E}$ 的矢量形式为

$$\boldsymbol{E}=\frac{\lambda}{4\pi\varepsilon_0}\left(\frac{1}{a}-\frac{1}{a+L}\right)\boldsymbol{i}$$

6-8　设电荷 $q>0$，均匀分布在半径为 R 的圆弧上，圆弧对圆心 O 所张的圆心角为 α. 试求圆心处的电场强度. 若此圆弧为一半圆周，求圆心处的电场强度.

解　按题意作习题6-8图，以圆弧 AB 的圆心 O 为原点，取中心角的平分角线为 Oy 轴，作坐标系 Oxy. 在相应于 θ 角处取电荷元 $\mathrm{d}q=\lambda R\mathrm{d}\theta$，这里，线电荷密度 $\lambda=q/(R\alpha)$，它在 O 点的电场强度 $\mathrm{d}\boldsymbol{E}$ 的大小为

$$\mathrm{d}E=\frac{1}{4\pi\varepsilon_0}\frac{\mathrm{d}q}{R^2}=\frac{1}{4\pi\varepsilon_0 R^2}\frac{q}{\alpha}\mathrm{d}\theta$$

设 $q>0$，$\mathrm{d}\boldsymbol{E}$ 沿 Ox、Oy 轴的分量分别为

$$\mathrm{d}E_x=\mathrm{d}E\cos\theta,\quad \mathrm{d}E_y=\mathrm{d}E\sin\theta$$

则 O 点电场强度 $\boldsymbol{E}$ 的分量为

$$E_y=\int_l \mathrm{d}E\sin\theta=\int_{\frac{\pi}{2}-\frac{\alpha}{2}}^{\frac{\pi}{2}+\frac{\alpha}{2}}\frac{1}{4\pi\varepsilon_0 R^2}\frac{q}{\alpha}\sin\theta\mathrm{d}\theta$$

$$=\frac{q}{4\pi\varepsilon_0\alpha R^2}[-\cos\theta]_{\frac{\pi}{2}-\frac{\alpha}{2}}^{\frac{\pi}{2}+\frac{\alpha}{2}}=\frac{q}{2\pi\varepsilon_0\alpha R^2}\sin\frac{\alpha}{2}$$

$$E_x=\int_l \mathrm{d}E\cos\theta=\int_{\frac{\pi}{2}-\frac{\alpha}{2}}^{\frac{\pi}{2}+\frac{\alpha}{2}}\frac{1}{4\pi\varepsilon_0 R^2}\frac{q}{\alpha}\cos\theta\mathrm{d}\theta$$

$$=\frac{q}{4\pi\varepsilon_0\alpha R^2}[\sin\theta]_{\frac{\pi}{2}-\frac{\alpha}{2}}^{\frac{\pi}{2}+\frac{\alpha}{2}}=0$$

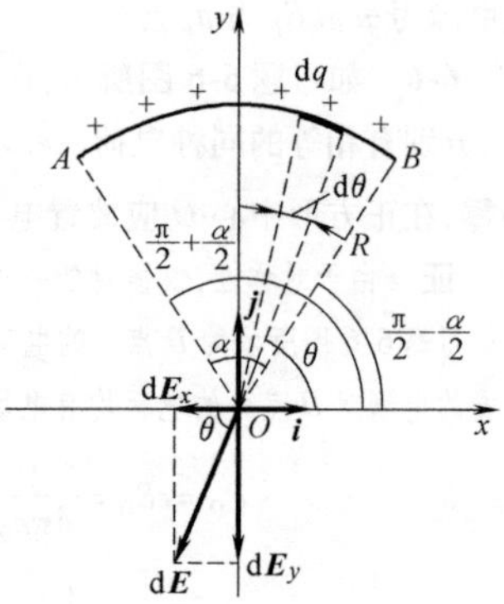

习题6-8图

也可从对称性判定 $E_x=0$. 于是有

$$E=E_y=\frac{q}{2\pi\varepsilon_0 R^2\alpha}\sin\frac{\alpha}{2}(\downarrow)$$

若圆弧为一半圆周，则圆心处的电场强度 $\boldsymbol{E}$ 为

$$E=E_y=\frac{q}{2\pi^2\varepsilon_0 R^2}$$

或

$$\boldsymbol{E}=-\frac{q}{2\pi^2\varepsilon_0 R^2}\boldsymbol{j}$$

若 $q<0$，则

$$\boldsymbol{E}=\frac{q}{2\pi^2\varepsilon_0 R^2}\boldsymbol{j}$$

6-9　如习题6-9图所示，一均匀带正电的无限大平面上的电荷面密度为 σ，在面上挖去一个半径为 R 的小圆孔，求垂直于平面的圆孔轴线上某点 P 的电场强度. 已知场点 P 与圆孔中心 O 相距为 $3R$.

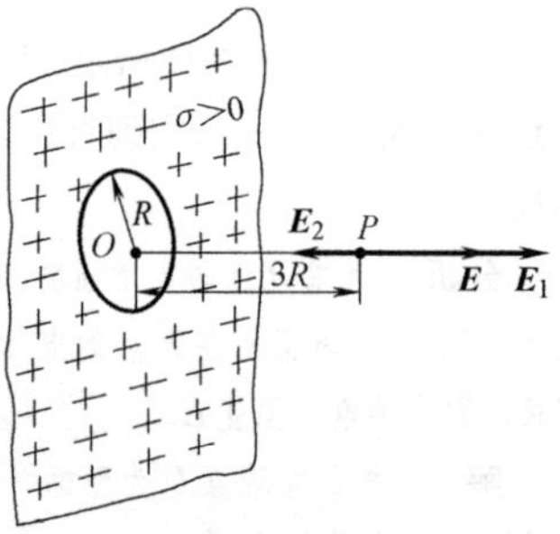

解　由题设，无限大均匀带正电平面开有半径为 R 的圆孔，这等价于无限大均匀带正电平面的电场强度 $\boldsymbol{E}_1$ 与均匀带负电（$-\sigma$）、半径为 R 的圆面在垂直于圆面的轴上 P 点的电场强度 $\boldsymbol{E}_2$ 的矢量和，即

$$\boldsymbol{E}=\boldsymbol{E}_1+\boldsymbol{E}_2$$

习题6-9图

其中，$E_1=\sigma/2\varepsilon_0$，方向向右，$E_2=(\sigma/2\varepsilon_0)(1-3R/\sqrt{(3R)^2+R^2})$，方向向左. 因为 $E_1>E_2$，所以

$$E=\frac{\sigma}{2\varepsilon_0}-\left[\frac{\sigma}{2\varepsilon_0}\left(1-\frac{3R}{\sqrt{(3R)^2+R^2}}\right)\right]=\frac{3\sqrt{10}\sigma}{20\varepsilon_0}$$

方向向右.

6-10　求证：远离均匀带电圆平面处的电场相当于电荷集中于圆平面中心 O 的一个点电荷的电场.

证　按垂直于均匀带电圆平面的轴线上的电场强度公式

$$\boldsymbol{E}=\frac{\sigma}{2\varepsilon_0}\left(1-\frac{x}{\sqrt{x^2+R^2}}\right)\boldsymbol{i}$$

式中，$\boldsymbol{i}$ 为沿垂直于圆平面的轴线 Ox 上的单位矢量. 若 $x\gg R$，将式中 $(1+R^2/x^2)^{-\frac{1}{2}}$ 按泰勒级数展开，有

$$\left(1+\frac{R^2}{x^2}\right)^{-\frac{1}{2}}=1-\frac{1}{2}\left(\frac{R^2}{x^2}\right)+\frac{3}{8}\left(\frac{R^2}{x^2}\right)^2-\cdots$$

因 $x \gg R$，可略去式中的高阶项，只保留前两项. 然后，把它代入前式，并化简，且因 $\pi R^2\sigma = q$ 为圆平面所带的电荷，从而可得离圆平面甚远处的电场强度公式，它与点电荷的电场强度公式相同，即

$$\boldsymbol{E} = \frac{\sigma R^2}{4\varepsilon_0 x^2}\boldsymbol{i} = \frac{\pi R^2\sigma}{4\pi\varepsilon_0 x^2}\boldsymbol{i} = \frac{q}{4\pi\varepsilon_0 x^2}\boldsymbol{i}$$

6-11　真空中两块相互平行的无限大均匀带电平面，面电荷密度分别为 σ 和 2σ，求两平面间的电场强度.

解　如习题6-11图所示，按无限大均匀带电平面的电场强度公式，在两平行平面之间任一点的总电场强度为

$$E = \frac{2\sigma}{2\varepsilon_0} - \frac{\sigma}{2\varepsilon_0} = \frac{\sigma}{2\varepsilon_0}，\text{方向朝左.}$$

习题6-11图

6-12　在真空中，沿 Ox 轴正方向分布着电场，电场强度为 $\boldsymbol{E} = bx\boldsymbol{i}$（$b$ 为正的恒量）. 如习题6-12图所示，今若作一边长为 a 的正方体形高斯面，试求通过高斯面右侧面 S_1 的电通量 Φ_1、通过上表面 S_2 的电通量 Φ_2 以及立方体内的净电荷 Q.

解　按题设，通过 S_1、S_2 和 S_3 面的电通量分别为

$$\Phi_1 = \boldsymbol{E}\cdot\boldsymbol{S}_1 = ES_1\cos 0° = b(2a)(a^2) = 2a^3b$$

$$\Phi_2 = \boldsymbol{E}\cdot\boldsymbol{S}_2 = ES_2\cos 90° = 0,$$

$$\Phi_3 = \boldsymbol{E}\cdot\boldsymbol{S}_3 = ES_3\cos 180° = -ba(a^2) = -ba^3$$

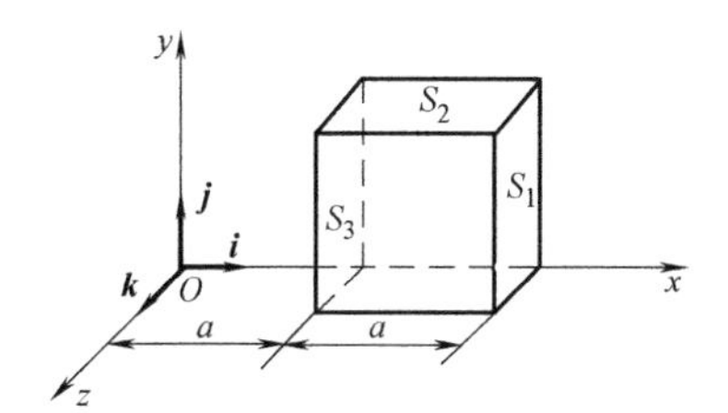

习题6-12图

按高斯定理，有

$$\Phi_1 + \Phi_2 + \Phi_3 = \frac{Q}{\varepsilon_0}$$

得　　$$Q = \varepsilon_0[2a^3b + 0 + (-ba^3)] = \varepsilon_0 a^3 b$$

6-13　如习题6-13图所示，一金属球A（$R_1 = 2\text{cm}$）被另一个同心金属球壳B（$R_2 = 4\text{cm}$）所包围. 球A表面上均匀地带电荷 $q_1 = +\frac{10}{3}\times 10^{-9}\text{C}$，球壳B上均匀地带电荷 $q_2 = -\frac{20}{3}\times 10^{-9}\text{C}$. 求与球心 O 相距 $r = 5\text{cm}$ 的点 C 的电场强度.

解　为了求点 C 的电场强度，选取经过点 C 且与球A同心的闭合球面 S 作为高斯面，其半径为 r，所包围的电荷为 $(q_1 + q_2)$；又由于对称，球面 S 上各点的电场强度大小均相同，设为 E，则根据高斯定理，有

$$4\pi r^2 E = \frac{1}{\varepsilon_0}(q_1 + q_2)$$

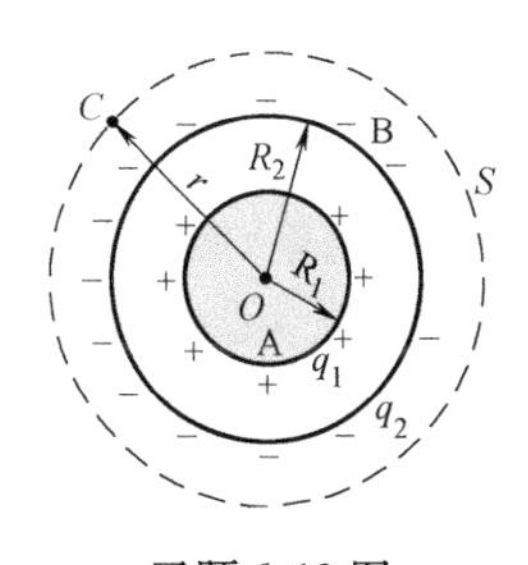

习题6-13图

由此，根据题设数据，可算得

$$E = \frac{1}{4\pi\varepsilon_0}\frac{q_1 + q_2}{r^2}$$

$$= 9\times 10^9\text{N}\cdot\text{m}^2\cdot\text{C}^{-2}\times\frac{(10-20)\times\frac{10^{-9}}{3}\text{C}}{(0.05\text{m})^2}$$

$$= -1.2\times 10^4\text{N}\cdot\text{C}^{-1}\text{（负号表示电场强度方向指向中心）}$$

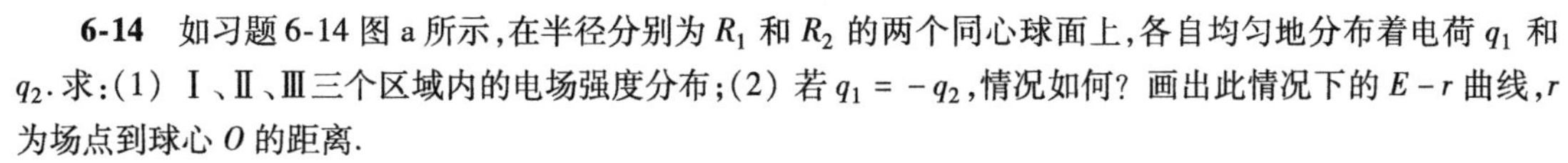

6-14　如习题6-14图a所示，在半径分别为 R_1 和 R_2 的两个同心球面上，各自均匀地分布着电荷 q_1 和 q_2. 求：(1) Ⅰ、Ⅱ、Ⅲ三个区域内的电场强度分布；(2) 若 $q_1 = -q_2$，情况如何？画出此情况下的 $E-r$ 曲线，r 为场点到球心 O 的距离.

解　(1) 以 O 为中心，分别取三个不同的半径作三个同心球形高斯面Ⅰ、Ⅱ、Ⅲ：$r < R_1$、$R_1 < r < R_2$、$r > R_2$. 根据对称性，按高斯定理，对区域Ⅰ，有

$$4\pi r^2 E_{\text{I}} = 0$$

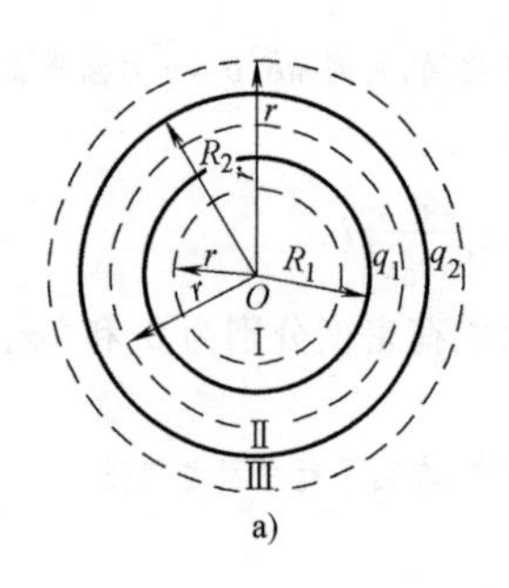

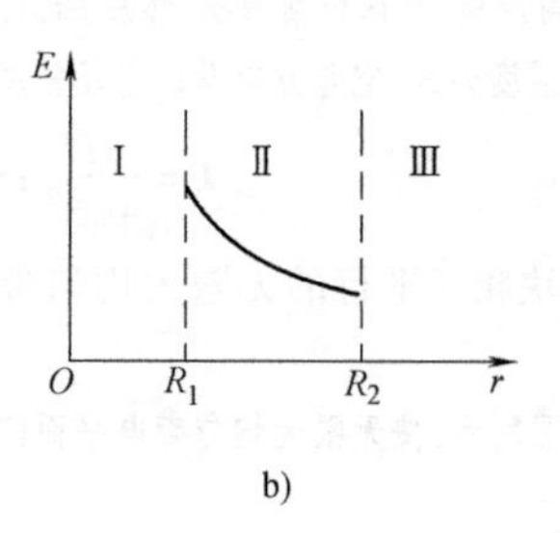

习题 6-14 图

所以

$$E_{\text{Ⅰ}}=0 \quad (r<R_1)$$

对区域Ⅱ,有

$$4\pi r^2 E_{\text{Ⅱ}}=\frac{1}{\varepsilon_0}q_1$$

所以

$$E_{\text{Ⅱ}}=\frac{1}{4\pi\varepsilon_0}\frac{q_1}{r^2} \quad (R_1<r<R_2)$$

对区域Ⅲ,有

$$4\pi r^2 E_{\text{Ⅲ}}=\frac{1}{\varepsilon_0}(q_1+q_2)$$

所以

$$E_{\text{Ⅲ}}=\frac{1}{4\pi\varepsilon_0}\frac{q_1+q_2}{r^2} \quad (r>R_2)$$

(2) 若 $q_1=-q_2$,则同理可得

$$E_{\text{Ⅰ}}=E_{\text{Ⅲ}}=0, \quad E_{\text{Ⅱ}}=\frac{1}{4\pi\varepsilon_0}\frac{q_1}{r^2}$$

E-r 曲线如习题 6-14 图 b 所示.

6-15　如习题 6-15 图所示,在同一水平面 $AOCO'$ 上,点电荷 $+Q$ 和 $-Q$ 分别置于点 O、O'处,若沿着以点 O 为圆心、R 为半径的水平半圆弧 $\widehat{ABC}$,把质量为 m、带电 $+q$ 的质点从点 A 移到点 C,求电场力和重力分别对它所做的功 A_e、A_W.

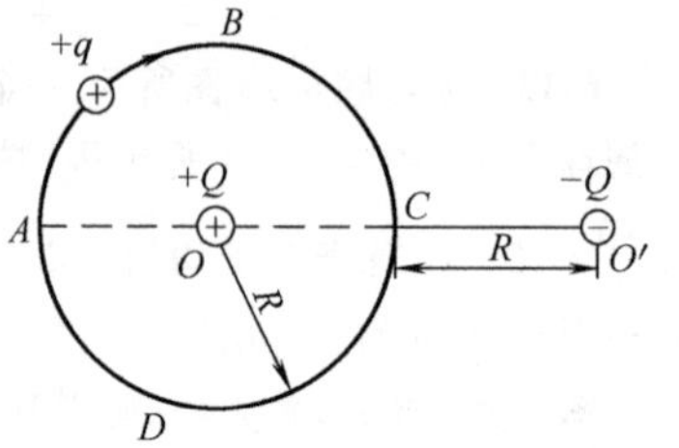

习题 6-15 图

解　电场力做功为

$$A_e=\frac{qQ}{4\pi\varepsilon_0}\left(\frac{1}{R}-\frac{1}{R}\right)+\frac{q(-Q)}{4\pi\varepsilon_0}\left(\frac{1}{3R}-\frac{1}{R}\right)=\frac{qQ}{6\pi\varepsilon_0 R}$$

因为在同一水平面上 $h_A=h_C$,重力做功为

$$A_W=mg(h_A-h_C)=mg\times 0=0$$

6-16　如习题 6-16 图所示,一半径为 R 的均匀带电球面,电荷为 q,求球内、球外及球面上各点 Q、P、S 处的电势.

分析　根据高斯定理很容易求出均匀带电球面内、外的电场强度:$E_{内}=0$,$E_{外}=\frac{q}{4\pi\varepsilon_0 r^2}$. 因此在已知电场强度分布的情况下,可以直接利用电势的定义式求解. 即一点的电势等于将单位正电荷从该点移到无限远处电场力所做的功. 同时考虑到均匀带电球面的对称关系,电场强度方向沿径向;又因为电场力做功与路径无关,于是,为了便于计算,可把单位正电荷从待求电势的一点沿径向移到无限远,这样将使电场强度 $\boldsymbol{E}$ 与位移 $\mathrm{d}\boldsymbol{l}$ 的方向处处一致,即 $\theta=0°$.

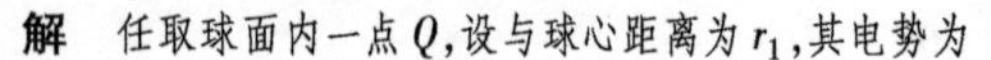

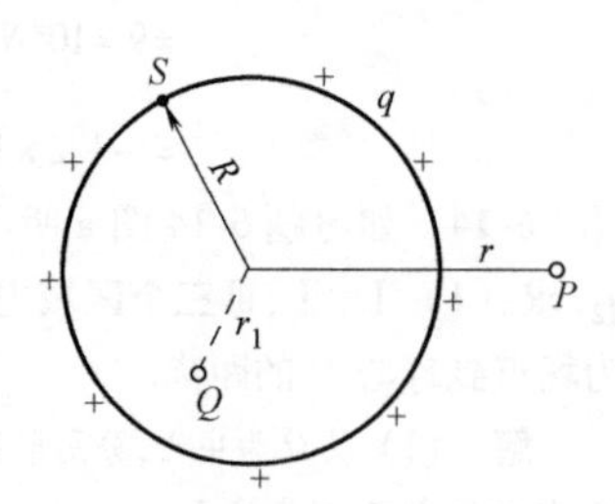

习题 6-16 图

解　任取球面内一点 Q,设与球心距离为 r_1,其电势为

$$V_Q=\int_{r_1}^{\infty}E\cos\theta\mathrm{d}r=\int_{r_1}^{\infty}E\cos0^\circ\mathrm{d}r=\int_{r_1}^{R}E_{内}\,\mathrm{d}r+\int_{R}^{\infty}E_{外}\,\mathrm{d}r$$

$$=\int_{r_1}^{R}0\mathrm{d}r+\int_{R}^{\infty}\frac{q}{4\pi\varepsilon_0r^2}\mathrm{d}r=\frac{q}{4\pi\varepsilon_0}\left[-\frac{1}{r}\right]_R^{\infty}=\frac{q}{4\pi\varepsilon_0R}$$

同理,球面上一点 S 的电势为

$$V_S=\int_{R}^{\infty}E\cos0^\circ\mathrm{d}r=\int_{R}^{\infty}\frac{q}{4\pi\varepsilon_0r^2}\mathrm{d}r=\frac{q}{4\pi\varepsilon_0R}$$

可见,在球面内和球面上各点的电势均相等[都等于恒量 $q/(4\pi\varepsilon_0R)$].

任取球面外一点 P(设与球心相距 r),其电势同样可求出:

$$V_P=\int_{r}^{\infty}E\cos0^\circ\mathrm{d}r=\int_{r}^{\infty}\frac{q}{4\pi\varepsilon_0r^2}\mathrm{d}r=\frac{q}{4\pi\varepsilon_0r}$$

6-17　如习题6-17图所示,求将一个点电荷 $q=1.0\times10^{-9}\,\mathrm{C}$ 由场点 A 移到场点 B 时电场力所做的功及由点 C 移到点 D 时电场力所做的功. 已知 $r=6\mathrm{cm}$, $a=8\mathrm{cm}$, $q_1=+3.3\times10^{-9}\,\mathrm{C}$, $q_2=-3.3\times10^{-9}\,\mathrm{C}$.

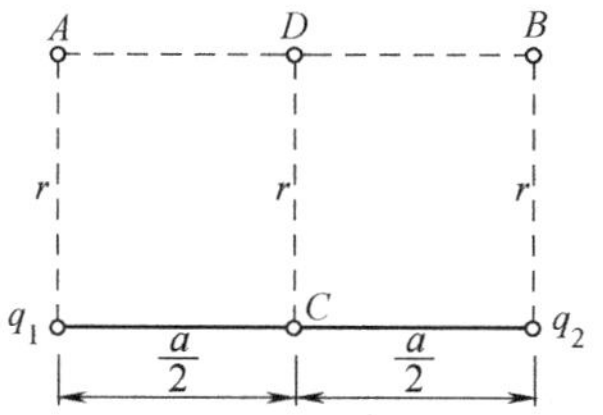

习题6-17图

解

$$V_A=\frac{1}{4\pi\varepsilon_0}\frac{q_1}{r}+\frac{1}{4\pi\varepsilon_0}\frac{q_2}{\sqrt{r^2+a^2}}\qquad ⓐ$$

$$V_B=\frac{1}{4\pi\varepsilon_0}\frac{q_2}{r}+\frac{1}{4\pi\varepsilon_0}\frac{q_1}{\sqrt{r^2+a^2}}\qquad ⓑ$$

$$V_C=\frac{1}{4\pi\varepsilon_0}\frac{q_1}{a/2}+\frac{1}{4\pi\varepsilon_0}\frac{q_2}{a/2}\qquad ⓒ$$

$$V_D=\frac{1}{4\pi\varepsilon_0}\frac{q_1}{\sqrt{r^2+(a/2)^2}}+\frac{1}{4\pi\varepsilon_0}\frac{q_2}{\sqrt{r^2+(a/2)^2}}\qquad ⓓ$$

按式ⓐ、式ⓑ,q 从 A 点移到 B 点,电场力做功为

$$A_{AB}=q(V_A-V_B)=\frac{q(q_1-q_2)}{4\pi\varepsilon_0}\left[\frac{1}{r}-\frac{1}{\sqrt{r^2+a^2}}\right]\qquad ⓔ$$

按式ⓒ、式ⓓ,q 从 C 移到 D 点,电场力做功为

$$A_{CD}=q(V_C-V_D)=\frac{q(q_1+q_2)}{4\pi\varepsilon_0}\left[\frac{2}{a}-\frac{1}{\sqrt{r^2+(a/2)^2}}\right]\qquad ⓕ$$

已知:$q=1.0\times10^{-9}\,\mathrm{C}$, $q_1=3.3\times10^{-9}\,\mathrm{C}$, $q_2=-3.3\times10^{-9}\,\mathrm{C}$, $r=6\mathrm{cm}=6\times10^{-2}\,\mathrm{m}$, $a=8\mathrm{cm}=8\times10^{-2}\,\mathrm{m}$,代入式ⓔ、式ⓕ,可算得

$$A_{AB}=3.96\times10^{-7}\,\mathrm{J},\quad A_{CD}=0$$

6-18　如习题6-18图所示,一无限大的带电平板竖直放置,板上均匀地分布着正电荷,电荷面密度为 σ. 求:(1) 距平板的距离为 d 的一点 A 与平板之间的电势差;(2) 与平板分别相距为 d_1、d_2 的两点 B 和 C 之间的电势差($d_1<d_2$).

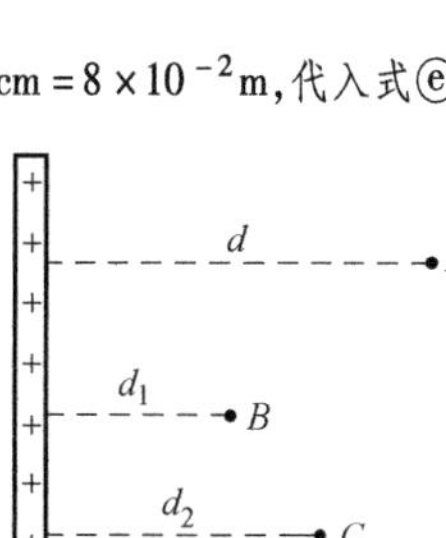

习题6-18图

解　(1) 按题设,电场强度为 $E=\sigma/2\varepsilon_0$,方向垂直板面指向外,取 Δl 方向垂直板面向右,则按 $E=-\Delta V/\Delta l$,有

$$\frac{\sigma}{2\varepsilon_0}=\frac{V_{板}-V_A}{d}$$

即

$$V_{板A}=V_{板}-V_A=\frac{\sigma d}{2\varepsilon_0}$$

(2) 按题设,有

$$\frac{\sigma}{2\varepsilon_0}=\frac{V_B-V_C}{d_2-d_1}$$

得
$$U_{BC}=V_B-V_C=\frac{\sigma(d_2-d_1)}{2\varepsilon_0}$$

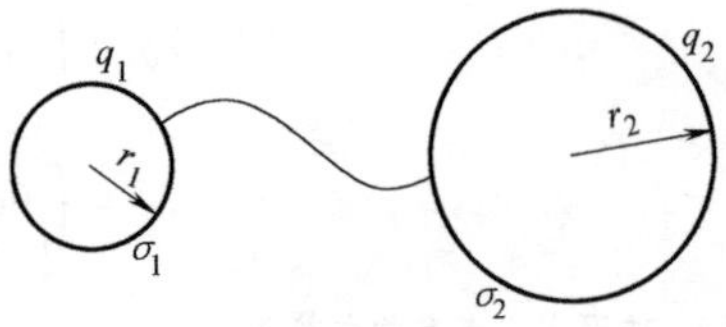

6-19　半径分别为1.0cm与2.0cm的两个球形导体，各带电荷量1.0×10^{-8}C，两球相距很远而互不影响. 若用细导线将两球连接，求：(1) 每球所带电荷；(2) 每球的电荷面密度与球的半径的关系；(3) 每球的电势.

习题6-19图

解　(1) 如习题6-19图所示，设两球的半径分别为r_1和r_2，相连接后所带电荷量分别为q_1、q_2，则各球的电势分别为

$$V_1=\frac{1}{4\pi\varepsilon_0}\frac{q_1}{r_1},\quad V_2=\frac{1}{4\pi\varepsilon_0}\frac{q_2}{r_2}$$

相连接后两球的电势相等，即$V_1=V_2$，则由上两式，得

$$\frac{q_1}{r_1}=\frac{q_2}{r_2} \qquad ⓐ$$

设两球原带电荷量各为q，则
$$q_1+q_2=2q \qquad ⓑ$$

联解式ⓐ、式ⓑ，并将$r_1=1.0\times10^{-2}$m、$r_2=2.0\times10^{-2}$m、$q=1.0\times10^{-8}$C代入，得

$$q_1=\frac{q_1+q_2}{r_1+r_2}\times r_1=\frac{2q}{r_1+r_2}\times r_1=\frac{2\times1.0\times10^{-8}\text{C}}{(1.0+2.0)\times10^{-2}\text{m}}\times1.0\times10^{-2}\text{m}$$
$$=\frac{2}{3}\times10^{-8}\text{C}=6.67\times10^{-9}\text{C}$$
$$q_2=2q-q_1=2\times1.0\times10^{-8}\text{C}-0.667\times10^{-8}\text{C}=13.3\times10^{-9}\text{C}$$

(2) 设两球的电荷面密度为σ_1、σ_2，则由式ⓐ，有

$$\frac{4\pi r_1^2\sigma_1}{r_1}=\frac{4\pi r_2^2\sigma_2}{r_2}$$

即
$$\frac{\sigma_1}{\sigma_2}=\frac{r_2}{r_1}$$

即σ与r成反比关系，$\sigma\propto\frac{1}{r}$.

(3) 此时各球的电势相同，即$V_1=V_2$，可算出

$$V_1=V_2=\frac{1}{4\pi\varepsilon_0}\cdot\frac{q_2}{r_2}=9\times10^9\text{N}\cdot\text{m}^2\cdot\text{C}^{-2}\times\frac{13.3\times10^{-9}\text{C}}{2.0\times10^{-2}\text{m}}=5985\text{V}$$

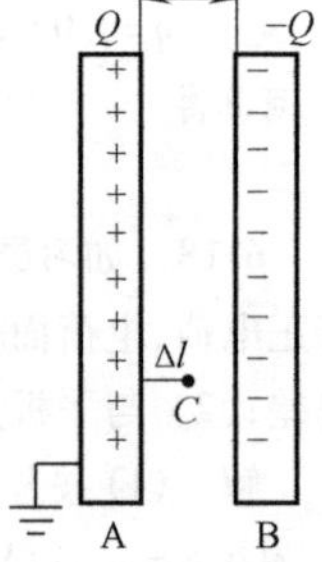

6-20　如习题6-20图所示，平行放置的两块均匀地带有等量异种电荷的铜板A和B，相距为$d=5.5$mm，两铜板的面积均为250cm^2，且电荷均为2.15×10^{-8}C，A板带正电并接地. 以地的电势为零，不计边缘效应. 求：(1) B板的电势；(2) A和B两板间离A板2.2mm处的电势.

习题6-20图

解　(1) 两板间的电场强度为$E=\sigma/\varepsilon_0$. 按电场强度与电势的关系，有

$$E=-\frac{\Delta V}{\Delta l}=\frac{V_A-V_B}{d}$$

即
$$\frac{\sigma}{\varepsilon_0}=\frac{V_A-V_B}{d}$$

得
$$V_A-V_B=\frac{\sigma}{\varepsilon_0}d=\frac{1}{8.85\times10^{-12}\text{C}^2\cdot\text{N}^{-1}\cdot\text{m}^{-2}}\times\frac{2.15\times10^{-8}\text{C}}{250\times10^{-4}\text{m}^2}\times5.5\times10^{-3}\text{m}=543\text{V}$$

因A板接地，$V_A=0$，所以，B板的电势为

$$V_B=-543\text{V}$$

(2) 同理，$V_A - V_C = \dfrac{\sigma}{\varepsilon_0}\Delta l$

$$= \frac{1}{8.85\times10^{-12}\mathrm{C}^2\cdot\mathrm{N}^{-1}\cdot\mathrm{m}^{-2}} \times \frac{2.15\times10^{-8}\mathrm{C}}{250\times10^{-4}\mathrm{m}^2} \times 2.2\times10^{-3}\mathrm{m}$$

$$=213\mathrm{V}$$

因 $V_A=0$，所以离A板2.2mm处的C点的电势为

$$V_C = -213\mathrm{V}$$

6-21 半径为0.10m的金属球A带电荷量 $q=1.0\times10^{-8}\mathrm{C}$，将一原来不带电的半径为0.20m的薄金属球壳B同心地罩在A球的外面.(1) 求与球心相距0.15m处 P 点的电势；(2) 将A与B用金属导线连接在一起，再求上述 P 点的电势.

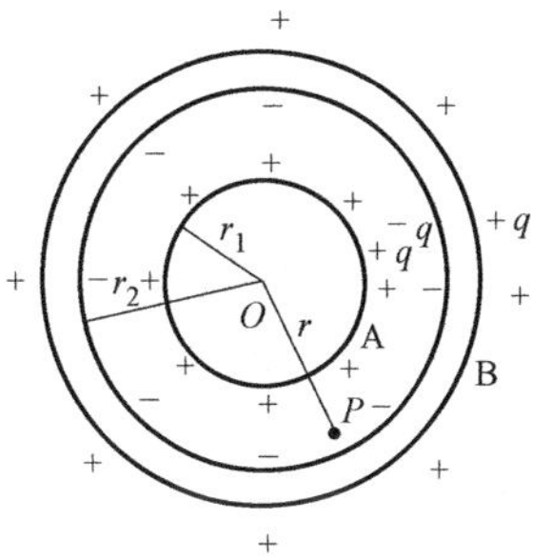

习题6-21图

解 (1) 按题意，作习题6-21图，由高斯定理可求得球A与球壳B之间的电场强度为

$$E_{内} = \frac{q}{4\pi\varepsilon_0 r^2}, \quad r_1 < r < r_2$$

球壳外任一点的电场强度也为

$$E_{外} = \frac{q}{4\pi\varepsilon_0 r^2}, \quad r > r_2$$

P 点的电势为

$$V_P = \int_r^{\infty} \boldsymbol{E}\cdot \mathrm{d}\boldsymbol{r} = \int_r^{r_2} \boldsymbol{E}_{内}\cdot \mathrm{d}\boldsymbol{r} + \int_{r_2}^{\infty} \boldsymbol{E}_{外}\cdot \mathrm{d}\boldsymbol{r}$$

$$= \int_r^{r_2} \frac{q}{4\pi\varepsilon_0 r^2}\mathrm{d}r + \int_{r_2}^{\infty} \frac{q}{4\pi\varepsilon_0 r^2}\mathrm{d}r$$

$$= \frac{q}{4\pi\varepsilon_0}\left[\left(\frac{1}{r}-\frac{1}{r_2}\right)+\frac{1}{r_2}\right] = \frac{q}{4\pi\varepsilon_0 r}$$

代入已知数据，得

$$V_P = (9\times10^9\mathrm{N}\cdot\mathrm{m}^2\cdot\mathrm{C}^{-2}) \times \frac{1.0\times10^{-8}\mathrm{C}}{0.15\mathrm{m}} = 600\mathrm{V}$$

(2) 将A球与球壳B用导线连接，电荷将分布于球壳外表面，球壳内电势处处相等. 因 $r_2=0.2\mathrm{m}$，所以 P 点的电势为

$$V_P = \frac{q}{4\pi\varepsilon_0 r_2} = (9\times10^9\mathrm{N}\cdot\mathrm{m}^2\cdot\mathrm{C}^{-2}) \times \frac{1.0\times10^{-8}\mathrm{C}}{0.2\mathrm{m}} = 450\mathrm{V}$$

***6-22** 设有"无限长"的均匀带电同轴电缆，缆芯与外皮之间充有两层均匀电介质，电容率分别为 ε_1 和 ε_2，缆芯半径为 R_1，外皮的内半径为 R_2，里层电介质的外半径为 r_1，如习题6-22图所示. 当缆芯的电荷线密度为 $+\lambda$，外皮的电荷线密度为 $-\lambda$ 时，问电缆与外皮之间的电势差 $V_1 - V_2$ 为多大？

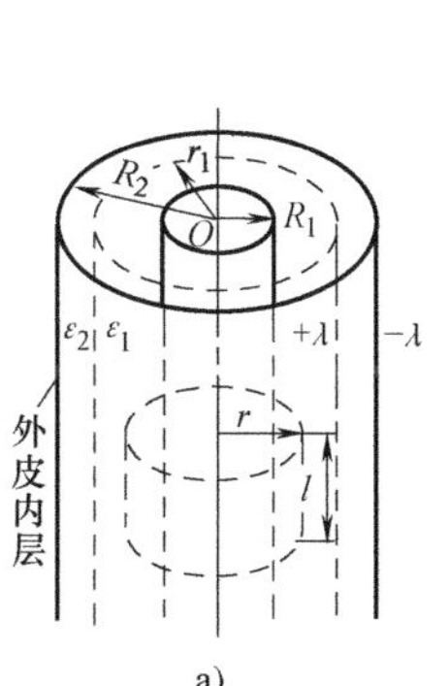

a)

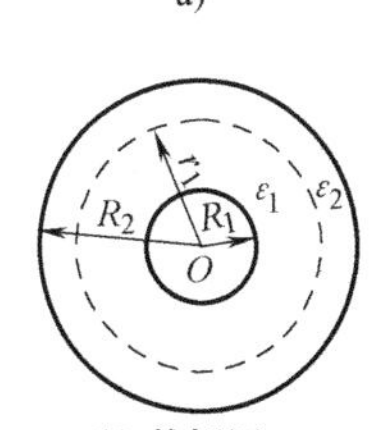

b) 俯视图

习题6-22图

解 如习题6-22图a所示，取半径为 $r(R_1<r<R_2)$、高为 l 的同轴圆柱面为高斯面，由高斯定理 $\oint_S \boldsymbol{D}\cdot\mathrm{d}\boldsymbol{S} = \sum_i q_i$，得

$$D(2\pi r)l = \lambda l$$

所以

$$D = \frac{\lambda}{2\pi r}$$

当 $R_1 < r < r_1$ 时，由 $E = D/\varepsilon_1$ 得

$$E = \frac{\lambda}{2\pi\varepsilon_1 r}$$

当 $r_1 < r < R_2$ 时，由 $E = D/\varepsilon_2$ 得

$$E = \frac{\lambda}{2\pi\varepsilon_2 r}$$

由电势差的定义可求出

$$V_1 - V_2 = \int_{R_1}^{R_2} \boldsymbol{E} \cdot \mathrm{d}\boldsymbol{l} = \int_{R_1}^{r_1} \frac{\lambda}{2\pi\varepsilon_1 r}\mathrm{d}r + \int_{r_1}^{R_2} \frac{\lambda}{2\pi\varepsilon_2 r}\mathrm{d}r$$

$$= \frac{\lambda}{2\pi}\left(\frac{1}{\varepsilon_1}\ln\frac{r_1}{R_1} + \frac{1}{\varepsilon_2}\ln\frac{R_2}{r_1}\right)$$

6-23　一半径为 R 的电介质实心球体，均匀地带正电，体电荷密度为 ρ. 球体的电容率为 ε_1，球体外充满电容率为 ε_2 的无限大均匀电介质. 求球体内、外任一点的电场强度和电势.

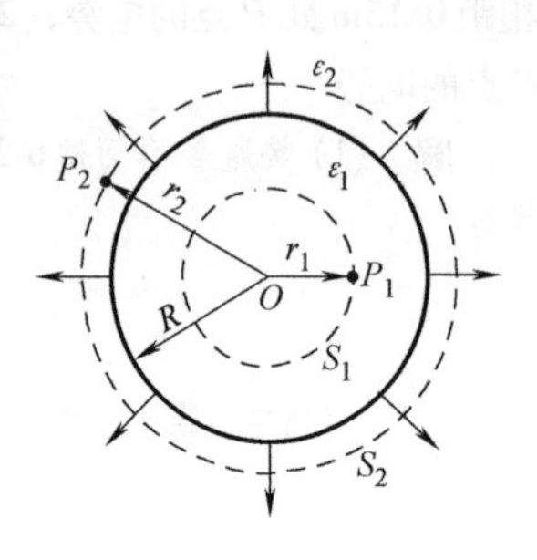

习题 6-23 图

解　按题意，作习题 6-23 图，因电场强度为球对称，按有电介质时静电场的高斯定理，经过 P_1、P_2 点的半径分别为 $r_1(<R)$、$r_2(>R)$ 的封闭同心球面（高斯面），有

$$4\pi r_1^2 D_{内} = \frac{4}{3}\pi r_1^3\rho,\quad 4\pi r_2^2 D_{外} = \frac{4}{3}\pi R^3\rho$$

由此，分别得球体内、外任一点的电位移分别为

$$D_{内} = \frac{1}{3}\rho r_1,\quad D_{外} = \frac{1}{3}\frac{\rho R^3}{r_2^2}\quad (r_1 < R, r_2 > R)$$

再由 $\boldsymbol{D} = \varepsilon\boldsymbol{E}$ 可得球内、外任一点的电场强度分别为

$$E_{内} = \frac{D_{内}}{\varepsilon_1} = \frac{\rho r_1}{3\varepsilon_1}\quad (r_1 < R)$$

$$E_{外} = \frac{D_{外}}{\varepsilon_2} = \frac{\rho R^3}{3\varepsilon_2 r_2^2}\quad (r_2 > R)$$

球内任一点的电势为

$$V_{内} = \int_{r_1}^{\infty} \boldsymbol{E} \cdot \mathrm{d}\boldsymbol{l} = \int_{r_1}^{\infty} E\cos 0^\circ \mathrm{d}r = \int_{r_1}^{R} \frac{\rho r}{3\varepsilon_1}\mathrm{d}r + \int_{R}^{\infty} \frac{\rho R^3}{3\varepsilon_2 r^2}\mathrm{d}r = \frac{\rho}{6}\left[\left(\frac{1}{\varepsilon_1} + \frac{2}{\varepsilon_2}\right)R^2 - \frac{r_1^2}{\varepsilon_1}\right]\quad (r_1 < R)$$

球外任一点的电势为

$$V_{外} = \int_{r_2}^{\infty} \boldsymbol{E} \cdot \mathrm{d}\boldsymbol{l} = \int_{r_2}^{\infty} E\mathrm{d}r = \int_{r_2}^{\infty} \frac{\rho R^3}{3\varepsilon_2 r^2}\mathrm{d}r = \frac{\rho R^3}{3\varepsilon_2 r_2}\quad (r_2 > R)$$

6-24　如习题 6-24 图所示，两块平行的导体平板，面积都是 2.0m²，放在空气中，并相距 5.0mm，两极板的电势差为 1000V，略去边缘效应. 求：(1) 电容 C；(2) 各极板上的电荷 Q 和面电荷密度 σ；(3) 两板间的电场强度.

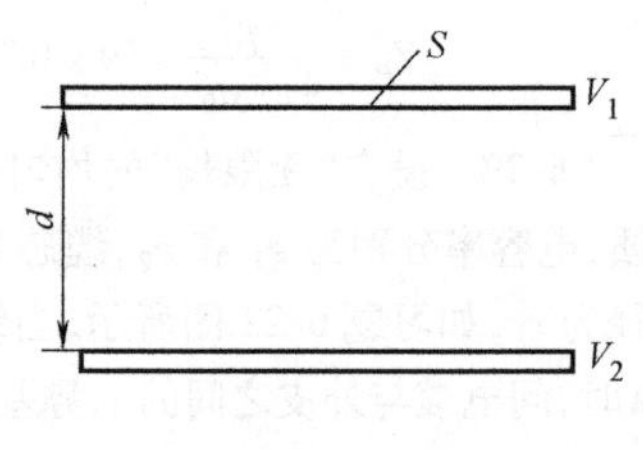

习题 6-24 图

解　按题意，作习题 6-24 图，(1) 已知 $S = 2.0\mathrm{m}^2$，$d = 5\mathrm{mm} = 5\times10^{-3}\mathrm{m}$，$V_1 - V_2 = 1000\mathrm{V}$，将有关数据代入到平行平板电容器电容的公式中，可算得所求电容为

$$C = \frac{\varepsilon_0 S}{d} = \frac{(8.85\times10^{-12}\mathrm{C^2\cdot N^{-1}\cdot m^{-2}})(2.0\mathrm{m^2})}{5\times10^{-3}\mathrm{m}}$$

$$= 3.54\times10^{-9}\mathrm{F}$$

(2) 各极板上的电荷 Q 为

$$Q = C(V_1 - V_2) = (3.54\times10^{-9}\mathrm{F})(1000\mathrm{V}) = 3.54\times10^{-6}\mathrm{C}$$

面电荷密度 σ 为

$$\sigma = \frac{Q}{S} = \frac{3.54\times10^{-6}\mathrm{C}}{2.0\mathrm{m^2}} = 1.77\times10^{-6}\mathrm{C\cdot m^{-2}}$$

(3) 两极板间的电场强度为

$$E=\frac{V_1-V_2}{d}=\frac{1000\text{V}}{5\times10^{-3}\text{m}}=2.0\times10^5\text{V}\cdot\text{m}^{-1}$$

6-25 一平行板电容器,当两极板间的电介质是空气时,测得电容为 25μF;当两极板间的电介质换用木材时,测得电容为 200μF. 问木材的相对介电常数 $\varepsilon_{r木}$ 为多大?

解 当平行平板电容器两极板间的介质是空气时,电容为

$$C_a=\frac{\varepsilon_0 S}{d}$$

介质是木材时,电容为

$$C_W=\frac{\varepsilon_0\varepsilon_{r木}S}{d}$$

则得木材的相对电容率为

$$\varepsilon_{r木}=\frac{C_W}{C_a}$$

已知 $C_a=25\mu\text{F}$,$C_W=200\mu\text{F}$,代入上式,得 $\varepsilon_{r木}=\dfrac{200\mu\text{F}}{25\mu\text{F}}=8$

6-26 利用锡箔和厚 0.1mm 的云母片(作为电介质)制成一个电容为 1μF 的平行板电容器,这个电容器的面积应该多大?(云母的 $\varepsilon_r=8$)

解 按平行平板电容器的电容公式

$$C=\frac{\varepsilon S}{d}=\frac{\varepsilon_0\varepsilon_r S}{d}$$

将题给数据代入,得

$$S=\frac{Cd}{\varepsilon_0\varepsilon_r}=\frac{(1\times10^{-6}\text{F})(0.1\times10^{-3}\text{m})}{(8.85\times10^{-12}\text{C}^2\cdot\text{N}^{-1}\cdot\text{m}^{-2})\times8}=1.41\text{m}^2$$

6-27 在习题 6-27 图所示的电容测厚仪中,设平行板电容器的极板面积为 S,两极板的间距为 d,被测带子的厚度和相对电容率分别为 t 和 ε_r. 求证:$C=\varepsilon_0 S/[d-(1-1/\varepsilon_r)t]$.

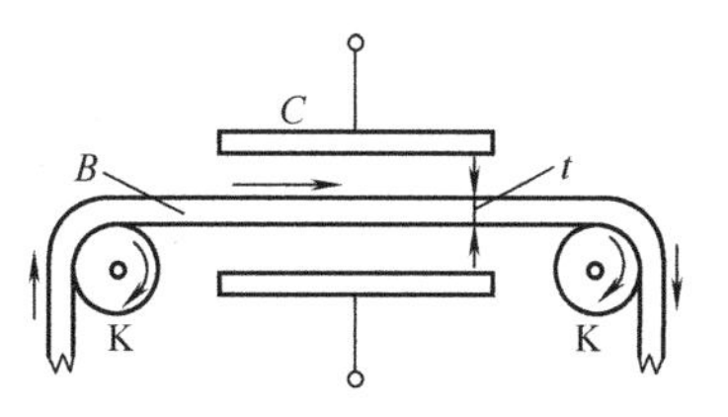

习题 6-27 图

证 设电容器极板上面电荷密度为 σ,则两极板间的空气中和带子(电介质)中的电场强度分别为

$$E_0=\frac{\sigma}{\varepsilon_0}$$

$$E=\frac{\sigma}{\varepsilon_0\varepsilon_r}$$

两极板间的电势差为

$$V_A-V_B=E_0(d-t)+Et=\frac{\sigma}{\varepsilon_0}(d-t)+\frac{\sigma}{\varepsilon_0\varepsilon_r}t=\frac{q}{\varepsilon_0\varepsilon_r S}[\varepsilon_r d-(\varepsilon_r-1)t]$$

则电容器的电容为

$$C=\frac{q}{V_A-V_B}=\frac{\varepsilon_0\varepsilon_r S}{\varepsilon_r d-(\varepsilon_r-1)t}=\frac{\varepsilon_0 S}{d-\left(\dfrac{\varepsilon_r-1}{\varepsilon_r}\right)t}$$

6-28 串联电容器 A、B、C 的电容分别为 0.002μF、0.004μF、0.006μF,各个电容器的击穿电压皆为 4000V. 现在如果我们要想在这个电容器组的两极间维持 11000V 的电势差,可能否? 为什么?

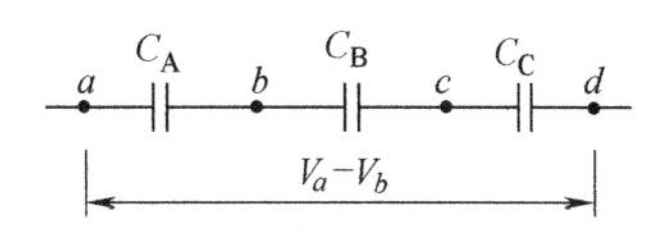

习题 6-28 图

解 串联电容器的总电容由下式决定:

$$\frac{1}{C}=\frac{1}{C_A}+\frac{1}{C_B}+\frac{1}{C_C}$$

代入已知数据，有

$$C=\left(\frac{1}{0.002\mu\text{F}}+\frac{1}{0.004\mu\text{F}}+\frac{1}{0.006\mu\text{F}}\right)^{-1}=1.09\times10^{-3}\mu\text{F}=1.09\times10^{-9}\text{F}$$

各电容器极板上所带电荷皆相同，即

$$q=C(V_a-V_d)=(1.09\times10^{-9}\text{F})\times(11000\text{V})=11.99\times10^{-6}\text{C}$$

从而可求出各电容器所承受的电压. 其中，电容器A上的电压为

$$U_{ab}=\frac{q}{C_\text{A}}=\frac{11.99\times10^{-6}\text{C}}{0.002\times10^{-6}\text{F}}=5995\text{V}$$

已知击穿电压为4000V，所以电容器A承受的电压已超过击穿电压，而首先被击穿，这样，此电容器组不能在11000V电压下工作. 结论既然有了，就无须再去计算U_{bc}和U_{cd}了. 其实，在串联的电容器中，每个电容器所带电荷量皆相同，电容小的所承担的电压必较大，二者成反比. 所以，在求解这类问题时，可以先选电容小的电容器来计算便知分晓，以节省计算时间.

6-29　如习题6-29图所示，电容C_1、C_2、C_3已知，电容C可以调节. 试证：当调节到A、B两点的电势相等时，$C=C_2C_3/C_1$.

证　如习题6-29图所示，并设C_1、C_2所带电荷量为q_1，C_3、C所带电荷量为q_2，则

$$V_1-V_A=q_1/C_1,\quad V_1-V_B=q_2/C_3$$
$$V_A-V_2=q_1/C_2,\quad V_B-V_2=q_2/C$$

已知$V_A=V_B$，则得

$$q_1/q_2=C_1/C_3,\quad q_1/q_2=C_2/C$$

由上述两式得　　$C_2/C=C_1/C_3$

因而　　$C=C_2C_3/C_1$

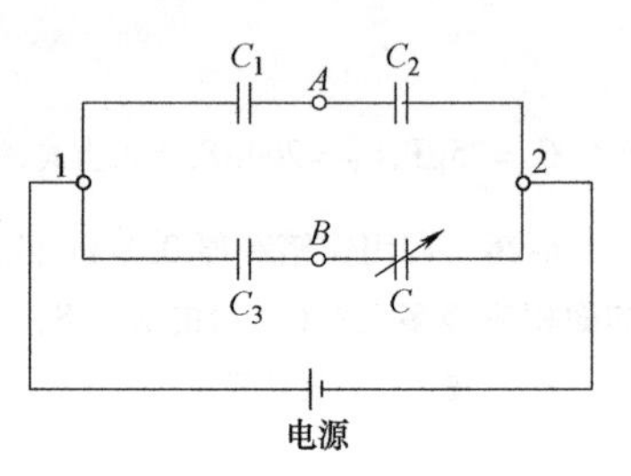

习题6-29图

6-30　两电容器分别具有电容$C_1=1\mu\text{F}$、$C_2=2\mu\text{F}$，串联后两端加上1200V的电势差. 求每个电容器上的电荷及电场能量.

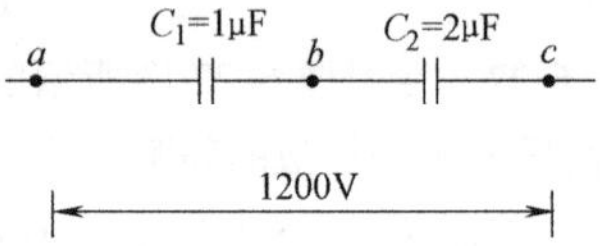

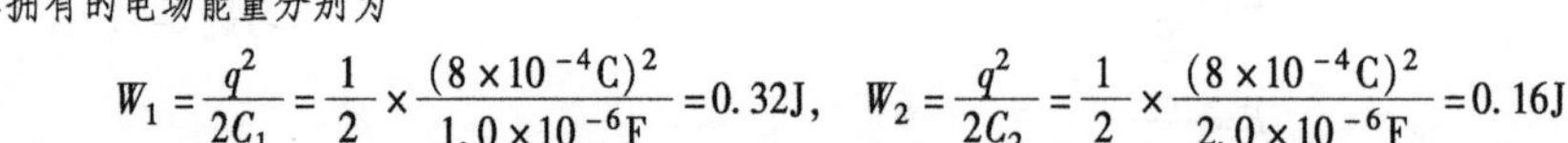

习题6-30图

解　作习题6-30图，串联后的总电容C为

$$C=\left(\frac{1}{C_1}+\frac{1}{C_2}\right)^{-1}=\frac{(1\times10^{-6}\text{F})(2\times10^{-6}\text{F})}{1\times10^{-6}\text{F}+2\times10^{-6}\text{F}}=\frac{2}{3}\times10^{-6}\text{F}$$

每个电容器极板上所带电荷量为

$$q=C(V_a-V_c)=(2/3\times10^{-6}\text{F})(1200\text{V})=8.0\times10^{-4}\text{C}$$

每个电容器拥有的电场能量分别为

$$W_1=\frac{q^2}{2C_1}=\frac{1}{2}\times\frac{(8\times10^{-4}\text{C})^2}{1.0\times10^{-6}\text{F}}=0.32\text{J},\quad W_2=\frac{q^2}{2C_2}=\frac{1}{2}\times\frac{(8\times10^{-4}\text{C})^2}{2.0\times10^{-6}\text{F}}=0.16\text{J}$$

6-31　由两个半径分别为a和b的同心球面组成的球形电容器，分别带上电荷$+Q$和$-Q$. 求此电容器所拥有的静电能.

解　由于电场集中在球形电容器两极面之间，电场强度的大小为

$$E=\frac{1}{4\pi\varepsilon_0}\frac{Q}{r^2}$$

在此电容器中的电场具有球对称性. 今在此电场中取体积元$\text{d}V=4\pi r^2\text{d}r$，则在$\text{d}V$中电场的能量为

$$\text{d}W_\text{e}=\frac{1}{2}\varepsilon_0E^2\text{d}V=\frac{1}{2}\varepsilon_0\left(\frac{Q}{4\pi\varepsilon_0r^2}\right)^2 4\pi r^2\text{d}r$$

由此得球形电容器中整个电场的静电能量为

$$W_\text{e}=\iiint_V\frac{1}{2}\varepsilon_0E^2\text{d}V=\frac{1}{2}\frac{Q^2}{4\pi\varepsilon_0}\int_a^b\frac{\text{d}r}{r^2}=\frac{1}{2}\frac{Q^2}{4\pi\varepsilon_0}\left(\frac{1}{a}-\frac{1}{b}\right)$$
$$=\frac{1}{2}\frac{Q^2(b-a)}{4\pi\varepsilon_0ab}$$

第7章　恒定电流的稳恒磁场

7.1　学习要点导引

7.1.1　本章章节逻辑框图

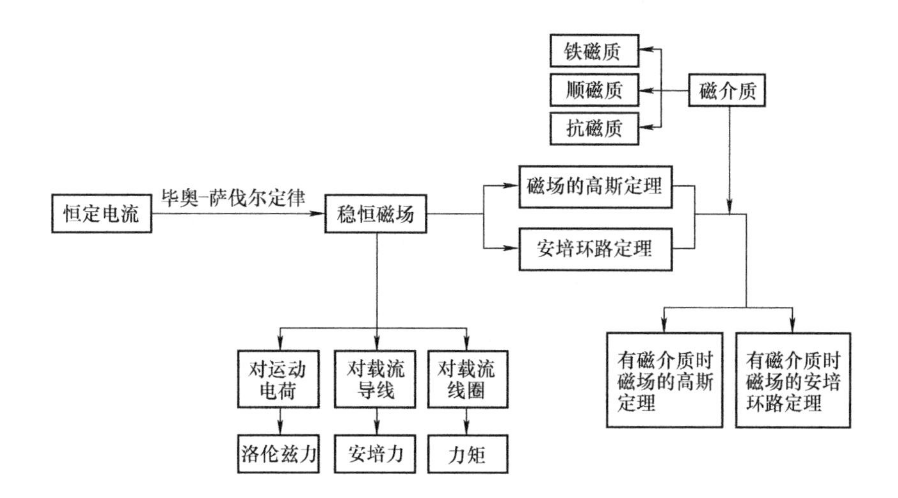

7.1.2　本章阅读导引

本章在学习稳恒磁场之前,作为预备知识,首先在7.1节中介绍了恒定电流(即直流电)的有关内容.其中,有的内容在中学物理中读者已学过,可以粗读一下,以资复习;有些内容如欧姆定律和焦耳定律的微分形式以及电流密度、电动势的表述等,建议读者必须深入理解,切勿等闲视之.

本章主要研究真空中和有磁介质时稳恒磁场及其性质和磁场对电流与运动电荷的作用.

首先介绍了基本磁现象,说明了电流或运动电荷周围空间中存在着一种物质——磁场,磁现象是电流或运动电荷所产生的效应之一.从磁场的对外表现引入了描述磁场强弱的重要物理量——磁感应强度 $\boldsymbol{B}$ 矢量,并用图示方法描述了磁场——磁感线、磁通量.然后定量地阐明磁场的规律:电流与其激发的磁场两者之间的关系——磁场中的高斯定理、毕奥-萨伐尔定律和安培环路定理等.

继而,在掌握磁场性质和规律的基础上,讨论了磁场对电流和运动电荷的作用——安培力和洛伦兹力.安培定律是决定磁场中载流导线所受作用力的一条基本规律,可用来讨论载流导线间的相互作用和载流线圈在磁场中所受的力偶矩.最后研究了运动电荷在磁场中所受的力(洛伦兹力)及其特点.

本章重点内容是毕奥-萨伐尔定律、安培环路定理、安培定律和洛伦兹力的公式.要求读者在正确理解这些定律和公式的同时,能够计算几种简单形状载流导线所激发的磁场,并能对磁场中简单形状的载流导线和处于磁场中的运动电荷的受力情况进行运算.

(1) 通过对基本磁现象的认识,能够了解磁现象产生的根源是电流或运动电荷. 永久磁铁的磁性也是起源于组成永久磁铁的物质的分子电流,并且磁相互作用是通过磁场来实现的,可表示成如图 7. 1-1 所示的关系.

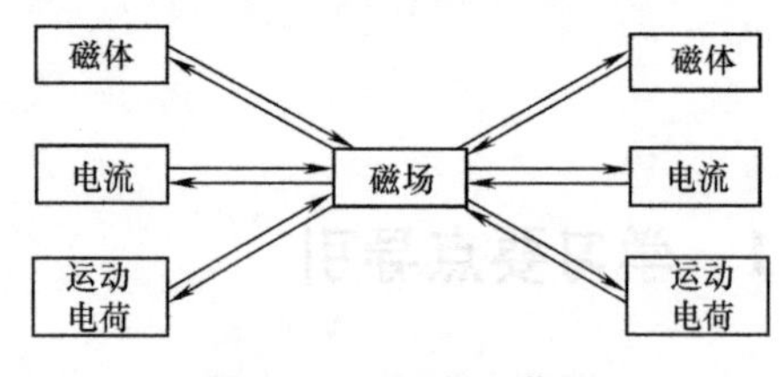

图 7. 1-1 磁相互作用

(2) 磁现象产生的根源既然是电流,那么我们今后说到载流导线激发磁场时,要认清这磁场不是导线本身所激发的,而是由这导线中的电流所激发的. 例如,一段很短的载流导线,我们常用电流元矢量 $I\mathrm{d}\boldsymbol{l}$ 来描写,这是由于它的大小 $I\mathrm{d}l$ 表明了通过导线的电流为 I、电流的长度为 $\mathrm{d}l$,而电流元的方向则表明了这段电流的流向,这样就全面地刻画出电流元的特征. 因此,我们不能把矢量 $I\mathrm{d}\boldsymbol{l}$ 仅仅简单地看成是电流 I 和导线长 $\mathrm{d}\boldsymbol{l}$ 的乘积,实际上 I、$\mathrm{d}\boldsymbol{l}$ 两者以及 $\mathrm{d}\boldsymbol{l}$ 的方向都是属于电流本身的.

(3) 磁场也是一种特殊形态的物质,其性质与电场相仿,也是通过它与其他物体的作用,即从它的对外表现来认识的. 由于磁场对运动电荷有力的作用,我们把试探运动电荷引入到磁场中,从它所受的磁场力作用,就可以定义磁感应强度 $\boldsymbol{B}$,这是描述磁场中各点的方向和强弱的一个基本物理量.

(4) 一切磁现象产生的根源是电流(或运动电荷),毕奥-萨伐尔定律定量地说明了电流与它所激发的磁场之间的关系,即

$$\mathrm{d}\boldsymbol{B}=\frac{\mu_0}{4\pi}\frac{I\mathrm{d}\boldsymbol{l}\times\boldsymbol{r}}{r^3} \tag{a}$$

应用毕奥-萨伐尔定律计算磁场中各点磁感应强度的具体步骤为:

1) 首先,在载流导线上任选一段电流元 $I\mathrm{d}\boldsymbol{l}$,并标出 $I\mathrm{d}\boldsymbol{l}$ 到场点(即欲求磁感应强度 $\boldsymbol{B}$ 的一点)的位矢 $\boldsymbol{r}$,由此确定两者的夹角$(\mathrm{d}\boldsymbol{l},\boldsymbol{r})$.

2) 根据定律的表达式(7-22),可求出电流元 $I\mathrm{d}\boldsymbol{l}$ 在该点所激发的磁感应强度 $\mathrm{d}\boldsymbol{B}$ 的大小,并由右手螺旋法则决定 $\mathrm{d}\boldsymbol{B}$ 的方向.

3) 然后就整个载流导线对 $\mathrm{d}\boldsymbol{B}$ 积分,求出磁感应强度 $\boldsymbol{B}$. 鉴于 $\mathrm{d}\boldsymbol{B}$ 是矢量,因此积分时必须注意它的方向. 由于同方向的矢量和才是它们的标量和(代数和),因此只有当各电流元在该点的磁感应强度 $\mathrm{d}\boldsymbol{B}$ 的方向都相同时,才能用标量积分来求该点磁感应强度 $\boldsymbol{B}$ 的大小,即

$$B=\int_l \mathrm{d}B=\int_l \frac{\mu_0}{4\pi}\frac{I\mathrm{d}l\sin,\langle \boldsymbol{l},\boldsymbol{r}\rangle}{r^2}$$

否则,可先取直角坐标系,求出 $\mathrm{d}\boldsymbol{B}$ 在各坐标轴上的正交分量式,分别求它们的积分,就可得出整个载流导线在该点激发的磁感应强度 $\boldsymbol{B}$ 的各分量,然后再由这些分量求出它的大小和方向.

在教材中,应用毕奥-萨伐尔定律所推出的一些典型例子的结论和公式,在今后解题时,我们将直接引用,因此,要求读者很好地理解和掌握.

(5) 磁场中的高斯定理和安培环路定理则是反映磁场性质的两条基本定理.

高斯定理

$$\oint_S \boldsymbol{B} \cdot d\boldsymbol{S} = 0 \tag{ⓑ}$$

表述闭合曲面上磁通量等于零这一事实，说明磁场是有旋场（即涡旋场），其磁感应线恒是闭合的.

安培环路定理

$$\oint_l \boldsymbol{B} \cdot d\boldsymbol{l} = \mu_0 \sum_i I_i \tag{ⓒ}$$

表述回路 l 上的磁感应强度 $\boldsymbol{B}$ 的环流 $\oint_l \boldsymbol{B} \cdot d\boldsymbol{l}$ 不等于零这一事实，说明磁场是无势场，即非保守力场.

(6) 学习安培定律时，求磁场力（安培力）的大小以及利用右手螺旋法则决定磁场力的方向，必须熟练掌握. 通常只需记住矢量式 $d\boldsymbol{F} = I d\boldsymbol{l} \times \boldsymbol{B}$，并根据矢积定义，即可决定电流元所受安培力的大小和方向. 这比较简便易记.

(7) 磁场对载流线圈有力矩作用，这是制成各种电动机、电学测量仪表的基本原理. 要求读者熟习这个磁力矩的表达式.

要注意，当载流线圈受磁力矩作用而转动时，总是使线圈的磁矩 $\boldsymbol{p}_m$ 方向（即线圈平面正法线方向）与外磁场方向的夹角 φ 趋于减小，亦即，促使线圈正法线方向与外磁场方向相同，以达到稳定平衡. 例如，在后面讲到磁介质在磁场中磁化时，其中每个分子电流宛如一个载流小线圈，它在外磁场作用下，分子电流平面也要发生转向.

(8) 在研究电偶极子的电场和电偶极子在电场中所受的作用时，我们曾引入电矩 $\boldsymbol{p}_e$ 来描述电偶极子. 与此相仿，我们也引入磁矩 $\boldsymbol{p}_m$ 来描述载流线圈. 磁矩 $\boldsymbol{p}_m$ 在讨论磁介质的磁化时很有用处. 但读者千万不要把磁矩 $\boldsymbol{p}_m$ 与磁力矩 $\boldsymbol{M}$ 混为一谈.

(9) 在研究运动电荷间的相互作用时，一方面，运动电荷要激发磁场，即

$$\boldsymbol{B} = \frac{\mu_0}{4\pi} \frac{q\boldsymbol{v} \times \boldsymbol{r}}{r^3} \tag{ⓓ}$$

另一方面，在磁场中的运动电荷必定受磁场力——洛伦兹力作用，即

$$\boldsymbol{F} = q\boldsymbol{v} \times \boldsymbol{B} \tag{ⓔ}$$

式ⓔ是电磁理论中的一个基本公式，务必熟练掌握.

(10) 在运用式ⓓ、式ⓔ时，要注意运动电荷 q 的正、负，这对判定有关量的方向极为重要.

(11) 从洛伦兹力的公式，读者回顾一下教材中有关磁感应强度部分，就知道为什么可以用磁场对试探运动电荷的作用来定义磁感应强度 $\boldsymbol{B}$.

(12) 学习本章内容时，很多地方要用到矢积的运算以及要用右手螺旋法则决定方向. 读者要特别注意，并切实掌握.

(13) 在教材中的 7.9 节以前，我们在讨论真空中的磁场时，并未涉及介质问题. 而今，将对磁介质与磁场的相互影响和作用的微观机理和宏观描述做简介，使读者有一初步了解. 在此基础上，重点阐述有磁介质时磁场中的安培环路定理和毕奥-萨伐尔定律，读者应理解它们是真空情况下磁场中相应定理和定律的推广，并能用来解决均匀磁介质的磁场中的一些简单问题. 需要指出，本章只限于讨论有各向同性均匀磁介质时的磁场问题.

(14) 磁场中放入磁介质，将改变原来的磁场，这是由于磁场和磁介质相互作用、彼此影响

的结果. 具体表现在磁场中的介质处于一种特殊的磁化状态,而处于磁化状态中的磁介质要激发一个磁场 $\boldsymbol{B}'$,因此有磁介质时的磁场 $\boldsymbol{B}$ 不同于真空中的磁场 $\boldsymbol{B}_0$,而是 $\boldsymbol{B}=\boldsymbol{B}_0+\boldsymbol{B}'$.

磁场 $\boldsymbol{B}'$ 是磁化电流激发的. 从物质磁化的机理来看,磁化电流是由介质在磁化过程中的分子电流(或分子附加电流)所形成的. 而之所以能形成一定的磁化电流,并产生一定的磁效应,归根到底是由外磁场和磁介质本身性质所决定的.

(15) 一般来说,有磁介质时的磁场应该是由传导电流 I 和介质因磁化而引起的磁化电流 I' 共同激发的. 但由于磁化电流 I' 无法由实验测定,为此我们引入了另一个辅助性的物理量——磁场强度 $\boldsymbol{H}$,使磁介质中的安培环路定理可归结为磁场强度 $\boldsymbol{H}$ 与传导电流 $\sum\limits_i I_i$ 之间的关系,而撇开与磁介质有关的磁化电流 I' 这一因素,即

$$\oint_l \boldsymbol{H}\cdot\mathrm{d}\boldsymbol{l}=\oint_l H\cos\langle\boldsymbol{H},\mathrm{d}\boldsymbol{l}\rangle\,\mathrm{d}l=\sum_i I_i \tag{f}$$

式中,$\sum\limits_i I_i$ 是指闭合路径 l 内所包围的传导电流. 这样,利用式ⓕ可先求出 $\boldsymbol{H}$,再由性质方程

$$\boldsymbol{B}=\mu\boldsymbol{H} \tag{g}$$

可求 $\boldsymbol{B}$.

顺便指出,利用上述安培环路定理的表达式ⓕ和磁介质的性质方程ⓖ,在均匀磁介质(μ = 恒量)的情况下,求解某些具有磁感应强度 $\boldsymbol{B}$ 为对称分布的磁场,特别方便.

在真空情况下,$\mu=\mu_0$,由式ⓖ得 $\boldsymbol{H}=\boldsymbol{B}/\mu_0$,代入式ⓕ,即得真空中的安培环路定理:

$$\oint_l \boldsymbol{B}\cdot\mathrm{d}\boldsymbol{l}=\mu_0\sum_i I_i \tag{h}$$

(16) 我们知道,毕奥-萨伐尔定律定量地表述了电流与它所激发的磁场间的关系,

$$\mathrm{d}B=k\frac{I\mathrm{d}l\sin\langle\mathrm{d}\boldsymbol{l},\boldsymbol{r}\rangle}{r^2}$$

反映了载流导线上一段电流元所激发的磁场大小. 比例系数 k 取决于所采用的单位制. 在国际单位制中,规定真空中的 $k=\mu_0/4\pi=10^{-7}\mathrm{N\cdot A^{-2}}$ 或 $10^{-7}\mathrm{H\cdot m^{-1}}$(H 是自感的单位"亨利"的符号,参阅第 8 章);如果在无限大均匀介质中,则 $k=\mu/(4\pi)$,其中 $\mu=\mu_r\mu_0$. 通常我们只需记住无限大均匀介质中的毕奥-萨伐尔定律的矢量式

$$\mathrm{d}\boldsymbol{B}=\frac{\mu}{4\pi}\frac{I\mathrm{d}\boldsymbol{l}\times\boldsymbol{r}}{r^3} \tag{i}$$

如果在真空中,因 $\mu_r=1$,则 $\mu=\mu_0$,式ⓘ中的 μ 以 μ_0 代替就行了.

对存在磁介质时整个载流导线所激发的磁场,可将式ⓘ积分,即得

$$\boldsymbol{B}=\int_l \mathrm{d}\boldsymbol{B}=\int_l\frac{\mu}{4\pi}\frac{I\mathrm{d}\boldsymbol{l}\times\boldsymbol{r}}{r^3} \tag{j}$$

(17) 读者试利用上述这些基本公式推导一下经常用到的某些电流的磁场公式:

无限长直电流的磁场 $H=\dfrac{1}{2\pi}\dfrac{I}{a}$

圆电流中心的磁场 $H=\dfrac{I}{2R}$

长螺线管中部的磁场 $H=nI$

环形螺线管中部的磁场 $H=nI$

在上述各式中乘以磁导率 μ，即得到有均匀磁介质时的磁场中一点的磁感应强度 $\boldsymbol{B}$；乘以 μ_0，即得到真空磁场中一点的磁感应强度 $\boldsymbol{B}$. 但要注意，$\boldsymbol{B}$ 和 $\boldsymbol{H}$ 的单位不同，前者为 T（特斯拉）或 $\mathrm{Wb \cdot m^{-2}}$（韦伯每平方米）；后者为 $\mathrm{A \cdot m^{-1}}$（安每米）.

（18）电学量和磁学量虽有对应的关系，但它们在反映场的性质和规律上有本质的区别. 现比较于下：

静电场	稳恒磁场
$\oint_S \boldsymbol{D} \cdot \mathrm{d}\boldsymbol{S} = \sum_i q_i$	$\oint_S \boldsymbol{B} \cdot \mathrm{d}\boldsymbol{S} = 0$
（静电场中闭合曲面上的电位移通量——静电场中的高斯定理）	（磁场中闭合曲面上的磁通量——磁场中的高斯定理）
$\oint_l \boldsymbol{E} \cdot \mathrm{d}\boldsymbol{l} = 0$	$\oint_l \boldsymbol{H} \cdot \mathrm{d}\boldsymbol{l} = \sum_i I_i$
（静电场中电场强度的环流——静电场环路定理）	（磁场中磁场强度的环流——安培环路定理）
$\boldsymbol{E} = \boldsymbol{D}/\varepsilon$	$\boldsymbol{B} = \mu\boldsymbol{H}$
（$\boldsymbol{E}$ 与 $\boldsymbol{D}$ 之间的关系——电介质的性质方程）	（$\boldsymbol{B}$ 与 $\boldsymbol{H}$ 之间的关系——磁介质的性质方程）

从引入各量的意义上说，磁场中的磁感应强度 $\boldsymbol{B}$ 与电场中的电场强度 $\boldsymbol{E}$ 相对应，它们都是以场对电荷或电流的作用力为依据的. 而磁场中的磁场强度 $\boldsymbol{H}$ 与电场中的电位移 $\boldsymbol{D}$ 相对应，它们都与磁介质或电介质的性质无直接关系. 由于历史传统关系，我们沿用了上述名称而不加更改（实际上，例如磁感应强度最好称为磁场强度），因此读者切勿混淆. 再有，与 ε 对应的是 $1/\mu$ 而不是 μ.

（19）相对磁导率 μ_r 是描述磁介质性质的一个参量. 按 μ_r 的大小，磁介质可分为：①顺磁质，μ_r 略大于 1；②抗磁质，μ_r 略小于 1；③铁磁质，$\mu_r \gg 1$.

（20）铁磁质的磁导率不是一个恒量，所以对铁磁质来说，$\boldsymbol{B}$ 与 $\boldsymbol{H}$ 的关系不是线性的，即 $\boldsymbol{B}$-$\boldsymbol{H}$ 曲线不是一条直线，并且磁滞回线所显示的磁滞现象是铁磁质所特有的表现. 读者对磁滞回线所表述的铁磁质磁化过程应有全貌性的了解.

铁磁物质是科学和工程技术领域中广泛应用的一种电工材料.

7.2　教学拓展

7.2.1　电流

上一章说过，电荷在任何惯性系中都是不变量. 而电流 $I = \mathrm{d}q/\mathrm{d}t$ 则因分母涉及时间 t，而 t 因惯性系的不同而异，因此 I 的量值在不同的惯性系中并不相同. 电流的量值虽在不同的惯性系中有别，但电荷守恒定律对不同的惯性系都成立. 电荷守恒定律是自然界的基本定律之一.

电流 I 描述电荷通过导体中某一截面的总的情况，而电流密度矢量 $\boldsymbol{j}$ 则描述电流在截面上各点的分布情况. 设导线中的电荷体密度为 $\rho = \mathrm{d}q/\mathrm{d}V$，电荷运动的速度为 $\boldsymbol{v}$，显然，$\boldsymbol{j}$ 的方向即为$\boldsymbol{v}$的方向. 这样,在 Δt 时间内,电荷运动的距离为$v\Delta t$,意味着有 $\rho Sv\Delta t$ 个电荷通过面积为 S 的某一截面,从而$\boldsymbol{j}$ 的大小为

$$j=\frac{I}{S}=\frac{\rho Sv\Delta t}{S\Delta t}=\rho v$$

如上所述,由于$\boldsymbol{j}$ 与$\boldsymbol{v}$同方向,则上式可写作

$$\boldsymbol{j}=\rho\boldsymbol{v}$$

由于ρ、$\boldsymbol{j}$ 分别与 $\mathrm{d}V$ 和 S 有关,涉及相对论中的长度收缩效应,故电荷密度和电流密度是相对的,在某一惯性系中认为是电流密度,在另一惯性系中也可能认为是电荷密度.

再说电流元矢量 $I\mathrm{d}\boldsymbol{l}$. 在一根无限细的载流导线上某点截取无限短的一段,长为 $\mathrm{d}\boldsymbol{l}$. 因为线段可以人为地定义为矢量,即为 $\mathrm{d}\boldsymbol{l}$,并将导线中电流指向作为 $\mathrm{d}\boldsymbol{l}$ 的正方向. 这样,便可把电流元 $I\mathrm{d}\boldsymbol{l}$ 表示为该点的一个矢量.

若导体是圆柱形的,在其中某点截取一个体积元,其长度为 $\mathrm{d}l$,横截面面积为 S,通有电流 I,则

$$\boldsymbol{j}\mathrm{d}V=(I/S)(S\mathrm{d}\boldsymbol{l})=I\mathrm{d}\boldsymbol{l}$$

且因$\boldsymbol{j}$ 与 $\mathrm{d}\boldsymbol{l}$ 同方向, $\boldsymbol{j}=\rho\boldsymbol{v}$,$\rho\mathrm{d}V=q$,$q$ 是 $\mathrm{d}V$ 中的运动电荷量值. 于是上式可写作

$$I\mathrm{d}\boldsymbol{l}=q\boldsymbol{v}$$

电流元和点电荷都是一种假想的模型,但与点电荷不同,电流元是不能孤立地存在的.

反之,有时我们常说到“无限长的直电流”,这也是一个模型,其实不存在无限长的直电流,只是当我们研究的范围远远小于导线长度时,就认为这电流是无限长的.

7.2.2　载流导线之间的相互作用力

设真空中两根无限长的平行细直导线,间距为 a,分别通有电流 I_1 和 I_2,可以证明(从略):每根导线单位长度上所受的磁场力的大小皆为

$$\frac{\mathrm{d}F_1}{\mathrm{d}l}=\frac{\mathrm{d}F_2}{\mathrm{d}l}=\frac{\mu_0}{4\pi}\frac{2I_1I_2}{a}$$

当该两条电流流向相同时,表现为互相吸引;当流向相反时,表现为互相排斥,在这种情况下,牛顿第三定律仍成立.

但是一般情况下,通电导线都以闭合回路形式存在. 为此,在研究普遍情况时,必须分别在两个通电闭合回路上取电流元,考察其相互作用. 设在两回路上 a、b 两处各取电流元 $I_1\mathrm{d}\boldsymbol{l}_1$ 和 $I_2\mathrm{d}\boldsymbol{l}_2$,两者相距为 $\boldsymbol{r}$. 一般情况下,$I_1\mathrm{d}\boldsymbol{l}_1$、$I_2\mathrm{d}\boldsymbol{l}_2$ 和 $\boldsymbol{r}$ 三者不一定在同一平面上,且两个回路也不一定是平面线圈. 计算表明(从略),一般而言,两电流元之间的作用力 $\mathrm{d}\boldsymbol{F}_{ab}\neq-\mathrm{d}\boldsymbol{F}_{ba}$,即牛顿第三定律对该两电流元之间的作用力并不成立.

7.2.3　电磁运动规律的协变性

在第 5 章中讲过,对物体的机械运动而言,在不同惯性系中,描述物体运动的力学量一般是不相同的. 但是由这些力学量所组成的描述力学运动规律的数学表达式,在所有惯性系中是相同的,即力学规律对一切惯性系是等价的. 这就是相对性原理.

在物体运动处于低速($v\ll c$)的通常场合下,基于绝对时空观的伽利略变换给出了时空在不同惯性系中的变换关系. 实施这个变换,经典力学的规律是满足相对性原理的,否则,在物体

运动处于非低速情况下，伽利略变换就无法使经典力学规律满足相对性原理. 这时，就必须求助于基于相对论时空观的洛伦兹变换，才能使力学规律满足相对性原理.

而今，我们介绍电磁运动规律是如何满足相对性原理的. 对描述带电物体和电磁场的物理量，除了电荷量 q 和光速 c 在所有惯性系中是相对论不变量以外，其他如位矢、速度、动量、力、电场强度 $\boldsymbol{E}$ 和磁感应强度 $\boldsymbol{B}$ 等的取值，虽然一般因惯性系的不同而异，然而它们在不同惯性系之间按照洛伦兹变换，乃是协同地变化的. 其结果使得普遍的电磁运动规律的数学表达式在所有惯性系中是相同的. 这种普遍电磁规律的数学表达式在不同惯性系中保持不变的性质称为**协变性**. 普遍的电磁规律所表现的协变性乃是相对原理的一种具体体现.

例如，在惯性系 K 中，电荷为 q、速度为$\boldsymbol{v}$的运动粒子，在同时存在的电场强度为 $\boldsymbol{E}$ 的电场和磁感应强度为 $\boldsymbol{B}$ 的磁场中所受的力可按洛伦兹公式表示，即

$$\boldsymbol{F} = q(\boldsymbol{E} + \boldsymbol{v} \times \boldsymbol{B}) \tag{a}$$

则在另一惯性系 K′中，上述各物理量按照洛伦兹变换（从略），将 $\boldsymbol{E}$ 变成 $\boldsymbol{E}'$，$\boldsymbol{B}$ 变成 $\boldsymbol{B}'$，$\boldsymbol{v}$变成 $\boldsymbol{v}'$，$\boldsymbol{F}$ 变成 $\boldsymbol{F}'$，而 $\boldsymbol{F}'$与 q、$\boldsymbol{v}'$，$\boldsymbol{E}'$，$\boldsymbol{B}'$之间的数学表达式仍如式ⓐ所示的形式，即

$$\boldsymbol{F}' = q(\boldsymbol{E}' + \boldsymbol{v}' \times \boldsymbol{B}') \tag{b}$$

有关各种电磁规律协变性的详细演绎可查阅电磁学方面的书籍，在此不作赘述.

7.3　解题指导

例 7-1　设无限大导体平板在 xOy 平面内，电流均匀地沿 $+y$ 方向流动，x 方向上单位长度内通过的电流为 j，求空间磁场分布.

分析　由于电流分布具有面对称性，磁场分布也应具有面对称性，可采用安培环路定理求解磁感应强度的分布. 依据右手螺旋法则可知，磁感应强度 $\boldsymbol{B}$ 和电流 j 的方向垂直，由对称性得，无限大导电平面两侧的磁感应强度大小相等，方向反向平行. 如例 7-1 解图所示，取矩形回路 $ABCD$，使 $AB /\!/ CD /\!/ Ox$，$AD \perp Ox$，$BC \perp Ox$，$AB = CD = \Delta l$，采用安培环路定理求解磁感应强度的分布.

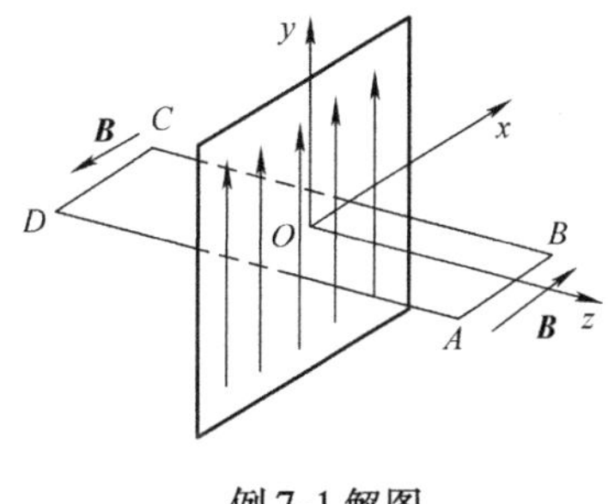

例 7-1 解图

解　如例 7-1 解图所示，取矩形回路 $ABCD$，$AB = \Delta l$，磁感应强度沿回路的积分为

$$\oint_L \boldsymbol{B} \cdot \mathrm{d}\boldsymbol{l} = \int_{AB} \boldsymbol{B}_1 \cdot \mathrm{d}\boldsymbol{l} + \int_{BC} \boldsymbol{B}_2 \cdot \mathrm{d}\boldsymbol{l} + \int_{CD} \boldsymbol{B}_3 \cdot \mathrm{d}\boldsymbol{l} + \int_{DA} \boldsymbol{B}_4 \cdot \mathrm{d}\boldsymbol{l}$$

由对称性可知，$B_1 = B_3 = B$，$\boldsymbol{B}_2$、$\boldsymbol{B}_4$ 与积分路径垂直，所以

$$\oint_L \boldsymbol{B} \cdot \mathrm{d}\boldsymbol{l} = 2B\Delta l$$

根据安培环路定理得

$$\oint_L \boldsymbol{B} \cdot d\boldsymbol{l} = 2B\Delta l = \mu_0 j \Delta l$$

由此可得无限大导电平面两侧磁感应－强度的大小为

$$B = \frac{\mu_0 j}{2}$$

方向由右手螺旋法则确定.

例 7-2　将一电流沿 $+y$ 方向的无限大载流平面（例 7-2 图中用“×”表示）放入沿 x 方向的均匀磁场中，放入后平面两侧的磁感应强度分别为 $\boldsymbol{B}_1$ 和 $\boldsymbol{B}_2$，$\boldsymbol{B}_1$、$\boldsymbol{B}_2$ 都与板面平行并垂直于电流. 求载流平面上单位面积所

受磁场力的大小及方向.

分析　无限大载流平面的周围会产生均匀磁场，方向由右手螺旋法则确定. 无限大载流平面放入沿 x 方向的均匀磁场中，载流平面自身产生的均匀磁场与空间的均匀磁场发生叠加，形成如例 7-2 图所示的磁场. 本题要求载流平面上单位面积所受的磁场力，由于载流平面自身激发的磁场不会对自身的电流产生作用，所以载流平面所受到的磁场力是空间外磁场作用的结果. 因此解本题的关键就是确定空间外磁场的大小、方向.

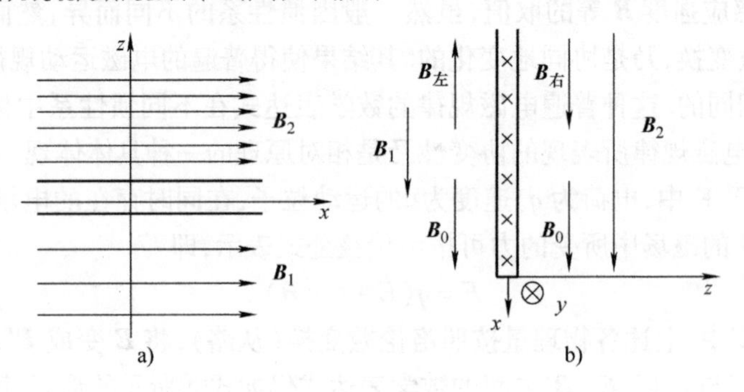

例 7-2 图

解　设原磁场为 $\boldsymbol{B}_0$，无限大均匀带电平面沿 x 轴方向单位长度上的电流面密度为 J，它在平面两侧激发产生均匀磁场，为

$$B = B_{左} = B_{右} = \frac{1}{2}\mu_0 J$$

$\boldsymbol{B}_{左}$、$\boldsymbol{B}_{右}$ 的方向相反，但都与平面平行，与电流垂直，如例 7-2 图 b 所示.

在平面右侧，B_2 是 $B_{右}$ 与原磁场 B_0 的同向叠加，则

$$B_2 = B_{右} + B_0 \qquad ⓐ$$

在平面左侧，有

$$B_1 = B_0 - B_{左} \qquad ⓑ$$

由式ⓐ和式ⓑ，得

$$B_0 = \frac{B_1 + B_2}{2}, B = B_{左} = B_{右} = \frac{B_2 - B_1}{2}$$

将 $B = \frac{1}{2}\mu_0 J$ 代入上式，得

$$J = \frac{B_2 - B_1}{\mu_0}$$

由于载流平面自身激发的磁场不会对自身的电流产生作用，所以载流平面所受到的磁场力是外磁场 $\boldsymbol{B}_0$ 作用的结果. 在载流平面上任取一宽度为 dx、长为 dy 的面积元 dS，则相应的电流元为

$$I\mathrm{d}\boldsymbol{y} = J\mathrm{d}x\mathrm{d}y\boldsymbol{j}$$

其中 $\boldsymbol{j}$ 为 y 轴的单位矢量.

电流元受外场 $\boldsymbol{B}_0$ 的作用力为

$$\mathrm{d}\boldsymbol{F} = I\mathrm{d}\boldsymbol{y} \times \boldsymbol{B}_0 = (J\mathrm{d}x\mathrm{d}y\boldsymbol{j}) \times (B_0\boldsymbol{i}) = -JB_0\mathrm{d}S\boldsymbol{k}$$

则单位面积所受到的安培力

$$\boldsymbol{f} = \frac{\mathrm{d}\boldsymbol{F}}{\mathrm{d}S} = -JB_0\boldsymbol{k} = -\frac{B_2 - B_1}{\mu_0}\frac{B_1 + B_2}{2}\boldsymbol{k} = -\frac{B_2^2 - B_1^2}{2\mu_0}\boldsymbol{k}$$

$\boldsymbol{k}$ 为 z 轴的单位矢量. 所以，所受磁场力的方向为沿 z 轴负向.

7.4　习题解答

7-1　如习题7-1图所示，分别通有流向相同的电流I和$2I$的两条平行长直导线，相距为$d=30\text{cm}$.求磁感应强度为零的位置.

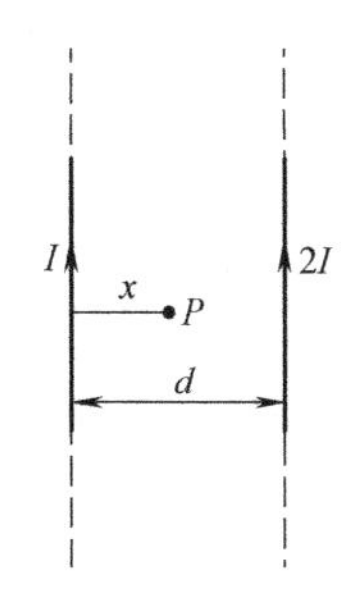

习题7-1图

解　设$B=0$的P点与电流I相距为x，则

$$B_1=\frac{\mu_0}{2\pi}\frac{I}{x}\quad(\otimes)$$

$$B_2=\frac{\mu_0}{2\pi}\frac{2I}{d-x}\quad(\odot)$$

由题设，P点处总磁感应强度$B=0$，有

$$B=B_2-B_1=\frac{\mu_0}{2\pi}\frac{2I}{d-x}-\frac{\mu_0}{2\pi}\frac{I}{x}=0$$

由此解得
$$x=\frac{d}{3}$$

已知　$d=30\text{cm}$，代入得　$x=\frac{30\text{cm}}{3}=10\text{cm}$

7-2　如习题7-2图所示，折成$\alpha=60°$角的长直导线AOB通有电流$I=30\text{A}$，求在角平分线上，离角的顶点O为$a=5\text{cm}$处P点的磁感应强度.

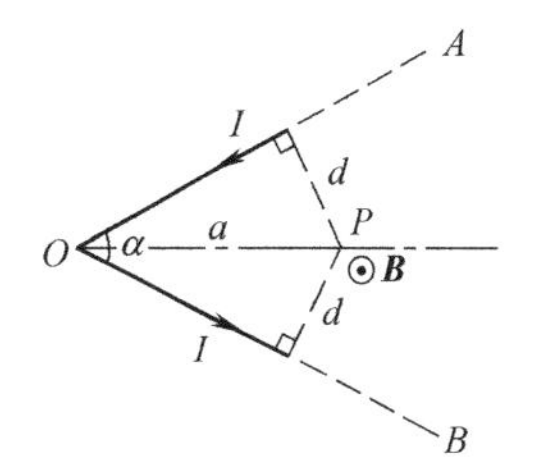

习题7-2图

解　按公式$B=\frac{\mu_0 I}{4\pi d}(\cos\alpha_1-\cos\alpha_2)$进行求解.

已知$\alpha=60°$，$a=5\text{cm}$，$d=a\sin30°$，$I=30\text{A}$，设载流导线AO在P点的磁感应强度为$\boldsymbol{B}_1$且因$\alpha_1=0°$，$\alpha_2=180°-30°=150°$，所以

$$B_1=\frac{\mu_0 I}{4\pi a\sin30°}(\cos0°-\cos150°)=\frac{\mu_0 I}{4\pi a\sin30°}\left(1+\frac{\sqrt{3}}{2}\right)(\odot)$$

设载流导线OB在P点的磁感应强度为$\boldsymbol{B}_2$，且因$\alpha_1=30°$，$\alpha_2=180°$，所以

$$B_2=\frac{\mu_0 I}{4\pi a\sin30°}[\cos30°-\cos180°]=\frac{\mu_0 I}{4\pi a\sin30°}\left[\frac{\sqrt{3}}{2}+1\right](\odot)$$

因$\boldsymbol{B}_1$、$\boldsymbol{B}_2$的方向相同，根据磁场叠加原理，P点的磁感应强度为

$$B=B_1+B_2=\frac{\mu_0}{4\pi}\frac{2I}{a\sin30°}\left(1+\frac{\sqrt{3}}{2}\right)$$

$$=10^{-7}\text{N}\cdot\text{A}^{-2}\times\frac{2\times30\text{A}}{0.05\text{m}\times1/2}\left[1+\frac{\sqrt{3}}{2}\right]=4.48\times10^{-4}\text{T}(\odot)$$

7-3　如习题7-3图a所示，两根"无限长"载流直导线互相垂直地放置，已知$I_1=4\text{A}$，$I_2=6\text{A}$（I_2的流向垂直于纸面向外），$d=2\text{cm}$，求P点处的磁感应强度.

分析　在电流I_1和I_2激发的磁场中，场点P处的磁感应强度可以先分别求出.合成时应求其矢量和.

解　已知$d=2\text{cm}$，$I_1=4\text{A}$，$\mu_0/4\pi=10^{-7}\text{N}\cdot\text{A}^{-2}$，则长直电流$I_1$在$P$处的磁感应强度$\boldsymbol{B}_1$的大小和方向为

$$B_1=\frac{\mu_0}{2\pi}\frac{I_1}{d}=\frac{\mu_0}{4\pi}\frac{2I_1}{d}=\left(10^{-7}\times\frac{2\times4}{0.02}\right)\text{T}=4.0\times10^{-5}\text{T}(\otimes)$$

同理，长直电流I_2在P点处磁感应强度$\boldsymbol{B}_2$的大小和方向为

$$B_2=\frac{\mu_0}{4\pi}\frac{2I_2}{d}=\left(10^{-7}\times\frac{2\times6}{0.02}\right)\text{T}=6.0\times10^{-5}\text{T}(\rightarrow)$$

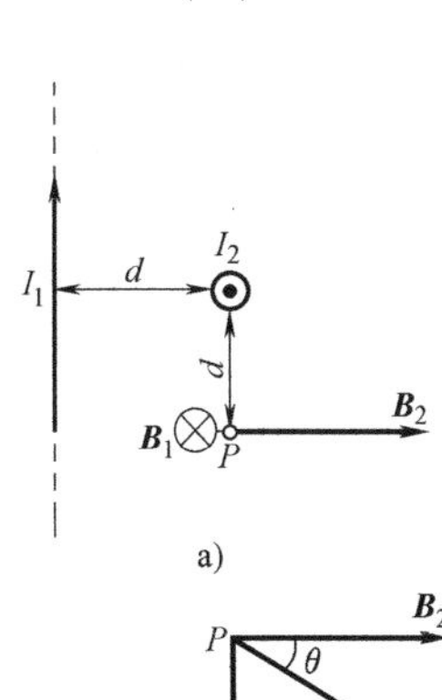

习题7-3图

如习题 7-3 图 b 所示，便可算出 P 点处磁感应强度 $\boldsymbol{B}$ 的大小为

$$B=\sqrt{B_1^2+B_2^2}=\sqrt{(4.0\times10^{-5}\mathrm{T})^2+(6.0\times10^{-5}\mathrm{T})^2}=7.2\times10^{-5}\mathrm{T}$$

$\boldsymbol{B}$ 矢量在垂直于纸面的平面上，其方向用它与 $\boldsymbol{B}_2$ 所成的 θ 角表示，则得

$$\theta=\arctan\frac{B_1}{B_2}=\arctan\frac{4\times10^{-5}}{6\times10^{-5}}=33°41'$$

7-4 两平行长直导线相距 40cm，每条通有电流 $I=200\mathrm{A}$，其流向如习题 7-4 图所示. 求：(1) 两导线所在平面内与该两导线等距的一点 A 处的磁感应强度；(2) 通过图中斜线所示矩形面积内的磁通量($\ln3=1.10$).

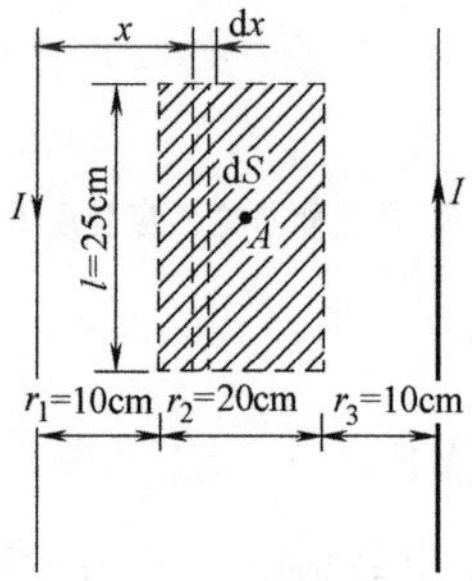

习题 7-4 图

解 (1) 两长直电流 I 在 A 点处的磁感应强度均为

$$B_1=B_2=\frac{\mu_0}{2\pi}\frac{I}{a}(\odot)$$

按磁场叠加原理，A 点的磁感应强度 $\boldsymbol{B}$ 为

$$B=B_1+B_2=\frac{\mu_0}{2\pi}\frac{I}{a}+\frac{\mu_0}{2\pi}\frac{I}{a}=\frac{\mu_0}{4\pi}\frac{4I}{a}(\odot)$$

将 $I=200\mathrm{A}$，$a=10\mathrm{cm}+20\mathrm{cm}/2=20\mathrm{cm}=0.2\mathrm{m}$ 代入上式，得

$$B=10^{-7}\mathrm{N\cdot A^{-2}}\times\frac{4\times200\mathrm{A}}{0.2\mathrm{m}}=4.0\times10^{-4}\mathrm{T}(\odot)$$

(2) 在与左侧的长直电流 I 相距 x 处取窄长条面积元 $\mathrm{d}S=l\mathrm{d}x$，其上通过的磁通量为

$$\mathrm{d}\Phi_{\mathrm{m1}}=\boldsymbol{B}\cdot\mathrm{d}\boldsymbol{S}=B\mathrm{d}S\cos0°=\frac{\mu_0}{4\pi}\frac{2I}{x}l\mathrm{d}x$$

通过整个矩形面积的磁通量为

$$\Phi_{\mathrm{m1}}=\int_{r_1}^{r_1+r_2}\frac{\mu_0}{4\pi}\frac{2I}{x}l\mathrm{d}x=\frac{\mu_0}{4\pi}(2Il)\ln\frac{r_1+r_2}{r_1}$$

同理可得右侧长直电流 I 的磁场通过矩形面积的磁通量 $\Phi_{\mathrm{m2}}=\Phi_{\mathrm{m1}}$，所以总磁通量为

$$\Phi_{\mathrm{m}}=2\Phi_{\mathrm{m1}}=\frac{\mu_0}{4\pi}(4Il)\ln\frac{r_1+r_2}{r_1}=10^{-7}\mathrm{N\cdot A^{-2}}\times4\times200\mathrm{A}\times0.25\mathrm{m}\times\ln\frac{0.1\mathrm{m}+0.2\mathrm{m}}{0.1\mathrm{m}}=2.2\times10^{-5}\mathrm{Wb}$$

7-5 如习题 7-5 图所示，一条通有电流 I 的长直导线，中间部分被弯成 1/4 的圆弧，圆弧半径为 R. 求圆心 O 处的磁感应强度.

解 如习题 7-5 图所示，AB、DC 段电流均通过圆心 O，故在 O 点的磁感应强度为

$$B_1=B_2=0$$

1/4 圆弧段 BC 的电流在 O 点的磁感应强度为

$$B_3=\frac{1}{4}\frac{\mu_0}{2}\frac{I}{R}=\frac{\mu_0 I}{8R}(\otimes)$$

所以圆心 O 处的磁感应强度为

$$B=B_1+B_2+B_3=0+0+\frac{\mu_0 I}{8R}=\frac{\mu_0 I}{8R}(\otimes)$$

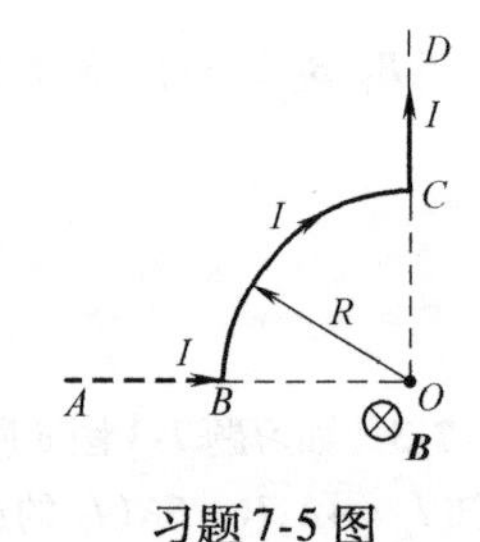

习题 7-5 图

7-6 如习题 7-6 图所示，一长直导线与一半径 $R=5\mathrm{cm}$ 的圆形回路分别载有电流 $I_1=4\mathrm{A}$，$I_2=3\mathrm{A}$，求距长直导线为 $a=10\mathrm{cm}$ 的圆形回路中心 O 点的磁感应强度.

解 已知 $a=10\mathrm{cm}=0.1\mathrm{m}$，$R=5\mathrm{cm}=0.05\mathrm{m}$，$I_1=4\mathrm{A}$，$I_2=3\mathrm{A}$. I_1 在 O 点的磁感应强度为

$$B_1=\frac{\mu_0}{4\pi}\frac{2I_1}{a}$$

$$=10^{-7}\mathrm{N\cdot A^{-2}}\times\frac{2\times4\mathrm{A}}{0.1\mathrm{m}}=0.8\times10^{-5}\mathrm{T}(\otimes)$$

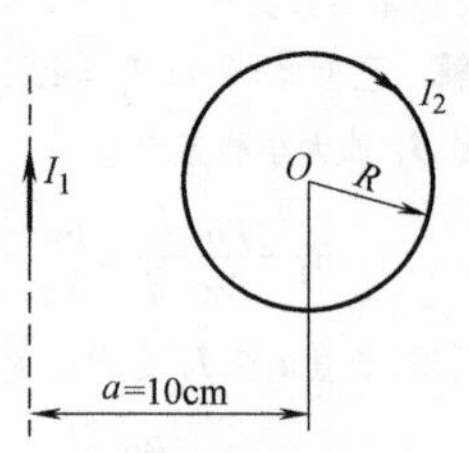

习题 7-6 图

I_2 在 O 点的磁感应强度为

$$B_2=\frac{\mu_0}{2}\frac{I_2}{R}=\frac{\mu_0}{4\pi}\frac{2\pi I_2}{R}$$

$$=10^{-7}\mathrm{N}\cdot\mathrm{A}^{-2}\times\frac{2\pi\times3\mathrm{A}}{0.05\mathrm{m}}=3.77\times10^{-5}\mathrm{T}(\otimes)$$

因 $\boldsymbol{B}_1$、$\boldsymbol{B}_2$ 在 O 点为同方向，按磁场叠加原理，可得 P 点的磁感应强度 $\boldsymbol{B}$ 为

$$B=B_1+B_2=0.8\times10^{-5}\mathrm{T}+3.77\times10^{-5}\mathrm{T}=4.57\times10^{-5}\mathrm{T}(\otimes)$$

7-7　有一线圈如习题7-7图所示，AB、CD 为两同心圆弧，$OB=0.5\mathrm{m}$，$OC=0.25\mathrm{m}$，$\varphi=30°$，$I=4.0\mathrm{A}$. 求圆心 O 点的磁感应强度.

解　按题设，AC、BD 段载流导线皆通过圆心 O 点，因而 $B_{AC}=B_{BD}=0$. 设 $OB=R_1$，$OC=R_2$，则 $\overset{\frown}{AB}$、$\overset{\frown}{CD}$ 段载流导线在圆心 O 点的磁感应强度分别为

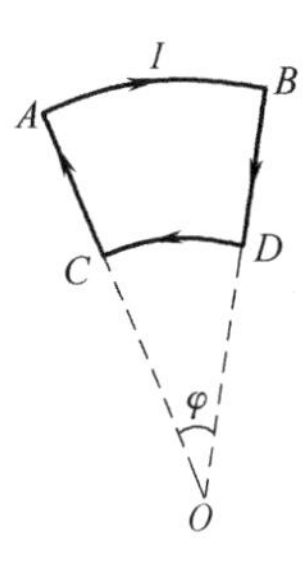

习题7-7图

$$B_{AB}=\frac{\mu_0}{2}\frac{I}{R_1}\frac{\varphi}{2\pi}=\frac{\mu_0}{2}\frac{I}{R_1}\frac{\pi/6}{2\pi}=\frac{\mu_0}{4\pi}\frac{I}{R_1}\frac{\pi}{6}$$

$$=\left(10^{-7}\times\frac{4.0}{0.5}\times\frac{\pi}{6}\right)\mathrm{T}=\left(10^{-7}\times8\times\frac{\pi}{6}\right)\mathrm{T}\quad(\otimes)$$

$$B_{CD}=\frac{\mu_0}{2}\frac{I}{R_2}\frac{\varphi}{2\pi}=\left(\frac{\mu_0}{4\pi}\times\frac{4.0}{0.25}\times\frac{\pi}{6}\right)\mathrm{T}=\left(10^{-7}\times16\times\frac{\pi}{6}\right)\mathrm{T}\quad(\odot)$$

所以 O 点的磁感应强度为

$$B_O=B_{AB}+B_{BD}+B_{DC}+B_{CA}=\left(-10^{-7}\times8\times\frac{\pi}{6}\right)\mathrm{T}+0+\left(10^{-7}\times16\times\frac{\pi}{6}\right)\mathrm{T}+0=4.1\times10^{-7}\mathrm{T}(\odot)$$

7-8　如习题7-8图所示，一个平面回路由两同心圆弧和两平行直线段组成，其中通有电流 I，求证：在此闭合回路中心 O 点的磁感应强度为

$$B=\frac{\mu_0 I}{\pi R}\left(\arctan\frac{a}{\sqrt{R^2-a^2}}+\frac{\sqrt{R^2-a^2}}{a}\right)(\otimes)$$

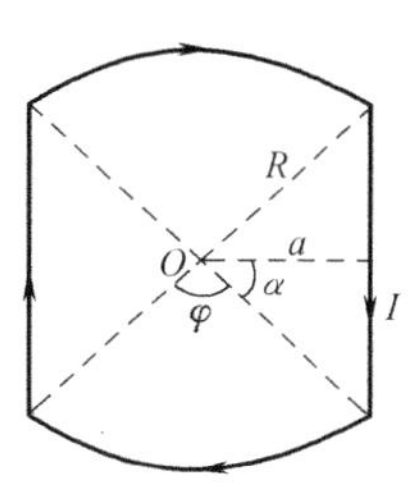

习题7-8图

证　两段圆弧中的电流在 O 点的磁感应强度 $\boldsymbol{B}_1$、$\boldsymbol{B}_2$ 的大小均为

$$B_1=B_2=\frac{\mu_0}{2}\frac{I}{R}\times\left(\frac{R\varphi}{2\pi R}\right)=\frac{\mu_0}{4\pi}\frac{I}{R}\varphi(\otimes)$$

两段平行直线中的电流在 O 点的磁感应强度 $\boldsymbol{B}_3$、$\boldsymbol{B}_4$ 的大小均为

$$B_3=B_4=\frac{\mu_0 I}{4\pi a}[\cos\alpha-\cos(\pi-\alpha)]=\frac{\mu_0 I}{4\pi a}\frac{2\sqrt{R^2-a^2}}{R}(\otimes)$$

由图可看出 $\alpha=\varphi/2$，则

$$\tan\frac{\varphi}{2}=\tan\alpha=\frac{a}{\sqrt{R^2-a^2}}$$

$$\varphi=2\arctan\left(\frac{a}{\sqrt{R^2-a^2}}\right)$$

所以 O 点的磁感应强度 $\boldsymbol{B}$ 的大小和方向为

$$B=B_1+B_2+B_3+B_4=\frac{\mu_0}{4\pi}\frac{I}{R}\left(2\arctan\frac{a}{\sqrt{R^2-a^2}}\right)\times2+\frac{\mu_0 I}{4\pi a}\frac{2\sqrt{R^2-a^2}}{R}\times2$$

$$=\frac{\mu_0}{\pi}\frac{I}{R}\left(\arctan\frac{a}{\sqrt{R^2-a^2}}+\frac{\sqrt{R^2-a^2}}{a}\right)(\otimes)$$

7-9　通有电流 $I=3\mathrm{A}$ 的一条无限长直导线，中部被弯成半径 $R=3\mathrm{cm}$ 的半圆环，如习题7-9图所示，求环心 O 处的磁感应强度.

分析　环心 O 处的磁感应强度 $\boldsymbol{B}$ 可以看成一端为无限长的两条直电流 AB、DE 和半圆环电流 BCD 三者在点 O 所激发的磁感应强度的矢量和. 为此，我们先求每段电流在点 O 处的磁感应强度.

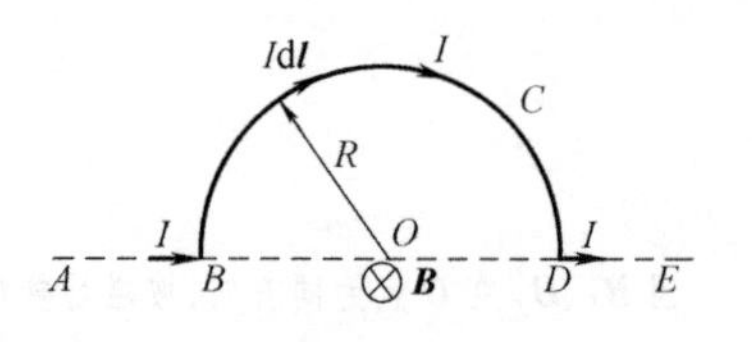

习题7-9图

解　在载流导线AB上所取的任一个电流元$I\mathrm{d}\boldsymbol{l}$，其引向$O$点的位矢$\boldsymbol{r}$，均与$I\mathrm{d}\boldsymbol{l}$重合在同一直线$ABO$上，即$\langle \mathrm{d}\boldsymbol{l},\boldsymbol{r}\rangle=0°$，从而，$\sin\langle \mathrm{d}\boldsymbol{l},\boldsymbol{r}\rangle=0$，因此

$$\mathrm{d}B=\frac{\mu_0}{4\pi}\frac{I\mathrm{d}l\sin\langle \mathrm{d}\boldsymbol{l},\boldsymbol{r}\rangle}{r^2}=0$$

于是，$B_{AB}=\int_{AB}\mathrm{d}B$也等于零. 同样，对于$DE$段，因$\langle \mathrm{d}\boldsymbol{l},\boldsymbol{r}\rangle=180°$，它在$O$点的磁感应强度也等于零.

所以，总的磁感应强度$\boldsymbol{B}$就等于半圆形电流在中心O点的磁感应强度. 其方向如图所示，大小为

$$B=\int_0^{\pi R}\frac{\mu_0}{4\pi}\frac{I\mathrm{d}l\sin 90°}{R^2}=\frac{\mu_0}{4\pi}\int_0^{\pi R}\frac{I}{R^2}\mathrm{d}l=\frac{\mu_0}{4\pi}\frac{\pi I}{R}$$

$$=10^{-7}\mathrm{N\cdot A^{-2}}\times\frac{3.14\times 3\mathrm{A}}{0.03\mathrm{m}}$$

$$=3.14\times10^{-5}\mathrm{T}(\otimes)$$

***7-10**　如习题7-10图所示，两个半径为R、匝数为N、通有电流I的线圈，同轴平行地放置着，相距为l. 这两个载流线圈的组合称为**亥姆霍兹线圈**，在实验室中常用它来激发均匀磁场. 求在距离它们的中心O点为x处的磁感应强度.

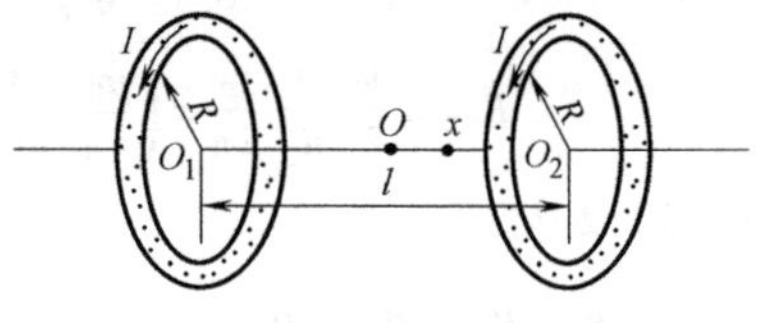

习题7-10图

解　按圆电流在垂直于圆平面的轴上一点的磁感应强度公式$B=\dfrac{\mu_0 IR^2}{2(R^2+x^2)^{3/2}}$，方向沿轴线. 可得两线圈在$x$处的磁感应强度分别为

$$B_1=\frac{\mu_0 NIR^2}{2}\left[R^2+\left(\frac{l}{2}+x\right)^2\right]^{-3/2}$$

$$B_2=\frac{\mu_0 NIR^2}{2}\left[R^2+\left(\frac{l}{2}-x\right)^2\right]^{-3/2}$$

在x处的磁感应强度$\boldsymbol{B}$的大小为

$$B=B_1+B_2=\frac{\mu_0 NIR^2}{2}\left\{\left[R^2+\left(\frac{l}{2}+x\right)^2\right]^{-3/2}+\left[R^2+\left(\frac{l}{2}-x\right)^2\right]^{-3/2}\right\}$$

顺便指出，当$l=R$时，轴线上O_1、O、O_2（相应于$x_1=-l/2$、$x=0$、$x_2=l/2$）三点的磁感应强度分别为

$$B_1=\frac{\mu_0 NIR^2}{2}[(R^2)^{-3/2}+(R^2+R^2)^{-3/2}]=\frac{\mu_0 NIR^2}{2}\left(R^{-3}+\frac{1}{\sqrt{8}}R^{-3}\right)=\frac{\mu_0 NI}{2R}\left(1+\frac{1}{\sqrt{8}}\right)$$

$$B_O=\frac{\mu_0 INR^2}{2}\left\{\left[R^2+\left(\frac{R}{2}\right)^2\right]^{-3/2}+\left[R^2+\left(\frac{R}{2}\right)^2\right]^{-3/2}\right\}$$

$$=\frac{\mu_0 NIR^2}{2}\left[2\left(\frac{3}{2}R^2\right)^{-3/2}\right]=\frac{\mu_0 IN}{2R}\left(\frac{2\sqrt{8}}{\sqrt{27}}\right)$$

$$B_2=B_1=\frac{\mu_0 NI}{2R}\left(1+\frac{1}{\sqrt{8}}\right)\approx0.677\frac{\mu_0 NI}{R}$$

$$B_O=\frac{\mu_0 NI}{2R}\left(\frac{2\sqrt{8}}{\sqrt{27}}\right)\approx0.544\frac{\mu_0 NI}{R}$$

即这三点的磁感应强度近乎相同，也即O点附近近似为均匀磁场.

7-11　在氢原子中，设电荷量为$-e$的电子绕原子核沿半径为R的圆周轨道，以速率v做逆时针旋转，如习题7-11图所示. 求证：此运动电子在圆心处激发的磁场为$B=\mu_0 ev/(4\pi R^2)(\otimes)$.

证　按公式

$$\boldsymbol{B}=\frac{\mu_0}{4\pi}\frac{q\boldsymbol{v}\times\boldsymbol{r}}{r^3}$$

则电子在圆心O处激发的磁场为

$$B=\frac{\mu_0}{4\pi}\frac{|-e|vR\sin 90°}{R^3}=\frac{\mu_0 ev}{4\pi R^2}(\otimes)$$

7-12 如习题7-12图所示，同轴的两个长直圆筒状导体，外筒与内筒通有大小相等、流向相反的电流I，设外圆筒的半径为R_2，内圆筒的半径为R_1．求与轴相距为r处一点的磁感应强度．设：(1)$r>R_2$；(2)$R_1<r<R_2$；(3)$r<R_1$．

解 根据安培环路定理

$$\oint_l \boldsymbol{B}\cdot d\boldsymbol{l}=\mu_0\sum_i I_i$$

分别取图中所示的同轴圆周环路l_1、l_2、l_3，其半径r分别为$r>R_2$，$R_1<r<R_2$，$r<R_1$．

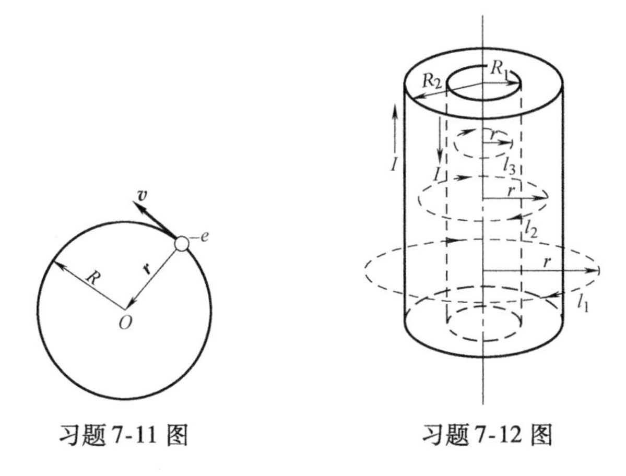

习题7-11图　　习题7-12图

(1) 对环路l_1，有

$$\oint_{l_1}\boldsymbol{B}\cdot d\boldsymbol{l}=\oint_{l_1}B dl=B\oint_{l_1}dl=B(2\pi r)\quad (r>R_2)$$

$$\mu_0\sum_i I_i=I-I=0$$

即

$$B(2\pi r)=0$$

所以，在$r>R_2$处，

$$B=0$$

(2) 对环路l_2，同理，有

$$B(2\pi r)=\mu_0 I$$

所以，在$R_1<r<R_2$处，

$$B=\frac{\mu_0 I}{2\pi r}$$

(3) 对环路l_3，同理有

$$B(2\pi r)=\mu_0\times 0$$

所以，在$r<R_1$处，

$$B=0$$

7-13 一长直螺线管的横截面面积为15cm²，在1cm长度上绕有线圈20匝，当线圈通有电流$I=0.5$A时，求：(1) 螺线管中部的磁感应强度的大小；(2) 通过螺线管横截面的磁通量．

解 (1)已知$n=20/(1\times10^{-2}\text{m})=2000\text{m}^{-1}$，$I=0.5\text{A}$，$S=15\text{cm}^2=15\times10^{-4}\text{m}^2$，代入公式$B=\mu_0 nI$中，得长直螺线管中部的磁感应强度大小为

$$B=4\pi\times10^{-7}\text{N}\cdot\text{A}^{-2}\times2000\text{m}^{-1}\times0.5\text{A}=12.6\times10^{-4}\text{Wb}\cdot\text{m}^{-2}$$

(2)通过此螺线管的磁通量为

$$\varPhi_m=BS=(12.6\times10^{-4}\text{Wb}\cdot\text{m}^{-2})(15\times10^{-4}\text{m}^2)=1.89\times10^{-6}\text{Wb}$$

7-14 一均质圆柱形铜棒，质量为100g，安放在两根相距为20cm的水平轨道上，若铜棒中流过的电流为20A，棒与轨道之间的静摩擦因数为0.16，求使棒开始滑动的最小磁感应强度的大小及方向.

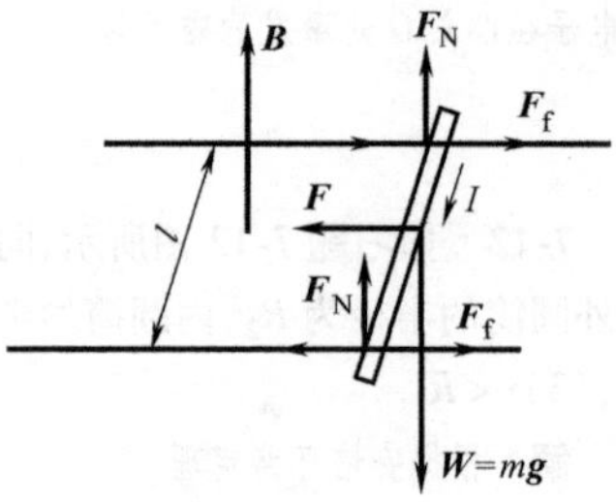

习题7-14图

解 按题意，作习题7-14图，并分析铜棒的受力：铜棒共受六个力作用：$\boldsymbol{F}_f$、$\boldsymbol{F}_f$、$\boldsymbol{F}_N$、$\boldsymbol{F}_N$、$\boldsymbol{W}=m\boldsymbol{g}$和磁场力$\boldsymbol{F}$，其中$F_N=mg/2$. 所以使棒开始滑动的最小作用力$F_{min}$应与摩擦力$2F_f$在数值上相等，即

$$F_{min}=2F_f=2\mu F_N=2\mu(mg/2)=\mu mg \quad ⓐ$$

而F_{min}为磁场力F，即

$$F_{min}=F=BIl \quad ⓑ$$

由式ⓐ、式ⓑ得磁感应强度至少为

$$B=\frac{\mu mg}{Il}$$

已知$\mu=0.16$，$m=100\text{g}=0.1\text{kg}$，$I=20\text{A}$，$l=20\text{cm}=0.2\text{m}$，代入上式，得到棒开始滑动的最小磁感应强度为

$$B=\frac{0.16\times0.1\text{kg}\times9.8\text{m}\cdot\text{s}^{-2}}{20\text{A}\times0.2\text{m}}=3.92\times10^{-2}\text{T}(\uparrow)$$

7-15 如习题7-15图所示，AB、CD、EF为三条相互平行且间距$r=20\text{cm}$的长直导线，三根导线处在同一竖直平面上，如果各条导线中皆通有电流2.0A，流向如图所示. 分别求各条导线上每单位长度所受的磁场力.

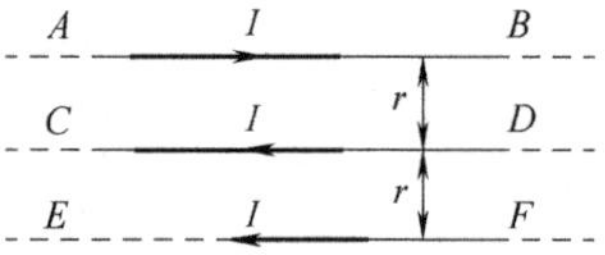

习题7-15图

解 先求载流导线AB上每单位长度所受的磁场力. 由题设，各导线间相距均为$r=0.2\text{m}$，各通有电流$I=2\text{A}$. 则CD、EF在AB处的磁场分别为

$$B_{CD}=\frac{\mu_0 I}{2\pi r}(\otimes),\qquad B_{EF}=\frac{\mu_0 I}{2\pi(2r)}(\otimes)$$

AB处的合磁场为

$$B=B_{CD}+B_{EF}=\frac{\mu_0 I}{2\pi r}+\frac{\mu_0 I}{4\pi r}=\frac{3\mu_0 I}{4\pi r}(\otimes)$$

导线AB上长为l的一段所受的安培力及单位长度所受磁场力分别为

$$F_{AB}=BIl=\frac{3\mu_0 I^2 l}{4\pi r}$$

$$F'_{AB}=\frac{F_{AB}}{l}=\frac{3\mu_0 I^2}{4\pi r}=\frac{\mu_0}{4\pi}\frac{3I^2}{r}$$

代入已知数据，得

$$F'_{AB}=10^{-7}\text{N}\cdot\text{A}^{-2}\times\frac{3\times(2\text{A})^2}{0.2\text{m}}=6\times10^{-6}\text{N}\cdot\text{m}^{-1}(\uparrow)$$

同理，导线CD及EF上单位长度所受磁场力分别为

$$F'_{CD}=\frac{F_{CD}}{l}=\frac{1}{l}[(B_{AB}+B_{EF})Il]=\left(\frac{\mu_0 I}{2\pi r}+\frac{\mu_0 I}{2\pi r}\right)I=\frac{\mu_0 I^2}{\pi r}$$

$$=(4\pi\times10^{-7}\text{N}\cdot\text{A}^{-2})\frac{I^2}{\pi r}=\frac{4\times(2\text{A})^2\times10^{-7}\text{N}\cdot\text{A}^{-2}}{0.2\text{m}}$$

$$=8.0\times10^{-6}\text{N}\cdot\text{m}^{-1}(\downarrow)$$

$$F'_{EF}=\frac{F_{EF}}{l}=(B_{CD}-B_{AB})I=\left[\frac{\mu_0 I}{2\pi r}-\frac{\mu_0 I}{2\pi(2r)}\right]I=\frac{\mu_0}{4\pi}\frac{I^2}{r}$$

$$=10^{-7}\text{N}\cdot\text{A}^{-2}\times\frac{(2\text{A})^2}{0.2\text{m}}=2.0\times10^{-6}\text{N}\cdot\text{m}^{-1}(\uparrow)$$

7-16 在长方形线圈$CDEF$中通有电流$I_2=10\text{A}$，在长直导线AB内通有电流$I_1=20\text{A}$，电流流向如习题7-16图所示；AB与CF及DE互相平行，尺寸已在图上标明. 求长方形线圈上所受磁场力的合力.

解　应用公式 $F=BIl$，可分别求出 CF、DE 两段载流导线所受磁场力分别为

$$F_1=B_1I_2a=\frac{\mu_0}{4\pi}\frac{2I_1}{r_1}I_2a,\quad \text{方向为水平向左}$$

$$F_2=B_2I_2a=\frac{\mu_0}{4\pi}\frac{2I_1}{r_2}I_2a,\quad \text{方向为水平向右}$$

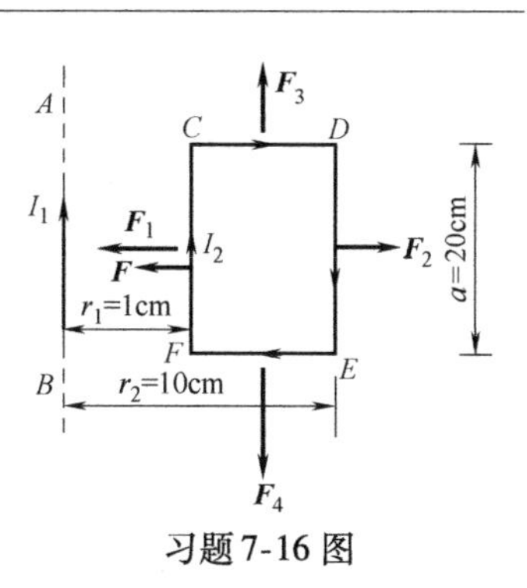

习题7-16图

求 CD 和 FE 两段载流导线所受磁场力时，因导线处于不均匀磁场中，需分别计算如下：

$$F_3=\int_l \mathrm{d}F=\int_l B\sin 90^\circ I_2\,\mathrm{d}l=\int_{r_1}^{r_2}\frac{\mu_0}{4\pi}\frac{2I_1I_2}{r}\mathrm{d}r=\frac{\mu_0I_1I_2}{2\pi}\ln\frac{r_2}{r_1},\quad \text{方向竖直向上}$$

同理　$$F_4=\frac{\mu_0I_1I_2}{2\pi}\ln\frac{r_2}{r_1},\quad \text{方向竖直向下}$$

所以 $\boldsymbol{F}_3$ 和 $\boldsymbol{F}_4$ 等值、反向、共线，相互抵消. 整个线圈所受磁场力的合力为

$$F=F_1-F_2=\frac{\mu_0}{4\pi}2I_1I_2a\left(\frac{1}{r_1}-\frac{1}{r_2}\right)$$

代入已知数据，得

$$\begin{aligned}F&=10^{-7}\text{N}\cdot\text{A}^{-2}\times 2\times(20\text{A})(10\text{A})\times(0.2\text{m})\left(\frac{1}{0.01\text{m}}-\frac{1}{0.10\text{m}}\right)\\&=7.2\times10^{-4}\text{N}=72\times10^{-5}\text{N}\end{aligned}$$

方向水平向左.

7-17　如习题7-17图所示，半径为 R、载有电流 I_1 的导体圆环与载有电流 I_2 的长直导线 AB 共面，AB 通过圆环的竖直直径，而且与圆环彼此绝缘. 求证：圆环所受的力 $F=\mu_0I_1I_2$.

证　在圆环上取电流元 $I\mathrm{d}\boldsymbol{l}$，相应的中心角为 $\mathrm{d}\alpha$，它所受的安培力为 $\mathrm{d}\boldsymbol{F}=I_1\mathrm{d}\boldsymbol{l}\times\boldsymbol{B}$，其中，$\mathrm{d}l=R\mathrm{d}\alpha$，而 $B=\dfrac{\mu_0I_2}{2\pi r}$，在 AB 右侧处，$\boldsymbol{B}$ 的方向向里.

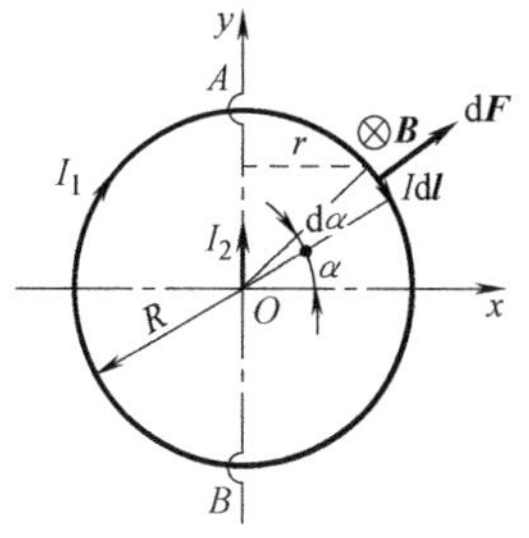

$$\mathrm{d}F=I_1\mathrm{d}lB=\frac{\mu_0I_1I_2}{2\pi R\cos\alpha}R\mathrm{d}\alpha=\frac{\mu_0I_1I_2}{2\pi\cos\alpha}\mathrm{d}\alpha$$

习题7-17图

各电流元 $I_1\mathrm{d}\boldsymbol{l}$ 所受的力 $\mathrm{d}\boldsymbol{F}$ 方向不同，取坐标系 Oxy 如习题7-17图所示，$\mathrm{d}\boldsymbol{F}$ 在 x、y 轴上的分量为

$$\mathrm{d}F_x=\mathrm{d}F\cos\alpha,\ \mathrm{d}F_y=\mathrm{d}F\sin\alpha$$

安培力 $\boldsymbol{F}$ 在 Ox、Oy 轴上的分量分别为

$$F_x=\int_l\mathrm{d}F_x=\int_0^{2\pi}\frac{\mu_0I_1I_2}{2\pi\cos\alpha}\cos\alpha\mathrm{d}\alpha=-\frac{\mu_0I_1I_2}{2\pi}\int_0^{2\pi}\mathrm{d}\alpha=\mu_0I_1I_2$$

$$F_y=\int_l\mathrm{d}F_y=\int_0^{2\pi}\frac{\mu_0I_1I_2}{2\pi\cos\alpha}\sin\alpha\mathrm{d}\alpha=\frac{\mu_0I_1I_2}{2\pi}\int_0^{2\pi}\frac{-\mathrm{d}(\cos\alpha)}{\cos\alpha}=\frac{-\mu_0I_1I_2}{2\pi}\left|\ln\cos\alpha\right|\Big|_0^{2\pi}=0$$

所以安培力 $\boldsymbol{F}$ 的大小为

$$F=F_x=\mu_0I_1I_2$$

方向向右（沿 Ox 轴正向）.

7-18　如习题7-18图所示，若在长直电流 I_1 附近有一个两边长度均为 a、载有电流 I_2 的等腰直角三角形线圈 ABC，与长直电流 I_1 处在同一平面内，A 点与长直电流相距为 b. 求：(1) 线圈各边所受的安培力；(2) 线圈所受的磁力矩.

解　(1) AB 段上取 $I_2\mathrm{d}\boldsymbol{l}$，它受力 $\mathrm{d}\boldsymbol{F}_1=I_2\mathrm{d}\boldsymbol{l}\times\boldsymbol{B}$，其大小和方向为

$$\mathrm{d}F_1=I_2\mathrm{d}lB\sin 90^\circ=(I_2\mathrm{d}r)\left(\frac{\mu_0I_1}{2\pi r}\right)(\leftarrow)$$

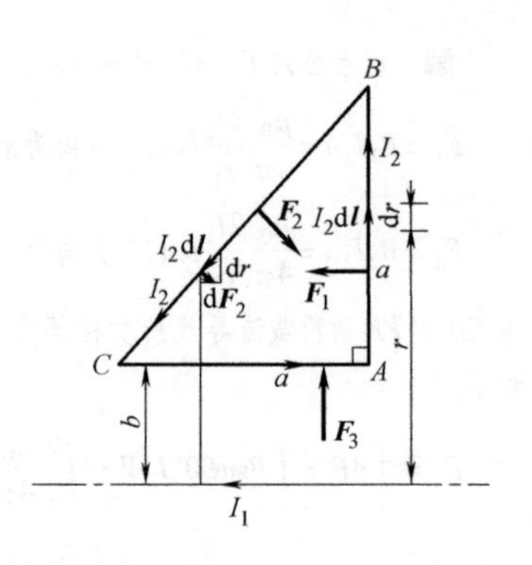

习题7-18图

AB 段所受安培力为

$$F_1=\int_l \mathrm{d}F_1=\int_b^{a+b}\mu_0 I_1 I_2\frac{\mathrm{d}r}{2\pi r}=\frac{\mu_0 I_1 I_2}{2\pi}\ln\frac{a+b}{b}(\leftarrow)$$

BC 段上取 $I_2\mathrm{d}\boldsymbol{l}$，它受力 $\mathrm{d}\boldsymbol{F}_2=I_2\mathrm{d}\boldsymbol{l}\times\boldsymbol{B}$，其方向如图所示，大小为

$$\mathrm{d}F_2=I_2\mathrm{d}lB\sin 90°=(I_2\mathrm{d}l)\left(\frac{\mu_0 I_1}{2\pi r}\right)$$

式中，$\mathrm{d}l=\mathrm{d}r/\sin 45°=\sqrt{2}\mathrm{d}r$. *BC* 段所受安培力为

$$F_2=\int_l \mathrm{d}F_2=\int_a^{a+b}\frac{\mu_0 I_1 I_2}{2\pi}\sqrt{2}\frac{\mathrm{d}r}{r}=\frac{\sqrt{2}\mu_0 I_1 I_2}{2\pi}\ln\frac{a+b}{b}$$

$\boldsymbol{F}_2$ 的方向如习题7-18图所示.

CA 段上取 $I_2\mathrm{d}\boldsymbol{l}$，它受力 $\mathrm{d}\boldsymbol{F}_3=I_2\mathrm{d}\boldsymbol{l}\times\boldsymbol{B}$，其大小和方向为

$$\mathrm{d}F_3=I_2\mathrm{d}lB\sin 90°=I_2\mathrm{d}l\frac{\mu_0 I_1}{2\pi b}\quad(\uparrow)$$

CA 段所受安培力为

$$F_3=\int_l \mathrm{d}F_3=\int_0^a\frac{\mu_0 I_1 I_2}{2\pi b}\mathrm{d}l=\frac{\mu_0 I_1 I_2 a}{2\pi b}(\uparrow)$$

(2) 线圈 *ABC* 所受的磁力矩为 $\boldsymbol{M}=\boldsymbol{p}_\mathrm{m}\times\boldsymbol{B}$，其大小为

$$M=p_\mathrm{m}B\sin\pi=0$$

7-19　一半径为 R 的半圆扇形线圈 ACB，通有电流 I，放在均匀磁场 $\boldsymbol{B}$（方向见习题7-19图）中，磁场方向与线圈平面垂直. 求线圈所受的磁场力和磁力矩.

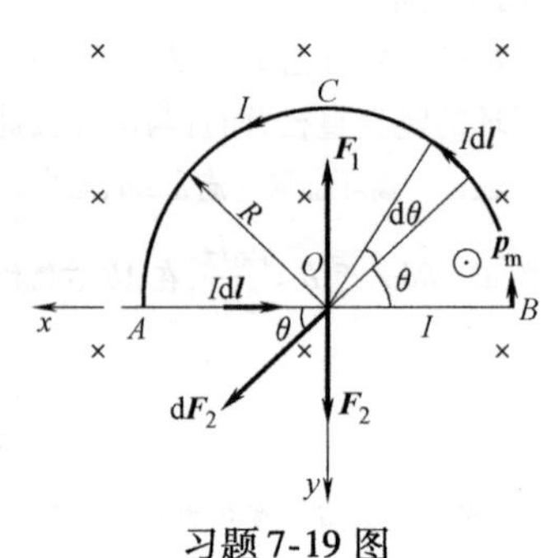

习题7-19图

解　在 *AB* 段上的电流元 $I\mathrm{d}\boldsymbol{l}$ 受的磁场力为

$$\mathrm{d}\boldsymbol{F}_1=I\mathrm{d}\boldsymbol{l}\times\boldsymbol{B}$$

$$\mathrm{d}F_1=I\mathrm{d}lB\sin 90°=IB\mathrm{d}l$$

AB 段所受磁场力为

$$F_1=\int_0^{2R}IB\mathrm{d}l=2IBR(\uparrow)$$

$\boldsymbol{F}_1$ 的作用点在中心 O 上.

在$\widehat{ACB}$上对应于 θ 角处取电流元 $I\mathrm{d}\boldsymbol{l}$，它受磁场力为

$$\mathrm{d}\boldsymbol{F}_2=I\mathrm{d}\boldsymbol{l}\times\boldsymbol{B}$$

大小为

$$\mathrm{d}F_2=I\mathrm{d}lB=IBR\mathrm{d}\theta$$

方向沿径向指向中心 O. 取坐标系 Oxy，$\mathrm{d}\boldsymbol{F}_2$ 在 Ox、Oy 轴上的分量为

$$\mathrm{d}F_{2x}=BI\mathrm{d}l\cos\theta,\qquad \mathrm{d}F_{2y}=BI\mathrm{d}l\sin\theta$$

因 $\mathrm{d}l=R\mathrm{d}\theta$，则$\widehat{ACB}$所受磁场力 $\boldsymbol{F}_2$ 沿 Ox、Oy 轴上的分量为

$$F_{2x}=\int_l \mathrm{d}F_{2x}=BIR\int_0^\pi\cos\theta\mathrm{d}\theta=0$$

$$F_{2y}=\int_l \mathrm{d}F_{2y}=BIR\int_0^\pi\sin\theta\mathrm{d}\theta=2BIR$$

即

$$F_2=F_{2y}=2BIR(\downarrow)$$

整个线圈所受磁场力的合力为

$$\boldsymbol{F}=\boldsymbol{F}_1+\boldsymbol{F}_2$$

即

$$F=F_1+F_2=-2BIR+2BIR=0$$

由 $\boldsymbol{M}=\boldsymbol{p}_\mathrm{m}\times\boldsymbol{B}$，得线圈所受磁力矩为

$$M=NISB\sin\pi=0$$

7-20　如习题7-20图所示，电子从O点沿Oy轴方向飞出，其速度为$v=10^6\text{m}\cdot\text{s}^{-1}$，欲使电子经直径为20cm的半圆运动到$P$点，求需加的均匀磁场的磁感应强度$\boldsymbol{B}$的大小和方向.

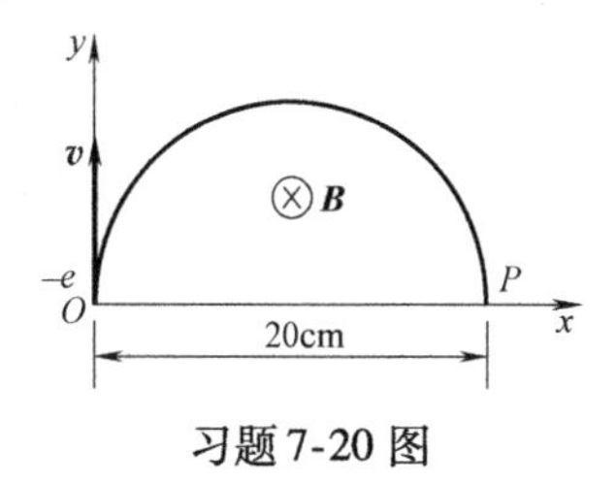

习题7-20图

解　按题意和图示，电子受洛伦兹力为

$$\boldsymbol{F}_{\text{m}}=-e\boldsymbol{v}\times\boldsymbol{B}$$

则$\boldsymbol{B}$的方向为⊗，大小为

$$F_{\text{m}}=evB$$

由$F=mv^2/R$，有

$$evB=\frac{mv^2}{R}$$

即

$$B=\frac{v}{R}\bigg/\frac{e}{m}$$

已知$v=10^6\text{m}\cdot\text{s}^{-1}$，$R=(20\times10^{-2}\text{m})/2=0.1\text{m}$，电子比荷可算出为$e/m=1.759\times10^{11}\text{C}\cdot\text{kg}^{-1}$，代入上式，得

$$B=\frac{10^6/0.1}{1.759\times10^{11}}\text{T}=5.6\times10^{-5}\text{T}\quad\otimes$$

7-21　如习题7-21图所示，从阴极K逸出的电子自初速为零开始，受阳极A和阴极K之间的加速电场作用而穿过A上的小孔，然后受垂直纸面向外的均匀磁场$\boldsymbol{B}$作用，使其轨道弯曲而射到点P，若加速电压为U_{AK}，且不计电子的重力，求证：电子的比荷为$e/m=8U_{\text{AK}}d^2/[B^2(d+l^2)^2]$.

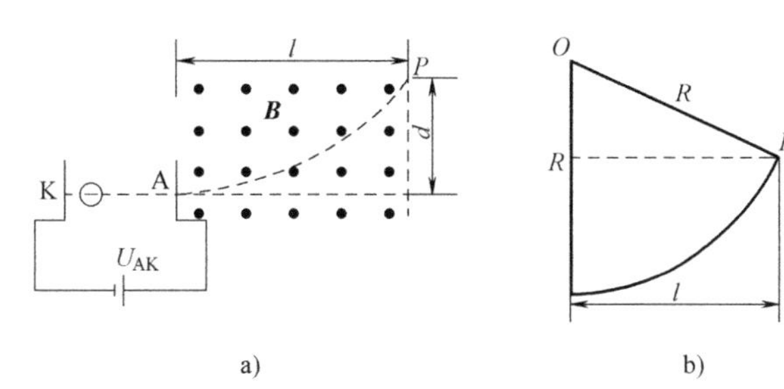

习题7-21图

证　在K与A极之间电子的初速为零，设穿过A处的小孔时，其速度为v，则按质点动能定理，有

$$|-eU_{\text{AK}}|=\frac{1}{2}mv^2 \qquad ⓐ$$

穿过小孔后，电子进入均匀磁场$\boldsymbol{B}$，所受的洛伦兹力为

$$\boldsymbol{F}_{\text{m}}=-e\boldsymbol{v}\times\boldsymbol{B}$$

按牛顿第二定律，设电子轨道半径为R，如习题7-21图b所示，则有

$$evB=m\frac{v^2}{R}$$

即

$$R=mv/(eB) \qquad ⓑ$$

又由图示的几何关系：

$$R^2=l^2+(R-d)^2$$

即

$$R=(l^2+d^2)/(2d) \qquad ⓒ$$

联解式ⓐ~式ⓒ，得电子比荷为

$$\frac{e}{m}=\frac{8U_{\text{AK}}d^2}{B^2(l^2+d^2)^2}$$

7-22　一方向竖直向下的均匀电场与一均匀磁场（方向垂直纸面向里）互相垂直. 电场强度大小为$E=1.0\times10^{-3}\text{V}\cdot\text{m}^{-1}$，若要使速度$v=6\times10^8\text{cm}\cdot\text{s}^{-1}$的带正电质点沿水平方向穿过这两个场而不改变运动方向，如习题7-22图所示，且不计质点的重力，则磁场的磁感应强度应为何值?

解　按题意，带正电的质点在竖直方向所受洛伦兹力$\boldsymbol{F}_{\text{m}}$与电场力$\boldsymbol{F}_{\text{e}}$应平衡，即

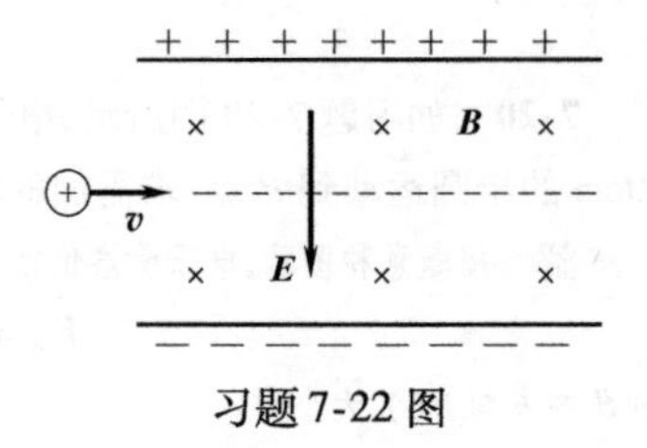

习题 7-22 图

$$F_m + F_e = 0$$

也即 F_m 与 F_e 必然等值、反向、共线，其大小为

$$F_e = F_m$$

设质点带电荷为 $+q$，遂有

$$F_m = qvB, \quad F_e = qE$$

则

$$qvB = qE$$

由此得磁感应强度为

$$B = \frac{E}{v}$$

已知：$E = 1.0\times10^{-3}\,\text{V}\cdot\text{m}^{-1}$，$v = 6\times10^{8}\,\text{cm}\cdot\text{s}^{-1} = 6\times10^{6}\,\text{m}\cdot\text{s}^{-1}$，代入上式，得

$$B = \frac{1.0\times10^{-3}}{6\times10^{6}}\text{Wb}\cdot\text{m}^{-2} = 1.67\times10^{-10}\,\text{Wb}\cdot\text{m}^{-2}$$

7-23　如习题 7-23 图所示，设均匀磁场 $\boldsymbol{B}$ 的方向垂直纸面向外，此磁场区域的宽度为 D，若一个质量为 m、电荷为 $-e$ 的电子以垂直于磁场的速度 $\boldsymbol{v}$ 射入磁场，求它穿出磁场时的偏转角 α. 电子的重力不计.

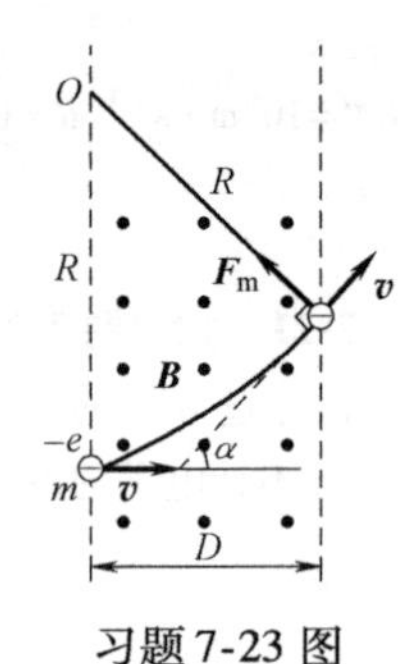

习题 7-23 图

解　运动电荷所受洛伦兹力大小为 $F_m = evB$，方向如图所示，则按牛顿第二定律的法向分量式，有

$$evB = m\frac{v^2}{R}$$

得 $R = mv/(eB)$，由图示的几何关系，有

$$\sin\alpha = \frac{D}{R} = \frac{DeB}{mv}$$

故得

$$\alpha = \arcsin\frac{DeB}{mv}$$

7-24　如习题 7-24 图所示，借大磁铁在半径为 r 的圆周范围内激发一个均匀磁场 $\boldsymbol{B}$，设其方向垂直纸面向外. 当质子（或其他带电粒子）从磁场中心 O 处注入后，垂直于磁场 $\boldsymbol{B}$ 做圆周运动，每转过半圈，就被具有几千伏电压的电场加速一次，使质子以更大的半径旋转. 转过数千圈后，质子运动到磁场边缘处时，已获得很高的动能. 利用这种高能粒子去轰击原子核，可以引起核反应. 这就是研究原子核的重要装置——**回旋加速器**的工作原理. 设磁场半径为 $r = 0.8\text{m}$，磁感应强度 $B = 1.2\text{T}$，求质子运转到磁场边界时所获得的能量.

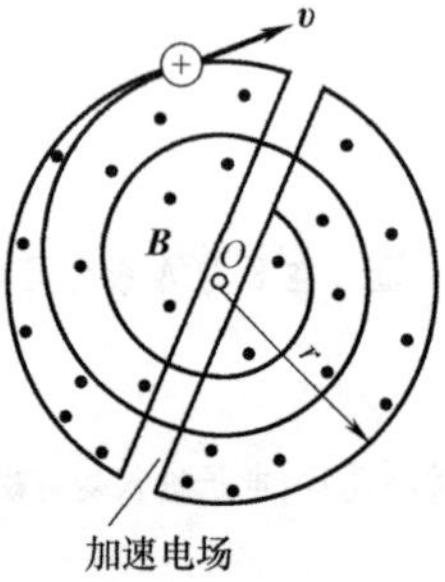

加速电场

习题 7-24 图

解　由 $R = mv/(qB)$，按题设 $R = r$，遂有 $v = qBr/m$，则质子动能为

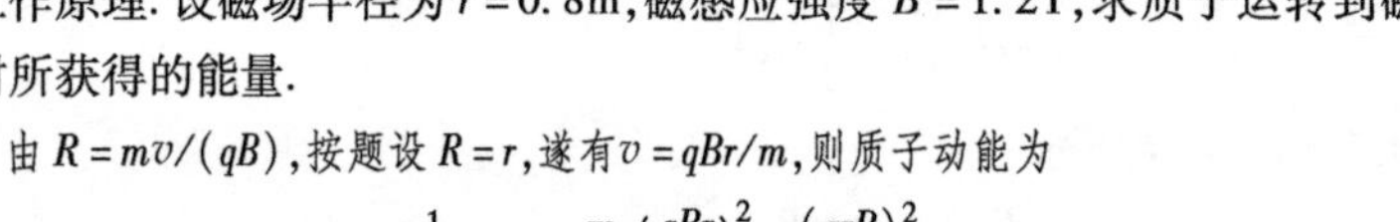

$$E_k = \frac{1}{2}mv^2 = \frac{m}{2}\left(\frac{qBr}{m}\right)^2 = \frac{(qrB)^2}{2m}$$

代入题设数据，可算出质子所获得的能量为

$$\begin{aligned} E_k &= \frac{1}{2}\times\frac{(1.6\times10^{-19}\text{C}\times0.8\text{m}\times1.2\text{T})^2}{1840\times(9.11\times10^{-31}\text{kg})} = 0.07038\times10^{-10}\text{J} \\ &= 0.07038\times10^{-10}\text{J}\times6.242\times10^{12}\text{MeV}\cdot\text{J}^{-1} \\ &= 43.9\text{MeV} \end{aligned}$$

7-25　如习题 7-25 图所示，一电子进入相距为 l 的极板 C 和 D 之间的均匀电场 $\boldsymbol{E}$，若初速不计，它逆着电场方向做加速直线运动而穿过狭缝 S_0 后，就在均匀磁场 $\boldsymbol{B}$ 中做半径为 R 的圆周运动. 求证：由此测定的电子比荷为 $e/m = 2El/(B^2R^2)$.

证　按牛顿第二定律，有 $eE = ma$，得

$$a = \frac{eE}{m}$$

按$v^2 - v_0^2 = 2al$,由题设$v_0 = 0$,得

$$v^2 = \frac{2eEl}{m} \quad ⓐ$$

进入磁场 **B** 后,电子以 R 为半径做圆周运动,即

$$R = \frac{mv}{qB} = \frac{mv}{eB} \quad ⓑ$$

将式ⓑ平方与式ⓐ联解,有

$$\frac{R^2 e^2 B^2}{m^2} = \frac{2eEl}{m}$$

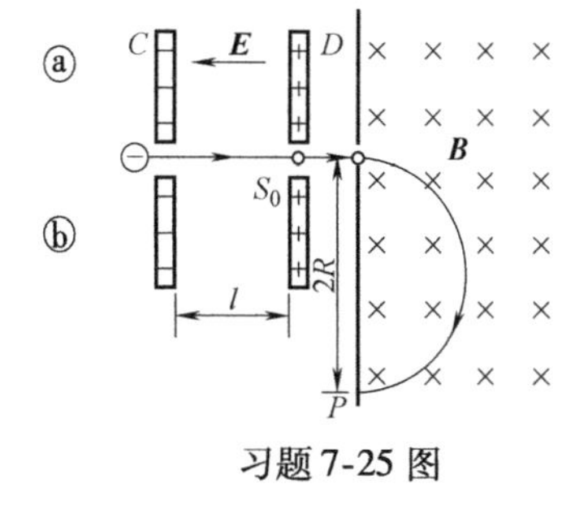

习题 7-25 图

由此得电子比荷为

$$\frac{e}{m} = \frac{2El}{B^2 R^2}$$

7-26　测量磁场用的**霍尔效应高斯计**,其探头采用厚度 $d = 0.2\text{mm}$、载流子浓度 $n = 3.0 \times 10^{14}\text{cm}^{-3}$ 的 N 型锗半导体薄片. 当锗片中通有电流 20mA,且垂直于磁场放置时,测得霍尔电势差为 $2.1 \times 10^{-2}\text{V}$. 求磁感应强度.

解　按公式 $V_1 - V_2 = \frac{1}{nq}\frac{IB}{d}$,有

$$B = \frac{nqd(V_1 - V_2)}{I}$$

代入题设数据,得磁感应强度大小为

$$B = \frac{n|e|d(V_1 - V_2)}{I} = \frac{3.0 \times 10^{20}\text{m} \times 1.6 \times 10^{-19}\text{C} \times 0.2 \times 10^{-3}\text{m} \times 2.1 \times 10^{-2}\text{V}}{20 \times 10^{-3}\text{A}}$$

$$= 1.0 \times 10^{-2}\text{T}$$

7-27　如习题 7-27 图所示,在磁导率 $\mu = 5.0 \times 10^{-4}\text{Wb} \cdot \text{A}^{-1} \cdot \text{m}^{-1}$ 的磁介质圆环上,每米长度均匀密绕着 1000 匝的线圈,绕组中通有电流 $I = 2.0\text{A}$. 试计算环内的磁感应强度.

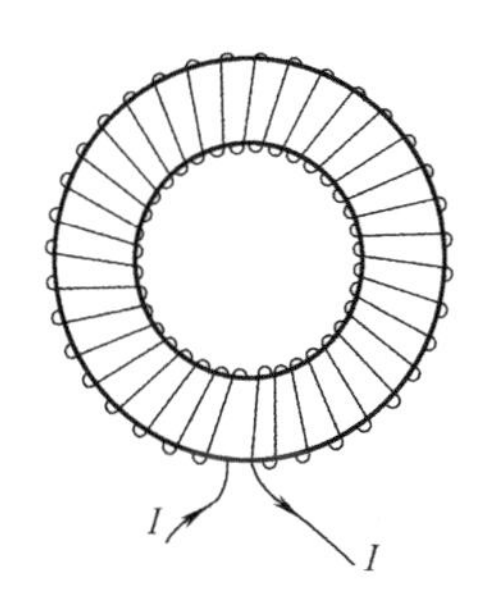

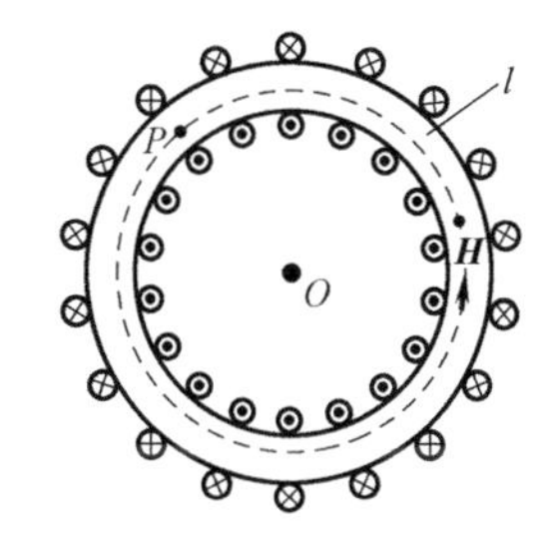

习题 7-27 图

解　在螺线管内充满磁介质时,欲求磁感应强度 **B**,一般是先求磁场强度 **H**. 这是因为 **H** 只与绕组中的传导电流 **I** 有关. 所以,可利用有磁介质时磁场的安培环路定理来求磁场强度 **H**. 为此,作出右边的截面图,取通过场点 P 的一条磁感应线作为线积分的闭合路径 l,由于 l 上任一点的磁感应强度 **B** 都和这条闭合的磁感应线相切,则由于 $\boldsymbol{H} = \boldsymbol{B}/\mu$,$l$ 上任一点的磁场强度 **H** 也都和闭合线相切,且由于环内同一条磁感应线上的 **B** 或 **H** 的值都相等,故有

$$\oint_l \boldsymbol{H} \cdot \mathrm{d}\boldsymbol{l} = \oint_l H\cos\theta \mathrm{d}l = H\oint_l \cos 0° \mathrm{d}l = H\oint_l \mathrm{d}l = Hl$$

l 为闭合线长度,近似等于环形螺线管的平均周长. 而被 l 所围绕的传导电流为 nlI(n 为每单位长度的匝数),故由安培环路定理,有

$$Hl = nlI$$

得

$$H = nI$$

代入题设数据，算出

$$H=1000\mathrm{m}^{-1}\times 2.0\mathrm{A}=2.0\times 10^{3}\mathrm{A}\cdot\mathrm{m}^{-1}$$

然后按照关系式 $\boldsymbol{B}=\mu\boldsymbol{H}$，便得出磁感应强度为

$$\begin{aligned}B&=\mu H=\mu nI=5.0\times 10^{-4}\mathrm{Wb}\cdot\mathrm{A}^{-1}\cdot\mathrm{m}^{-1}\times 2.0\times 10^{3}\mathrm{A}\cdot\mathrm{m}^{-1}\\&=1.0\mathrm{Wb}\cdot\mathrm{m}^{-2}\end{aligned}$$

7-28　在半径为 R 的无限长圆柱体中通有电流 I，设电流均匀地分布在柱体的横截面上，柱体外面充满均匀磁介质，磁导率为 μ. 试求：(1) 离轴线 $r(r>R)$ 处的磁感应强度；(2) 离轴线 $r(r<R)$ 处的磁场强度.

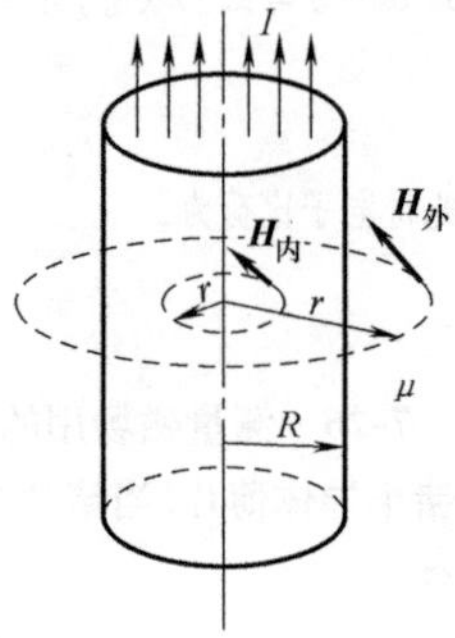

解　按题意作习题7-28图，(1) 以 $r(r>R)$ 为半径，作同轴的闭合环路. 按有磁介质时磁场的安培环路定理

$$\oint_l \boldsymbol{H}\cdot\mathrm{d}\boldsymbol{l}=\sum_i I_i$$

有

$$H_{外}(2\pi r)=I$$

即

$$H_{外}=\frac{I}{2\pi r}$$

由 $\boldsymbol{B}=\mu\boldsymbol{H}$，得离轴线 $r(r>R)$ 处的磁感应强度为

$$B=\frac{\mu I}{2\pi r}$$

习题7-28图

(2) 取 $r(r<R)$ 为半径，作同轴的闭合环路，如图所示，因为电流密度 $j=I/(\pi R^2)$，环路所包围的电流为 $\sum_i I_i=\frac{I}{\pi R^2}(\pi r^2)=Ir^2/R^2$，则同理有 $H_{内}(2\pi r)=Ir^2/R^2$，即

$$H_{内}=\frac{Ir}{2\pi R^2}$$

7-29　在生产中，为了测定某种材料的相对磁导率，常将这种材料做成横截面为矩形的环形螺线管的芯子. 设环上绕有线圈200匝，平均周长为0.10m，横截面面积为 $5.0\times10^{-5}\mathrm{m}^2$，当线圈内通有电流为0.10A时，用磁通计测得穿过环形螺线管横截面面积的磁通量为 $6.0\times10^{-5}\mathrm{Wb}$. 试计算该材料的相对磁导率.

解　由有磁介质时磁场的安培环路定理

$$\oint_l \boldsymbol{H}\cdot\mathrm{d}\boldsymbol{l}=\sum_i I_i$$

可沿环的平均周长为环路进行积分，得

$$Hl=NI$$

由上式，从而可得

$$\Phi_{\mathrm{m}}=\boldsymbol{B}\cdot\boldsymbol{S}=BS\cos0^\circ=\mu HS=\mu(NI/l)S=\mu nIS=\mu_0\mu_{\mathrm{r}}nIS$$

将题设数据代入上式可算得

$$\begin{aligned}\mu_{\mathrm{r}}&=\frac{\Phi_{\mathrm{m}}}{\mu_0 nIS}\\&=\frac{6.0\times10^{-5}\mathrm{Wb}}{4\pi\times10^{-7}\mathrm{N}\cdot\mathrm{A}^{-2}\times\frac{200}{0.1\mathrm{m}}\times0.1\mathrm{A}\times5.0\times10^{-5}\mathrm{m}^2}\\&=0.478\times10^{4}=4.78\times10^{3}\end{aligned}$$

第 8 章　电磁感应和电磁场理论的基本概念

8.1　学习要点导引

8.1.1　本章章节逻辑框图

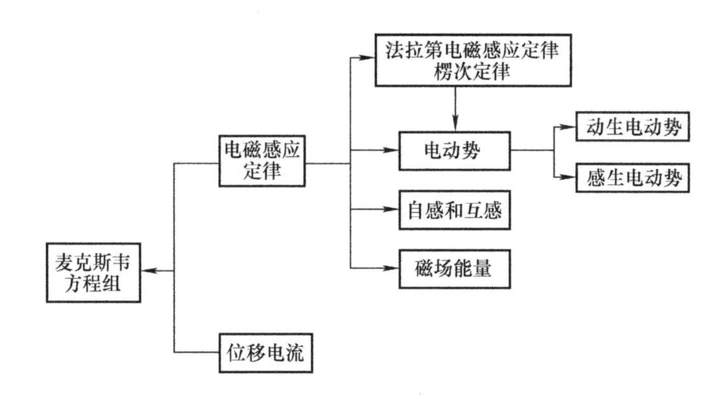

8.1.2　本章阅读导引

本章重点是:①掌握电磁感应现象的基本规律——楞次定律和法拉第电磁感应定律、动生电动势及其具体应用. 其他如自感、互感现象等,实际上都是一种电磁感应现象,应搞清楚它们的物理意义. 最后读者应认识磁场能量是磁场本身所拥有的. ②了解麦克斯韦电磁场理论的基本思想,有助于理解电磁振荡的传播——电磁波的基本概念.

(1) 许多电磁感应现象的实验结果都说明,引起电磁感应现象的前提是穿过回路的磁通量有变化. 感应电动势$\mathscr{E}_i$ 的大小则决定于磁通量的变化率. 也就是说,穿过回路的磁通量改变大,$\mathscr{E}_i$ 并不一定就大;$\mathscr{E}_i$ 是由磁通量改变的快慢(即 $\boldsymbol{\Phi}_m$ 的变化率)决定的.

(2) 根据回路所穿过的磁通量变化原因,可将感应电动势区分为动生电动势和感生电动势. 但是,不管由何种原因引起磁通量的变化,其感应电动势都可用法拉第电磁感应定律$\mathscr{E}_i = -\mathrm{d}\Phi_m/\mathrm{d}t$ 求得,式中的负号是楞次定律的数学表示,可按教材中图 8-5 所示的方法判定感应电动势的指向.

倘若进行具体的数值计算,则我们也可以用教材中的 8.1.2 节和 8.1.3 节所述的方法求感应电动势,即按$\mathscr{E}_i = |\mathrm{d}\Phi_m/\mathrm{d}t|$求出其大小(绝对值). $\mathscr{E}_i$ 的指向则直接用楞次定律来判定. 这样做,有时也显得较方便.

(3) 当求一段导体的动生电动势时,若为一段直导体,且它与v、$\boldsymbol{B}$ 三者互相垂直,可用公式$|\mathscr{E}_i| = Blv$求其大小,方向也可这样来确定:添加一些不动的假想导线,与所研究的一段直导体组成"闭合导体回路",借楞次定律判定该回路中感应电流的流向,由此可判断直导线中的

动生电动势$\mathscr{E}_{\mathrm{i}}$ 的指向.

若导线段不是直的，运动也非平动，或者磁场也不是均匀的，这时，我们可由公式 $\mathscr{E}_{\mathrm{i}} = \int_l (\boldsymbol{v} \times \boldsymbol{B}) \cdot \mathrm{d}\boldsymbol{l}$ 来求导线中动生电动势的大小和指向.

(4) 当一个电路的周围有其他电路时，必须同时考虑自感和互感这两种效应. 倘若周围的电路离得较远或影响微弱，这时周围电路对它的互感效应可忽略不计，而只需考虑电路的自感；如果电路的自感效应很微弱，而互感的影响不能忽略，这时只需考虑周围电路对它的互感效应. 我们在教材的 8.4 节中只分别对电路中仅有自感或仅有互感的情形单独进行了讨论.

(5) 感应电流不仅能在回路中出现，而且也能在任何大块导体中形成. 在大块导体内的感应电流就是涡电流.

(6) 在电路中通以电流而建立磁场的过程中，由于电流从零变到稳定值 I 时是处于变动状态中，因而总是伴随着电磁感应现象的发生. 电源为了克服感应电动势（因这过程中的感应电动势在电路中是一个反电动势）要做功，这个功是消耗了电源某种形式的能量（如化学能等）而转化来的. 当电流达到稳定值 I 时，磁场也随之建立完毕，外电源所提供的这部分能量便储藏在磁场中.

(7) 应重点搞清涡旋电场和位移电流的概念以及麦克斯韦电磁场理论的基本概念. 这对了解麦克斯韦方程组积分形式的物理意义，以及电磁波的产生及其在传播过程中的一些性质，大有裨益.

(8) 想当初，总认为电荷的电场和电流的磁场是互不关联的. 法拉第于 1831 年发现电磁感应现象后，总结了电磁感应的规律，继而麦克斯韦提出了自己的新概念，即涡旋电场和位移电流. 电磁感应的实质是变化磁场在其周围空间激发涡旋电场，即一个随时间变化的磁场是一个电场的源；位移电流反映的是变化电场在其周围空间激发磁场（磁场都是涡旋场），即一个变化的电场应看成是一个磁场的源. 由此，1865 年麦克斯韦预言了电磁波的存在. 时隔 20 余年，这个预言终于在 1888 年被赫兹的实验所证实. 随着科学技术的发展，逐步证明从无线电波、热辐射、可见光到 γ 射线，在本质上都属于电磁波的范畴.

(9) 任何电场和磁场都来源于电荷及其运动. 但是相对于我们（参考系）静止的电荷，只能激发一个静电场. 若电荷相对于我们做匀速直线运动，如果我们随着这个电荷以与电荷相同的速度做匀速直线运动，则由于我们与电荷之间处于相对静止，我们也只能探测到一个静电场；但如果我们仍随着电荷一起在做匀速直线运动，不过我们的速度比电荷快，或者电荷运动得比我们快，或者我们停下来而相对于参考系静止，则我们还将探测到一个磁场. 然而这个磁场跟静电场一样，也只能是静态的磁场.

相对于参考系做变速运动的电荷，其周围的电场和磁场都将随时间而变化. 按照麦克斯韦电磁场理论，变化电场在其邻近区域内会激发变化磁场，而变化磁场在其邻近区域内会激发变化电场，由变化电场和变化磁场所构成的“电磁扰动”将通过空间（不管这空间有否存在任何物质）从一个区域传播到另一个区域，这种电磁扰动的传播具有波的性质，故称为电磁波. 这就是说，变速运动的电荷将向周围空间由近及远地辐射电磁场——电磁波.

8.2 教学拓展

关于自感电路中电流的增长和衰减过程,讨论如下:我们在自感现象演示实验中看到,由于自感电动势的存在,当接通电源时,电流由零增到稳定值要有一个过程;当切断电源时,电流由稳定值衰减到零也需一个过程.这些过程都称为**暂态过程**.

如图 8.2-1 所示,由电阻 R 与自感线圈 L 串联成 ***RL* 电路**,当按下电键 S、接通电动势为$\mathscr{E}$的电源时,电流 i 在电路 S$\mathscr{E}RL$ 中发生从无到有的变化,线圈 L 上便有自感电动势$\mathscr{E}_i=-L\mathrm{d}i/\mathrm{d}t$,于是电路中同时存在着两个电动势$\mathscr{E}$和$\mathscr{E}_i$.按闭合电路的欧姆定律,在任一时刻,有$\mathscr{E}+\mathscr{E}_i=iR$,即

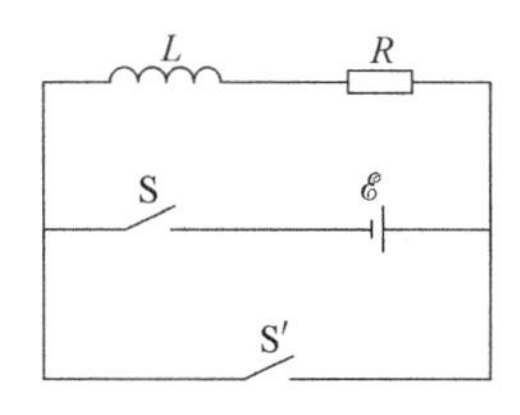

图 8.2-1　*RL* 电路

$$\mathscr{E}-L\frac{\mathrm{d}i}{\mathrm{d}t}=iR$$

将这个微分方程进行变量分离,并考虑到初始条件:$t=0$ 时,$i=0$,两边积分,有

$$\int_0^i\frac{\mathrm{d}i}{i-\dfrac{\mathscr{E}}{R}}=\int_0^t\left(-\frac{R}{L}\right)\mathrm{d}t$$

可得电路上的电流 i 随时间 t 增长的规律,即

$$i=\frac{\mathscr{E}}{R}\left(1-\mathrm{e}^{-\frac{R}{L}t}\right) \qquad ⓐ$$

由式ⓐ可知,当 $t=0$ 时,$i=0$;当 $t\to\infty$ 时,$i=\mathscr{E}/R=I_m$(I_m 即为电流的稳定值);当$t=\tau=L/R$ 时,$i=(\mathscr{E}/R)(1-\mathrm{e}^{-1})=0.63I_m$,$\tau$ 称为 RL 电路的**时间常量**.显然,R 越大,L 越小,τ 就越小,则 i 增长较快;R 越小,L 越大,τ 就越大,则 i 增长较慢,所以,RL 电路的时间常量 τ 表述了电路中电流增长的快慢.根据式ⓐ绘出的 i-t 曲线(见图8.2-2a),也可解释教材中的自感现象实验,即通电流后灯泡是渐亮的.而从理论上说,达到正常亮度的时间应为无限大;实际上,经短暂时间后,人眼已察觉不出灯泡的亮度仍在增大.

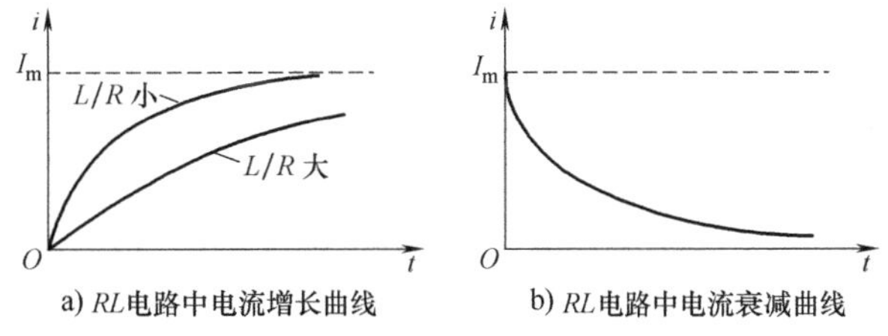

a) *RL*电路中电流增长曲线　　b) *RL*电路中电流衰减曲线

图 8.2-2　*RL* 电路中的 i-t 曲线

在电路中电流达到稳定值 I_m 后,断开电键 S,同时闭合电键 S′.这时,电源电动势$\mathscr{E}$被撤去,电路中电流将从有到无地衰减,线圈上也有自感电动势$\mathscr{E}_i=-L\mathrm{d}i/\mathrm{d}t$,在 S′$RL$ 回路中出现感应电流 i,按闭合电路的欧姆定律,有$\mathscr{E}_i=iR$,即

$$-L\frac{\mathrm{d}i}{\mathrm{d}t}=iR$$

分离变量,并根据初始条件:当 $t=0$ 时,$i=I_m$,进行积分,有

$$\int_{I_m}^i\frac{\mathrm{d}i}{i}=\int_0^t\left(-\frac{R}{L}\right)\mathrm{d}t$$

由此得出电路上电流 i 随时间 t 衰减的规律为

$$i = I_m e^{-\frac{R}{L}t} \tag{ⓑ}$$

由式ⓑ可知，当 $t=0$ 时，$i=I_m=\mathscr{E}/R$；当 $t=\infty$ 时，$i=0$；当 $t=L/R=\tau$ 时，$i=0.37I_m$，τ 也称为 RL 电路的时间常量，其值决定电流衰减的快慢. 根据式ⓑ绘出的 i-t 曲线(见图 8.2-2b)，也可解释教材中的自感现象实验，即在切断电源而不对 RL 电路供电时，灯泡并不立即变暗，是渐暗的. 实际上，人眼看到灯泡亮度也不是理论上所说的需经无限长时间才消失，而是在较短时间内就由亮变暗了.

8.3 解题指导

例 8-1　如例 8-1 图所示，一根长直导线与一等边三角形线圈 ABC 共面放置，三角形高为 h，AB 边平行于直导线，且与直导线的距离为 b，三角形线圈中通有电流 $I=I_0\sin\omega t$，电流 I 的方向如箭头所示，求直导线中的感生电动势.

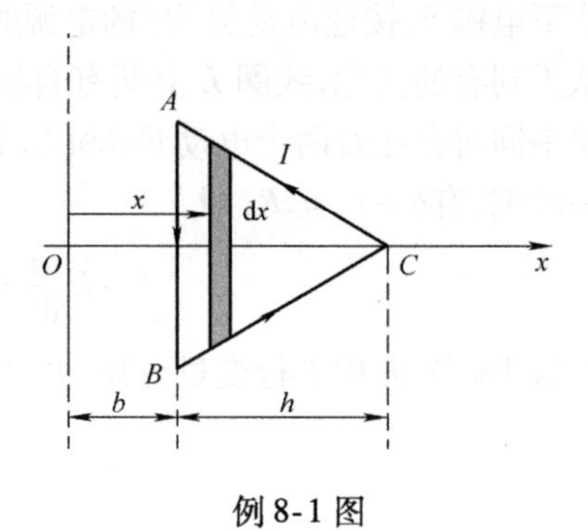

例 8-1 图

分析　由于直导线和三角形线圈的互感作用，三角形线圈中通有变化的电流 I，直导线中就会产生感生电动势 $\mathscr{E}_1=-\dfrac{d\Phi_1}{dt}=-M\dfrac{dI}{dt}$，所以本题的关键就是确定互感 M. 求解互感的方法：设回路 1 中通有电流 I_1，穿过回路 2 的磁通量为 Φ_{21}，则 $M=M_{21}=\dfrac{\Phi_{21}}{I_1}$；或者设回路 2 中通有电流 I_2，穿过回路 1 的磁通量为 Φ_{12}，则 $M=M_{12}=\dfrac{\Phi_{12}}{I_2}$. 选择不同的途径，计算难易程度不同. 例如本题求解的互感，如设导线中有电流 I_1，则线圈中的的磁通量很容易求. 反之，长直导线的磁通量就很难了. 由此可见，计算互感要选择方便的途径.

解　设导线中通有电流 I_1，过等边三角形的顶点 C 作一条垂直于导线的直线，取为 x 轴，正方向向右，如图所示. 在三角形内距导线 x 处，取一图示的面元，宽为 dx，则该面元的面积为

$$dS = \frac{2}{\sqrt{3}}(b+h-x)dx$$

由于 dx 很小，导线在此面积微元内的磁场可以看成是均匀的，则三角形内的磁通量为

$$\Phi = \int_b^{b+h} \frac{2}{\sqrt{3}}(b+h-x)\frac{\mu_0 I_1}{2\pi x}dx$$

$$= \frac{\mu_0 I_1}{\sqrt{3}\pi}\left[(b+h)\ln\left(\frac{b+h}{b}\right)-h\right]$$

导线和三角形线圈之间的互感为

$$M = \frac{\Phi}{I_1} = \frac{\mu_0}{\sqrt{3}\pi}\left[(b+h)\ln\left(\frac{b+h}{b}\right)-h\right]$$

所以当三角形线圈中通以电流 $I=I_0\sin\omega t$ 时，导线中的感应电动势为

$$\mathscr{E} = -M\frac{dI}{dt} = -\frac{\mu_0 I_0\omega}{\sqrt{3}\pi}\left[(b+h)\ln\left(\frac{b+h}{b}\right)-h\right]\cos\omega t$$

例 8-2　两根平行的长直导线横截面半径都是 r，中心相距 d，通以反向等量电流，忽略通过导线自身的磁通量，证明在导线上长度为 l 的部分的自感为 $L=\dfrac{\mu_0 l}{\pi}\ln\dfrac{d-r}{r}$.

分析　求解电流回路中的自感一般可以采用两种方法. 第一种方法是，假设系统中通有电流，求出磁场及相应的磁通

量,再用 L 的定义式 $L=\dfrac{\Phi}{I}$ 求解. 第二种方法是,先求出磁场能量,利用 $W=\dfrac{1}{2}LI^2$ 求出自感 L. 这需要根据题目选择合适的计算方法.

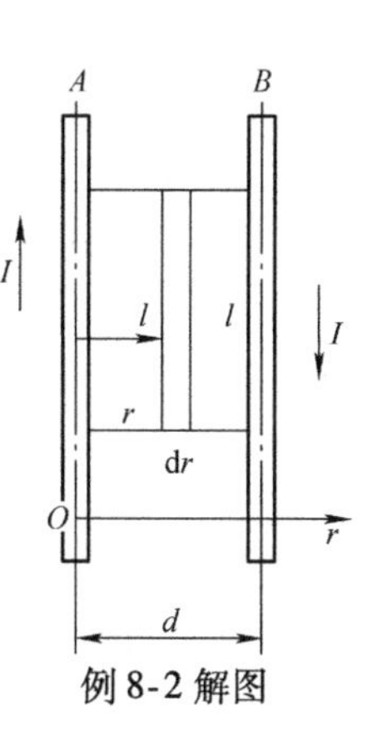

例 8-2 解图

证 在两导线之间,以导线表面为边界取一长为 l 的矩形截面,如例 8-2 解图所示. 由于导线 A 和 B 的电流方向相反,它们所产生的磁场在截面内方向相同,均垂直于纸面向里. 在距导线 A 的轴线 r 处,取一面积微元,其面积为 $l\mathrm{d}r$,则导线 A 产生的磁场在该面积微元上的磁通量为

$$\mathrm{d}\Phi=\frac{\mu_0 Il}{2\pi r}\mathrm{d}r$$

则导线 A 产生的磁场在矩形截面上的磁通量为

$$\Phi_A=\int \boldsymbol{B}\cdot\mathrm{d}\boldsymbol{S}=\int_r^{d-r}\frac{\mu_0 Il}{2\pi r}\mathrm{d}r=\frac{\mu_0 Il}{2\pi}\ln\frac{d-r}{r}$$

由对称性可知,导线 B 在矩形截面上的磁通量也为

$$\Phi_B=\frac{\mu_0 Il}{2\pi}\ln\frac{d-r}{r}$$

所以矩形截面上的磁通总量为

$$\Phi=\Phi_A+\Phi_B=\frac{\mu_0 Il}{\pi}\ln\frac{d-r}{r}$$

故自感为

$$L=\frac{\Phi}{I}=\frac{\mu_0 l}{\pi}\ln\frac{d-r}{r}$$

8.4 习题解答

8-1 设穿过一回路的磁通量原为 5×10^{-4} Wb. 在 0.001s 内完全消失,试求回路内平均感应电动势的大小.

解 按法拉第电磁感应定律,平均感应电动势的大小为

$$|\overline{\mathscr{E}_\mathrm{i}}|=\left|-\frac{\Delta\Phi_\mathrm{m}}{\Delta t}\right|=\left|\frac{\Phi_{\mathrm{m末}}-\Phi_{\mathrm{m初}}}{\Delta t}\right|=\left|\frac{0-5\times10^{-4}\,\mathrm{Wb}}{0.001\mathrm{s}}\right|=0.5\mathrm{V}$$

8-2 设回路平面与磁场方向相垂直,穿过回路的磁通量 Φ_m 随时间 t 的变化规律为 $\Phi_\mathrm{m}=(3t^3+2t^2+5)\times10^{-2}$(式中,$\Phi_\mathrm{m}$ 以 Wb 计,t 以 s 计),求 $t=1$s 时回路中感应电动势的大小和指向. 已知磁场方向始终垂直纸面向外.

习题 8-2 图

解 作习题 8-2 图,已知 $\Phi_\mathrm{m}=(3t^3+2t^2+5)\times10^{-2}$Wb,回路中感应电动势的大小为

$$\mathscr{E}_\mathrm{i}=|\mathrm{d}\Phi_\mathrm{m}/\mathrm{d}t|=(9t^2+4t)\times10^{-2}\mathrm{V}$$

当 $t=1$s 时, $\mathscr{E}_\mathrm{i}=(9\times1^2+4\times1)\times10^{-2}\mathrm{V}=13\times10^{-2}\mathrm{V}$

指向:循顺时针转向.

8-3 在如习题 8-3 图所示的回路中,金属棒 ab 是可移动的,设整个回路处在一均匀磁场中,$B=0.5\mathrm{T}(\otimes)$,$R=0.5\Omega$,金属棒的长度 $l=0.5$m,且以速率 $v=4.0\mathrm{m\cdot s^{-1}}$ 向右匀速运动. 问:(1) 作用在金属棒 ab 上的拉力 $\boldsymbol{F}$ 为多大? (2) 拉力的功率为多少? (3) 感应电流消耗在电阻上的功率为多少?

解 (1) 由题设,按法拉第电磁感应定律,金属棒 ab 上的感应电动势为

$$\mathscr{E}_\mathrm{i}=Blv=0.5\times0.5\times4\mathrm{V}=0.1\mathrm{V}$$

感应电流为

$$I_\mathrm{i}=\frac{\mathscr{E}_\mathrm{i}}{R}=\frac{1}{0.5\mathrm{A}}=2\mathrm{A}$$

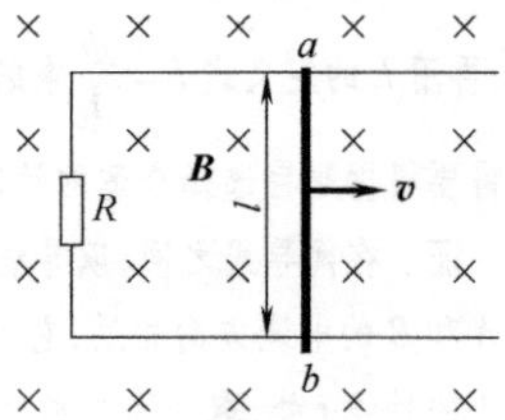

由安培定律，棒所受的磁场力(即拉力)为

$$F_m = IlB = (2\times0.5\times0.5)\,\mathrm{N} = 0.5\,\mathrm{N}(\leftarrow)$$

(2) 拉力 $\boldsymbol{F}_m$ 的功率为

$$P_m = F_m v = (0.5\times4)\,\mathrm{W} = 2\,\mathrm{W}$$

(3) 感应电流消耗在电阻上的功率为

$$P = I^2R = (2^2\times0.5)\,\mathrm{W} = 2\,\mathrm{W}$$

习题 8-3 图

8-4　如习题 8-4 图所示，一条水平金属杆 AB 以匀速 $v=2\mathrm{m\cdot s^{-1}}$ 垂直于竖直载流长直导线移动，$a=0.1\mathrm{m}$，$b=1.0\mathrm{m}$，导线通以电流 $I=40\mathrm{A}$. 求此杆中的感应电动势，并问杆的哪一端电势较高？

解　按题意，距长直载流导线为 l 处取杆上一小段 $\mathrm{d}l$，则由

$$\mathrm{d}\mathscr{E}_i = Bv\mathrm{d}l = \frac{\mu_0}{2\pi}\frac{I}{l}v\mathrm{d}l$$

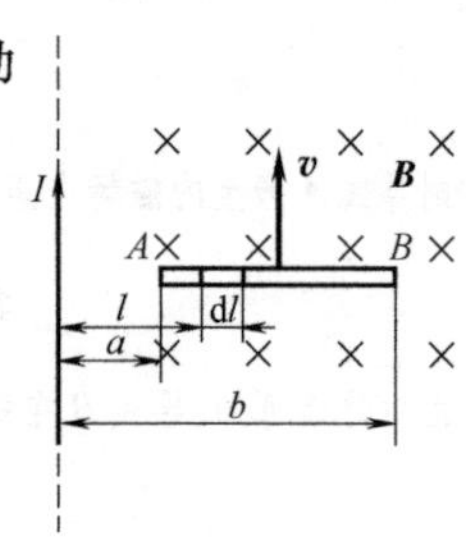

习题 8-4 图

金属杆上的电动势为

$$\mathscr{E}_i = \int_l \mathrm{d}\mathscr{E}_i = \frac{\mu_0 Iv}{2\pi}\int_a^b \frac{\mathrm{d}l}{l} = \frac{\mu_0}{4\pi}\left(2Iv\ln\frac{b}{a}\right)$$

$$= \left(10^{-7}\times2\times40\times2\times\ln\frac{1}{0.1}\right)\mathrm{V} = 3.7\times10^{-5}\mathrm{V}(\rightarrow)，左端较高$$

8-5　一通有电流 I_0 的长直导线旁，有一与其共面且相距为 d 的 U 形导轨，在导轨上有一电阻为 R 的金属棒 AB，其长度为 a，以匀速 $\boldsymbol{v}$ 向右沿导轨平动(见习题 8-5 图)，不计一切摩擦，求 AB 棒上的感应电动势及 AB 棒所受安培力的大小和方向.

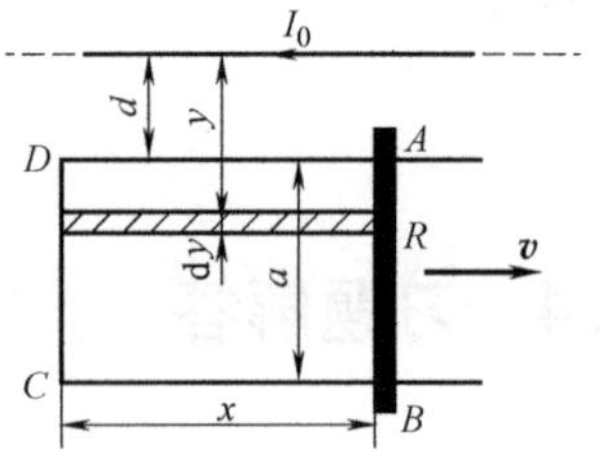

解　如习题 8-5 图所示，在距长直导线为 y 处取面元 $\mathrm{d}S=x\mathrm{d}y$，则通过其上的磁通量为 $\mathrm{d}\Phi_m = B\mathrm{d}S = \dfrac{\mu_0 I}{2\pi y}x\mathrm{d}y$，通过 U 形导轨包围面积的磁通量为

$$\Phi_m = \int_d^{a+d}\frac{\mu_0 Ix}{2\pi y}\mathrm{d}y = \frac{\mu_0 Ix}{2\pi}\ln\frac{a+d}{d}$$

习题 8-5 图

回路 $ABCD$ 上的感应电动势为

$$\mathscr{E}_0 = \left|\frac{\mathrm{d}\Phi_m}{\mathrm{d}t}\right| = \left|\frac{\mu_0 I}{2\pi}\frac{\mathrm{d}x}{\mathrm{d}t}\ln\frac{a+d}{d}\right| = \frac{\mu_0 I}{2\pi}v\ln\frac{a+d}{d}$$

AB 棒所受安培力的大小和方向为

$$F = \int_l IB\mathrm{d}l = \int_l \frac{\mathscr{E}_0}{R}B\mathrm{d}y = \frac{\mu_0 Iv}{2\pi R}\ln\left(\frac{a+d}{d}\right)\int_a^{a+d}\frac{\mu_0 I}{2\pi y}\mathrm{d}y = \left(\frac{\mu_0 I}{2\pi}\right)^2\left(\ln\frac{a+d}{d}\right)^2\frac{v}{R}(\leftarrow)$$

8-6　如习题 8-6 图所示，在磁感应强度 $B=0.84\mathrm{Wb\cdot m^{-2}}$ 的均匀磁场中，有一边长为 $a=5\mathrm{cm}$ 的正方形线圈在旋转，磁感应强度的方向与转轴垂直，当线圈以角速度 $\omega=20\pi\ \mathrm{rad\cdot s^{-1}}$ 旋转时，求线圈中最大的感应电动势.

解　由

$$\mathscr{E}_i = NBS\omega\sin\omega t$$

得最大感应电动势为

$$\mathscr{E}_{imax} = NBS\omega$$

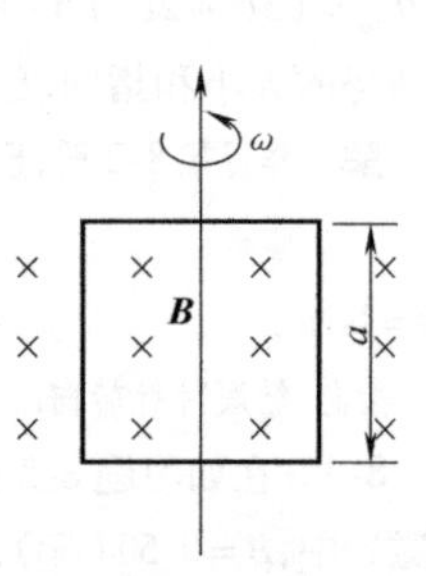

习题 8-6 图

已知 $N=1$，$B=0.84\mathrm{Wb\cdot m^{-2}}$，$a=5\mathrm{cm}=5\times10^{-2}\mathrm{m}$，$\omega=20\pi\ \mathrm{rad\cdot s^{-1}}$，代入上式，得

$$\mathscr{E}_{imax} = 1\times(0.84\mathrm{Wb\cdot m^{-2}})(5\times10^{-2}\mathrm{m})^2\times(20\pi\ \mathrm{rad\cdot s^{-1}})$$

$$= 1.32\times10^{-1}\mathrm{V}$$

8-7　如习题 8-7 图所示，两段导体棒 $AB=BC=10\mathrm{cm}$，在 B 处相接而成 30°角. 若使整个棒在均匀磁场中以速度大小 $v=1.5\mathrm{m\cdot s^{-1}}$ 平动，$\boldsymbol{v}$ 的方向垂直于 AB；磁场方向垂直图面向内，磁感应强度为 $B=2.5\times10^{-2}\mathrm{Wb\cdot m^{-2}}$，问 A、C 间的电势差为多少？哪一端电势高？

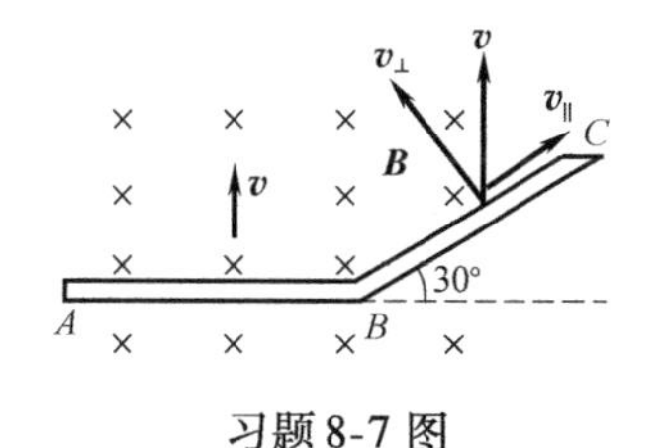

习题8-7图

解　可分AB、BC两段考虑.AB段导线的动生电动势为

$$\mathscr{E}_{iAB}=Blv=2.5\times10^{-2}\text{Wb}\cdot\text{m}^{-2}\times0.1\text{m}\times1.5\text{m}\cdot\text{s}^{-1}$$
$$=3.75\times10^{-3}\text{V}$$

求BC段导线的动生电动势可以有两种考虑:一种是将导线BC投影到AB方向上求出;另一种是将速度$\boldsymbol{v}$对导线分解为$\boldsymbol{v}_\perp$和$\boldsymbol{v}_{/\!/}$,只有$\boldsymbol{v}_\perp$对$\mathscr{E}_{iBC}$有贡献.今用后一种方法求解,$v_\perp=v\cos30°=(1.5\text{m}\cdot\text{s}^{-1})\cos30°=3\sqrt{3}/4\text{m}\cdot\text{s}^{-1}$,则

$$\mathscr{E}_{iBC}=Blv_\perp=2.5\times10^{-2}\text{Wb}\cdot\text{m}^{-2}\times0.1\text{m}\times(3\sqrt{3}/4)\text{m}\cdot\text{s}^{-1}=3.27\times10^{-3}\text{V}$$

动生电动势的指向可按一般公式

$$\mathscr{E}_i=\int_l(\boldsymbol{v}\times\boldsymbol{B})\cdot\text{d}\boldsymbol{l}$$

判断:即自C指向B和自B指向A,因此CB、BA相当于两个具有相同指向的电动势的串联电源.

最后可得整个导线ABC的电势差为

$$V_A-V_C=\mathscr{E}_i=\mathscr{E}_{iAB}+\mathscr{E}_{iBC}=3.75\times10^{-3}\text{V}+3.27\times10^{-3}\text{V}=7.02\times10^{-3}\text{V}$$

A端的电势高于C端的电势.

8-8　如习题8-8图所示,一半径为R的水平导体圆盘,在竖直向上的均匀磁场$\boldsymbol{B}$中以匀角速度ω绕通过盘心的竖直轴转动,即圆盘的轴线与磁场$\boldsymbol{B}$平行.(1)求盘边与盘心间的电势差;(2)问盘边还是盘心的电势高?当盘反转时,它们的电势高低是否也会反过来?

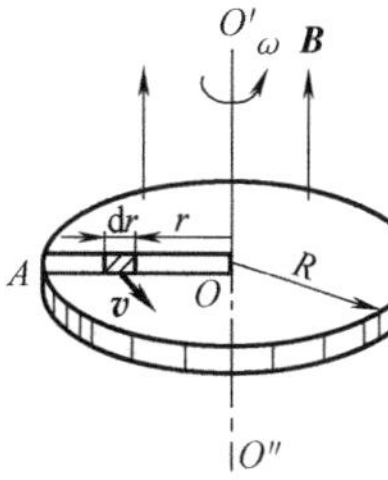

习题8-8图

解　在圆盘上沿径向取狭条,其上距轴$O'O''$为r处取线元$\text{d}r$,其速度为$v=r\omega$,方向为$\boldsymbol{v}\perp\boldsymbol{B}$,积分方向取从$A$指向$O$,则线元矢量$\text{d}\boldsymbol{r}$的方向也从$A$指向$O$,此线元上的动生电动势为

$$\text{d}\mathscr{E}_i=(\boldsymbol{v}\times\boldsymbol{B})\cdot\text{d}\boldsymbol{r}=(vB\sin90°)\cos\pi\text{d}r=-B\omega r\text{d}r$$

狭条上的电动势为

$$\mathscr{E}_i=\int_0^R(-B\omega r)\text{d}r=-\frac{1}{2}B\omega R^2$$

$\mathscr{E}_i$为负值,表明$\mathscr{E}_i$的指向与所选积分方向相反,即$\mathscr{E}_i$的指向应从O指向A.整个圆盘可视作无限多条狭条并联而成,所以盘边与盘心之间的电势差为

$$V_A-V_O=\mathscr{E}_i=+\frac{1}{2}B\omega R^2$$

盘边的电势高于盘心的电势.

当圆盘反转时,则盘心的电势高于盘边.

8-9　如习题8-9图所示,一铜棒长为$l=0.5\text{m}$,水平放置于一竖直向上的均匀磁场$\boldsymbol{B}$中,绕位于距a端$l/5$处的竖直轴OO'在水平面内匀速旋转,每秒钟转两转,转向如图所示.已知该磁场的磁感应强度$B=0.50\times10^{-4}\text{Wb}\cdot\text{m}^{-2}$.求铜棒两端$a$、$b$的电势差.

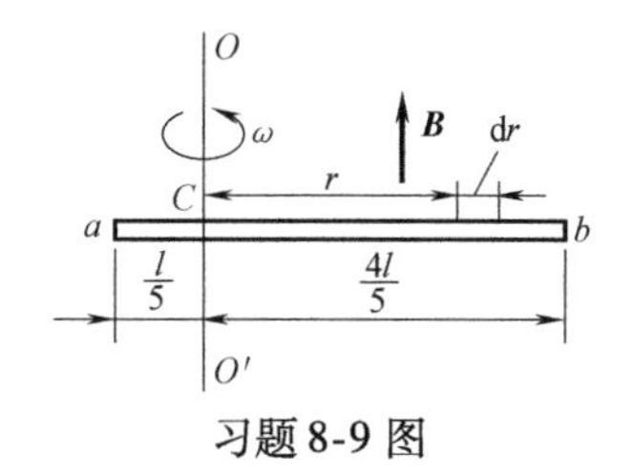

习题8-9图

解　在棒的Cb段上距轴为r处取线元$\text{d}r$,其速度$v=r\omega$,方向为⊗,选积分方向为从C指向b,则线元矢量$\text{d}\boldsymbol{r}$方向也从C指向b,线元上的动生电动势为

$$\text{d}\mathscr{E}_i=(\boldsymbol{v}\times\boldsymbol{B})\cdot\text{d}\boldsymbol{r}=(vB\sin90°)\cos0°\text{d}r=vB\text{d}r=B\omega r\text{d}r$$

棒上Cb段的动生电动势为

$$\mathscr{E}_i=\int_l\text{d}\mathscr{E}_i=B\omega\int_0^{4l/5}r\text{d}r=\frac{B\omega}{2}r^2\Big|_0^{\frac{4l}{5}}=\frac{8B\omega l^2}{25},\text{方向由}C\text{指向}b$$

同理,在Ca段上的动生电动势为

$$\mathscr{E}_i'=\frac{B\omega}{2}\left(\frac{l}{5}\right)^2=\frac{B\omega l^2}{50},\quad\text{方向由}C\text{指向}a$$

$$V_a - V_b = (V_a - V_C) + (V_C - V_b) = \mathscr{E}_i' + (-\mathscr{E}_i) = \frac{B\omega l^2}{50} - \frac{8\omega B l^2}{25} = -\frac{15B\omega l^2}{50}$$
$$= -0.3 \times (0.5\times10^{-4}\text{Wb}\cdot\text{m}^{-2}) \times (2\times2\pi\text{rad}\cdot\text{s}^{-1}) \times (0.5\text{m})^2$$
$$= -4.71\times10^{-5}\text{V}$$

即 $V_a < V_b$，b 端的电势较高.

8-10 一竖直放置的长直导线载有电流 I，近旁有一长 l 的铜棒 CD 与导线共面，并与水平面成 θ 角，C 端与导线相距为 d. 当铜棒以速度 v 铅直向上做匀速平动时，如习题 8-10 图所示，求证：棒中的动生电动势为

$$\mathscr{E}_i = \frac{\mu_0 I v}{2\pi}\ln\left(1 + \frac{l\cos\theta}{d}\right)$$

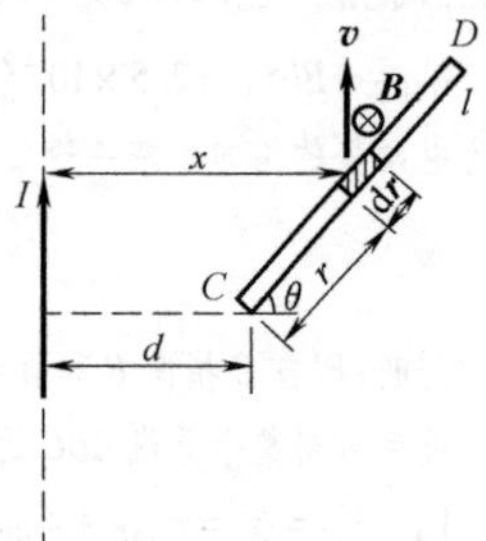

习题 8-10 图

解 在铜棒上距 C 端为 r 处(相应于距长直电流为 x 处)取线元矢量 $\mathrm{d}\boldsymbol{r}$，选积分方向为从 D 指向 C，则 $\mathrm{d}\boldsymbol{r}$ 的方向也从 D 指向 C，此线元上的动生电动势为

$$\mathrm{d}\mathscr{E}_i = (\boldsymbol{v}\times\boldsymbol{B})\cdot\mathrm{d}\boldsymbol{l} = (vB\sin90°)\mathrm{d}r\cos\theta = vB\cos\theta\mathrm{d}r$$

棒中的电动势为

$$\mathscr{E}_i = \int_l \mathrm{d}\mathscr{E}_i = \int_l vB\cos\theta\mathrm{d}r = \int_d^{d+l\cos\theta}\frac{\mu_0 I v}{2\pi x}\cos\theta\frac{\mathrm{d}x}{\cos\theta} = \frac{\mu_0 I v}{2\pi}\ln x\Bigg|_d^{d+l\cos\theta}$$
$$= \frac{\mu_0 I v}{2\pi}\ln\left(1 + \frac{l\cos\theta}{d}\right)$$

$\mathscr{E}_i$ 从 D 指向 C，即 C 端的电势高.

8-11 如习题 8-11 图所示，一根长直导线通有电流 I，周围介质的磁导率为 μ，与此载流导线相距为 d 的近旁有一长 b、宽 a 的矩形回路 $ABCD$，回路平面与导线同在纸面上. 回路以速度 v 在平行于长直导线的方向上匀速运动. 求：(1) AB、BC、CD 和 DA 各段导线上的动生电动势；(2) 整个回路上的感应电动势.

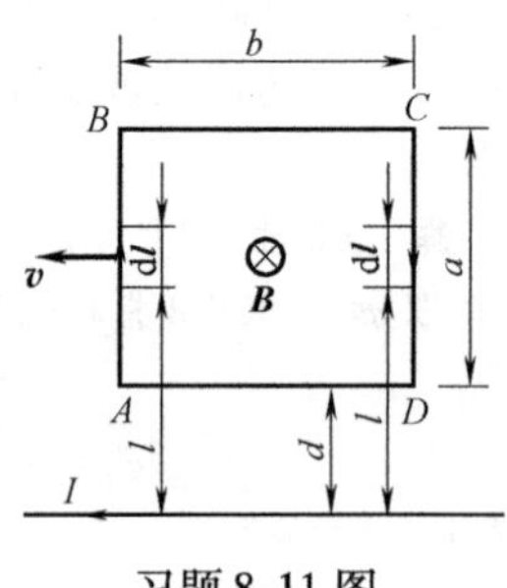

习题 8-11 图

解 (1) 取 AB 上电动势指向为 $A\to B$，循此指向距载流导线为 l 处取 $\mathrm{d}\boldsymbol{l}$，该处 $B=\mu I/2\pi l$. 由于 $\boldsymbol{v}\perp\boldsymbol{B}$，则 $\theta=90°$，$\boldsymbol{v}\times\boldsymbol{B}$ 与 $\mathrm{d}\boldsymbol{l}$ 反向，$\gamma=180°$，则

$$\mathscr{E}_{AB} = \int_{AB}(\boldsymbol{v}\times\boldsymbol{B})\cdot\mathrm{d}\boldsymbol{l} = \int_d^{d+a} vB\sin90°\cos180°\mathrm{d}l$$
$$= \int_d^{d+a}\left(-\frac{\mu I}{2\pi l}v\right)\mathrm{d}l = -\frac{\mu I v}{2\pi}\ln\frac{d+a}{d}$$

$\mathscr{E}_{AB}<0$，表明其指向为 $B\to A$.

由于 BC、DA 不切割磁感线，因而

$$\mathscr{E}_{BC} = \mathscr{E}_{DA} = 0$$

取 CD 上电动势指向为 $C\to D$，循此指向，距载流导线为 l 处取 $\mathrm{d}\boldsymbol{l}$，该处 $B=\mu I/(2\pi l)$. 由于 $\boldsymbol{v}\perp\boldsymbol{B}$，因而 $\theta=90°$，$\boldsymbol{v}\times\boldsymbol{B}$ 与 $\mathrm{d}\boldsymbol{l}$ 同向，$\gamma=0°$，则

$$\mathscr{E}_{CD} = \int_{CD}(\boldsymbol{v}\times\boldsymbol{B})\cdot\mathrm{d}\boldsymbol{l} = \int_d^{d+a} vB\sin90°\cos0°\mathrm{d}l = \int_d^{d+a}\frac{\mu I}{2\pi l}v\mathrm{d}l = \frac{\mu I v}{2\pi}\ln\frac{d+a}{d}$$

$\mathscr{E}_{CD}>0$，表明其指向为 $C\to D$.

(2) 整个回路的动生电动势为

$$\mathscr{E}_i = \mathscr{E}_{AB} + \mathscr{E}_{BC} + \mathscr{E}_{CD} + \mathscr{E}_{DA} = \left(-\frac{\mu I v}{2\pi}\ln\frac{d+a}{d}\right) + 0 + \left(\frac{\mu I v}{2\pi}\ln\frac{d+a}{d}\right) + 0 = 0$$

8-12 如习题 8-12 图所示，电阻 $R=10\text{k}\Omega$，电感 $L=1\text{H}$，电源的电动势为 $\mathscr{E}=10\text{V}$. 当开关 S 闭合后，电路中电流达到稳定值 $I_m=1\text{mA}$. 此后，开关 S 断开，并合上开关 S′，此电流由稳定值 I_m 在 $1\mu\text{s}$(即 10^{-6}s)内变为零. 求线圈中的自感电动势.

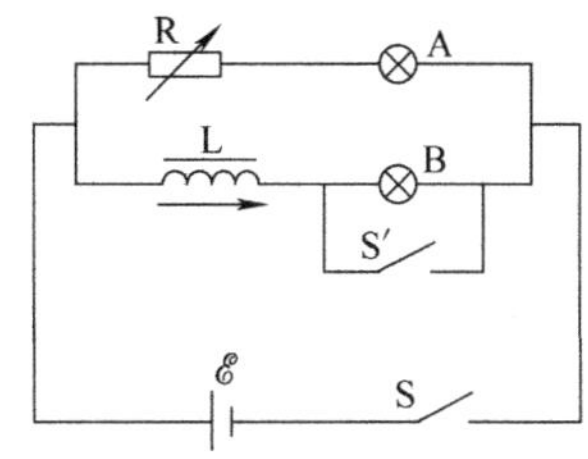

解　已知S闭合时，流经自感线圈L的稳定电流为

$$I_{\mathrm{m}}=\frac{\mathscr{E}}{R}=\frac{10\mathrm{V}}{10\times10^{3}\Omega}=10^{-3}\mathrm{A}=1\mathrm{mA}$$

当S断开后，并合上开关S′，$I=0$，则线圈中的自感电动势为

$$\mathscr{E}_{L}=\left|-L\frac{\Delta I}{\Delta t}\right|=\left|-(1\mathrm{H})\times\frac{0-10^{-3}\mathrm{A}}{10^{-6}\mathrm{S}}\right|=1000\mathrm{V}$$

$\mathscr{E}_{L}$竟达原来电源电压的100倍.

习题8-12图

8-13　在长为0.20m、直径为5.0cm的硬纸筒上，需绕多少匝线圈，才能使绕成的螺线管的自感约为2.0×10^{-3}H.

解　按长直螺线管的自感公式

$$L=\frac{\mu_{0}N^{2}S}{l}$$

由题设数据，可得需绕匝数

$$N=\sqrt{\frac{Ll}{\mu_{0}S}}=\sqrt{\frac{(0.2\mathrm{m})(2\times10^{-3}\mathrm{H})}{(4\pi\times10^{-7}\mathrm{N\cdot A^{-2}})\times\frac{\pi}{4}(0.05\mathrm{m})^{2}}}\text{匝}=0.4\times10^{3}\text{匝}=400\text{匝}$$

8-14　一矩形横截面的螺绕环，尺寸如习题8-14图所示，总匝数为N.(1)求它的自感；(2)设$N=1000$匝，$D_1=20$cm，$D_2=10$cm，$h=1.0$cm，问自感为多少？

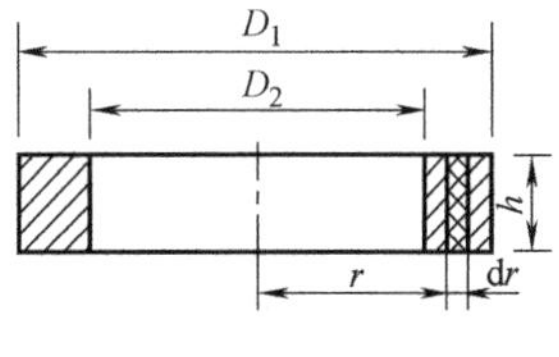

习题8-14图

解　假设环中通有电流i，环内的磁感应线皆为同心圆，由于非均匀密绕线圈中，各同心圆上的$\boldsymbol{B}$值不同，取半径为r的同心圆周路径，根据安培环路定理，有

$$2\pi rB=\mu_{0}NI$$

得

$$B=\frac{\mu_{0}NI}{2\pi r}$$

于是，通过面积元$\mathrm{d}S=h\mathrm{d}r$的磁通量大小为

$$\mathrm{d}\Phi_{\mathrm{m}}=\boldsymbol{B}\cdot\mathrm{d}\boldsymbol{S}=B\mathrm{d}S=\frac{\mu_{0}NI}{2\pi r}h\mathrm{d}r$$

通过整个矩形截面的磁通量大小为

$$\Phi_{\mathrm{m}}=\iint_{s}\boldsymbol{B}\cdot\mathrm{d}\boldsymbol{S}=\int_{l}\frac{\mu_{0}NI}{2\pi r}h\mathrm{d}r=\frac{\mu_{0}NIh}{2\pi}\int_{D_2/2}^{D_1/2}\frac{\mathrm{d}r}{r}=\frac{\mu_{0}NIh}{2\pi}\ln\frac{D_1}{D_2}$$

按线圈自感的定义，得

$$L=\frac{N\Phi_{\mathrm{m}}}{I}=\frac{\mu_{0}N^{2}h}{2\pi}\ln\frac{D_1}{D_2}$$

代入已知数据，可得线圈的自感为

$$L=2\times10^{-7}\mathrm{N\cdot A^{-2}}\times(1000)^{2}\times10^{-2}\mathrm{m}\times\ln\frac{20\times10^{-2}\mathrm{m}}{10\times10^{-2}\mathrm{m}}=1.39\times10^{-3}\mathrm{H}$$

8-15　如习题8-15图所示，两共轴螺线管长$l=1.0$m，截面积$S=10\mathrm{cm}^{2}$，匝数$N_1=1000$，$N_2=200$，计算这两线圈的互感.若线圈C_1内的电流变化率为$10\mathrm{A\cdot s^{-1}}$，求线圈C_2内感应电动势的大小.(设管内充满空气.)

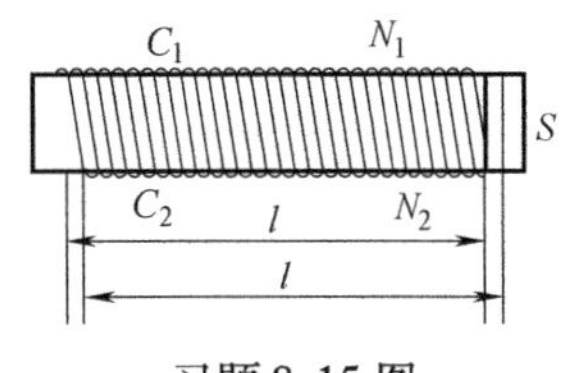

习题8-15图

解　如习题8-15图所示，这两线圈耦合系数$k=1$，即互感为$M=\sqrt{L_1L_2}$.而$L_1=\mu_0N_1^2S/l$，$L_2=\mu_0N_2^2S/l$，代入上式，并由题设数据，可求出这两线圈的互感为

$$M=\sqrt{L_1L_2}=\sqrt{\frac{\mu_0N_1^2S}{l}\frac{\mu_0N_2^2S}{l}}=\frac{\mu_0N_1N_2S}{l}$$

代入已知数据，得这两线圈的互感为

$$M=\frac{4\pi\times10^{-7}\mathrm{N}\cdot\mathrm{A}^{-2}\times1000\times200\times10\times10^{-4}\mathrm{m}^2}{1\mathrm{m}}=25.1\times10^{-5}\mathrm{H}$$

若线圈 C_1 内的电流变化率 $\mathrm{d}i_1/\mathrm{d}t=10\mathrm{A}\cdot\mathrm{s}^{-1}$，则线圈 C_2 内的感应电动势大小为

$$\mathscr{E}_{21}=\left|-M\frac{\mathrm{d}i_1}{\mathrm{d}t}\right|=\left|-(25.1\times10^{-5}\mathrm{H})(10\mathrm{A}\cdot\mathrm{s}^{-1})\right|=25.1\times10^{-4}\mathrm{V}$$

8-16　一环状铁心绕有 1000 匝线圈，环的平均半径为 $r=8\mathrm{cm}$，环的横截面面积 $S=1\mathrm{cm}^2$，铁心的相对磁导率 $\mu_r=500$. 试求：当线圈中通有电流 $I=1\mathrm{A}$ 时，磁场的能量和磁场的能量密度.

解　当环形螺线管的中心线的直径远大于线圈的直径时，管内的磁场可近似地看成是均匀的，管内任一点的磁感应强度可表示为 $B=\mu nI$. 本题符合上述情况，因此通过线圈的磁通量为

$$\Phi_m=BS=\mu nIS$$

环形螺线管的自感为

$$L=\frac{N\Phi_m}{I}=\mu nNS=\mu\frac{N^2}{l}S$$

管内磁场的能量为

$$W_m=\frac{1}{2}LI^2=\frac{1}{2}\mu_0\mu_r\frac{N^2}{l}SI^2=\frac{1}{2}\mu_0\mu_r\frac{N^2}{2\pi r}SI^2$$

代入已知数据，可得管内磁场的能量为

$$\begin{aligned}W_m&=\frac{1}{2}\times4\pi\times10^{-7}\mathrm{N}\cdot\mathrm{A}^{-2}\times500\times\frac{(1000)^2}{2\pi\times8\times10^{-2}\mathrm{m}}\times1\times10^{-4}\mathrm{m}^2\times(1\mathrm{A})^2\\&=6.25\times10^{-2}\mathrm{J}\end{aligned}$$

磁场能量体密度为

$$w_m=\frac{W_m}{V}=\frac{W_m}{2\pi rS}=\frac{6.25\times10^{-2}\mathrm{J}}{2\pi\times8\times10^{-2}\mathrm{m}\times1\times10^{-4}\mathrm{m}^2}=1.24\times10^3\mathrm{J}\cdot\mathrm{m}^{-3}$$

8-17　设电流 I 均匀地通过一半径为 R 的无限长圆柱形直导线的横截面.（1）求导线内的磁场分布；（2）求证：每单位长度导线内所储存的磁场能量为 $\mu_0I^2/(16\pi)$.

解　(1) 按题设作习题 8-17 图，通过圆柱形导线横截面的电流密度为 $j=I/(\pi R^2)$. 今取逆时针绕向、半径 $r<R$ 的同轴圆心环路，按安培环路定理，有

$$B(2\pi r)=\mu_0\frac{I}{\pi R^2}(\pi r^2)$$

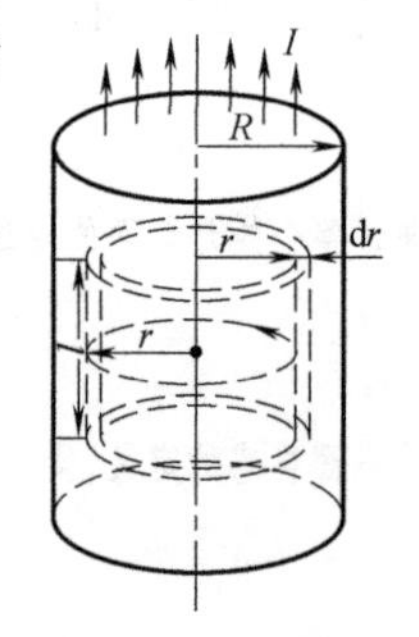

习题 8-17 图

可求得导线内的磁场分布，即

$$B=\frac{\mu_0Ir}{2\pi R^2}\qquad(r<R)$$

(2) 导线内的磁场能量体密度为

$$w_m=\frac{1}{2}\frac{B^2}{\mu_0}=\frac{\mu_0I^2r^2}{8\pi^2R^4}$$

取一段长为 l 的导线，并在 r 处取 $\mathrm{d}r$ 厚的同轴圆柱壳，则得此圆柱壳内的磁场能量为

$$\mathrm{d}W_m=w_m\mathrm{d}V=\frac{\mu_0I^2r^2}{8\pi^2R^4}(2\pi rl\mathrm{d}r)=\frac{\mu_0I^2r^3}{4\pi R^4}l\mathrm{d}r$$

整个长度为 l 的圆柱形导线内的磁场能量为

$$W_m=\int_0^R\frac{\mu_0I^2r^3l}{4\pi R^4}\mathrm{d}r=\frac{\mu_0I^2l}{4\pi R^4}\int_0^Rr^3\mathrm{d}r=\frac{\mu_0I^2l}{4\pi R^4}\frac{R^4}{4}=\frac{\mu_0I^2l}{16\pi}$$

从而证明，每单位长度的导线内储存的磁场能量为

$$w_m=\frac{W_m}{l}=\frac{\mu_0I^2l}{16\pi}\frac{1}{l}=\frac{\mu_0I^2}{16\pi}$$

8-18　在习题 8-14 中，若螺绕环内部充满相对磁导率为 μ_r 的磁介质，当线圈上通有电流 I 时，求螺绕环内、外的磁场能量.

解　由习题 8-14 的结果，可以得出螺绕环的自感，在本题情况下，应为

$$L=\frac{\mu_0\mu_r N^2 h}{2\pi}\ln\frac{D_1}{D_2}$$

当线圈中通有电流 I 时，则螺绕环内部的磁场能量为

$$W_{m内}=\frac{1}{2}LI^2=\frac{1}{2}\left(\frac{\mu_0\mu_r N^2 h}{2\pi}\ln\frac{D_1}{D_2}\right)I^2=\frac{\mu_0}{4\pi}\mu_r N^2 I^2 h\ln\frac{D_1}{D_2}$$

因螺绕环外的磁场为零，即 $\boldsymbol{B}=\boldsymbol{0}$. 所以其外部的磁场能量密度为

$$w_{m外}=\frac{1}{2}\frac{B^2}{\mu}=0$$

于是，螺绕环外的磁场能量为

$$W_{m外}=\iiint_V w_{m外}\mathrm{d}V=0$$

8-19　如习题 8-19 图所示，半径为 R 的圆形平行板电容器，电荷 $q=q_0\sin\omega t$ 均匀分布在极板上，忽略边缘效应，求两极板间的位移电流密度和位移电流.

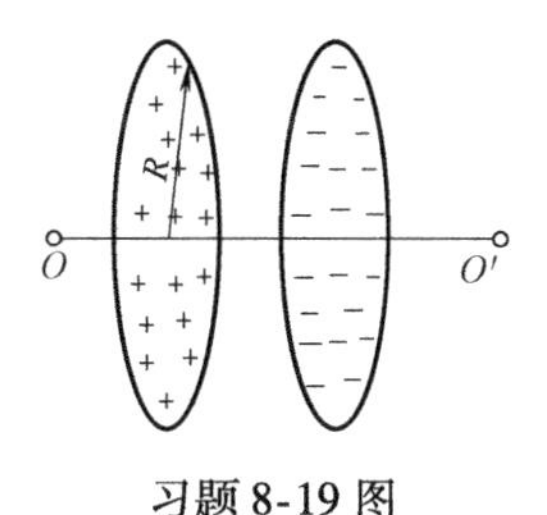

习题 8-19 图

解　两极板间的电场强度和电位移分别为

$$E=\frac{\sigma}{\varepsilon_0}=\frac{q}{\varepsilon_0 S}=\frac{q_0\sin\omega t}{\varepsilon_0\pi R^2}$$

$$D=\varepsilon_0 E=\frac{q_0\sin\omega t}{\pi R^2}$$

位移电流密度为

$$j_d=\frac{\mathrm{d}D}{\mathrm{d}t}=\frac{q_0\omega}{\pi R^2}\cos\omega t$$

位移电流为

$$I_d=\boldsymbol{j}_d\cdot\boldsymbol{S}=jS=\left(\frac{q\omega}{\pi R^2}\cos\omega t\right)\pi R^2=q_0\omega\cos\omega t$$

第9章 机械振动

9.1 学习要点导引

9.1.1 本章章节逻辑框图

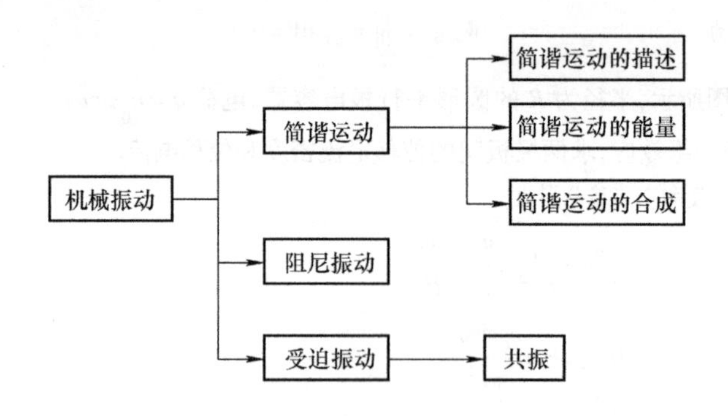

9.1.2 本章阅读导引

本章着重讨论了简谐运动,其次探讨了几种情形下的简谐运动的合成.最后对阻尼振动和受迫振动做了简介.

读者应重点掌握:①简谐运动的特征和规律;②同方向、同频率简谐运动的合成以及加强和减弱的条件.

(1) 研究简谐运动时,可以从简谐振子受力的特征,即从 $\boldsymbol{F}=-kx\boldsymbol{i}$ 出发,推求简谐运动的运动规律,再分析描述简谐运动的各个物理量的意义以及与其他量之间的关系.其中对相位的概念必须搞清,对确定初相的方法必须掌握.

(2) 简谐运动并非匀速运动.例如,对于简谐运动 $x=A\cos(\pi t/12)$ 来说,振幅是 A,角频率 $\omega=\pi/12\text{s}^{-1}$,周期 $T=2\pi/\omega=24\text{s}$.从 $x=A$ 到 $x=0$ 所需的时间为6s,即 $T/4$;而从 $x=A$ 到 $x=A/2$ 所需的时间为4s,并不等于6s的一半.

(3) 简谐运动是一种周期性运动,但周期性运动不一定就是简谐运动.例如,内燃机气缸中活塞在曲柄连杆机构的驱动下,若按规律 $x=A\cos\omega t+B\cos2\omega t$ 做往复运动,则它虽是一种周期性运动,但却不是简谐运动.

(4) 振动也可以是非周期性的,例如,来回一次所需的时间前、后不同;各次振动的幅度也各异,以致每一次振动都不能与上一次的振动完全重复.

(5) 对一个周期性运动而言,每一个周期内振动状态(位置与速度)的变化过程都是一模一样、完全重复的.因此,只需将一个周期内各个时刻的运动状态描述出来,就能弄清楚运动的全过程.

利用相位可以确定一个周期内不同时刻的运动状态.当 ω、A 给定的系统做简谐运动时,

某一时刻 t 的相位$(\omega t+\varphi)$,对应着该时刻的一个确定的运动状态:

$$x=A\cos(\omega t+\varphi),\quad v=-A\omega\sin(\omega t+\varphi)$$

反之,若振动状态确定,在 $0\sim2\pi$ 范围内,相位的分布也就被唯一地确定了.

(6) 在 $0\sim2\pi$ 范围内,相位的取值与计时零点的选择无关. 这对比较两个振动的步调(超前或落后)或对两个振动的合成(叠加)是很方便的. 因为这时只需考虑它们的相位差,而不是一个振动的初相.

初相 φ 与计时零点的选择有关. 同一个振动,选取不同的时刻作为计时零点,便会有不同的初相. 既然如此,我们往往总可选取这样的一个时刻作为计时零点,这时恰好使 $\varphi=0$,这样,简谐运动表达式便可表示成简单的形式,即 $x=A\cos\omega t$.

(7) 通过教材中所列举的有关示例,我们可以总结一下解决简谐运动问题的一般步骤和方法(参阅教材9.2节和9.3节).

(8) 同方向、同频率简谐运动的合成公式,特别是合振幅公式,可以通过掌握旋转矢量图的几何关系来记忆.

(9) 在讨论教材9.5.2节中的两个同方向、不同频率简谐运动的合成时,为了便于讨论,我们取这两个振动的初相 φ 相同. 这是因为初相值与起始时刻的选择有关. 对两个频率不同的简谐运动来说,设它们的初相分别为 φ_1 和 φ_2,则它们之间的相位差 $\delta=(\omega_2-\omega_1)t+(\varphi_2-\varphi_1)$将随时间不断变化. 尽管如此,我们总可选择一个相应于相位差 $\delta=0$(即两个振动的相位相同)的时刻作为初始时刻,即相应于 $t=0$ 时,$\delta=0$,从而有 $\varphi_2=\varphi_1$,使两个振动具有相同的初相.

(10) 对阻尼振动、受迫振动和共振现象应有初步了解. 在学习时,宜着重弄清楚公式的意义和基本概念. 我们在教材中提出一些有关公式的目的,主要是为了便于解释一些问题.

(11) 由表达式 $x(t)=A\mathrm{e}^{-\beta t}\cos(\omega' t+\varphi)$所描述的阻尼振动不具有周期性. 因为经过一个周期 $T_{阻}$之后,运动状态不能复原. 所谓阻尼振动的周期 $T_{阻}$所反映的"周期性"是指,x 的符号随因子 $\cos(\omega' t+\varphi)$而在周期性地变化着. 也即,并非严格意义下的周期振动.

(12) 在受迫振动中,阻尼力 $-\gamma v$恒与速度v反向,故恒做负功,要消耗振动系统的能量. 弹性力 $-kx$ 是保守力,它做功时,只能引起振动系统的动能和势能的相互转换,不影响总机械能. 要维持振动,必须借驱动力对系统做功,将外界能量传输给系统,以补偿因克服阻尼力做功所消耗的能量.

(13) 从广义上说,在自然界的各种物质运动中,只要描述运动的物理量(温度、电流、电压等)满足类似于式(9-3)、式(9-33)或式(9-37)这些形式的线性微分方程,我们就可以相应地说,这些物理量在做简谐运动、阻尼振动或受迫振动. 例如,在 LC 振荡电路中,电荷 q 的变化就是按 $\mathrm{d}^2q/\mathrm{d}t^2+(1/LC)q=0$ 的规律在做简谐振荡的.

9.2　教学拓展

9.2.1　实际问题解析

应当指出,实际的振动系统通常是很复杂的. 像弹簧振子等这种简谐振子只是研究振动问题的一个理想模型. 例如,在精密机床下面一般都筑有混凝土基础,并在混凝土基础下铺设弹性垫层(见图9.2-1a).为了研究这一系统的振动情况,不妨将它做如下的简化:由于机床和混凝土基础的质量比弹性垫层的质量大得多,而振动时它们的形变又比弹性垫层小得多,因此,可以将弹性垫层简化为一根原长为 l_0、劲度系数为 k 的轻弹簧,而将机床和混凝土基础简化为压在弹簧上面的一个质量为 m 的物体(可视作质点),这样便抽象成了图9.2-1b所示的一个沿竖直方向的弹簧振子.它沿竖直方向振动时,与沿水平方向振动的弹簧振子的振动规律完全相同,都是简谐运动.

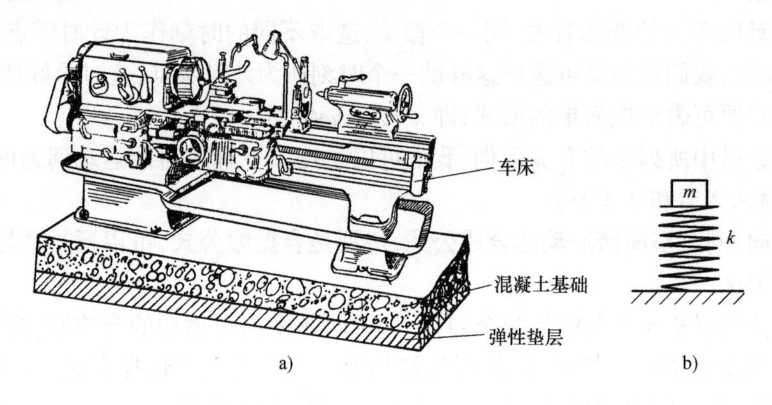

图9.2-1

如图9.2-2b所示,在静平衡时,重力 $\boldsymbol{W}$ 与弹性力 $\boldsymbol{F}_k$ 处于二力平衡,其大小相等,即

$$mg = kb \tag{ⓐ}$$

从弹簧原长为 l_0 的自由端向下量取一段距离 $b = mg/k$,即得相应于合力为零的弹簧振子的平衡位置 O.

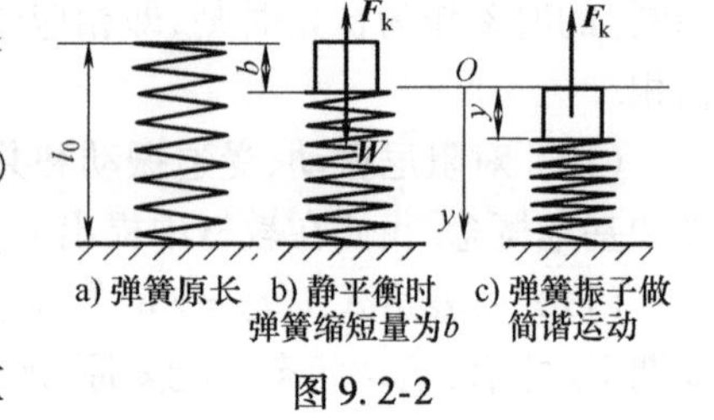

图9.2-2

以静平衡位置 O 为原点,取 Oy 轴为竖直向下.将重物从平衡位置压下微小距离后放手.这样,弹簧的弹性力 F_k 大于重力 W,两者合力不再等于零,物体开始运动.设物体在运动过程中,某一时刻的位移为 y(见图9.2-2c),这时,弹簧共缩短 $(b+y)$,重物受向上弹性力 $F_k = k(b+y)$ 和向下的重力 $W = mg$ 作用,其合力为

$$F = mg - F_k = mg - k(b+y)$$

由式ⓐ,得

$$F = -ky \tag{ⓑ}$$

式中,负号表示合力 F 与位移 y 的方向相反.合力 F 实际上就是重物偏离平衡位置 O 的位移 y 所显示的弹性回复力.这是因为静缩短量 b 所引起的弹性力在平衡位置上已与重力平衡而相互抵消了.

从系统受力特征 $F = -ky$ 可以断定,系统必然做简谐运动.按牛顿第二定律,可给出这一振动的微分方程为

$$\frac{d^2y}{dt^2} + \omega^2 y = 0 \tag{ⓒ}$$

式中,$\omega = \sqrt{k/m}$.

由此可知,沿竖直方向振动和沿水平方向振动的弹簧振子,其运动规律相同,都做简谐运

动,只不过作为坐标原点的平衡位置有所不同而已. 对所述情况来说,平衡位置已不是在弹簧处于原长时的自由端,而是相应于合外力为零的平衡点 O 上. 弹簧振子则围绕平衡位置 O 沿铅直方向上下振动.

不难推断,当弹簧振子除本身的弹性力外,还受有恒力(例如上述的重力)作用时,系统仍做简谐运动. 恒力除了使振动的平衡位置发生改变外,并不影响系统做简谐运动.

9.2.2 关于简谐运动微分方程的解

教材中的式(9-3)是一个二阶线性齐次常系数微分方程,即

$$\frac{\mathrm{d}^2x}{\mathrm{d}t^2}+\omega^2x=0 \tag{ⓐ}$$

式中,$\omega^2=k/m$,由高等数学中的微分方程理论,其通解为

$$x=C_1\mathrm{e}^{\mathrm{i}\omega t}+C_2\mathrm{e}^{-\mathrm{i}\omega t} \tag{ⓑ}$$

其中,C_1 和 C_2 是两个任意常数,可由初始条件确定. 将式ⓑ对 t 求导,有

$$\frac{\mathrm{d}x}{\mathrm{d}t}=\mathrm{i}\omega(C_1\mathrm{e}^{\mathrm{i}\omega t}-C_2\mathrm{e}^{-\mathrm{i}\omega t}) \tag{ⓒ}$$

设初始条件为:当 $t=0$ 时,$x=x_0$,$v=v_0$,把它们代入式ⓑ和式ⓒ,便成为

$$x_0=C_1+C_2,\quad v_0=\mathrm{i}\omega(C_1-C_2)$$

由此解出

$$C_1=\frac{1}{2}\left(x_0+\frac{v_0}{\mathrm{i}\omega}\right),\quad C_2=\frac{1}{2}\left(x_0-\frac{v_0}{\mathrm{i}\omega}\right)$$

将 C_1 和 C_2 的值代回式ⓑ,并考虑到欧拉公式:

$$\mathrm{e}^{\mathrm{i}\omega t}=\cos\omega t+\mathrm{i}\sin\omega t,\quad \mathrm{e}^{-\mathrm{i}\omega t}=\cos\omega t-\mathrm{i}\sin\omega t$$

则式ⓑ可写作

$$x=x_0\cos\omega t+\frac{v_0}{\omega}\sin\omega t \tag{ⓓ}$$

为了把式ⓓ中的两项三角函数合并成一项,可改用恒量 A 和 φ 来代替常量 x_0 和v_0/ω,即令

$$x_0=A\cos\varphi,\quad \frac{v_0}{\omega}=A\sin\varphi \tag{ⓔ}$$

则 A 与 φ 两个常量就取决于初始条件,即

$$A=\sqrt{x_0^2+\frac{v_0^2}{\omega^2}},\quad \tan\varphi=\frac{v_0}{\omega x_0} \tag{ⓕ}$$

这样,将式ⓔ代入式ⓓ,便可给出微分方程ⓐ的解——简谐运动函数,即

$$x=A\cos(\omega t+\varphi) \tag{ⓖ}$$

由此可见,凡位移 x 为时间 t 的余弦(或正弦)函数的运动,其加速度必与位移成反比而方向相反. 所以,也可以这样说:位移用时间 t 的余弦(或正弦)函数表示的振动,称为简谐运动.

9.2.3 *N* 个同方向、同频率的简谐运动的合成

在教材的 9.5.1 节,我们曾讲过两个同方向、同频率简谐运动的合成. 我们得知,两个同方向同频率简谐运动合成后仍为简谐运动. 推而广之,可得知多个同方向同频率简谐运动合成后仍为简谐运动. 我们讨论一种特殊情况:N 个同方向、同频率 ω、同振幅 A_0 和初相依次相差 $\Delta\varphi$

的简谐运动

$$x_1 = A_0\cos\omega t$$
$$x_2 = A_0\cos(\omega t + \Delta\varphi)$$
$$x_3 = A_0\cos(\omega t + 2\Delta\varphi)$$
$$\vdots$$
$$x_N = A_0\cos[\omega t + (N-1)\Delta\varphi]$$

的合成. 这时,我们可将振幅矢量三角形合成法则推广到多边形的合成法则,如图 9.2-3所示. 显然,各振幅矢量 $\boldsymbol{A}_1$、$\boldsymbol{A}_2$、$\boldsymbol{A}_3$、…、$\boldsymbol{A}_N$ 构成了正多边形的一部分,其外接圆的圆心在 P 点,半径为 R. 根据几何关系,每个振幅矢量的长度(即振幅)为

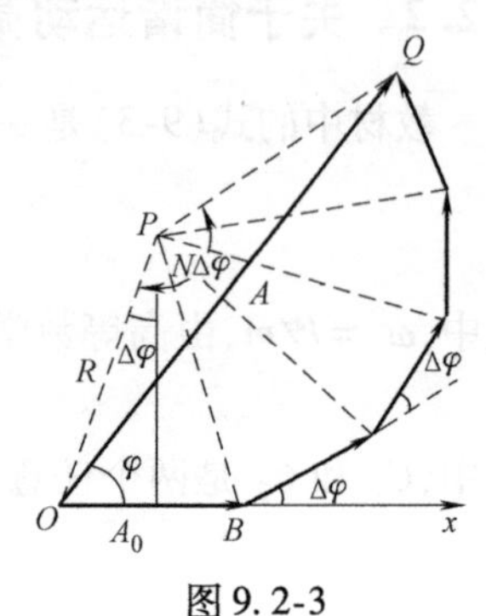

图 9.2-3

$$A_0 = 2R\sin(\Delta\varphi/2)$$

从等腰三角形 POQ 可求得合矢量 $\boldsymbol{A}$ 的大小为

$$A = 2R\sin(N\Delta\varphi/2)$$

以上两式相比,可求得合振动的振幅 A 为

$$A = A_0\frac{\sin(N\Delta\varphi/2)}{\sin(\Delta\varphi/2)}$$

由图 9.2-3 可知,$\angle POQ = \frac{1}{2}(\pi - N\Delta\varphi)$,$\angle POB = \frac{1}{2}(\pi - \Delta\varphi)$,则合矢量的相位为

$$\varphi = \angle POB - \angle POQ = \frac{N-1}{2}\Delta\varphi$$

于是,合振动即为如下的简谐运动,其表达式

$$x = A\cos(\omega t + \varphi) = A_0\frac{\sin(N\Delta\varphi/2)}{\sin(\Delta\varphi/2)}\cos\left(\omega t + \frac{N-1}{2}\Delta\varphi\right)$$

9.2.4 多个同方向、不同频率简谐运动的合成 频谱分析

从拍的现象中可以看到,两个同方向、不同频率的简谐运动合成的结果乃是一种周期性的非简谐运动. 现在我们讨论多个沿 Ox 轴不同频率简谐运动的合成,简单而具有典型意义的是其中各个分振动的频率为最低频率 ω 的整数倍,即

$$\begin{cases} x_1 = A_1\cos(\omega t + \varphi_1) \\ x_2 = A_2\cos(2\omega t + \varphi_2) \\ \vdots \\ x_n = A_n\cos(n\omega t + \varphi_n) \end{cases}$$

其合振动为

$$x(t) = A_1\cos(\omega t + \varphi_1) + A_2\cos(2\omega t + \varphi_2) + \cdots + A_n\cos(n\omega t + \varphi_n)$$

正整数 n 一般甚大,可视作∞,于是,上式的合振动表达式可写作

$$x(t) = \sum_{n=1}^{\infty} A_n\cos(n\omega t + \varphi_n) \qquad ⓐ$$

这是一个三角级数,称为**傅里叶级数**. 可以证明,合振动 $x(t)$ 一般是周期性的非简谐运动;合振动的 x-t 曲线的形状则取决于各个分振动的振幅 A_i 和初相 φ_i.

如今我们提出一个逆问题：如何把一个复杂的周期性振动分解为一系列简谐运动？这是研究振动问题时经常遇到的，在此做一简介. 设有一个周期性的非简谐运动，其表达式 $x(t)$ 是一个具有周期 $T=2\pi/\omega$ 的周期函数，我们可以利用高等数学中的傅里叶级数展开的方法，把它分解为一系列形如式ⓐ的不同频率简谐运动之和. 这些简谐运动中最小的频率 ω 称为**基频**，其他的频率 2ω、3ω、…、$n\omega$ 都是基频的整数倍，依次称为二次、三次、n 次**谐频**. 其中 A_1、A_2、…的值是不同的，它们分别表示基频为 ω、二次谐频为 2ω、…的简谐运动的振幅，用来反映各种频率的简谐运动在周期性非简谐运动中所占的比例. 如果以横坐标表示频率、纵坐标表示对应的振幅（用线段的长度标示），就可显示出一个复杂振动所包含的各个简谐运动的频率与对应振幅的关系，这种图形称为**频谱图**㊀.

图 9.2-4a 表示 x 随时间 t 做方形的周期性变化的振动曲线，它可以展开为傅里叶级数：

$$x(t)=\frac{A}{2}+\frac{2A}{\pi}\cos\omega t+\frac{2A}{3\pi}\cos 3\omega t+\frac{2A}{5\pi}\cos 5\omega t+\cdots \qquad (t\geqslant 0)$$

式中，第一项可以看作周期为无限大的零频项，第二项、第三项、第四项、…分别是频率为 ω、3ω、5ω、…的简谐运动. 据此，可以画出相应的频谱图，其谱线分布如图 9.2-4b 所示.

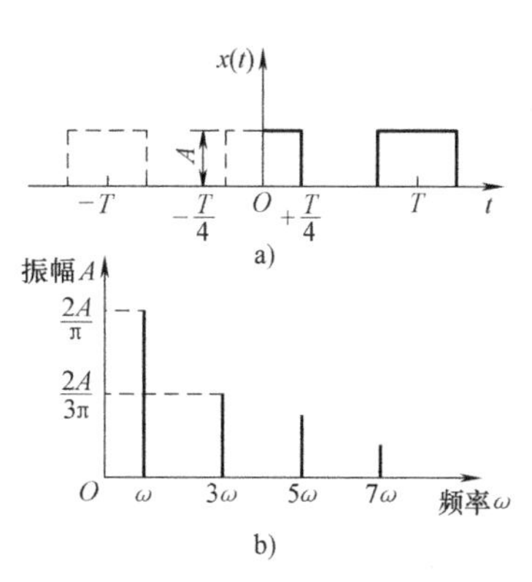

图 9.2-4　频谱图

对于非周期性的振动（例如脉冲、阻尼振动等），可以借助于傅里叶积分的方法，将它分解为不同频率的简谐运动之和. 这时，非周期性振动的频谱不是一系列分离的谱线，而是频率连续分布的**连续谱**或**谱带**，在此不做赘述.

上述这种把一个复杂振动分解为各个简谐运动之和，并由此得出频谱图以分析该振动效果的方法，称为**频谱分析**或**谐振分析**.

频谱分析在工程实际或理论研究中具有广泛应用. 例如通信、导航、电子对抗、空间技术等，都需要对无线电信号进行频谱分析；又如在新材料研制、生物医学研究、化工、环境科学等领域中，运用频谱分析是一项重要手段.

9.3　解题指导

例 9-1　一物体做简谐运动，振幅为 10cm，周期为 4s. 当 $t=0$ 时，位移为 -5cm，且向 x 轴负方向运动. 试求：(1) 此简谐运动的运动方程；(2) 在 $x=-5$cm 处、且向 x 轴正方向运动时的速度和加速度；(3) 从问题 (2) 中的位置回到平衡位置的最短时间.

分析　简谐运动的振幅 A、角频率 ω、初相 φ_0 是简谐运动的运动方程的三个特征量. 求简谐运动的运动方程就是要设法确定这三个物理量. 角频率可以通过 $\omega=2\pi/T$ 确定. 初相 φ_0 的确定有两种方法：①解析法，从振动表达式出发，根据初相

㊀ 频谱图并不能给出所分解的各个简谐运动的全部情况，因为它未反映出这些简谐运动的初相. 其实，在一些具体情况中，例如，在耳朵感受声响或眼睛分辨颜色时，这类复杂的声振动或光振动可分解成一系列的简谐运动，它们的初相并无多大意义，故其振动特性用频谱图就足可表征了.

条件 $t=0$ 时 $x_0=A\cos\varphi_0$，$v_0=-A\omega\sin\varphi_0$ 来确定 φ_0. ②利用旋转矢量法，将初始位置 x_0 和速度 v_0 方向与旋转矢量图相对应来确定 φ_0. 一般采用旋转矢量法比较直观、方便. 而求振动在某一状态的速度和加速度找到相应的相位就可获得. 求从问题②中的位置回到平衡位置的最短时间，仍可采用旋转矢量法或者解析法.

解　(1) 由已知可得简谐运动的振幅 $A=0.10\text{m}$，角频率 $\omega=\frac{2\pi}{T}=0.5\pi\text{s}^{-1}$ 得振动表达式为

$$x=0.10\cos(0.5\pi t+\varphi_0)$$

当 $t=0$ 时，$x=0.10\cos\varphi_0=-0.05$，$v=-0.05\pi\sin\varphi_0<0$

由旋转矢量法得 $\varphi_0=\frac{2\pi}{3}$

振动方程 $x=0.1\cos\left(0.5\pi t+\frac{2\pi}{3}\right)$

(2) 由旋转矢量法　见例9-1解图得在 $x=-5\text{cm}$ 处，且向 x 轴正方向运动时的相位为 $4\pi/3$，此时振动的速度

$$v=\left(-0.05\pi\sin\frac{4\pi}{3}\right)\text{m}\cdot\text{s}^{-1}=0.136\text{m}\cdot\text{s}^{-1}$$

振动的加速度 $a=\left(-0.025\pi^2\cos\frac{4\pi}{3}\right)\text{m}\cdot\text{s}^{-2}=0.123\text{m}\cdot\text{s}^{-2}$

(3) 从问题(2)中的位置回到平衡位置的最短时间为

$$\Delta t=\frac{\Delta\varphi}{\omega}=\frac{2\pi-\frac{4\pi}{3}}{0.5\pi}\text{s}=1.33\text{s}$$

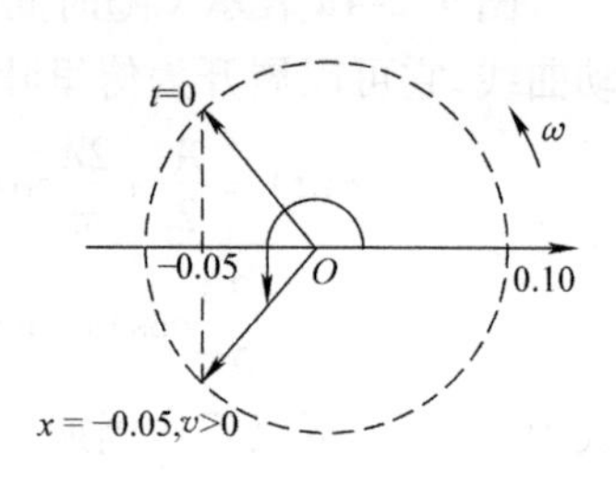

例9-1解图

例9-2　如例9-2图所示，劲度系数为 k 的轻弹簧竖直地固定在地面上，其上端连接一个质量为 m 的平板A并处于平衡状态. 现另有一质量为 m 的小球自平板A上方高 h 处自由下落，与平板发生完全非弹性碰撞. 以小球向下运动到系统的平衡位置时开始计时，令竖直向上为正方向，求系统的运动方程.

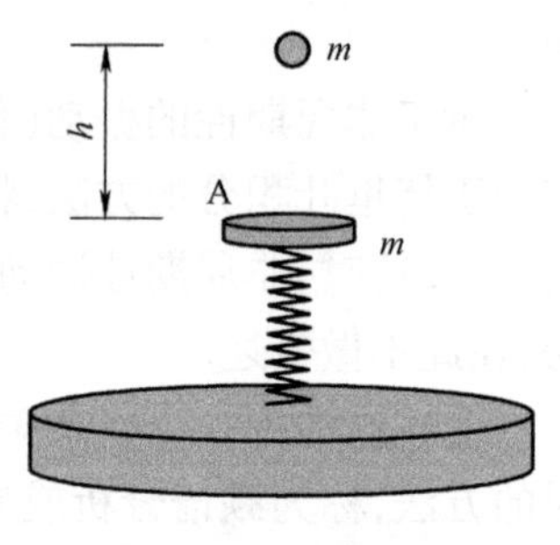

例9-2图

分析　分为两个过程讨论，首先是小球与平板的碰撞过程，在这个过程中小球和平板组成的系统满足动量守恒，可确定它们的共同速度 v，即振动的初速度. 接着的过程是以小球和平板为弹簧振子做简谐运动. 角频率由振子的质量 $2m$ 和弹簧的劲度系数 k 确定，振幅和初相根据初始条件求得.

解　物体落入盘中，与盘子发生完全非弹性碰撞，根据动量守恒定律可确定，盘子与物体获得共同速度，随后开始做简谐运动.

小球和平板与弹簧整个系统做简谐运动的频率为

$$\omega=\sqrt{\frac{k}{2m}}$$

设两物体碰撞后的共同速度为 v，则有

$$m\sqrt{2gh}=2mv$$

$$v=\frac{\sqrt{2gh}}{2}$$

运动到系统的平衡位置时开始计时，令竖直向上为正方向，所以振动的初速度 $v_0=-v=-\frac{\sqrt{2gh}}{2}$，振动的初始位移 $x_0=\frac{2mg}{k}-\frac{mg}{k}=\frac{mg}{k}$

振动的振幅 $A=\sqrt{x_0^2+\frac{v^2}{\omega^2}}=\sqrt{\frac{m^2g^2}{k^2}+\frac{mgh}{k}}$

因为 $x_0>0, v<0$，所以 $$0<\varphi_0<\frac{\pi}{2}$$

初相位 $$\varphi_0=\arctan\left(-\frac{v_0}{\omega x_0}\right)=\arctan\sqrt{\frac{kh}{mg}}$$

则振动方程为 $$x=\sqrt{\frac{m^2g^2}{k^2}+\frac{mgh}{k}}\cos\left(\sqrt{\frac{k}{2m}}t+\arctan\sqrt{\frac{kh}{mg}}\right)$$

9.4 习题解答

9-1 质点沿 Ox 轴做简谐运动，其表达式为 $x=6\cos(\pi t-\pi/3)$(cm). 求 $t=0.5$s 时它的位移、速度和加速度；并求振幅、速度振幅、加速度振幅.

解 已知质点的简谐运动表达式为

$$x=6\cos(\pi t-\pi/3)(\text{cm})$$

其速度为

$$v=\frac{\mathrm{d}x}{\mathrm{d}t}=-6\pi\sin(\pi t-\pi/3)(\text{cm}\cdot\text{s}^{-1})$$

其加速度为

$$a=\frac{\mathrm{d}v}{\mathrm{d}t}=-6\pi^2\cos(\pi t-\pi/3)(\text{cm}\cdot\text{s}^{-2})$$

在 $t=0.5$s 时，质点的位移、速度和加速度分别为

$$x=6\cos[\pi(0.5)-\pi/3]\text{cm}=5.2\text{cm}$$

$$v=-6\pi\sin[\pi(0.5)-\pi/3]\text{cm}\cdot\text{s}^{-1}=-9.43\text{cm}\cdot\text{s}^{-1}$$

$$a=-6\pi^2\cos[\pi(0.5)-\pi/3]\text{cm}\cdot\text{s}^{-2}=-51.3\text{cm}\cdot\text{s}^{-2}$$

振幅 $$A=6\text{cm}$$

速度振幅 $$v_{\max}=|-6\pi|\text{cm}\cdot\text{s}^{-1}=18.9\text{cm}\cdot\text{s}^{-1}$$

加速度振幅 $$a_{\max}=|-6\pi^2|\text{cm}\cdot\text{s}^{-1}=59.2\text{cm}\cdot\text{s}^{-2}$$

9-2 一轻弹簧上端固定，下端竖直地悬挂一质量为 m 的物体，设该物体以周期 $T=2.0$s 振动；今在该物体上再附加 2.0kg 的一个小铁块，这时周期变为 3.0s. 求物体的质量 m.

解 已知 $T=2.0$s, $T'=3.0$s, $\Delta m=2.0$kg, 由

$$T=2\pi\sqrt{m/k}$$

$$T'=2\pi\sqrt{(m+\Delta m)/k}$$

得 $$(T/T')^2=m/(m+\Delta m)$$

代入题给数据，便有

$$(2/3)^2=m/(m+2)$$

解得 $$m=1.6\text{kg}$$

9-3 为了测得一物体的质量 m，将其悬挂在一弹簧上，并让其自由振动，测得振动频率 $\nu_1=1.0$Hz，而将另一个质量 $m'=0.5$kg 的物体单独挂在该弹簧上时，测得振动频率 $\nu_2=2.0$Hz. 设振动均在弹簧的弹性限度内进行，求被测物体的质量.

分析 物体挂在弹簧上组成弹簧振子，其振动频率 $\nu=\frac{1}{2\pi}\sqrt{k/m}$，即 $\nu\propto\sqrt{1/m}$. 采用比较频率 ν 的方法可求出未知物体的质量.

解 由分析可知 $\nu\propto\sqrt{1/m}$，则有 $\nu_1/\nu_2=\sqrt{m'/m}$. 根据题中给出的数据可得物体的质量为

$$m=m'(\nu_2/\nu_1)^2=0.5(2.0/1.0)^2\text{kg}=2.0\text{kg}$$

9-4　质量为50g的物体做简谐运动，振幅为2cm，周期为0.4s，开始振动时物体在Ox轴正方向位移最大处，求0.05s和0.1s时物体的动能和振动系统的弹性势能.

解　设物体的简谐运动函数为

$$x=A\cos(\omega t+\varphi)$$

按题意，在$t=0$时，$x=+A$，则由上式得

$$\cos\varphi=1$$

即

$$\varphi=0$$

故所求运动函数为

$$x=A\cos\ \omega t$$

已知$A=2\times10^{-2}\mathrm{m}$，$T=0.4\mathrm{s}$，则

$$\omega=\frac{2\pi}{T}=\frac{2\pi}{0.4}\mathrm{s}^{-1}=5\pi\ \ \mathrm{s}^{-1}$$

代入上式，得

$$x=2\times10^{-2}\cos(5\pi t)\ (\mathrm{m}) \qquad ⓐ$$

速度表达式为

$$v=-0.1\pi\sin(5\pi t)\ (\mathrm{m\cdot s^{-1}}) \qquad ⓑ$$

当$t=0.05\mathrm{s}$时，由式ⓐ和式ⓑ得

$$x=\sqrt{2}\times10^{-2}\mathrm{m},\quad v=-0.05\pi\sqrt{2}\ \mathrm{m\cdot s^{-1}}$$

由题设，物体的质量为$m=50\mathrm{g}=50\times10^{-3}\mathrm{kg}$，则物体的动能为

$$E_\mathrm{k}=\frac{1}{2}mv^2=\frac{1}{2}\times50\times10^{-3}\ \mathrm{kg}\times(-0.05\pi\sqrt{2})^2\ \mathrm{m^2\cdot s^{-2}}=1.25\pi^2\times10^{-4}\ \mathrm{J}=1.23\times10^{-3}\mathrm{J}$$

又由$\omega=\sqrt{k/m}$，则$k=m\omega^2$，系统的弹性势能为

$$E_\mathrm{p}=\frac{1}{2}kx^2=\frac{1}{2}m\omega^2x^2=\frac{1}{2}\times50\times10^{-3}\times(5\pi)^2\times(\sqrt{2}\times10^{-2})^2\mathrm{J}=1.23\times10^{-3}\ \mathrm{J}$$

同理，当$t=0.1\mathrm{s}$时，由式ⓐ和式ⓑ，得

$$x=0,\quad v=-0.1\pi\ \mathrm{m\cdot s^{-1}}$$

物体的动能为

$$E_\mathrm{k}=\frac{1}{2}\times50\times10^{-3}\times(-0.1\pi)^2\mathrm{J}=2.46\times10^{-3}\mathrm{J}$$

系统的弹性势能为

$$E_\mathrm{p}=\frac{1}{2}kx^2=0$$

9-5　由质量为0.25kg的物体和劲度系数$k=25\mathrm{N\cdot m^{-1}}$的轻弹簧构成一个弹簧振子，在沿水平的$Ox$轴振动过程中，设某一时刻具有弹性势能0.6J和动能0.2J，(1) 求振幅；(2) 在什么位置时，动能恰等于弹性势能？(3) 经过平衡位置时速度为多大？

解　已知$m=0.25\mathrm{kg}$，　$k=25\mathrm{N\cdot m^{-1}}$，　$E_\mathrm{p}=0.6\mathrm{J}$，　$E_\mathrm{k}=0.2\mathrm{J}$.

(1) 振子的总能量为

$$E=E_\mathrm{k}+E_\mathrm{p}=0.2\mathrm{J}+0.6\mathrm{J}=0.8\mathrm{J}$$

由$E=\frac{1}{2}kA^2$，得振幅

$$A=\sqrt{\frac{2E}{k}}=\sqrt{\frac{2\times0.8\mathrm{J}}{25\mathrm{N\cdot m^{-1}}}}=0.253\mathrm{m}$$

(2) 由题设

$$E_\mathrm{p}=E_\mathrm{k}=\frac{E}{2}=\frac{0.8\mathrm{J}}{2}=0.4\mathrm{J}$$

由$E_\mathrm{p}=\frac{1}{2}kx^2$，得位移

$$x=\pm\sqrt{\frac{2E_\mathrm{p}}{k}}=\pm\sqrt{\frac{2\times0.4\mathrm{J}}{25\mathrm{N\cdot m^{-1}}}}=\pm0.179\mathrm{m}$$

(3) 经过平衡点时，$E_p=0, E_k=E_{kmax}=E=0.8\text{J}$. 由 $E_k=\frac{1}{2}mv^2$ 可求出速度为

$$v=\pm\sqrt{\frac{2E_k}{m}}=\pm\sqrt{\frac{2\times0.8\text{J}}{0.25\text{kg}}}=\pm2.53\text{m}\cdot\text{s}^{-1}$$

9-6　一放置在水平桌面上的弹簧振子沿 Ox 轴运动，振幅 $A=2.0\times10^{-2}\text{m}$，周期 $T=0.50\text{s}$. 当 $t=0$ 时，(1) 物体在正方向端点；(2) 物体在平衡位置，向负方向运动；(3) 物体在 $x=1.0\times10^{-2}\text{m}$ 处，向负方向运动；(4) 物体在 $x=-1.0\times10^{-2}\text{m}$ 处，向正方向运动. 求以上各种情况的运动函数.

分析　在振幅 A 和周期 T 已知的条件下，确定初相 φ 是求解简谐运动函数的关键. 初相的确定通常有两种方法. ①解析法：由运动函数出发，根据初始条件，即 $t=0$ 时，$x=x_0$ 和 $v=v_0$ 来确定 φ 值. ②旋转矢量法：如习题9-6图a所示，将质点 P 在 Ox 轴上振动的初始位置 x_0 和速度 v_0 的方向与旋转矢量图相对应来确定 φ. 旋转矢量法比较直观、方便，在分析中常采用.

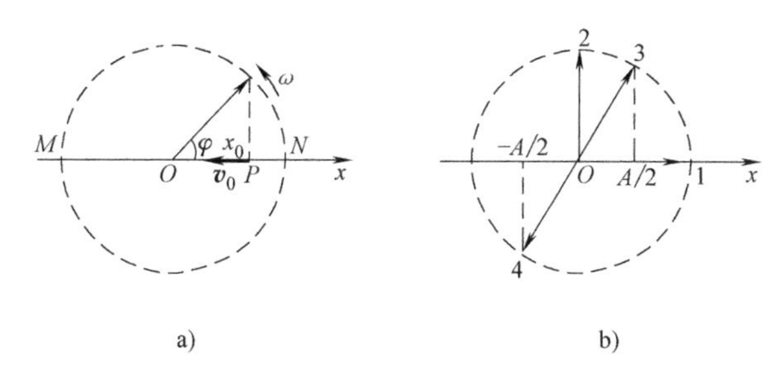

习题9-6图

解　由题给条件知 $A=2.0\times10^{-2}\text{m}, \omega=2\pi/T=4\pi\ \text{s}^{-1}$，而初相 φ 可采用两种不同方法来求.

解析法：根据简谐运动函数 $x=A\cos(\omega t+\varphi)$，当 $t=0$ 时有 $x_0=A\cos\varphi, v_0=-A\omega\sin\varphi$.

(1) 当 $x_0=A$ 时，$\cos\varphi_1=1$，则 $\varphi_1=0$；

(2) 当 $x_0=0$ 时，$\cos\varphi_2=0, \varphi_2=\pm\frac{\pi}{2}$，因 $v_0<0$，取 $\varphi_2=\frac{\pi}{2}$；

(3) 当 $x_0=1.0\times10^{-2}\text{m}$ 时，$\cos\varphi_3=0.5, \varphi_3=\pm\frac{\pi}{3}$，由 $v_0<0$，取 $\varphi_3=\frac{\pi}{3}$；

(4) 当 $x_0=-1.0\times10^{-2}\text{m}$ 时，$\cos\varphi_4=-0.5, \varphi_4=\pi\pm\frac{\pi}{3}$，由 $v_0>0$，取 $\varphi_4=\frac{4\pi}{3}$.

旋转矢量法：分别画出四个不同初始状态的旋转矢量图，如习题9-6图b所示，它们所对应的初相分别为 $\varphi_1=0, \varphi_2=\pi/2, \varphi_3=\pi/3, \varphi_4=4\pi/3$.

振幅 A、角频率 ω、初相 φ 均确定后，则各相应状态下的运动函数为

(1) $x=2.0\times10^{-2}\cos(4\pi t)$　(SI)

(2) $x=2.0\times10^{-2}\cos(4\pi t+\pi/2)$　(SI)

(3) $x=2.0\times10^{-2}\cos(4\pi t+\pi/3)$　(SI)

(4) $x=2.0\times10^{-2}\cos(4\pi t+4\pi/3)$　(SI)

9-7　处于原长状态、劲度系数分别为 k_1 和 k_2 的两条水平轻弹簧与质量为 m 的物体相连，如习题9-7图a所示，不计一切摩擦力，(1) 试证此振动系统沿水平面振动的周期为 $T=2\pi\sqrt{\frac{m}{k_1+k_2}}$；(2) 若此两个弹簧串联后，再与质量为 m 的物体相连，如习题9-7图b所示，不计一切摩擦力，试证此振动系统沿水平面振动的频率为 $\nu=\frac{1}{2\pi}\sqrt{\frac{k_1k_2}{m(k_1+k_2)}}$.

证　(1) 已知两弹簧的劲度系数分别为 k_1 和 k_2，取两弹簧原长状态时的平衡位置为坐标原点 O，Ox 轴正向如习题9-7图a所示. 当质量为 m 的物体振动位移为 x 时，它所受的弹性力为 $\boldsymbol{F}_{T1}$ 和 $\boldsymbol{F}_{T2}$，方向如图所示，即

$$-k_1x-k_2x=-(k_1+k_2)x$$

物体沿 Ox 轴的运动方程为

$$m\frac{\mathrm{d}^2x}{\mathrm{d}t^2}=-(k_1+k_2)x$$

或

$$\frac{\mathrm{d}^2x}{\mathrm{d}t^2}+\frac{k_1+k_2}{m}x=0$$

所以,系统做简谐运动,其圆频率为

$$\omega=\sqrt{\frac{k_1+k_2}{m}}$$

周期为

$$T=\frac{2\pi}{\omega}=2\pi\sqrt{\frac{m}{k_1+k_2}}$$

(2) 已知两弹簧的劲度系数分别为 k_1 和 k_2,取其原长时的物体平衡位置为坐标原点 O,Ox 轴正向如习题 9-7 图 b 所示. 当物体振动的位移为 x 时,物体所受弹性力 $\boldsymbol{F}_\mathrm{T}$的大小为

$$F_\mathrm{T}=k_1x_1=k_2x_2 \quad ⓐ$$

即两弹簧中的张力相等. 而

$$x=x_1+x_2 \quad ⓑ$$

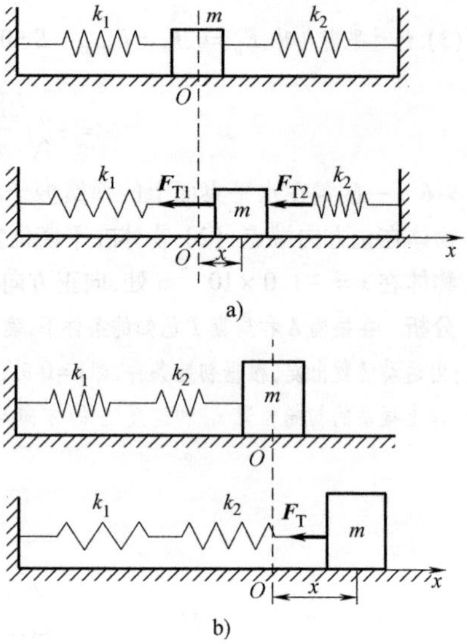

习题 9-7 图

按牛顿第二定律,列出物体沿 Ox 轴的分量式为

$$-F_\mathrm{T}=m\frac{\mathrm{d}^2x}{\mathrm{d}t^2} \quad ⓒ$$

将式ⓐ、式ⓑ代入式ⓒ,得

$$-k_1x_1=m\frac{\mathrm{d}^2}{\mathrm{d}t^2}(x_1+x_2)=m\left(\frac{\mathrm{d}^2x_1}{\mathrm{d}t^2}+\frac{k_1}{k_2}\ \frac{\mathrm{d}^2x_1}{\mathrm{d}t^2}\right)=m\left(1+\frac{k_1}{k_2}\right)\frac{\mathrm{d}^2x_1}{\mathrm{d}t^2}$$

即

$$\frac{\mathrm{d}^2x_1}{\mathrm{d}t^2}+\frac{k_1k_2}{m(k_1+k_2)}x_1=0 \quad ⓓ$$

同理有

$$\frac{\mathrm{d}^2x_2}{\mathrm{d}t^2}+\frac{k_1k_2}{m(k_1+k_2)}x_2=0 \quad ⓔ$$

式ⓓ和式ⓔ相加,得

$$\frac{\mathrm{d}^2x}{\mathrm{d}t^2}+\frac{k_1k_2}{m(k_1+k_2)}x=0$$

所以物体做简谐运动,其角频率为

$$\omega=\sqrt{\frac{k_1k_2}{m(k_1+k_2)}}$$

频率为

$$\nu=\frac{\omega}{2\pi}=\frac{1}{2\pi}\sqrt{\frac{k_1k_2}{m(k_1+k_2)}}$$

9-8 某振动质点的 x-t 曲线如习题 9-8 图 a 所示,乃是一条正弦曲线. 试求:(1) 运动函数;(2) 点 P 对应的相位;(3) 与点 P 相对应位置所需时间.

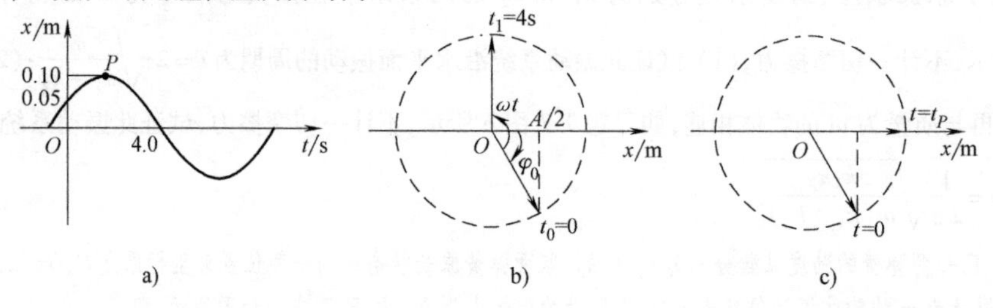

习题 9-8 图

分析　由已知运动函数画振动曲线和由振动曲线求运动函数是振动中常见的两类问题．本题就是要通过 x-t 图线确定振动的三个特征量 A、ω 和 φ_0，从而写出运动函数．曲线最大幅值即为振幅 A；而 ω、φ_0 通常可通过旋转矢量法或解析法解出，一般采用旋转矢量法比较方便．

解　(1) 质点振动振幅 $A=0.10\text{m}$．而由振动曲线可画出 $t_0=0$ 和 $t_1=4\text{s}$ 时的旋转矢量，如习题9-8 图 b 所示．由图可见，初相 $\varphi_0=-\pi/3$（或 $\varphi_0=5\pi/3$），而由 $\omega(t_1-t_0)=\pi/2+\pi/3$ 得 $\omega=5\pi/24\text{s}^{-1}$，则运动函数为

$$x=0.10\cos\left[\left(\frac{5\pi}{24}\right)t-\pi/3\right]\quad(\text{SI})$$

(2) 习题9-8 图 a 中点 P 的位置是质点从 $A/2$ 处运动到正向的端点处．对应的旋转矢量图如习题9-8 图 c 所示．当初相取 $\varphi_0=-\pi/3$ 时，点 P 的相位为 $\varphi_P=\varphi_0+\omega(t_P-0)=0$（如果初相取成 $\varphi_0=5\pi/3$，则点 P 相应的相位应表示为 $\varphi_P=\varphi_0+\omega(t_P-0)=2\pi$）．

(3) 由旋转矢量图可得 $\omega(t_P-0)=\pi/3$，则与点 P 相对应位置所需时间 $t_P=1.6\text{s}$．

9-9　一平台的台面上放有质量为 m 的物体 B．平台以频率为 3Hz 沿竖直方向做简谐运动．问平台振动的振幅为多大时，物体 B 将跳离平台？（提示：物体跳离平台时，它对平台的压力为零）

解　如习题9-9 图所示，对物体 B，有

$$mg-F_{\text{N}}=ma \tag{a}$$

设平台的简谐运动表达式为

$$x=A\cos(\omega t+\varphi)$$

物体跳离平台时，$F_{\text{N}}=0$，由式ⓐ，则 $a=g$，又因 $|\cos(\omega t+\varphi)|\leqslant 1$，则

$$g=a=|-A\omega^2\cos(\omega t+\varphi)|\leqslant A\omega^2 \tag{b}$$

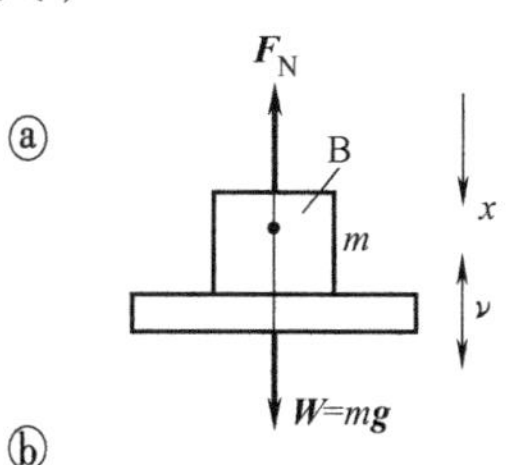

习题9-9 图

故得

$$A=\frac{g}{\omega^2}=\frac{g}{4\pi^2\nu^2}=\frac{9.80}{4\pi^2\times3^2}\text{m}=0.028\text{m}$$

9-10　做简谐运动的物体，由平衡位置向 Ox 轴正方向运动，试问经过下列路程所需的最短时间各为周期的几分之几？(1) 由平衡位置到正方向最大位移处；(2) 由平衡位置到 $x=A/2$ 处；(3) 由 $x=A/2$ 处到正方向最大位移处．

解　采用旋转矢量法求解较为方便．按题意作如习题9-10 图所示的简谐振动示意图及旋转矢量图，平衡位置在点 O．

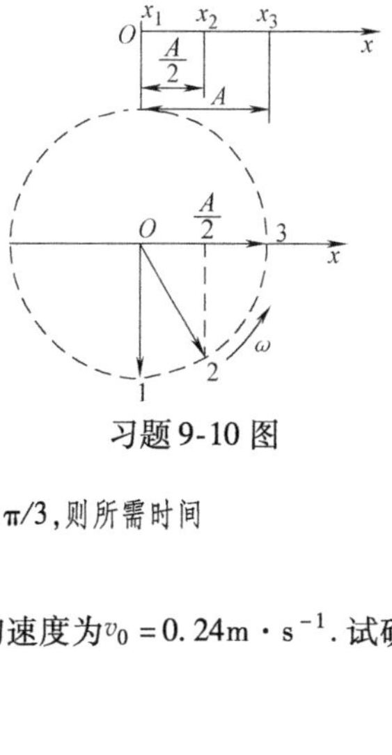

(1) 平衡位置 x_1 到最大位移 x_3 处，图中的旋转矢量从位置1 转到位置3，故 $\Delta\varphi_1=\pi/2$，则所需时间

$$\Delta t_1=\Delta\varphi_1/\omega=T/4$$

(2) 从平衡位置 x_1 到 $x_2=A/2$ 处，图中旋转矢量从位置 1 转到位置 2，故有 $\Delta\varphi_2=\pi/6$，则所需时间

$$\Delta t_2=\Delta\varphi_2/\omega=T/12$$

习题9-10 图

(3) 从 $x_2=A/2$ 运动到最大位移 x_3 处，图中旋转矢量从位置 2 转到位置 3，有 $\Delta\varphi_3=\pi/3$，则所需时间

$$\Delta t_3=\Delta\varphi_3/\omega=T/6$$

9-11　设简谐运动函数为 $x=A\cos(3t+\varphi)$，已知初始位置为 $x_0=0.04\text{m}$，初速度为 $v_0=0.24\text{m}\cdot\text{s}^{-1}$．试确定振幅 A 和初相 φ．

解　已知简谐运动表达式为

$$x=A\cos(3t+\varphi)$$

由上式可知 $\omega=3\text{rad}\cdot\text{s}^{-1}$；且 $t=0$ 时，$x_0=0.04\text{m}$，$v_0=0.24\text{m}\cdot\text{s}^{-1}$，则有

$$0.04=A\cos\varphi$$

$$0.24=-3A\sin\varphi$$

由上两式，得

$$A=\sqrt{(0.04\mathrm{m})^2+(0.08\mathrm{m})^2}=8.94\times10^{-2}\mathrm{m}$$

$$\tan\varphi=\frac{-0.08\mathrm{m}}{0.04\mathrm{m}}=-2$$

$$\varphi=-63.43°$$

9-12　在一块平板下装有弹簧，平板上放一质量为0.3kg的重物．现使平板沿竖直方向做上下简谐运动，其表达式为 $y=A\cos(\omega t+\varphi)$，周期为0.6s，振幅为 3.0×10^{-2}m．不计平板质量，问：

（1）平板到最低点时，重物对平板的作用力为多少？

（2）若频率不变，则平板以多大的振幅振动时，重物会跳离平板？

（3）若振幅不变，则平板以多大的频率振动时，重物会跳离平板？

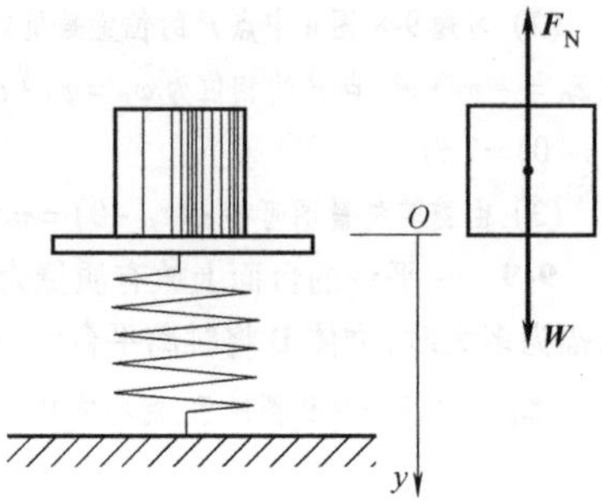

习题9-12图

分析　按题意作示意图（见习题9-12图）．物体在平衡位置附近随板做简谐运动，其间受重力 $\boldsymbol{W}=m\boldsymbol{g}$ 和板支持力 $\boldsymbol{F}_N$ 作用，$\boldsymbol{F}_N$ 是一个变力．按牛顿定律，有

$$mg-F_N=m\frac{\mathrm{d}^2y}{\mathrm{d}t^2} \qquad ⓐ$$

由于物体随板一起做简谐运动，因而有 $a=\frac{\mathrm{d}^2y}{\mathrm{d}t^2}=-A\omega^2\cos(\omega t+\varphi)$，则式ⓐ可改写为

$$F_N=mg+mA\omega^2\cos(\omega t+\varphi) \qquad ⓑ$$

（1）根据板运动的位置，确定此时刻振动的相位 $\omega t+\varphi$，由式ⓑ可求板与物体之间的作用力．

（2）由式ⓑ可知，支持力 $\boldsymbol{F}_N$ 的值与振幅 A、角频率 ω 和相位 $(\omega t+\varphi)$ 有关．在振动过程中，当 $\omega t+\varphi=\pi$ 时 F_N 最小．而重物恰好跳离平板的条件为 $F_N=0$，因此由式ⓑ可分别求出重物跳离平板所需的频率或振幅．

解　（1）由分析可知，重物在最低点时，相位 $\omega t+\varphi=0$，物体受板的支持力为

$$F_N=mg+mA\omega^2=mg+mA(2\pi/T)^2$$

$$=(0.3\times9.8)\mathrm{N}+[0.3\times3.0\times10^{-2}\times(2\times3.14/0.6)^2]\mathrm{N}=3.93\mathrm{N}$$

重物对木块的作用力 $\boldsymbol{F}'_N$ 与 $\boldsymbol{F}_N$ 大小相等，方向相反，在一条直线上．

（2）当频率不变时，设振幅变为 A'．根据分析中所述，将 $F_N=0$ 及 $\omega t+\varphi=\pi$ 代入式ⓑ，可得

$$A'=\frac{mg}{m\omega^2}=\frac{gT^2}{4\pi^2}=\frac{9.8\times0.6^2}{4\times3.14^2}\mathrm{m}=8.9\times10^{-2}\mathrm{m}$$

（3）当振幅不变时，设频率变为 ν'．同样将 $F_N=0$ 及 $\omega t+\varphi=\pi$ 代入式ⓑ，可得

$$\nu'=\frac{\omega'}{2\pi}=\frac{1}{2\pi}\sqrt{mg/mA}=\frac{1}{2\pi}\sqrt{\frac{g}{A}}$$

$$=\frac{1}{2\times3.14}\sqrt{\frac{9.8}{3.0\times10^{-2}}}\mathrm{Hz}=2.88\mathrm{Hz}$$

9-13　一质量为10g的物体沿 Ox 轴做简谐运动，其振幅为 2.0×10^{-2}m，周期为4.0s，当 $t=0$ 时，位移为 $+2.0\times10^{-2}$m．求：（1）振动表达式；（2）当 $t=0.5$s 时，物体所在的位置及所受的力．

解　已知 $A=2.0\times10^{-2}\mathrm{m}$，　$T=4.0\mathrm{s}$，　$x\big|_{t=0}=+2.0\times10^{-2}\mathrm{m}$，　$m=10\mathrm{g}=1\times10^{-2}\mathrm{kg}$

（1）由简谐运动表达式

$$x=A\cos\left(\frac{2\pi}{T}t+\varphi\right)=2\cos\left(\frac{2\pi}{4}t+\varphi\right)\ (\mathrm{cm})$$

及 $x\big|_{t=0}=+2\mathrm{cm}$，得 $\cos\varphi=1$，则 $\varphi=0$．

所以，振动表达式为

$$x=0.02\cos\left(\frac{\pi}{2}t\right)\ (\mathrm{m})$$

（2）当 $t=0.5\mathrm{s}$ 时，物体所在的位置为

$$x=0.02\cos\left(\frac{\pi}{2}\times0.5\right)\mathrm{m}=0.014\mathrm{m}$$

由

$$a=\frac{\mathrm{d}^2x}{\mathrm{d}t^2}=-(0.02)\left(\frac{\pi}{2}\right)^2\cos\left(\frac{\pi}{2}t\right)$$

得 $t=0.5\mathrm{s}$ 时，物体所受的力为

$$F=ma=10^{-2}\mathrm{kg}\times\left[-(0.02)\left(\frac{\pi}{2}\right)^2\cos\left(\frac{\pi}{2}\times0.5\right)\mathrm{m\cdot s^{-2}}\right]=-0.349\times10^{-3}\mathrm{N}$$

即力的大小为 $0.349\times10^{-3}\mathrm{N}$，方向沿 Ox 轴负向.

9-14　有一单摆，长为1.0m，最大摆角为5°，如习题9-14图所示.（1）求单摆的角频率和周期；（2）设开始时摆角最大，试写出此单摆的运动函数；（3）当摆角为3°时，角速度和摆球的线速度各为多少？

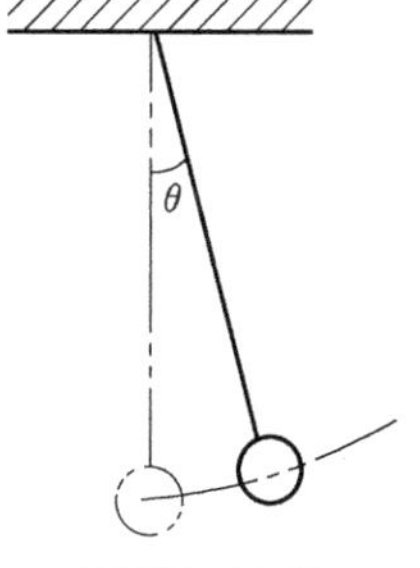

习题9-14图

分析　单摆在摆角较小时（$\theta<5°$）的摆动，其角量 θ 与时间的关系可表示为简谐运动函数 $\theta=\theta_{\max}\cos(\omega t+\varphi)$，其中角频率 ω 仍由该系统的性质（重力加速度 g 和摆长 l）决定，即 $\omega=\sqrt{g/l}$. 初相 φ 与摆角 θ、质点的角速度与旋转矢量的角速度（角频率）均是不同的物理概念，必须注意区分.

解　（1）单摆角频率及周期分别为

$$\omega=\sqrt{g/l}=\sqrt{9.8/1}\ \mathrm{s^{-1}}=3.13\mathrm{s^{-1}};\quad T=\frac{2\pi}{\omega}=\frac{2\pi}{3.13}\mathrm{s^{-1}}=2.01\mathrm{s}$$

（2）当 $t=0$ 时，$\theta=\theta_{\max}=5°=\pi/36$，可得振动初相 $\varphi=0$，则以角量表示的简谐运动函数为

$$\theta=\frac{\pi}{36}\cos(3.13)t\,(\mathrm{rad})$$

（3）摆角为3°时，有 $\cos(\omega t+\varphi)=\theta/\theta_{\max}=0.6$，则这时单摆的角速度为

$$\begin{aligned}\mathrm{d}\theta/\mathrm{d}t&=-\theta_{\max}\omega\sin(\omega t+\varphi)=-\theta_{\max}\omega\sqrt{1-\cos^2(\omega t+\varphi)}\\&=-0.8\theta_{\max}\omega=-0.8\times\frac{\pi}{36}\times3.13\mathrm{s^{-1}}=-0.218\mathrm{rad\cdot s^{-1}}\end{aligned}$$

线速度的大小为

$$v=l\left|\frac{\mathrm{d}\theta}{\mathrm{d}t}\right|=1.0\times0.218\mathrm{rad\cdot s^{-1}}=0.218\mathrm{rad\cdot s^{-1}}$$

讨论　质点的线速度和角速度也可通过机械能守恒定律求解，但结果会有极微小的差别. 这是因为在导出简谐运动函数时曾取 $\sin\theta\approx\theta$，所以，单摆的简谐运动函数仅在摆角 θ 较小时成立.

9-15　为了测月球表面的重力加速度，宇航员将地球上的“秒摆”（周期为2.00s），拿到月球上去，如测得周期为4.90s，地球表面的重力加速度 $g_E=9.80\mathrm{m\cdot s^{-2}}$，则月球表面的重力加速度约为多少？

解　由单摆的周期公式 $T=2\pi\sqrt{l/g}$ 可知 $g\propto1/T^2$，故有 $g_M/g_E=T_E^2/T_M^2$，则月球的重力加速度为

$$g_M=(T_E/T_M)^2g_E=(2/4.90)^2\times9.80\mathrm{m\cdot s^{-2}}=1.63\mathrm{m\cdot s^{-2}}$$

9-16　在如习题9-16图所示的旋转矢量图中，旋转矢量 $\boldsymbol{A}$ 的长度为5cm，试写出相应振动的初相、相位和简谐运动函数.

解　由题设 $A=5\mathrm{cm}$；由振幅矢量图可知初相为 $\varphi=5\pi/4$，相位为 $\pi t+5\pi/4$，由此得振动表达式为

$$x=5\cos\left(\pi t+\frac{5\pi}{4}\right)$$

9-17 一劲度系数 $k=312\text{N}\cdot\text{m}^{-1}$ 的轻弹簧，一端固定，另一端连接质量 $m'=0.3\text{kg}$ 的物体，放在水平面上(不计物体与水平面之间的摩擦)，上面放一质量 $m=0.2\text{kg}$ 的物体，两物体间的最大静摩擦因数 $\mu=0.5$，求两物体间无相对滑动时，系统振动的最大能量.

分析 振动系统的总能量与振幅的平方成正比. 设两物体A、B如习题9-17图所示. 为求A、B两物体无相对运动时的最大能量，只需确定此条件下的振幅. 因最大加速度 $a_{max}=A\omega^2$，故根据A、B间的最大静摩擦力求出 a_{max} 是确定振幅的关键.

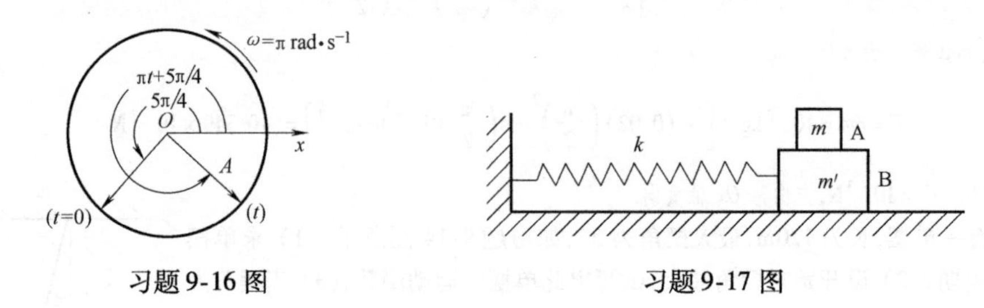

习题9-16图　　　　习题9-17图

解 无相对滑动时，A、B两物体参与振动的角频率为

$$\omega=\sqrt{k/(m'+m)} \qquad ⓐ$$

物体B在静摩擦力作用下运动，由动力学方程得

$$\mu mg=ma_{max}=m\omega^2A_{max} \qquad ⓑ$$

而振动系统的最大能量为

$$E_{max}=kA_{max}^2/2 \qquad ⓒ$$

由上述各式可得

$$E_{max}=\mu^2g^2(m'+m)^2/2k$$

代入题设数据，读者可由上式算出 $E_{max}=9.62\times10^{-3}\text{J}$

9-18 有两个振动方向相同的简谐运动，其振动表达式分别为

$$x_1=4\cos(2\pi t+\pi)(\text{cm}) \text{和} x_2=3\cos\left(2\pi t+\frac{\pi}{2}\right)(\text{cm})$$

(1) 求它们的合振动表达式；

(2) 另有一同方向的简谐振动 $x_3=2\cos(2\pi t+\varphi_3)(\text{cm})$，问当 φ_3 为何值时 x_1+x_3 的振幅为最大值？当 φ_3 为何值时 x_2+x_3 的振幅为最小值？

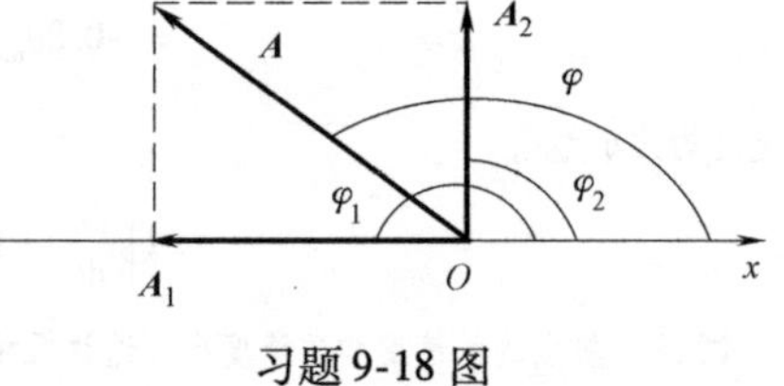

习题9-18图

分析 可采用解析法或旋转矢量法求解. 由旋转矢量合成可知，两个同方向、同频率简谐运动的合成仍为一简谐运动，其角频率不变；合振动的振幅 $A=\sqrt{A_1^2+A_2^2+2A_1A_2\cos(\varphi_1-\varphi_2)}$，其大小与两个分振动的初相差 $(\varphi_1-\varphi_2)$ 相关. 并且这个合振动的初相位为 $\varphi=\arctan[(A_1\sin\varphi_1+A_2\sin\varphi_2)/(A_1\cos\varphi_1+A_2\cos\varphi_2)]$.

解 (1) 做两个简谐运动合成的旋转矢量图，如习题9-18图所示. 因为 $\varphi_{12}=\varphi_1-\varphi_2=\pi-\pi/2=\pi/2$，故合振动振幅为

$$A=\sqrt{A_1^2+A_2^2+2A_1A_2\cos(\pi/2)}$$
$$=\sqrt{4^2+3^2+2\times4\times3\times\cos(\pi/2)}\ \text{cm}=5\text{cm}$$

合振动初相位

$$\varphi=\arctan[(A_1\sin\varphi_1+A_2\sin\varphi_2)/(A_1\cos\varphi_1+A_2\cos\varphi_2)]$$
$$=\arctan\frac{4\sin\pi+3\sin\pi/2}{4\cos\pi+3\cos\pi/2}=\arctan\left(-\frac{3}{4}\right)$$

即 $\varphi=4\pi/5\mathrm{rad}$,则合振动表达式为 $$x=5\cos\left(2\pi t+\frac{4}{5}\pi\right)(\mathrm{cm})$$

(2) 要使 x_1+x_3 振幅最大,即两振动同相,则由 $\varphi_{13}=2k\pi$ 得

$$\varphi_3=\varphi_1+2k\pi=(2k+1)\pi,\quad k=0,\pm1,\pm2,\cdots$$

要使 x_2+x_3 的振幅最小,即两振动反相,则由 $\varphi_{23}=(2k+1)\pi$ 得

$$\varphi_3=\varphi_2+(2k+1)\pi=(2k+1.5)\pi,\quad k=0,\pm1,\pm2,\cdots$$

9-19 有两个同方向、同频率的简谐运动,其合振动的振幅为 0.20m,合振动与第一个振动的相位差为 $\pi/6$,若第一个振动的振幅为 0.173m. 求第二个振动的振幅及两振动的相位差.

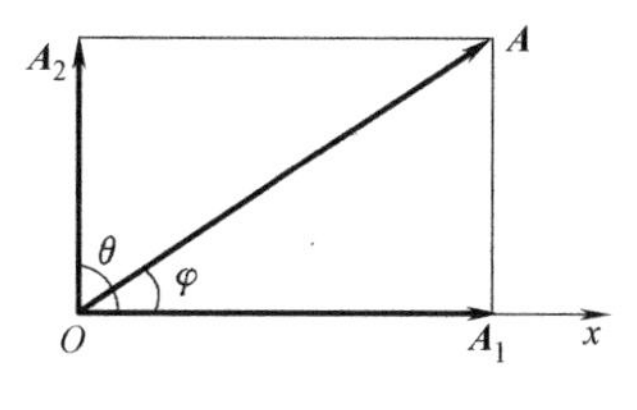

习题 9-19 图

解 采用旋转矢量合成图求解. 如习题 9-19 图所示,取第一个振动的旋转矢量 A_1 沿 Ox 轴,即令其初相为零;按题意,合振动的旋转矢量 A 与 A_1 之间的夹角 $\varphi=\pi/6$. 根据矢量合成,可得第二个振动的旋转矢量的大小(即振幅)为

$$A_2=\sqrt{A_1^2+A^2-2A_1A\cos\varphi}=\sqrt{(0.173)^2+(0.2)^2-2(0.173)(0.2)\cos\pi/6}\ \mathrm{m}=0.10\mathrm{m}$$

由于 A_1、A_2、A 的量值恰好满足勾股定理,故 A_1 与 A_2 垂直,即第二个振动与第一个振动的相位差为

$$\theta=\pi/2$$

9-20 同时敲击两支音叉,在 10s 内听到声音强弱变化的次数为 20 次. 已知其中一支音叉的频率为 256Hz,求另一支音叉的频率.

解 已知拍频为 $\nu=\dfrac{20}{10\mathrm{s}}=2\mathrm{s}^{-1}$,其中一支音叉的频率为 256Hz,则由

$$\nu=|\nu_1-\nu_2|$$

得 $$\nu_2=\nu_1\pm\nu=256\mathrm{Hz}\pm(20/10\mathrm{s})=256\mathrm{Hz}\pm2\mathrm{Hz}$$

即 $$\nu_2=258\mathrm{Hz}\quad 或\quad \nu_2=254\mathrm{Hz}$$

9-21 质量为 0.4kg 的质点同时参与相互垂直的两个振动:$x=0.08\cos\left(\dfrac{\pi}{3}t+\dfrac{\pi}{6}\right)$(SI) 和 $y=0.06\cos\left(\dfrac{\pi}{3}t-\dfrac{\pi}{3}\right)$(SI). (1) 求质点在 Oxy 坐标系内的轨道方程;(2) 求质点在任一位置所受的力.

解 (1) 由于题给振动表达式是质点在 t 时刻的运动轨道的参数方程. 消去参数 t,就可得到轨道方程. 为此,分别展开题给的两个振动表达式,即

$$\frac{x}{0.08}=\cos\frac{\pi}{3}t\cos\frac{\pi}{6}-\sin\frac{\pi}{3}t\sin\frac{\pi}{6} \qquad ⓐ$$

$$\frac{y}{0.06}=\cos\frac{\pi}{3}t\cos\frac{\pi}{3}+\sin\frac{\pi}{3}t\sin\frac{\pi}{3} \qquad ⓑ$$

将式ⓐ乘以 $\cos\dfrac{\pi}{3}$,式ⓑ乘以 $\cos\dfrac{\pi}{6}$,然后相减,得

$$\frac{x}{0.08}\cos\frac{\pi}{3}-\frac{y}{0.06}\cos\frac{\pi}{6}=\sin\frac{\pi}{3}t\sin\left(\frac{\pi}{6}+\frac{\pi}{3}\right) \qquad ⓒ$$

又将式ⓐ乘以 $\sin\dfrac{\pi}{3}$,式ⓑ乘以 $\sin\dfrac{\pi}{6}$,然后相减,得

$$\frac{x}{0.08}\sin\frac{\pi}{3}-\frac{y}{0.06}\sin\frac{\pi}{6}=\cos\frac{\pi}{3}t\sin\left(\frac{\pi}{6}+\frac{\pi}{3}\right) \qquad ⓓ$$

最后将式ⓒ、式ⓓ分别平方后相加,得

$$\frac{x^2}{(0.08)^2}+\frac{y^2}{(0.06)^2}-\frac{2xy}{0.08\times0.06}\cos\left(\frac{\pi}{3}+\frac{\pi}{6}\right)=\sin^2\left(\frac{\pi}{3}+\frac{\pi}{6}\right)$$

所以,质点的轨道方程为

$$\frac{x^2}{(0.08)^2}+\frac{y^2}{(0.06)^2}=1$$

(2) 由题设振动函数为

$$\left.\begin{aligned}x&=0.08\cos\left(\frac{\pi}{3}t+\frac{\pi}{6}\right)\\ y&=0.06\cos\left(\frac{\pi}{3}t-\frac{\pi}{3}\right)\end{aligned}\right\}\ (\mathrm{SI})$$

则

$$a_x=\frac{\mathrm{d}^2x}{\mathrm{d}t^2}=-0.08\left(\frac{\pi}{3}\right)^2\cos\left(\frac{\pi}{3}t+\frac{\pi}{6}\right)\mathrm{m}\cdot\mathrm{s}^{-2}$$

$$a_y=\frac{\mathrm{d}^2y}{\mathrm{d}t^2}=-0.06\left(\frac{\pi}{3}\right)^2\cos\left(\frac{\pi}{3}-\frac{\pi}{3}\right)\mathrm{m}\cdot\mathrm{s}^{-2}$$

可得质点在任一位置所受的力为

$$\begin{aligned}\boldsymbol{F}&=F_x\boldsymbol{i}+F_y\boldsymbol{j}=ma_x\boldsymbol{i}+ma_y\boldsymbol{j}\\&=0.4\left(\frac{\pi}{3}\right)^2\left[0.08\cos\left(\frac{\pi}{3}t+\frac{\pi}{6}\right)\boldsymbol{i}+0.06\cos\left(\frac{\pi}{3}t-\frac{\pi}{3}\right)\boldsymbol{j}\right]\mathrm{N}\\&=-0.44\boldsymbol{r}\ \mathrm{N}\end{aligned}$$

式中，$\boldsymbol{r}$ 为质点相对于坐标原点 O 的位矢.

第10章 机 械 波

10.1 学习要点导引

10.1.1 本章章节逻辑框图

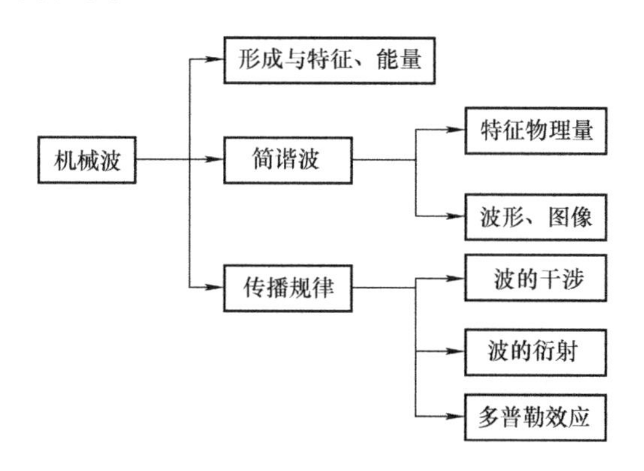

10.1.2 本章阅读导引

波动是与振动紧密联系着的物质运动形式,振动是波动产生的根源,波动是振动传播的过程. 例如声波、超声波、地震波等机械波,都是机械振动在弹性介质中的传播过程,而无线电波、各种颜色的光波、伦琴射线等电磁波,则是电磁场振荡在空间的传播过程. 由于振动传播的同时伴随有能量的传播,因此波动也是能量传播的过程.

波动这种运动形式与人类的关系非常密切. 人类乃至自然界的许多生物,也往往凭借机械波(例如声波)和电磁波(例如光波等)来认识它们周围的世界. 人们交流思想、交换信息也是依靠这两种波,特别是其中的声波和无线电波. 此外,太阳作为一个巨大的能源,就是靠波动(电磁波)这种传播能量的方式,将人类赖以生存的太阳能源源不断地从太阳输送到地球上来的. 所以,研究波动具有普遍而重要的意义.

在科学技术领域中,波动的理论是声学、地震学、建筑学、光学、无线电技术等学科的基础.

本章以机械波为具体内容,讨论了波的共同特征、现象和规律. 这些规律在以后学习电磁波(及光波)等其他波动时,也是适用的. 本章内容主要分为五个方面:①波的产生和传播,并引入描写波的一些基本物理量(u、T、ν、λ 等);②波的几何描述和解析描述(波函数);③波传播能量的概念;④介质中波的传播(反射、折射、衍射和干涉等)规律;⑤结合上述内容,介绍声波的一些知识. 学习时应重点掌握:平面简谐(余弦)波的波函数、波的干涉现象以及加强、减弱条件.

(1) 明确机械波是机械振动的传播过程. 为此,机械波必须具备激发振动的波源和质元间相互联系的弹性连续介质. 对机械波的产生和传播来说,这两个条件缺一不可.

所以,研究有关波动问题的基本方法是:必须从物质之间的互相联系和互相影响去考虑波动现象和规律.

(2) 机械波在传播过程中有两种运动:一是介质质元的振动,另一是具有波峰和波谷(或疏密层)的“波形”的移动.后者是由于波传播方向(即波线)上各质元开始振动的先后不同,即存在着不同的相位而形成的,因此这是质元集体的一种运动形式.质元振动的速度$\partial y/\partial t$和波形移动的速度(即波速$u=\partial x/\partial t$)两者不可混淆.质元的振动方向与波的传播方向也不一定一致,两者相垂直的称为横波,相重合的称为纵波.

(3) 机械波的传播过程也就是振动状态(或者说相位)的传播过程.在波的传播过程中,介质中各质元之间存在相位差.但要指出,因为相位差等于零或2π的整数倍时,余弦(或正弦)函数的值不变,所以在此情形下,仍说是相位相同.换句话说,“相位差等于零或2π的整数倍”是“相位相同”的同义语.

(4) 如前所述,机械波的传播既然与介质的弹性有密切的关系,因而波速必然与介质的弹性模量(参阅10.2节)有关.另外,波速也应该与介质的密度有关,因为密度是介质单位体积的质量,显然它是描述介质惯性的物理量,即反映介质中任一质元在力的作用下运动改变的难易程度.

(5) 如果波源的大小和形状与波的传播距离相比较可以忽略不计,则我们可以把它当作点波源.在各向同性的介质中,振动在各个方向上的传播速度是相同的,因此,振动从点波源出发,在各向同性介质中向各个方向传播出去后,其波前和波面都是以点波源为中心的球面.若点波源在无穷远处,则在一定范围的局部区域内,波面和波前的形状都近乎是平面.我们说过,在各向同性介质中波线恒垂直于波面.因此从点波源出发的波线,沿径向呈辐射状;在平面波的情况下,波线是与波前相垂直的许多平行直线.例如,传播到地球表面的太阳光线可以认为是平行的波线,即把太阳视作位于无限远的点波源;远处传来的声波也可以看作平面波.

(6) 必须掌握描写波的重要物理量——波速(决定于介质的性质,即惯性和弹性)、波的频率或周期(由波源所决定)和波长的意义,以及它们间的关系:$u=\nu\lambda$.在一定的均匀介质中,波速为恒量,频率ν与波长λ成反比,“高频”相当于“短波”,“低频”相当于“长波”.

(7) 必须深刻地理解波函数的物理意义.因为波就是振动状态的传播过程,传播的频率不变,传播的速度(波速u)有限,因此,波线上各点开始振动的先后不同.设波沿Ox轴方向传播,则相距为x_1的两点,开始振动的时间差为x_1/u,也即振动的相位差为$(\omega t+\varphi)-[\omega(t-x_1/u)+\varphi]=\omega x_1/u=2\pi x_1/\lambda$[⊖];而对于平面波,在介质不吸收的情况下,各点的振幅也相同.因此,如果知道某一点的质元振动表达式,通常将该点取作坐标原点O,就可以写出任一点x处质元的振动表达式,该表达式具有两个自变量(x和t),能说明任一质元(它的平衡位置由坐标x决定)振动时,在任一时刻(由t决定)的位移y,因此该表达式就是波函数,它是描述波的传播过程的.

(8) 像简谐运动一样,平面简谐波描述的也是一种理想的情况.我们可以从其波函数$y=A\cos[\omega(t-x/u)+\varphi]$看出,它的传播范围从$-\infty$到$+\infty$,而且不管时间多么长久,波幅$A$恒不变,或者说,它的波源在无限远处,并可在无限空间和时间内传播.可是,实际的波由于其能量

⊖ 这结果也可以由波长的定义推得:因波线上相距为一个波长的两点,相位相差为2π,则相距为x_1,也即相距为x_1/λ个波长的两点,相位应该相差$2\pi x_1/\lambda$.

沿途被介质吸收和散射而消耗殆尽，只能在有限空间和时间内传播，因而它不是理想的简谐波.

作为本章的重点内容，平面简谐波之所以是一种最重要、最基本的波，是因为：①许多实际的波可近似地看作简谐波. 如光谱中的单色光和单纯音调的声波都可认为是具有一定频率的简谐波；②任何周期性的波函数都可用余弦（或正弦）型波函数这类最简单的周期函数展成傅里叶级数. 所以平面简谐波是研究更复杂波的基础.

(9) 通常讨论波时，总是以平面简谐波作为例子. 但不要误以为，波仅有一种简谐波. 而且广义地说，波甚至不一定是周期性的. 例如，我们拉住一根弦线，用手抖动一下，就有一个脉冲波的波形沿着弦线奔跑，这个波是一个单波峰的脉冲在弦线上传播着，没有周期性.

(10) 波传播能量的特点是：能量随着波传播过去了，但那些携带能量的质元并没有跟着跑过去. 每一个质元都只是在平衡位置附近振动，传过去的只是能量. 这一点和质点流动的情况是有区别的. 在质点流动中，例如子弹飞行时，子弹打到哪里，子弹所携带的能量也就来到哪里，能量和它的携带者是一起流动着的.

如上所述，波传播的过程也是能量传播的过程，能流密度（波的强度）就是用来描述能量传播的物理量. 读者应着重了解它的意义，并从式(10-21)掌握它与有关物理量的关系.

(11) 对惠更斯原理应该有初步的了解. 目前对波的衍射现象要有定性认识.

(12) 波的干涉现象也是波动的重要特征之一. 读者必须掌握相干波源所必需满足的条件，并明确只有相干波才能产生干涉现象. 相干波的条件为：两个波的频率相同、振动方向相同和具有恒定的相位差. 如果两个波的振动方向不同，则合振动一般就不是一个直线振动，情况就复杂了. 如果两个波的频率不同或相位差不是恒定的，则合振动的振幅将随时间而变化，就不能产生某些点振动始终加强、某些点振动始终减弱的干涉现象，或者说，就不能产生稳定的干涉图样. 所以相干波的条件必须全面掌握.

(13) 利用波的叠加原理讨论相干波的合成时，首先对两列波在空间某一点质元所引起的振动，分别写出它们的振动表达式，然后用上一章的振动合成的解析法或旋转矢量法，就可以得出该点的合振动表达式，而无须硬记.

(14) 干涉加强和减弱的条件必须牢固掌握. 当相干波在某一点 P 引起的两个质元振动的相位差 $\varphi_{12}=2k\pi$（即同相位）时，干涉加强，该处的振幅最大，它等于两个分振幅之和；如果相位差 $\varphi_{12}=(2k+1)\pi$（相位相反）时，干涉减弱，该处的振幅最小，它等于两个分振幅之差. 所以，两列相干波在空间某点干涉的强弱条件主要决定在该点处的质元所参与的两个振动的相位差 φ_{12}，相位差的大小为 $\varphi_1-\varphi_2-2\pi(r_1-r_2)/\lambda$. 其中，$(\varphi_1-\varphi_2)$ 是由于两个波源振动的初相不同所引起的，而 $[-2\pi(r_1-r_2)/\lambda]$ 则是由于两个波源与某一点的距离不同（波程差）所引起的. 当两波源的初相相同时，即 $\varphi_1=\varphi_2$ 时，上述干涉强弱条件可由波程差 δ 来表示，这时，干涉加强、减弱的条件也可同理推得，这在以后学习第 13 章波动光学时是很有用的.

(15) 驻波实际上不是波，而是一种特殊形式的稳定的振动状态. 通常，根据相邻波节（或波腹）之间的距离等于半波长的特征，可用来测定波长.

实际上，一切发声体（即声源，如琴弦、锣、鼓、笙、箫、管、笛等）都是以驻波的方式在振动的. 由此可测定其固有振动的频率.

(16) 多普勒效应在日常生活和科学技术中经常遇到，值得认真一读.

10.2　教学拓展

10.2.1　弹性体与弹性形变

若物体在外力的作用下发生形变,而外力撤销后又能恢复原来的大小和形状,则这种变形体就称为**弹性体**. 例如,一根直杆原长为 l_0(m),以外力 F 拉伸此杆,使之伸长为 l_1,如果撤销外力,直杆完全恢复了原长 l_0(m). 若物体在外力的作用下发生形变,当把外力等因素去除后,变形体仍具有固定或残余形变的性质称为**塑性**.

受外力的作用,弹性体的形状或体积都可能发生变化,产生形变. 形变发生后,物体中将出现使其恢复平衡状态的内力. 设面元 ΔS 是物体内某处的一个假想截面,截面两侧两部分物体间的相互作用力为 $\Delta\boldsymbol{F}$,如图 10.2-1 所示,将 $\Delta\boldsymbol{F}$ 分解为垂直于截面 ΔS 的分矢量 $\Delta\boldsymbol{F}_{\rm n}$ 和平行于截面 ΔS 的分矢量 $\Delta\boldsymbol{F}_{\rm t}$. 垂直于截面上的 $\Delta\boldsymbol{F}_{\rm n}$ 与截面面积 ΔS 之比称作**正应力**,记为 σ. 即

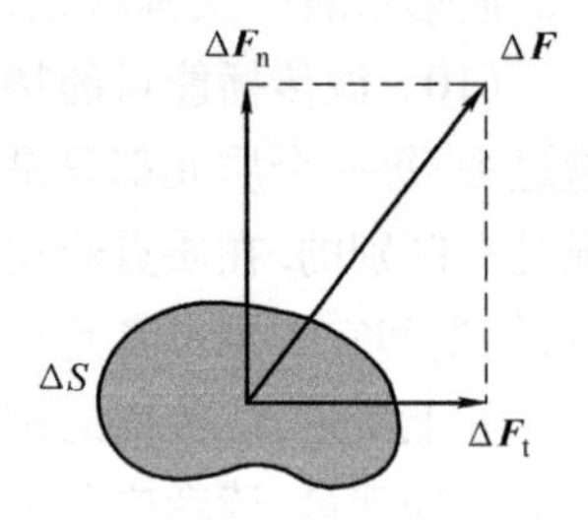

图 10.2-1　应力与应变

$$\sigma=\lim_{\Delta S\to 0}\frac{\Delta F_{\rm n}}{\Delta S}$$

而相切于截面上的 $\Delta F_{\rm t}$ 与截面面积 ΔS 之比称作**切应力**,记为 τ. 即

$$\tau=\lim_{\Delta S\to 0}\frac{\Delta F_{\rm t}}{\Delta S}$$

对于长度为 l_0、截面面积为 S 的均匀弹性杆,其两端受沿杆的等值反方向外力 $\boldsymbol{F}$ 作用,将发生拉伸或压缩形变. 若变形后长度为 l,则杆的长度的**相对变形**为

$$\varepsilon=\frac{l-l_0}{l_0}=\frac{\Delta l}{l_0}$$

ε 也称**线应变**,它是一个量纲为一的物理量,数值的正负分别对应于拉伸形变或压缩形变.

实验表明,在线形变限度内,正应力与线应变成正比,即

$$\sigma=E\varepsilon$$

比例系数 E 称为**弹性模量**(**或杨氏模量**). 上式是胡克(R Hooke)最早提出的弹性杆拉伸或压缩形变的规律,后来人们把所有应力与应变成正比的关系式及其导出的规律统称为**胡克定律**. 弹性模量是表征材料性质的物理量,与弹性体的大小、形状无关.

10.2.2　波动方程　波速

沿 Ox 轴方向传播的平面简谐波的波函数,一般可表示为如下的函数通式:

$$y=f(x-ut)+g(x+ut) \tag{ⓐ}$$

分别对 x,t 求二阶偏导数,可得

$$\frac{\partial^2 y}{\partial x^2}=\frac{1}{u^2}\frac{\partial^2 y}{\partial t^2} \tag{ⓑ}$$

式ⓐ给出了任意时刻 t 的波形,同时指出 x 处介质质元的位移. 而在同一介质中传播的波,其波形可能有不同形状,且视波动产生的方法不同,频率也可能有所不同. 式ⓐ右边第一项与第

二项的差别,除了波的传播方向不同外,还依赖于波的产生方法. 再看式ⓑ,它完全不包括产生波动时的特殊情况,只含有波速 u,而 u 只取决于介质的性质,所以式ⓑ能反映介质中传播的各种频率和各种振幅的波动的共性,称为**波动方程**. 它是二阶线性偏微分方程,包含有形如式ⓐ那样的 f、g 等的任意形式的函数都是它的解.

10.2.3 流体中的声波

空气和水中传播的声波是纵波,固体中传播的声波可以是横波或纵波.

气体中的声波(纵波)传播时,引起气体体积的压缩和膨胀的形变. 描述这种形变的体积应变(即体变)定义为体积的改变量 $\mathrm{d}V$ 与原来体积 V 之比. 体积的变化是由于气体压强 p 偏离大气压 p_{atm}所引起的. 即,当气体中没有声波传播时,气体未受声波扰动,则气体的压强就是大气压强 p_{atm};而当声波在气体中传播引起质元的压缩和膨胀的扰动时,压强由 p_{atm}变为 p. 今将实际压强 p 与大气压 p_{atm}之差用 $\mathrm{d}p$ 表示,$\mathrm{d}p$ 称为附加压强(即声压).

与固体相仿,若在空气中仅激发微小的震动,各质元仅发生微小的形变,这时,气体的弹性(即可压缩的程度)可用它的体积模量 B 来表述,即

$$B=-\frac{\mathrm{d}p}{\mathrm{d}V/V} \tag{ⓒ}$$

上式中 B 为正值,因此加一负号,即负号表示压强增加则体积减小,压强减小则体积增加. B 值与波动引起的气体变化过程有关. 由于声波传播很快,来不及与外界交换热量,可视作绝热过程,即 p 与 V 满足

$$pV^{\gamma}=\text{恒量} \tag{ⓓ}$$

式中,$\gamma=C_p/C_V$ 为比热容比,将上式对 V 求导,有

$$\gamma pV^{\gamma-1}+V^{\gamma}\left(\frac{\mathrm{d}p}{\mathrm{d}V}\right)_Q=0$$

脚标 Q 代表绝热过程. 于是得

$$\gamma p=-V\left(\frac{\mathrm{d}p}{\mathrm{d}V}\right)_Q$$

代入式ⓒ,即得

$$B=\gamma p \tag{ⓔ}$$

为了求声波波动方程,在声波传播的气体中取一具有截面积 S、厚度 $\mathrm{d}x$ 的质元,如图 10.2-2所示. 设在 Ox 轴上的 x 处薄层内质元的位移为 y,在 $x+\mathrm{d}x$ 处的薄层内质元的位移为$y+\mathrm{d}y$,所以质元体积的增量为

$$\mathrm{d}V=[(\mathrm{d}x+y+\mathrm{d}y)-(\mathrm{d}x+y)]S=\left(\frac{\partial y}{\partial x}\mathrm{d}x\right)S$$

由于质元两侧沿着 Ox 轴的压强并不平衡,因此气体介质发生形变,作用在质元上的合力为

$$\begin{aligned}(p_x-p_{x+\mathrm{d}x})S&=\left[p_x-\left(p_x+\frac{\partial p_x}{\partial x}\mathrm{d}x\right)\right]S=\left(-\frac{\partial p_x}{\partial x}\mathrm{d}x\right)S\\&=\left(-\frac{\partial(p_{\mathrm{atm}}+p)}{\partial x}\mathrm{d}x\right)S=\left(-\frac{\partial p}{\partial x}\mathrm{d}x\right)S\end{aligned}$$

质元质量为$\rho_0 \mathrm{d}xS$（ρ_0 为气体未受扰动时的密度），加速度为$\partial^2 y/\partial t^2$. 由牛顿第二定律，可得

$$-\frac{\partial p}{\partial x}\mathrm{d}xS=\rho_0 \mathrm{d}xS\frac{\partial^2 y}{\partial t^2} \qquad ⓕ$$

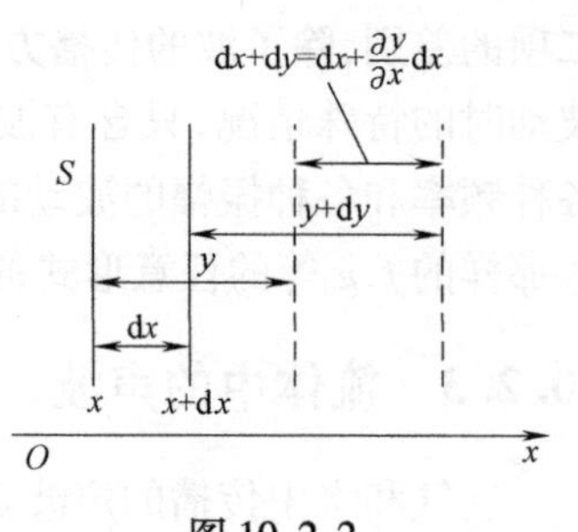

图 10.2-2

考虑到体积形变为

$$\frac{\mathrm{d}V}{V}=\left(\frac{\partial y}{\partial x}\mathrm{d}x\right)S/S\mathrm{d}x=\frac{\partial y}{\partial x}$$

由式ⓒ，且因 $B=\gamma p$ 为恒量，则上式可写成

$$\mathrm{d}p=-\gamma p\frac{\partial y}{\partial x}$$

$$\frac{\partial p}{\partial x}=-\gamma p\frac{\partial^2 y}{\partial x^2}$$

代入式ⓕ，得

$$\gamma p\frac{\partial^2 y}{\partial x^2}=\rho_0\frac{\partial^2 y}{\partial t^2}$$

即

$$\frac{\partial^2 y}{\partial t^2}=\frac{\gamma p}{\rho_0}\cdot\frac{\partial^2 y}{\partial x^2} \qquad ⓖ$$

将式ⓑ与式ⓖ比较，并借理想气体状态方程 $pV=\frac{m}{M}RT$ 或 $p=\frac{m}{MV}RT$，可得出气体传播声波的速度为

$$u=\sqrt{\frac{\gamma p}{\rho_0}}\approx\sqrt{\frac{\gamma RT}{M}} \qquad ⓗ$$

10.2.4　波的叠加

我们知道，若有几列波同时在介质中传播，不管它们是否相遇，皆各自以原有的振幅、波长和频率独立传播，彼此互不影响. 因此，在两波相遇处质元的位移等于各列波单独传播时在该处引起的位移的矢量和. 此即波的叠加原理. 这一原理是在大量观察和实验的基础上总结出来的.

波的叠加原理的数学背景是：由于波动方程

$$\frac{\partial^2 y}{\partial x^2}=\frac{1}{u^2}\frac{\partial^2 y}{\partial t^2}$$

为线性的. 若 y_1、y_2 分别是它的解，则分别满足

$$\frac{\partial^2 y_1}{\partial x^2}\equiv\frac{1}{u^2}\frac{\partial^2 y_1}{\partial t^2}$$

$$\frac{\partial^2 y_2}{\partial x^2}\equiv\frac{1}{u^2}\frac{\partial^2 y_2}{\partial t^2}$$

将上两式相加，得

$$\frac{\partial^2(y_1+y_2)}{\partial x^2}=\frac{1}{u^2}\frac{\partial^2(y_1+y_2)}{\partial t^2}$$

即(y_1+y_2)同样满足波动方程. 而(y_1+y_2)即为两波的叠加. 可见波的叠加原理的成立和波动

方程为线性,两者是分不开的.

波动方程是根据牛顿第二定律和关于物质弹性的胡克定律推导出来的. 当形变甚小时,胡克定律指出应变与应力之间的线性关系,这时质点动力学方程(即表现为波动方程)为一个线性方程,而导致波的叠加原理的成立. 但若介质中振幅很大,形变很大,以至于应变与应力之间不再具有线性关系,则将得到非线性的波动方程,从而叠加原理就不再适用了.

10.3 解题指导

例 10-1 一平面简谐波的波函数为 $y=0.20\cos(2.5\pi t-\pi x)$(SI). 试求:(1) 该简谐波的振幅、波速、频率及波长;(2) 介质质点振动的最大速度.

分析 已知波动方程求波动的特征量(振幅、波速、频率及波长等),通常采用比较法. 将已知的波动方程按波动方程的一般形式 $y=A\cos\left[\omega\left(t-\dfrac{x}{u}\right)+\varphi_0\right]$书写,通过比较确定各特征量.

解 (1) 将波函数表示为

$$y=0.20\cos(2.5\pi t-\pi x)=0.20\cos[2.5\pi(t-0.4\pi x)]\text{(SI)}$$

与一般表达式 $y=A\cos\left[\omega\left(t-\dfrac{x}{u}\right)+\varphi_0\right]$比较得

简谐波的振幅 $A=0.20\text{cm}$,波速 $u=\dfrac{1}{0.4}=2.5\text{m}\cdot\text{s}^{-1}$,初相位 $\varphi_0=0$

则频率 $\nu=\dfrac{\omega}{2\pi}=\dfrac{2.5\pi}{2\pi}\text{Hz}=1.25\text{Hz}$,波长 $\lambda=\dfrac{u}{\nu}=\dfrac{2.5}{1.25}\text{m}=2\text{m}$

(2) 媒质质点振动的速度$v=\dfrac{\text{d}y}{\text{d}t}=0.05\pi\sin[2.5\pi(t-0.4\pi x)]$,则

$$v_{\max}=0.05\pi\text{m}\cdot\text{s}^{-1}=0.157\text{m}\cdot\text{s}^{-1}$$

10.4 习题解答

10-1 频率为 $\nu=1.25\times10^4\text{Hz}$ 的平面简谐纵波沿细长的金属棒传播,棒的弹性模量 $E=1.90\times10^{11}\text{N}\cdot\text{m}^{-2}$,棒的密度 $\rho=7.6\times10^3\text{kg}\cdot\text{m}^{-3}$. 求该纵波的波长.

分析 因机械波传播速度与介质性质有关,固体中纵波传播速度 $u=\sqrt{E/\rho}$. 而波的波长 λ 与波速 u、频率 ν 之间有 $\lambda=u/\nu$. 所以,频率一定的振动在不同介质中传播时,其波长不同. 于是,可求得波长.

解 由分析可知金属棒中传播的纵波速度 $u=\sqrt{E/\rho}$,因此,该纵波的波长为

$$\lambda=\frac{u}{\nu}=\sqrt{\frac{E}{\rho\nu^2}}=\sqrt{(1.90\times10^{11})/(7.6\times10^3)(1.25\times10^4)^2}\text{ m}=0.40\text{m}$$

10-2 地震波在地壳中传播的纵波和横波的速度分别为 $5.5\text{km}\cdot\text{s}^{-1}$和 $3.5\text{km}\cdot\text{s}^{-1}$,已知地壳的平均密度为 $2.8\text{t}\cdot\text{m}^{-3}$,试估算地壳的弹性模量 E 和切变模量 G.

解 已知:纵波波速为 $u_{纵}=5.5\times10^3\text{m}\cdot\text{s}^{-1}$,横波波速为 $u_{横}=3.5\times10^3\text{m}\cdot\text{s}^{-1}$,地壳平均密度 $\rho=2.8\times10^3\text{kg}\cdot\text{m}^{-3}$. 按横波在固体介质中的波速公式为

$$u_{横}=\sqrt{G/\rho}$$

则介质的切变模量为

$$G=\rho u_{横}^2=[(2.8\times10^3)(3.5\times10^3)^2]\text{N}\cdot\text{m}^{-2}=3.43\times10^{10}\text{N}\cdot\text{m}^{-2}$$

纵波在固体介质中的波速可近似按下式计算:

$$u_{纵} = \sqrt{E/\rho}$$

则介质的弹性模量为

$$E=\rho u_{纵}^2=[(2.8\times10^3)(5.5\times10^3)^2]\text{N}\cdot\text{m}^{-2}=8.47\times10^{10}\text{N}\cdot\text{m}^{-2}$$

10-3　一横波在沿绳子传播时的波动表达式为

$$y=0.20\cos(2.5\pi t-\pi x)\quad(\text{SI})$$

(1) 求波的振幅、波速、频率及波长；

(2) 求绳上的质点振动时的最大速度；

(3) 分别画出 $t=1\text{s}$ 和 $t=2\text{s}$ 时的波形，并指出波峰和波谷. 画出 $x=1.0\text{m}$ 处质点的振动曲线并讨论它与波形图的不同.

分析

(1) 已知波函数求波动的特征量(波速 u、频率 ν、振幅 A 及波长 λ 等)，通常采用比较法. 将已知的波函数按波函数的一般形式 $y=A\cos\left[\omega\left(t\mp\frac{x}{u}\right)+\varphi_0\right]$ 书写，然后通过比较确定各特征量 $\left(\text{式中}\frac{x}{u}\text{前“}-\text{”“}+\text{”的选取分别对应波沿 } Ox \text{ 轴正向和负向传播}\right)$. 利用比较法，思路清晰、求解简便，是一种常用的解题方法.

(2) 讨论波动问题，要理解振动物理量与波动物理量之间的内在联系与区别. 例如区分质点的振动速度与波速的不同，振动速度是质点的运动速度，即 $v=\mathrm{d}y/\mathrm{d}t$；而波速是波线上质点运动状态的传播速度(也称相位的传播速度，称波形的传播速度或能量的传播速度)，其大小由介质的性质决定. 介质不变，波速保持恒定.

(3) 将不同时刻的 t 值代入已知波函数，便可以得到不同时刻的波形表达式 $y=y(x)$，从而可作出波形图. 而将确定的 x 值代入波函数，便可以得到该位置处质点的运动表达式 $y=y(t)$，从而可作出振动图.

解

(1) 将已知波函数表示为

$$y=0.20\cos[2.5\pi(t-x/2.5)]$$

与一般的波函数 $y=A\cos[\omega(t-x/u)+\varphi]$ 比较，可得

$$A=0.20\text{m},\quad u=2.5\text{m}\cdot\text{s}^{-1},\quad \varphi=0,\quad \omega=2.5\pi$$

则

$$\nu=\omega/2\pi=2.5\pi/2\pi\text{Hz}=1.25\text{Hz},\quad \lambda=u/\nu=2.5/1.25\text{m}=2.0\text{m}$$

(2) 绳上质点的振动速度

$$v=\frac{\mathrm{d}y}{\mathrm{d}t}=-0.5\pi\sin[2.5\pi(t-x/2.5)]$$

则

$$v_{\max}=0.5\pi\text{m}\cdot\text{s}^{-1}=1.57\text{m}\cdot\text{s}^{-1}$$

(3) $t=1\text{s}$ 和 $t=2\text{s}$ 时的波形表达式分别为

$$y_1=0.20\cos(2.5\pi-\pi x)\ (\text{m})$$
$$y_2=0.20\cos(5\pi-\pi x)\ (\text{m})$$

波形图如习题10-3图a所示.

$x=1.0\text{m}$ 处质点的运动表达式为

$$y=-0.20\cos(2.5\pi t)\ (\text{m})$$

振动曲线如习题10-3图b所示.

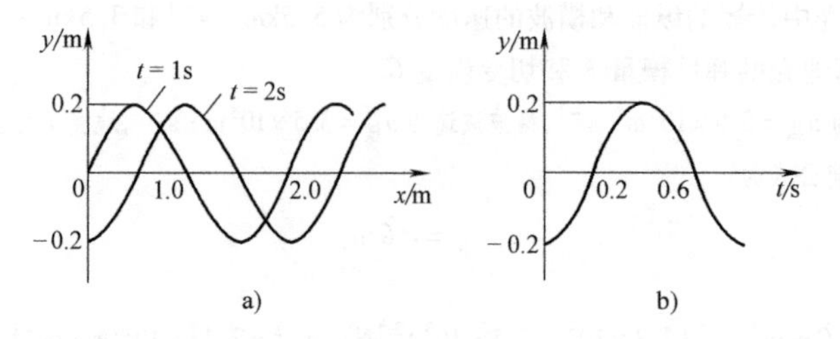

习题10-3图

波形图与振动图虽在图形上相似，但却有着本质的区别．前者表示某确定时刻波线上所有质点的位移情况；而后者则表示某确定位置的一个质点，其位移随时间变化的情况．

10-4　设平面简谐波的波函数为 $y=1.5\cos(3t-6x)$ (cm)．式中，y、x 的单位为 cm，t 的单位为 s，求振幅、波长、波速及波的频率．

解　将题给的波函数

$$y=1.5\cos(3t-6x)\ \ (\text{cm})$$

化成标准形式

$$y=A\cos\omega\left(t-\frac{x}{u}\right)\ (\text{cm})$$

就可求解，即

$$y=1.5\cos 3(t-2x)=1.5\cos 3\left(t-\frac{x}{1/2}\right)\ (\text{cm})$$

即得
$$A=1.5\text{cm},\quad u=\frac{1}{2}\text{cm}\cdot\text{s}^{-1}=0.5\text{cm}\cdot\text{s}^{-1}$$

也可化成另一种标准形式：

$$y=A\cos 2\pi\left(\nu t-\frac{x}{\lambda}\right)$$

即
$$y=1.5\cos 2\pi\left(\frac{3}{2\pi}t-\frac{x}{2\pi/6}\right)\text{cm}=1.5\cos 2\pi\left(\frac{3}{2\pi}t-\frac{x}{\pi/3}\right)$$

得
$$\lambda=\frac{\pi}{3}\text{cm},\quad \nu=\frac{3}{2\pi}\text{Hz}$$

10-5　一列沿 Ox 轴正向传播的平面简谐波，波速为 $2\text{m}\cdot\text{s}^{-1}$，原点处质元的振动表达式为 $y_0=6\times10^{-2}\cos\pi t$ (SI)，求波函数；并绘出 $t=6$s 时的波形曲线和 $x=2$m 处质元的振动曲线．

解　已知 $u=2\text{m}\cdot\text{s}^{-1}$，原点振动表达式为

$$y_0=6\times10^{-2}\cos\pi t$$

则波函数为

$$y=6\times10^{-2}\cos\pi\left(t-\frac{x}{2}\right)$$

化成标准形式：

$$y=A\cos2\pi\left(\nu t-\frac{x}{\lambda}\right)$$

得
$$y=6\times10^{-2}\cos2\pi\left(\frac{t}{2}-\frac{x}{4}\right)\ \ (\text{SI})$$

所求的波形曲线和振动曲线分别如习题10-5图a、b所示．

a)

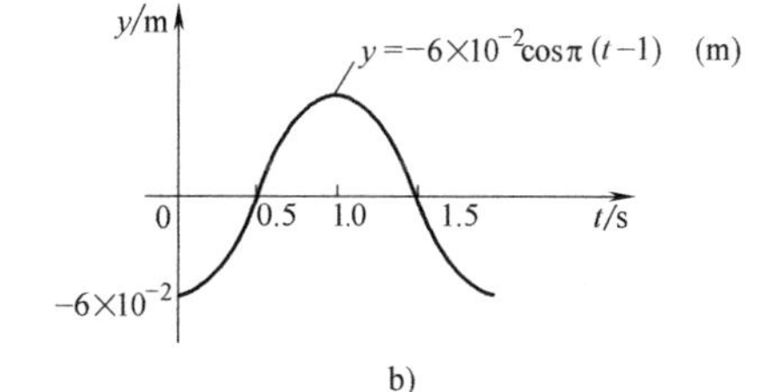

b)

习题10-5图

10-6　一平面简谐波的波函数为 $y=0.05\cos(8t+3x+\pi/4)$ (SI)，沿 Ox 轴传播．问：(1) 它沿什么方向传播？(2) 它的频率、波长、波速各是多少？(3) 式中的 $\pi/4$ 有什么意义？

解　将题给的平面简谐波的波函数

$$y=0.05\cos(8t+3x+\pi/4)$$

化为标准形式：

$$y=A\cos\left[2\pi\nu\left(t-\frac{x}{u}\right)+\varphi\right]$$

即得
$$y=0.05\cos\left[8\left(t-\frac{x}{-8/3}\right)+\pi/4\right]$$

得　$u=-8/3\text{m}\cdot\text{s}^{-1}$，即波沿 Ox 轴负向传播，波速大小为 $|u|=8/3\text{m}\cdot\text{s}^{-1}$．

也可化成另一种标准形式,即

$$y = A\cos\left[2\pi\left(\nu t + \frac{x}{\lambda}\right) + \varphi\right]$$

即得

$$y = 0.05\cos\left[2\pi\left(\frac{8}{2\pi}t + \frac{3}{2\pi}x\right) + \pi/4\right]$$

$$= 0.05\cos\left[2\pi\left(\frac{4}{\pi}t + \frac{x}{2\pi/3}\right) + \pi/4\right]$$

所以有

$$\nu = \frac{4}{\pi}\text{Hz},\quad \lambda = \frac{2\pi}{3}\text{m}$$

令 $x=0$,得原点处的质元振动表达式为

$$y = 0.05\cos(8t + \pi/4)\ \ (\text{m})$$

可见,$\pi/4$ 为 $x=0$ 处质元振动的初相.

10-7　一平面简谐横波沿 Ox 轴传播,其波函数为 $y = A\cos(2\pi/\lambda)(ut - x)$. 若 $A = 0.01\text{m}$, $\lambda = 0.2\text{m}$, $u = 25\text{m}\cdot\text{s}^{-1}$. 求 $t = 0.1\text{s}$ 时,$x = 2\text{m}$ 处的质元振动的位移、速度和加速度.(提示:要区别波速 $u = \frac{\partial x}{\partial t}$ 和质元振动速度 $v = \frac{\partial y}{\partial t}$)

解　按题设,可得波函数为

$$y = 0.01\cos\frac{2\pi}{0.2}(25t - x) = 0.01\cos10\pi(25t - x)$$

任意点质元的速度和加速度分别为

$$v = \frac{\partial y}{\partial t} = -2.5\pi\sin10\pi(25t - x)\ \ (\text{m}\cdot\text{s}^{-1})$$

$$a = \frac{\partial^2 y}{\partial t^2} = -(0.01)(250\pi)^2\cos10\pi(25t - x)\ \ (\text{m}\cdot\text{s}^{-2})$$

当 $t = 0.1\text{s}$ 时,$x = 2\text{m}$ 处的质元的位移、速度和加速度分别为

$$y = [0.01\cos10\pi(25\times0.1 - 2)]\text{m} = -0.01\text{m}$$

$$v = [-2.5\pi\sin10\pi(25\times0.1 - 2)]\text{m}\cdot\text{s}^{-1} = 0$$

$$a = [-(0.01)(250\pi)^2\cos10\pi(25\times0.1 - 2)]\text{m}\cdot\text{s}^{-2} = +6.17\times10^3\text{m}\cdot\text{s}^{-2}$$

10-8　波源做简谐运动,其运动函数为 $y = 4.0\times10^{-3}\cos(240\pi t)$ (SI),它所形成的波形以 $30\text{m}\cdot\text{s}^{-1}$ 的速度沿一直线传播.(1) 求波的周期及波长;(2) 写出波动表达式.

分析　已知波源运动函数求波动物理量及波动函数,可先将运动函数与其一般形式 $y = A\cos(\omega t + \varphi_0)$ 进行比较,求出振幅 A、角频率 ω 及初相 φ_0,而这三个物理量与波函数的一般形式 $y = A\cos[\omega(t - x/u) + \varphi_0]$ 中相应的三个物理量是相同的.再利用题中已知的波速 u 及公式 $\omega = 2\pi\nu = 2\pi/T$ 和 $\lambda = uT$ 即可求解.

解　(1) 由已知的波源运动函数可知,质点振动的角频率 $\omega = 240\pi\text{s}^{-1}$. 根据分析中所述,波的周期就是振动的周期,故有

$$T = 2\pi/\omega = 2\pi/(240\pi)\text{s} = 1/120\ \text{s} = 8.33\times10^{-3}\text{s}$$

波长为

$$\lambda = uT = 30\times1/120\text{m} = 1/4\text{m} = 0.25\text{m}$$

(2) 将已知的波源运动函数与简谐运动函数的一般形式比较后可得

$$A = 4.0\times10^{-3}\text{m},\ \omega = 240\pi\cdot\text{s}^{-1},\ \varphi_0 = 0$$

故以波源为原点,沿 Ox 轴正向传播的波的波函数为

$$y = A\cos[\omega(t - x/u) + \varphi_0] = 4.0\times10^{-3}\cos(240\pi t - 8\pi x)\quad(\text{SI})$$

10-9　有一平面简谐波在介质中沿 Ox 轴传播,波速 $u = 100\text{m}\cdot\text{s}^{-1}$,波线上右侧距波源 O(坐标原点)为 75.0m 的一点 P 处的运动函数为 $y = 0.3\cos(2\pi t + \pi/2)$(SI),求:(1) 波向 Ox 轴正方向传播时的波动表达式;(2) 波向 Ox 轴负方向传播时的波动表达式.

分析 在已知波线上某点的简谐运动表达式的条件下,建立波函数时,可先写出以波源 O 为原点的波函数的一般形式,然后利用已知点 P 的简谐运动表达式来确定该波函数中各量,从而建立所求波函数.

解 (1) 设以波源为原点 O,沿 Ox 轴正向传播的波函数为

$$y=A\cos[\omega(t-x/u)+\varphi_0] \quad \text{(SI)}$$

将 $u=100\text{m}\cdot\text{s}^{-1}$ 代入,且取 $x=75\text{m}$ 得点 P 的运动函数为

$$y_P=A\cos[\omega(t-0.75)+\varphi_0]$$

与题设点 P 的运动函数比较可得 $A=0.30\text{m}$、$\omega=2\pi\ \text{s}^{-1}$、$\varphi_0=2\pi$. 则所求波函数为

$$y=0.3\cos[2\pi(t-x/100)]$$

(2) 当沿 Ox 轴负向传播时,波动函数为

$$y=A\cos[\omega(t+x/u)+\varphi_0]$$

将 $x=75\text{m}$、$u=100\text{m}\cdot\text{s}^{-1}$ 代入后,与题给点 P 的运动函数比较得 $A=0.30\text{m}$、$\omega=2\pi\text{s}^{-1}$、$\varphi_0=-\pi$,则所求波函数为

$$y=0.3\cos[2\pi(t+x/100)-\pi] \quad \text{(SI)}$$

10-10 一平面简谐波,波长为12m,沿 Ox 轴负向传播. 习题10-10图a所示为 $x=1.0\text{m}$ 处质点的振动曲线,求此波的波函数.

分析 该题可利用振动曲线来获取波动的特征量,从而建立波动函数. 求解的关键是如何根据习题10-10图a写出它所对应的简谐运动函数. 较简便的方法是旋转矢量法.

解 由题意和习题10-10图a可知,质点振动的振幅 $A=0.40\text{m}$,$t=0$ 时位于 $x=1.0\text{m}$ 处的质点在 $A/2$ 处,并向 Oy 轴正向移动. 据此作出相应的旋转矢量图(见习题10-10图b),从图中可知 $\varphi_0'=-\pi/3$.

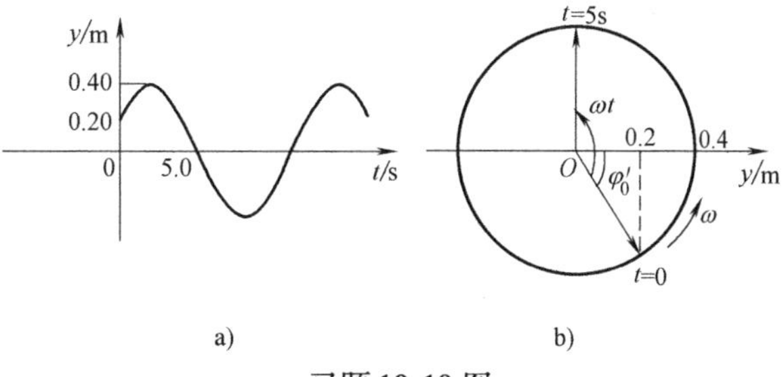

习题10-10图

又由习题10-10图a可知,$t=5\text{s}$ 时,质点第一次回到平衡位置,由习题10-10图b可看出 $\omega t=\dfrac{5\pi}{6}$,因而得角频率 $\omega=\dfrac{\pi}{6}\text{s}^{-1}$.

由上述特征量可写出 $x=1.0\text{m}$ 处质点的运动函数为

$$y=0.40\cos\left(\frac{\pi}{6}t-\frac{\pi}{3}\right) \quad \text{(SI)}$$

将波速 $u=\lambda/T=\omega\lambda/2\pi=1.0\text{m}\cdot\text{s}^{-1}$ 及 $x=1.0\text{m}$ 代入波函数的一般形式 $y=A\cos[\omega(t+x/u)+\varphi_0]$ 中,并与上述 $x=1.0\text{m}$ 处的运动函数做比较,可得 $\varphi_0=-\pi/2$,则波动函数为

$$y=0.40\cos\left[\frac{\pi}{6}\left(t+\frac{x}{1.0}\right)-\frac{\pi}{2}\right] \quad \text{(SI)}$$

$$=0.40\cos\left[\frac{\pi}{6}(t+x)-\frac{\pi}{2}\right] \quad \text{(SI)}$$

10-11 平面简谐波的波函数为 $y=0.08\cos(4\pi t-2\pi x)$ (SI),求:(1) $t=2.1\text{s}$ 时波源及距波源0.10m两处的相位;(2) 离波源0.80m及0.30m两处的相位差 φ_{12}.

解 (1) 将 $t=2.1\text{s}$ 和 $x=0$ 代入题给波函数,可得波源处的相位

$$\varphi_1=8.4\pi$$

将 $t=2.1\text{s}$ 和 $x=0.10\text{m}$ 代入题给波函数,得0.10m处的相位为

$$\varphi_2=8.2\pi$$

(2) 从波函数可知波长 $\lambda=1.0\text{m}$. 这样,$x_1=0.80\text{m}$ 与 $x_2=0.30\text{m}$ 两点间的相位差为

$$\varphi_{12}=2\pi\cdot\Delta x/\lambda=2\pi\times(0.8-0.3)/1.0=\pi$$

10-12 有一平面简谐波在介质中传播,其波速 $u=1.0\times10^3\text{m}\cdot\text{s}^{-1}$,振幅 $A=1.0\times10^{-4}\text{m}$,频率 $\nu=1.0\times10^3\text{Hz}$. 若介质的密度为 $\rho=8.0\times10^2\text{kg}\cdot\text{m}^{-3}$,求:(1) 该波的能流密度;(2) 1min内垂直通过面积

为 $4.0\times10^{-4}\text{m}^2$ 的总能量.

解　(1) 由能流密度 I 的表达式得

$$I=\frac{1}{2}\rho uA^2\omega^2=2\pi^2\rho uA^2\nu^2$$

代入题设数据,得 $I=1.58\times10^5\text{W}\cdot\text{m}^{-2}$.

(2) 在时间间隔 $\Delta t=60\text{s}$ 内垂直通过面积 S 的能量为

$$W=\overline{P}\cdot\Delta t=IS\cdot\Delta t=(1.58\times10^5\times4.0\times10^{-4}\times60)\text{J}=3.79\times10^3\text{J}$$

10-13　一个点波源发射的功率为1.0W,在各向同性的不吸收能量的均匀介质中传出球面波.求距波源1.0m处的波的强度.

解　按题意,在距波源 $r=1\text{m}$ 处,相应于波源发射功率 $P=1\text{W}$ 的波的强度为

$$I=\frac{P}{4\pi r^2}=\frac{1\text{W}}{4\pi\times(1.0\text{m})^2}=0.08\text{W}\cdot\text{m}^{-2}$$

10-14　两个以同相位、同频率、同振幅振动的相干波源分别位于点 P、Q 处(在同一介质中),设频率为 ν,波长为 λ,P、Q 间的距离为 $3\lambda/2$,R 为 PQ 延长线上的任意一点.试求:(1) 自 P 发出的波在 R 点的振动和自 Q 发出的波在 R 点的振动的相位差;(2) R 点合振动的振幅.

解　(1) 按题意作习题10-14图,设相干波源 P、Q 的振动表达式为

$$y=A\cos(\omega t+\varphi)=A\cos(2\pi\nu t+\varphi)$$

如习题10-14图所示,P 点发出的波,其波函数为

$$y_P=A\cos\left[2\pi\left(\nu t-\frac{x}{\lambda}\right)+\varphi\right]$$

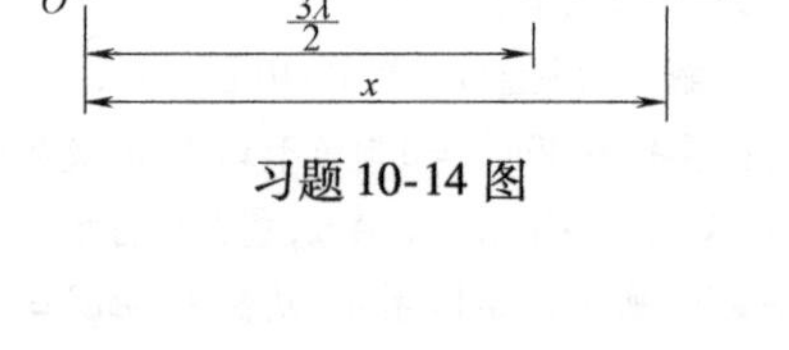

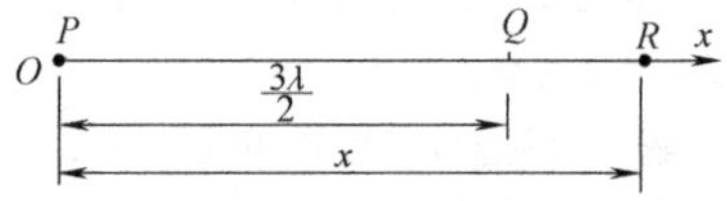

习题10-14图

Q 点发出的波,其波函数为

$$y_Q=A\cos\left[2\pi\left(\nu t-\frac{x-3\lambda/2}{\lambda}\right)+\varphi\right]$$

二者的相位差为

$$\varphi_{PQ}=\frac{2\pi}{\lambda}\left[(-x)-\left(-x+\frac{3\lambda}{2}\right)\right]=3\pi$$

(2) 所以,R 点处的合振动的振幅为

$$A=\sqrt{A_1^2+A_2^2+2A_1A_2\cos\Delta\varphi}=\sqrt{A^2+A^2+2A^2\cos3\pi}=0$$

10-15　如习题10-15图所示,A、B 为同一介质中的两个相干的点波源.其振幅都是0.05m,频率都是100Hz,且当 A 点为波峰时,B 点适为波谷.设在介质中的波速为 $10\text{m}\cdot\text{s}^{-1}$.试求从 A、B 发出的两列波传到 P 点时的干涉结果.

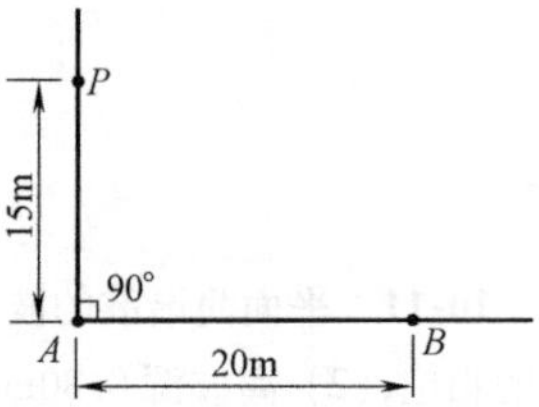

习题10-15图

解　按题意,从相干波源发出的波,其波函数分别为

$$y_A=0.05\cos200\pi\left(t-\frac{x}{10}\right)\ (\text{SI})$$

$$y_B=0.05\cos\left[200\pi\left(t-\frac{x}{10}\right)+\pi\right]\ (\text{SI})$$

传播到 P 点时

$$y_A=0.05\cos200\pi\left(t-\frac{15}{10}\right)(\text{m})=0.05\cos(200\pi t-300\pi)\quad(\text{m})$$

$$y_B=0.05\cos\left[200\pi\left(t-\frac{25}{10}\right)+\pi\right](\text{m})=0.05\cos(200\pi t-500\pi+\pi)\quad(\text{m})$$

二者的相位差为

$$\varphi_{AB}=(200\pi t-300\pi)-(200\pi t-500\pi+\pi)=199\pi$$

所以合振幅为

$$A=0$$

10-16 在同一介质中,两相干的点波源 P、Q 的频率为100Hz,振幅分别为 A_1、A_2,相位差为两波源连线的中垂线上各点的振动情况. 已知波速为 $10\mathrm{m\cdot s^{-1}}$.

解 按题意作习题10-16图,从两相干波源 P、Q 发出的波,其波函数分别为

$$y_P = A_1\cos 200\pi\left(t-\frac{x}{10}\right)\quad(\mathrm{m})$$

$$y_Q = A_2\cos\left[200\pi\left(t-\frac{x}{10}\right)+\pi\right]\quad(\mathrm{m})$$

在两波源 P、Q 的中垂线任一点上距波源为 r 处的 R 点,其振动表达式为

$$y_P = A_1\cos 200\pi\left(t-\frac{r}{10}\right)\quad(\mathrm{m})$$

$$y_Q = A_2\cos\left[200\pi\left(t-\frac{r}{10}\right)+\pi\right]\quad(\mathrm{m})$$

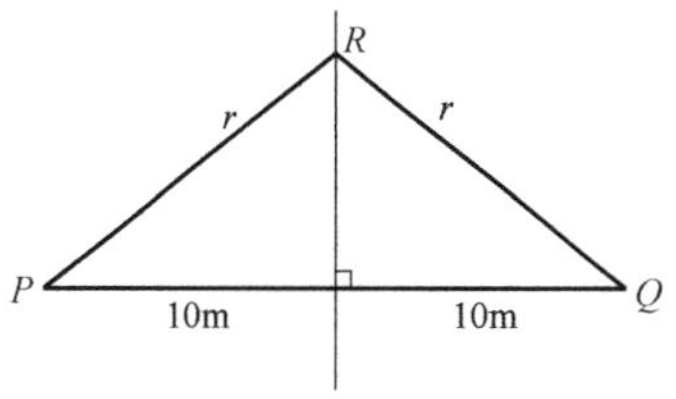

两振动的相位差为

$$\varphi_{PQ}=\pi$$

其合成振动的振幅为

习题10-16图

$$A=\sqrt{A_1^2+A_2^2+2A_1A_2\cos\pi}=\sqrt{A_1^2+A_2^2-2A_1A_2}=|A_1-A_2|$$

即在 PQ 的中垂线上任一点的合成振动,其合振幅为最小.

10-17 两波在同一细绳上传播,它们的表达式分别为 $y_1=0.06\cos(\pi x-4\pi t)$ (SI) 和 $y_2=0.06\cos(\pi x+4\pi t)$ (SI).

(1) 证明这细绳做驻波式振动,并求节点和波腹的位置;

(2) 波腹处的振幅多大? 在 $x=1.2\mathrm{m}$ 处,振幅多大?

分析 只需证明这两列波合成后具有驻波表达式 $y=2A\cos(2\pi x/\lambda)\cos(2\pi\nu t)$ 的形式即可. 由驻波表达式可确定波腹、波节的位置和任意位置处的振幅.

解 (1) 将已知两波动表达式分别改写为

$$y_1=0.06\cos\left[2\pi\left(\frac{t}{0.5}-\frac{x}{2}\right)\right]\quad(\mathrm{SI})$$

$$y_2=0.06\cos\left[2\pi\left(\frac{t}{0.5}+\frac{x}{2}\right)\right]\quad(\mathrm{SI})$$

可见它们的振幅 $A=0.06\mathrm{m}$,周期 $T=0.5\mathrm{s}$(频率 $\nu=2\mathrm{Hz}$),波长 $\lambda=2\mathrm{m}$. 在波线上任取一点 P,它距原点为 x_P. 则该点的合振动表达式为

$$y=y_{1P}+y_{2P}=0.12\cos(\pi x_P)\cos(4\pi t)=0.12\cos\left(2\pi\frac{x_P}{\lambda}\right)\cos(4\pi t)\quad(\mathrm{SI})$$

上式就是驻波的振动表达式.

由 $\left|2A\cos 2\pi\dfrac{x_P}{\lambda}\right|=0$,得波节位置的坐标为

$$x_P=(2k+1)2/4\ \mathrm{m}=(k+0.5)\mathrm{m},\quad k=0,\pm1,\pm2,\cdots$$

由 $\left|2A\cos 2\pi\dfrac{x_P}{\lambda}\right|=2A=0.12\mathrm{m}$,得波腹位置的坐标为

$$x_P=k\lambda/2=k\ \mathrm{m},\quad k=0,\pm1,\pm2,\cdots$$

(2) 驻波振幅 $A'=\left|2A\cos 2\pi\dfrac{x_P}{\lambda}\right|$,在波腹处 $A'=2A=0.12\mathrm{m}$;在 $x=0.12\mathrm{m}$ 处,振幅为

$$A' = \left| 2A\cos 2\pi \frac{x_P}{\lambda} \right| = \left| (0.12\text{m})\cos 0.12\pi \right| = 0.097\text{m}$$

10-18 一弦上的驻波表达式为 $y=0.03\cos(1.6\pi x)\cos(550\pi t)$ (SI).

(1) 若将此驻波看成由传播方向相反、振幅及波速均相同的两列相干波叠加而成的,求它们的振幅及波速;

(2) 求相邻波节之间的距离;

(3) 求 $t=3.0\times10^{-3}$s 时,位于 $x=0.625$m 处质点的振动速度.

分析 (1)采用比较法.将本题所给的驻波表达式,与驻波表达式的一般形式相比较即可求得振幅、波速等.(2)由波节位置的表达式可得相邻波节的距离.(3)质点的振动速度可按速度定义式 $v=\mathrm{d}y/\mathrm{d}t$ 求得.

解 (1) 将已知驻波表达式 $y=0.03\cos(1.6\pi x)\cos(550\pi t)$ (SI)与驻波表达式的一般形式

$$y=2A\cos(2\pi x/\lambda)\cos(2\pi\nu t)$$

做比较,可得两列波的振幅 $A=1.5\times10^{-2}$m,波长 $\lambda=1.25$m,频率 $\nu=275$Hz,则波速 $u=\lambda\nu=343.8\text{m}\cdot\text{s}^{-1}$.

(2) 相邻波节间的距离为

$$\Delta x = x_{k+1}-x_k=[2(k+1)+1]\lambda/4-(2k+1)\lambda/4=\lambda/2=0.625\text{m}$$

(3) 在 $t=3.0\times10^{-3}$s 时,位于 $x=0.625$m 处质点的振动速度为

$$v=\frac{\mathrm{d}y}{\mathrm{d}t}=-16.5\pi\cos(1.6\pi x)\sin(550\pi t)$$

代入题设数据,可算出所求速度大小为

$$v=-46.2\text{m}\cdot\text{s}^{-1}$$

10-19 一平面简谐波的频率为500Hz,在空气($\rho=1.3\text{kg}\cdot\text{m}^{-3}$)中以 $u=340\text{m}\cdot\text{s}^{-1}$的速度传播,到达人耳时,振幅约为 $A=1.0\times10^{-6}$m.试求波在人耳中的平均能量密度和声强.

解 波在人耳中的平均能量密度

$$\bar{w}=\frac{1}{2}\rho A^2\omega^2=2\pi^2\rho A^2\nu^2=[2\pi^2\times1.3\times(1.0\times10^{-6})^2\times(500)^2]\text{J}\cdot\text{m}^{-2}$$

$$=6.42\times10^{-6}\text{J}\cdot\text{m}^{-2}$$

声强就是声波的能流密度,即

$$I=u\bar{w}=(340\times6.42\times10^{-6})\text{W}\cdot\text{m}^{-2}=2.18\times10^{-3}\text{W}\cdot\text{m}^{-2}$$

这个声强略大于繁忙街道上的噪声,使人耳已感到不适应.一般正常谈话的声强约为 $1.0\times10^{-6}\text{W}\cdot\text{m}^{-2}$左右.

10-20 一静止的声源发出频率为1500Hz 的声波,声速为 $350\text{m}\cdot\text{s}^{-1}$.当观察者以速度 $u_\text{B}=30\text{m}\cdot\text{s}^{-1}$接近和离开声源时,所感觉到的频率各为多少?

解 当观察者接近声源时感觉到的频率为

$$\nu'=\left(1+\frac{u_\text{B}}{u}\right)\nu=\left(1+\frac{30}{350}\right)\times1500\text{Hz}=1.63\times10^3\text{Hz}$$

当观察者离开声源时感觉到的频率为

$$\nu''=\left(1-\frac{u_\text{B}}{u}\right)\nu=\left(1-\frac{30}{350}\right)\times1500\text{Hz}=1.37\times10^3\text{Hz}$$

第 11 章　电磁振荡　电磁波

11.1　学习要点导引

11.1.1　本章章节逻辑框图

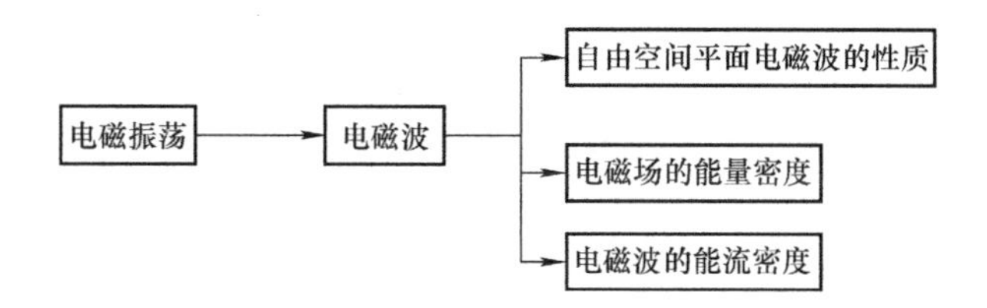

11.1.2　本章阅读导引

在教材上册第 8 章中我们说过，麦克斯韦将电场和磁场的规律概括为四个方程，称为麦克斯韦方程组，说明变化的磁场可激发电场，变化的电场也可激发磁场. 变化的电场和变化的磁场是紧密联系、相互交织在一起的. 麦克斯韦经过数学变换推导出电场强度和磁场强度都满足教材第 10 章中的波动微分方程(10-13)，表明变化的电磁场将以波的形式传播. 1886 年，德国物理学家赫兹(Hertz)用实验证实了电磁波的存在.

本章从振荡电路出发介绍电磁波的产生、传播及其性质.

(1) 了解 LC 振荡电路中，电荷和电流、电场和磁场随时间做周期性变化的现象，理解其中的能量转化过程. 了解电磁波的产生及其传播.

电磁振荡：图 11.1-1 所示是一个 LC 振荡电路. 首先将电键 S 扳到 1，让电源对电容 C 充电，然后将电键 S 扳到 2，使电容器通过电感器 L 放电，从而发生电磁振荡现象. 实际的振荡电路由于存在能量的损失，需不断地补充能量，振荡才能得以维持.

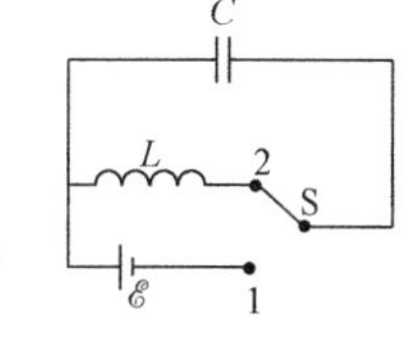

图 11.1-1

要把这样的振荡电路作为波源向空间发射电磁波，还必须具备两个条件：

1) 振荡频率要高；

2) 电路要开放.

达到这两个条件，上述振荡电路就演变为一段直导线，若在其中通以交变电流 $I=I_0\cos\omega t$，计算表明，这样的电流等价于一个振荡的电偶极子，故称振荡电偶极子.

(2) 了解电磁辐射及电磁波谱. 这种振荡电偶极子所激发的电场和磁场由近及远地向周围辐射出去.

电磁波按频率从低到高分为：无线电波、红外线、可见光、紫外线、X 射线、γ 射线，它们所对应的频率和波长的大致范围见教材中的电磁波谱.

（3）掌握电磁波的性质.

1）**电磁波是横波.** 电场强度矢量 $\boldsymbol{E}$ 和磁场强度矢量 $\boldsymbol{H}$ 相互垂直,而且都与电磁波传播速度 $\boldsymbol{u}$ 的方向相垂直,即 $\boldsymbol{E}$、$\boldsymbol{H}$、$\boldsymbol{u}$ 三者互相垂直,且构成右手螺旋关系.

2）$\boldsymbol{E}$ 和 $\boldsymbol{H}$ 只在各自所处的平面内振动,所以 $\boldsymbol{E}$ 和 $\boldsymbol{H}$ 都具有**偏振性**.

3）在空间任一点上的 $\boldsymbol{E}$ 和 $\boldsymbol{H}$,在数值上有如下的确定关系:$\sqrt{\varepsilon}E=\sqrt{\mu}H$.

4）电磁波传播速度的大小 u 取决于介质的电容率 ε 和磁导率 μ. 在真空中的传播速度等于光速 c,即 $c=1/\sqrt{\varepsilon_0\mu_0}=3.0\times10^8\,\mathrm{m}\cdot\mathrm{s}^{-1}$. 由此,麦克斯韦预言光是一种电磁波.

5）$\boldsymbol{E}$ 和 $\boldsymbol{H}$ 两者的振动相位相同、变化周期相同,以 λ、T 和 ν 分别表示电磁波的波长、周期和频率,则 $\lambda=uT=u/\nu$. 式中 u 为电磁波的波速大小,ν 和 T 都是由电磁波的辐射源所决定的.

（4）电磁场的能量:电磁波的传播就是变化的电磁场的传播. 由于电场和磁场皆拥有能量,所以随着电磁波的传播,就有能量的传播. 这种以电磁波传播出去的能量,叫作**辐射能**,其能量密度为

$$w=w_\mathrm{e}+w_\mathrm{m}=\frac{1}{2}(\varepsilon E^2+\mu H^2)$$

由于上述能量取决于 E 和 H,所以辐射能量的传播速度就是电磁波的传播速度 $\boldsymbol{u}$,辐射能的传播方向就是电磁波的传播方向. 因而可以得到电磁波的能流密度

$$S=wu=w_\mathrm{e}+w_\mathrm{m}=\frac{1}{2}(\varepsilon E^2+\mu H^2)\frac{1}{\sqrt{\varepsilon\mu}}$$

由于 $\boldsymbol{E}$ 和 $\boldsymbol{H}$ 两者互相垂直,并且都垂直于传播方向,三者组成一个右手螺旋关系;而辐射能的传播方向就是电磁波的传播方向,所以上式又可进一步表示成矢量式,即

$$\boldsymbol{S}=\boldsymbol{E}\times\boldsymbol{H}$$

式中,$\boldsymbol{S}$ 为电磁波的能流密度矢量,也称为**坡印廷矢量**.

振荡电偶极子在单位时间内辐射出去的能量称为**辐射功率**. 辐射功率在一个周期内的平均值称为**平均辐射功率**,其值为

$$\overline{P}=\frac{\mu p_0^2\omega^4}{12\pi u}$$

由此可知,振荡电偶极子的辐射功率与频率的四次方成正比,即辐射能量随着频率的增高而迅速增大.

11.2　教学拓展

11.2.1　经典电磁理论的建立和电磁波的发现推动了近、现代科学技术的突飞猛进

英国物理学家麦克斯韦是经典电磁理论的奠基人. 他总结了库仑、安培、高斯、法拉第等人的电磁学说成果,加以补充和推广,首先提出了“涡旋电场”和“位移电流”的假说,随后建立了

著名的麦克斯韦方程组,由此得出电磁过程在空间中是以一定速度(相当于光速)传播的,预言了电磁波的存在,并认为光是频率介于某一范围内的电磁波.

1885年,德国物理学家赫兹在进行实验时,发现了电磁波的存在.此后,又用驻波方法测得电磁波波长,并根据振荡器尺寸算出电磁波的频率,由此得出电磁波的传播速度,从而确认电磁波的波速等于光速.以后他又用实验证实了电磁波和光波一样,具有反射、折射和偏振等性质,完全验证了麦克斯韦关于光是一种电磁波的理论.

赫兹的电火花振荡器实验指出了无线电通信的可能性,推动了无线电技术的诞生,首先研制成无线电发报和收报,成为19世纪末到20世纪中叶的重要通信工具,即无线电收发报机,简称“电报”.从此,电磁学揭开了新的篇章,无线电技术成为一门飞速发展的新学科.下面介绍它在各个领域的广泛应用.

1. 传真和电视

人们能够看到各种事物,如书信、图表、照片等静止的图像或是演剧、赛跑等活动的景象,都是由于人的眼睛感受到了从图像和景象反射出来的光.于是人们就想:能否把这些反射出来的光信号变成按光信号变化的电流,然后像无线电广播声音一样,用光信号电流去调制高频等幅振荡电流,使它具有光信号电流的变化,然后发送出电磁波;当远方的接收机接收到这种电磁波后,经过检波再将光信号电流取出来,并使它还原成光信号,人的眼睛就能感受到它,即人们又可看到和原来一样的图像和景象.上述设想在传真和电视技术中实现了,传真重现静止的图像,而电视则可把静止的图像和活动的景象都重现出来,并有伴音.

在传真和电视技术中,将光信号转换成光信号电流是利用一种叫作光电管的元件来实现的,当明暗不同的光信号照到光电管上时,它能转换成相对应的强弱不同的光信号电流.

为了发送一幅由许多明暗不同的光点所组成的图像或景象,需要首先把它分成许多行平行线,再把各行分成许多点,每点叫作一个像素,如图11.2-1所示.然后按像素位置的顺序,一点点一行行地把各像素发射出的光信号转换为光信号电流,这个过程叫作扫描.用扫描得到的依次随各像素明暗变化的光信号电流去调制高频等幅振荡电流,可得到按光信号电流变化的高频调制电流,再通过天线发送出去,这就是“载运着”传真或电视的电信号的无线电波.

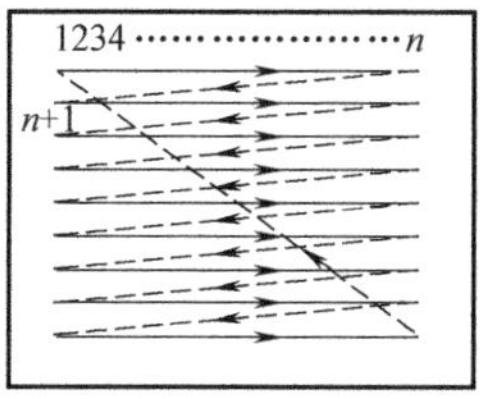

1234 ·························· n
$n+1$

图11.2-1

在传真接收机中,接收到的无线电传真信号经过放大、检波,重新得到了相应的光信号电流,再通过一种叫作辉光管的元件,又把光信号电流转换成不同明暗的光信号.按照原来的位置顺序依次照射在感光纸上,逐点曝光,这个过程也叫作扫描,再经过显影、定影后就得到了一幅跟原来一样的图像.

在电视接收机中,接收到的无线电电视信号同样经过放大、检波后重新得到相应的光信号电流,用它去控制显像管中电子束的强弱和方向,并依次逐点逐行射到荧光屏上,使荧光屏按光信号的明暗相应地发光.我们知道人的眼睛受到光刺激后感觉并不立即消失,能保留0.1s的时间,这叫作视觉暂留.由于扫描进行得很快,在电视信号的发射和接收过程中,一幅景象可在1/25s内完成一次扫描,且一幅接一幅地连续下去,这样,视觉暂留使各个像素在荧光屏上综合成一幅图像,并使迅速更换的一幅幅图像连续成活动的景象.

上面介绍了传真和黑白电视机的基本原理.现代传真技术和电视技术正在迅速发展,应用也日益广泛,特别是彩色电视和有线电视的发展使荧屏更加缤纷多彩.

2. 微波通信

通信技术是当代最活跃的高科技领域之一，通信方式的变革使人们可随意与地球上其他人直接沟通信息，微波便是完成这一使命的一大主力.

微波通常是指波长 1m 至 1mm（频率 300 ~ 300000MHz）的电磁波，它具有类似光波的特性，在空间主要是直线传播. 它不像中波那样沿地球表面传播，因为地面会很快把它吸收掉；它也不像短波那样可以经电离层反射传播到地面上很远的地方，因为它会穿透电离层进入宇宙空间而不再返回地面. 根据微波传播的特点，利用微波进行远距离无线通信的方式主要有地面微波接力通信、卫星通信和对流层散射通信三种，如图 11. 2-2 所示. 现在用得比较多的是微波接力通信和卫星通信.

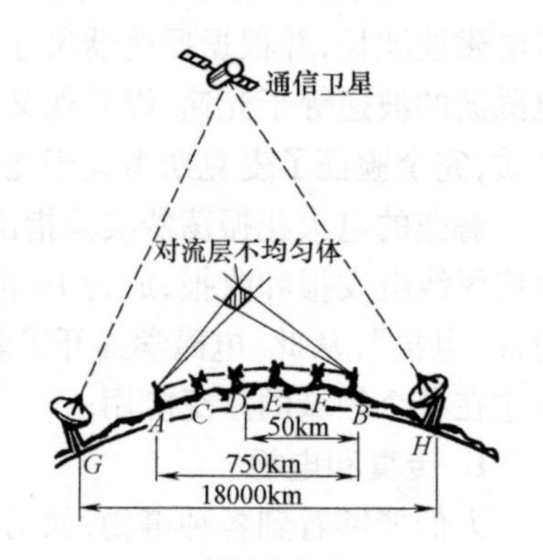

图 11. 2-2

由于地球表面是个曲面，而微波是直线传播的，因此传播距离受到限制（一般为 50km 左右），为实现远距离通信，在一条无线电通信信道的两个终端之间建立若干个中继站，中继站把前一站送来的信号经过放大后，再送到下一站，就像接力赛跑一样，这就是微波接力通信. 中国中央电视台的节目就是这样一站一站地传送到祖国各地. 由于微波波段频率很高，频段范围也很宽，因而可以容纳很多互不干扰的通信电路，例如可传输电视信号或大容量多路电话信号，微波不易受其他电波干扰，不受季节影响，因而传输质量高，工作稳定.

卫星通信是当前远距离及国际通信中一种先进的通信手段，它利用人造地球卫星作为中继站转发信号，它的主要特点是通信距离远，一颗同步卫星在太空圆形轨道上距地面约 3. 6 万 km，它发射出的电磁波能辐射到地球上广阔地区，覆盖区的跨度达 1. 8 万多千米，约为地球表面的 1/3. 可见只要在地球赤道上空的同步轨道上等距离地放置三颗相隔 120°的卫星，就能基本上实现全球通信和电视传播. 卫星通信的频带很宽，通信容量很大. 目前世界上已有 100 多个国家和地区建立了几百个卫星地球通信站，担负着一半以上的国际电话、电报业务和洲际电视广播. 我国第一座国内卫星地球通信站已在上海建成，向北京、沈阳、拉萨等 11 个方向的 1190 多条电路已陆续开通. 与微波接力通信相似，卫星通信信号受干扰小，通信稳定，无论在民用上还是军用上都是有很大发展前途的新型通信工具.

3. 移动通信

在现代生活中，移动通信是无线电技术在现代通信中的运用.

移动电话是移动通信系统的组成部分. 在实施移动通信的区域中，可划分多个区，每个区有一个基地台. 整个服务区域有许多个移动台和一个控制交换中心. 每个基地台和移动台都设有信号发射和接收机. 控制交换中心的主要功能是信息交换和整个系统的集中控制管理. 在进行通信时，移动电话用户经过基地台、控制交换中心、中继线路和市话局连接，构成一个无线和有线相结合的移动通信系统，实现移动用户和市话用户之间的通信. 譬如一个移动电话用户在移动通信系统的某个区内要和某一市话用户通话，他首先要通过拨号占有该区基地台的一个无线电信道，然后通过此信道发出呼叫信号和市话用户的号码，控制交换中心收到信号和号码后把它转换成市内电话信号，并送到市话局，再与市话用户接通，就能通话了.

陆地移动通信一般使用频率在 150MHz、450MHz 和 900MHz 附近的频带.

移动电话除了一般的通信外,还广泛用于军事指挥、公安、列车、森林、油田等专门通信,由于它传递信息迅速及时而深受欢迎.

4. 电磁波在现代化战争中的运用

现代战争的进行首先是电子战,然后才是“硬兵器”的对抗,电子战就是利用无线电波进行侦察与反侦察、干扰与反干扰、摧毁与反摧毁的较量,对战争胜负有很大影响.

电磁波遇到物体会反射,波长越短的电磁波传播的直线性越好,反射性能越强,雷达就是利用这一原理工作的. 首先发射出一束微波波段的无线电波,它遇到目标反射回来又被雷达接收到,根据雷达发出的无线电波的方向和反射波到达的时间,可以确定目标的位置. 这就是雷达的侦察作用. 普通飞机由于形状不规则,总有一些部位的表面正对着雷达,将对方雷达射来的电磁波按原方向反射回去被对方雷达收到而发现. 为此,在现代化战争中使用“隐形”飞机,即在飞机表面涂有吸收电磁波的材料,以降低电磁波的反射,同时设计飞机时减少飞机反射平面的个数,并精心设计反射平面的角度,使反射后的电磁波不能再返回原来的雷达,这就是反侦察. 例如,1991 年海湾战争中,美方使用了 F-117A 攻击机,使伊拉克方面未能及时发现.

电子干扰也是反侦察的一种方法,它是利用自己的干扰机发射跟对方频率相同、功率更强的电磁波,使对方的信号淹没在噪声中. 反干扰的方法是提高自己的发射功率或改变频率,反之,干扰方必须相应地提高功率并能跟踪对方的频率变化. 这种相互较量的干扰战已成为现代战争中的一种重要手段. 例如海湾战争的第一天,伊拉克遭到多国部队导弹和飞机袭击时,开始几乎毫无反应,这是因为大部分雷达受到干扰,荧光屏上一片雪花,无法发现越进领空的飞机、导弹,直到炸弹炸响之后,才发出警报. 地面战争开始后,美方又使用了大量电子战斗机和反雷达机,使伊方的通信和指挥系统几乎处于瘫痪状态,因而处于被动挨打的局面.

雷达搜索和发现对方目标是为了摧毁对方的目标,但雷达发出的电磁波也可能被对方收到,对方的反雷达导弹可以根据雷达发出的信号找到雷达的位置而将其摧毁,这就是反摧毁. 海湾战争中美方使用的“哈姆”和“百舌鸟”导弹就是专门用于追踪并击毁伊方雷达的武器.

5. 电磁波的广泛应用及前景展望

人们认识电磁波到现在仅一百多年,但电磁波不但在通信方面而且在科学技术各个领域中已得到越来越广泛的应用.

如前所述,我们从现代化电子战中已领略到雷达的作用. 再说在气象领域里,雷达还可用来探测风暴、雷雨;在飞机和远洋轮船的航行中,雷达被用来导航和警戒;在宇航活动中雷达被用来对卫星、航天器进行跟踪、监视、遥测、遥控;在现代化的大型仓库中,雷达被用来防盗报警. 具有特异功能的微波遥感则是雷达的概念和用途的引伸、推广,它是无线电技术和计算机、微电子等技术结合的产物,根据物体辐射和反射微波的原理来确定探测目标的性质和状态,广泛应用于地质、地理、气象、海洋、医疗、农林、水文、环境监测、城市规划等领域,发展前景广阔.

在工业生产中,工件通以高频振荡电流能够提高硬度. 微波的热效应除了用于烹饪以外,还广泛用于烘干食品、谷物、茶叶、木材、药品等,还可有效地杀死粮库的一些害虫和病菌. 微波加热均匀,不需要传热过程,速度快,并可实现加热的自动控制.

电磁波应用的前景十分广阔. 例如,在未来的能源利用上,人们设想在地球同步卫星上建立太空太阳能电池发电站,用微波发射的方式向地球送电;又如,人们建立了向太空发射和收集电磁波的射电天文学,用来研究宇宙星体并试图录求地外文明;再如,具有强大摧毁力的微波波束武器已被军事家们列为研究目标等.

11.2.2 电磁场波动方程

麦克斯韦从电磁场理论预言了电磁波的存在,可以通过麦克斯韦方程组微分形式推导出电磁波的波动方程. 在自由空间中,既没有自由电荷、也没有传导电流的真空中,麦克斯韦方程组可写为

$$\nabla \cdot \boldsymbol{D}=0$$

$$\nabla \times \boldsymbol{E}=-\frac{\partial \boldsymbol{B}}{\partial t}$$

$$\nabla \cdot \boldsymbol{B}=0$$

$$\nabla \times \boldsymbol{H}=\frac{\partial \boldsymbol{D}}{\partial t}$$

在真空中,介质的性质方程为

$$\boldsymbol{D}=\varepsilon_0 \boldsymbol{E}$$

$$\boldsymbol{B}=\mu_0 \boldsymbol{H}$$

利用这两个方程,消去麦克斯韦方程组中的 $\boldsymbol{D}$ 和 $\boldsymbol{H}$,可得

$$\nabla \cdot \boldsymbol{E}=0 \qquad ⓐ$$

$$\nabla \times \boldsymbol{E}=-\frac{\partial \boldsymbol{B}}{\partial t} \qquad ⓑ$$

$$\nabla \cdot \boldsymbol{B}=0 \qquad ⓒ$$

$$\nabla \cdot \boldsymbol{B}=\mu_0 \varepsilon_0 \frac{\partial \boldsymbol{E}}{\partial t} \qquad ⓓ$$

对式ⓑ两边求旋度,并利用式ⓓ,可得

$$\nabla \times \nabla \times \boldsymbol{E}=-\nabla \times \frac{\partial \boldsymbol{B}}{\partial t}=-\frac{\partial}{\partial t}(\nabla \times \boldsymbol{B})=-\mu_0 \varepsilon_0 \frac{\partial^2 \boldsymbol{E}}{\partial t^2}$$

再利用矢量分析公式及式ⓐ,可得

$$\nabla \times \nabla \times \boldsymbol{E}=\nabla(\nabla \cdot \boldsymbol{E})-\nabla^2 \boldsymbol{E}=-\nabla^2 \boldsymbol{E}$$

由以上两式即可得到关于电场强度 $\boldsymbol{E}$ 的偏微分方程

$$\nabla^2 \boldsymbol{E}-\mu_0 \varepsilon_0 \frac{\partial^2 \boldsymbol{E}}{\partial t^2}=\boldsymbol{0}$$

对式ⓑ两边求旋度,同样可得

$$\nabla^2 \boldsymbol{B}-\mu_0 \varepsilon_0 \frac{\partial^2 \boldsymbol{B}}{\partial t^2}=\boldsymbol{0}$$

如果令 $c=\dfrac{1}{\sqrt{\mu_0 \varepsilon_0}}=2.997\,996\,7\times 10^8 \mathrm{m/s}$,可得

$$\nabla^2 \boldsymbol{E}-\frac{1}{c^2} \frac{\partial^2 \boldsymbol{E}}{\partial t^2}=\boldsymbol{0}$$

$$\nabla^2 \boldsymbol{B}-\frac{1}{c^2} \frac{\partial^2 \boldsymbol{B}}{\partial t^2}=\boldsymbol{0}$$

与机械波的波动方程相对比,这就是电磁场的场量所满足的波动方程,c 是真空中电磁波的波速. 这样,麦克斯韦电磁场理论预言了电磁波的存在,真空中电磁波的波速精确地与真空中的

光速一致，由此麦克斯韦进一步断定光是一种电磁波，从而揭示了光的电磁本质.

11.2.3　亥姆霍兹方程

对于一定频率的简谐电磁波，波函数可以用复数形式表示为

$$\boldsymbol{E}(\boldsymbol{r},t)=\boldsymbol{E}(\boldsymbol{r})\mathrm{e}^{-\mathrm{i}\omega t} \tag{e}$$

$$\boldsymbol{B}(\boldsymbol{r},t)=\boldsymbol{B}(\boldsymbol{r})\mathrm{e}^{-\mathrm{i}\omega t} \tag{f}$$

以下我们将 $\boldsymbol{E}(\boldsymbol{r})$ 和 $\boldsymbol{B}(\boldsymbol{r})$ 分别用 $\boldsymbol{E}$ 和 $\boldsymbol{B}$ 来表示. 在频率一定时，均匀介质中的 ε 和 μ 均为常量，于是有

$$\boldsymbol{D}=\varepsilon\boldsymbol{E}$$

$$\boldsymbol{B}=\mu\boldsymbol{H}$$

把式ⓔ和式ⓕ代入式ⓐ~式ⓓ，消去因子 $\mathrm{e}^{-\mathrm{i}\omega t}$ 后，可得

$$\nabla\cdot\boldsymbol{E}=0 \tag{g}$$

$$\nabla\times\boldsymbol{E}=\mathrm{i}\omega\mu\boldsymbol{H} \tag{h}$$

$$\nabla\cdot\boldsymbol{H}=0 \tag{i}$$

$$\nabla\times\boldsymbol{H}=-\mathrm{i}\omega\varepsilon\boldsymbol{E} \tag{j}$$

对式ⓗ两边求旋度，并利用式ⓙ，可得

$$\nabla\times\nabla\times\boldsymbol{E}=\mathrm{i}\omega\mu(\nabla\times\boldsymbol{H})=\omega^2\mu\varepsilon\boldsymbol{E}$$

再利用矢量分析公式及式ⓖ可得

$$\nabla\times\nabla\times\boldsymbol{E}=\nabla(\nabla\cdot\boldsymbol{E})-\nabla^2\boldsymbol{E}=-\nabla^2\boldsymbol{E}$$

由以上两式可得

$$\nabla^2\boldsymbol{E}+k^2\boldsymbol{E}=\boldsymbol{0} \tag{k}$$

式中，$k=\omega\sqrt{\mu\varepsilon}$.

方程ⓚ称为**亥姆霍兹方程**，它与式ⓖ联立，可以解出 $\boldsymbol{E}$ 在空间的分布，再由式ⓗ可求出

$$\boldsymbol{B}=-\frac{\mathrm{i}}{\omega}\nabla\times\boldsymbol{E}=-\frac{\mathrm{i}}{k}\sqrt{\mu\varepsilon}\nabla\times\boldsymbol{E}$$

同理可得

$$\nabla^2\boldsymbol{B}+k^2\boldsymbol{B}=\boldsymbol{0}$$

$$\boldsymbol{E}=\frac{\mathrm{i}}{\omega\mu\varepsilon}\nabla\times\boldsymbol{B}=\frac{\mathrm{i}}{k\sqrt{\mu\varepsilon}}\nabla\times\boldsymbol{B}$$

11.3　解题指导

例 11-1　一个很长的螺线管，每单位长度有 n 匝，截面半径为 a，载有一增加的电流 i，求：

(1) 在螺线管内距轴线为 r 处一点的感应电场；

(2) 在这点的坡印廷矢量的大小和方向.

分析　电磁波的能流密度矢量又叫作坡印廷矢量，公式为 $\boldsymbol{S}=\frac{1}{\mu_0}\boldsymbol{E}\times\boldsymbol{B}$. 它的方向与电场和磁场方向均垂直.

解　(1) 螺线管内　$B=\mu_0 ni$

由

$$\oint_l\boldsymbol{E}\cdot\mathrm{d}\boldsymbol{l}=-\int_S\frac{\partial\boldsymbol{B}}{\partial t}\cdot\mathrm{d}\boldsymbol{S}$$

取以管轴线为中心，垂直于轴的平面圆周 $l=2\pi r$，正绕向与 $\boldsymbol{B}$ 成右螺旋关系，则

$$E2\pi r=-\frac{\partial B}{\partial t}\pi r^2$$

于是 $\boldsymbol{E}=-\frac{r}{2}\frac{\partial B}{\partial t}=-\frac{\mu_0 nr}{2}\frac{\mathrm{d}i}{\mathrm{d}t}$，方向沿圆周切向，当 $\frac{\mathrm{d}i}{\mathrm{d}t}<0$ 时，$\boldsymbol{E}$ 与 $\boldsymbol{B}$ 成右螺旋关系；当 $\frac{\mathrm{d}i}{\mathrm{d}t}>0$ 时，$\boldsymbol{E}$ 与 $\boldsymbol{B}$ 成左螺旋关系.

(2) 因 $\boldsymbol{S}=\boldsymbol{E}\times\boldsymbol{H}$，由 $\boldsymbol{E}$ 与 $\boldsymbol{H}$ 方向知，$\boldsymbol{S}$ 指向轴，如例 11-1 解图所示. 大小为

$$S=EH=Eni=\frac{\mu_0 n^2 r}{2}i\frac{\mathrm{d}i}{\mathrm{d}t}$$

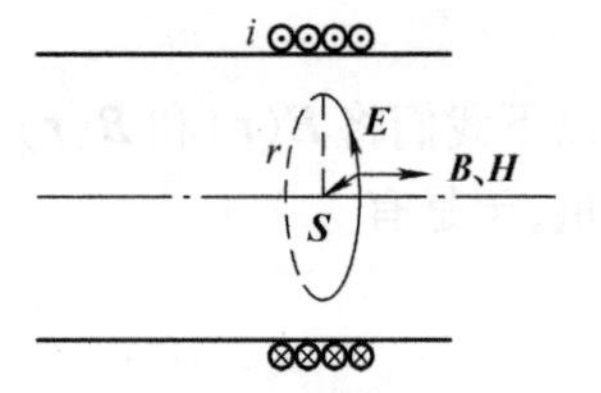

例 11-1 解图

11.4 习题解答

11-1 若收音机的调谐电路所用线圈的自感为 260μH，要想收听到 535kHz 到 1605kHz 的广播，问与线圈相连接的电容的最大值和最小值各应为多少?

分析 该调谐电路实为 LC 振荡电路，其频率为 $\nu=1/(2\pi\sqrt{LC})$. 当自感 L 一定时，调谐频率越高，所需电容越小.

解 由分析可知，当 L 一定时，对应于最低收听频率 $\nu_{\min}=535\text{kHz}$ 所需电容的值为

$$C_{\max}=\frac{1}{4\pi^2\nu_{\min}^2 L}=\frac{1}{4\pi^2\times(535\times10^3)^2\times260\times10^{-6}}\text{pF}=340\text{pF}$$

对应于最高收听频率 $\nu_{\max}=1605\text{kHz}$，所需电容的值为

$$C_{\min}=\frac{1}{4\pi^2\nu_{\max}^2 L}=\frac{1}{4\pi^2\times(1605\times10^3)^2\times260\times10^{-6}}\text{pF}=37.8\text{pF}$$

11-2 在一个 LC 振荡电路中. 若电容器两极板上的交变电压 $u=(50\text{V})\cos(10^4\pi t)$，电容 $C=1.0\times10^{-7}$ F，电路中的电阻可忽略不计，求:(1) 振荡的周期;(2) 电路的自感;(3) 电路中电流随时间变化的规律.

分析 在不计电阻的前提下，该 LC 电路是无阻尼自由振荡电路，在振荡过程中电容器两极板上的电压、电荷及电路中的电流均以相同的周期变化着. 振荡周期为 $T=2\pi\sqrt{LC}$. 因此，本题可通过已知的电压的角频率 ω，求出振荡周期，然后可求出自感 L. 另外，电容器极板上电压 u、电荷 q 始终满足关系式 $q=Cu$. 因此，在确定 $q=q(t)$ 后，根据电流定义 $I=\mathrm{d}q/\mathrm{d}t$，可求出电流的变化规律.

解 (1) 从题中电压变化的已知关系中，可得振荡周期为

$$T=\frac{2\pi}{\omega}=\frac{2\pi}{10^4\pi}\text{s}=2.0\times10^{-4}\text{s}$$

(2) 由振荡电路周期 $T=2\pi\sqrt{LC}$，得电路中的自感为

$$L=\frac{T^2}{4\pi^2 C}=\frac{(2.0\times10^{-4})^2}{4\pi^2\times10^{-7}}\text{H}=1.01\times10^{-2}\text{H}$$

(3) 电路中电流随时间变化的规律为

$$I=\frac{\mathrm{d}q}{\mathrm{d}t}=C\frac{\mathrm{d}u}{\mathrm{d}t}=C\frac{\mathrm{d}}{\mathrm{d}t}[50\cos(10^4\pi t)]=1.0\times10^{-7}\times50[-10^4\pi\sin(10^4\pi t)]\ (\text{A})$$
$$=-0.157\sin(10^4\pi t)\ (\text{A})$$

11-3 一个 LC 电路由自感为 1.015H 的线圈和电容为 0.0250×10^{-6}F 的电容器构成，线路中的电阻忽略不计，倘若在开始时测得此 LC 电路中的电容器带电 2.50×10^{-6}C. (1) 写出电路接通后，电容器两极板间的电势差和电流随时间变化的表达式;(2) 写出电场能量、磁场能量及总能量随时间而变化的表达式;(3) 求在 $T/8$、$T/4$ 及 $T/2$ 时，电容器两极板间的电势差、电路中的电流、电场能量、磁场能量和总能量.

解 (1) 由题设数据，得振荡角频率为

$$\omega=\left(\frac{1}{LC}\right)^{1/2}=\left(\frac{1}{1.015\text{H}\times2.5\times10^{-8}\text{F}}\right)^{1/2}=6.3\times10^3\text{s}^{-1}$$

电荷振荡表达式为

$$q=q_0\cos(\omega t+\varphi)$$

由初始条件，$q\Big|_{t=0}=q_0$，得 $\cos\varphi=1,\varphi=0°$，所求的电容器两极板间的电荷随时间 t 变化的表达式为

$$q=q_0\cos\omega t=2.5\times10^{-6}\cos(6.3\times10^3t)\ (\mathrm{C})$$

由此得两极板间的电势差随时间 t 变化的表达式为

$$U_{ab}=\frac{q}{C}=\frac{2.5\times10^{-6}\mathrm{C}}{0.025\times10^{-6}\mathrm{F}}\cos(6.3\times10^3t)=100\cos(6.3\times10^3t)\ (\mathrm{V})$$

电流随时间 t 变化的表达式为

$$i=\frac{\mathrm{d}q}{\mathrm{d}t}=-\omega q_0\sin\omega t=-(6.3\times10^3\mathrm{s}^{-1})(2.5\times10^{-6}\mathrm{C})\sin(6.3\times10^3t)$$

$$i=1.575\times10^{-2}\sin(6.3\times10^3t)\ (\mathrm{A})$$

(2) 电场能量

$$W_\mathrm{e}=\frac{1}{2}\frac{q^2}{C}=\frac{1}{2}\times\frac{(2.5\times10^{-6}\mathrm{C})^2}{0.025\times10^{-6}\mathrm{F}}\cos^2(6.3\times10^3t)\ (\mathrm{J})$$

$$=1.25\times10^{-4}\cos^2(6.3\times10^3t)\ (\mathrm{J})$$

由公式 $\omega=\sqrt{1/LC}$，磁场能量

$$W_\mathrm{m}=\frac{1}{2}LI^2=\frac{1}{2}L(-\omega q_0)^2\sin^2\omega t=\frac{1}{2}L\omega^2q_0^2\sin^2\omega t=\frac{q_0^2}{2C}\sin^2\omega t$$

$$=\frac{(2.5\times10^{-6}\mathrm{C})^2}{2\times0.025\times10^{-6}\mathrm{F}}\sin^2(6.3\times10^3t)$$

$$=1.25\times10^{-4}\sin^2(6.3\times10^3t)\ (\mathrm{J})$$

总能量

$$W=W_\mathrm{e}+W_\mathrm{m}=1.25\times10^{-4}\mathrm{J}$$

(3) 上面已求出 $\omega=6.3\times10^{-3}\mathrm{s}^{-1}$，由 $\frac{2\pi}{T}=\omega$，则为了便于计算，将 U_{ab}、i 的表达式化成

$$U_{ab}=100\cos\left(\frac{2\pi}{T}t\right),\quad i=-1.575\times10^{-2}\sin\left(\frac{2\pi}{T}t\right)$$

得

$$U_{ab}\Big|_{t=T/8}=100\cos\left(\frac{2\pi}{T}\ \frac{T}{8}\right)=70.7\mathrm{V}$$

$$U_{ab}\Big|_{t=T/4}=100\cos\left(\frac{2\pi}{T}\ \frac{T}{4}\right)=0$$

$$U_{ab}\Big|_{t=T/2}=100\cos\left(\frac{2\pi}{T}\ \frac{T}{2}\right)=-100\mathrm{V}$$

$$i\Big|_{t=T/8}=-1.575\times10^{-2}\sin\left(\frac{2\pi}{T}\ \frac{T}{8}\right)=-1.11\times10^{-2}\mathrm{A}$$

$$i\Big|_{t=T/4}=-1.575\times10^{-2}\sin\left(\frac{2\pi}{T}\ \frac{T}{4}\right)=-1.58\times10^{-2}\mathrm{A}$$

$$i\Big|_{t=T/2}=-1.575\times10^{-2}\sin\left(\frac{2\pi}{T}\ \frac{T}{2}\right)=0$$

$$W_\mathrm{e}\Big|_{t=T/8}=1.25\times10^{-4}\cos^2\left(\frac{2\pi}{T}\ \frac{T}{8}\right)=0.625\times10^{-4}\mathrm{J}$$

$$W_\mathrm{e}\Big|_{t=T/4}=1.25\times10^{-4}\cos^2\left(\frac{2\pi}{T}\ \frac{T}{4}\right)=0$$

$$W_\mathrm{e}\Big|_{t=T/2}=1.25\times10^{-4}\cos^2\left(\frac{2\pi}{T}\ \frac{T}{2}\right)=1.25\times10^{-4}\mathrm{J}$$

$$W_m \Big|_{t=T/8} = 1.25 \times 10^{-4} \sin^2\left(\frac{2\pi}{T}\frac{T}{8}\right) = 0.625 \times 10^{-4}\text{J}$$

$$W_m \Big|_{t=T/4} = 1.25 \times 10^{-4} \sin^2\left(\frac{2\pi}{T}\frac{T}{4}\right) = 1.25 \times 10^{-4}\text{J}$$

$$W_m \Big|_{t=T/2} = 1.25 \times 10^{-4} \sin^2\left(\frac{2\pi}{T}\frac{T}{2}\right) = 0$$

总能量均为

$$W = W_e + W_m = 1.25 \times 10^{-4}\text{J}$$

11-4　用一个电容可在10.0pF到360.0pF范围内变化的电容器和一个自感线圈并联组成无线电收音机的调谐电路.(1) 问该调谐电路可以接收的最大和最小频率之比是多少?(2) 为了使调谐频率能在$5.0\times10^5 \sim 1.5\times10^6$Hz的范围内,需在原电容器上并联一个多大电容?此电路选用的自感应为多大?

分析　参见上题的分析,当自感L一定时,要改变调谐频率的范围,只需改变电容的变化范围.本题采用并联电容C的方法使电容由原有的变化范围$C_{min} \sim C_{max}$改变为$C_{min}+C \sim C_{max}+C$,从而达到新的调谐目的.为此,可根据$\nu = 1/2\pi\sqrt{LC}$,由原有电容比C_{max}/C_{min}来确定对应的频率比ν_{max}/ν_{min}.再由所要求的频率比来确定需要并联的电容的大小.

解　(1) 当线圈自感L一定时,由$\nu = 1/2\pi\sqrt{LC}$,可得

$$\nu_{max}/\nu_{min} = \sqrt{C_{max}/C_{min}} = \sqrt{360\text{pF}/10\text{pF}} = 6.0$$

(2) 为了在$5.0\times10^5 \sim 1.5\times10^6$Hz的频率范围内调谐,应满足

$$\nu'_{max}/\nu'_{min} = \sqrt{(C_{max}+C)/(C_{min}+C)}$$

由此得在原电容器上需并联的电容为

$$C = \frac{C_{max} - C_{min}(\nu'_{max}/\nu'_{min})^2}{(\nu'_{max}/\nu'_{min})^2 - 1} \quad ⓐ$$

此电路所选用的线圈自感为

$$L = 1/4\pi^2\nu^2 C = 1/4\pi^2\nu_{min}^2(C_{max}+C) \quad ⓑ$$

按题设数据,可由式ⓐ、式ⓑ算出　　$C = 33.75\text{pF},\quad L = 2.58\times10^{-4}\text{H}$

11-5　已知电磁波在空气中的波速为$3.0\times10^8\text{m}\cdot\text{s}^{-1}$,试计算下列各种频率的电磁波在空气中的波长:(1) 一广播电台使用的一种频率是990kHz;(2) 我国第一颗人造地球卫星播放东方红乐曲使用的无线电波的频率是20.009MHz;(3) 一电视台某频道使用的图像载波频率是184.25MHz.

解　按公式

$$c = \lambda\nu$$

由题设数据,可求出:

(1) 波长为

$$\lambda = \frac{c}{\nu} = \frac{3.0\times10^8\text{m}\cdot\text{s}^{-1}}{990\times10^3\text{s}^{-1}} = 303.03\text{m}$$

(2) 波长为

$$\lambda = \frac{c}{\nu} = \frac{3.0\times10^8\text{m}\cdot\text{s}^{-1}}{20.009\times10^6\text{s}^{-1}} = 14.99\text{m}$$

(3) 波长为

$$\lambda = \frac{c}{\nu} = \frac{3.0\times10^8\text{m}\cdot\text{s}^{-1}}{184.25\times10^6\text{s}^{-1}} = 1.63\text{m}$$

11-6　一平面电磁波在真空中传播,电场强度振幅为$E_0 = 100\times10^{-6}\text{V}\cdot\text{m}^{-1}$,求磁场强度振幅及电磁波的强度(即能流密度).

解　按公式

$$\sqrt{\varepsilon}E = \sqrt{\mu}H$$

由题设数据，可得磁场强度振幅

$$H_0=\sqrt{\frac{\varepsilon_0}{\mu_0}}E_0=\sqrt{\frac{8.854\times10^{-12}\mathrm{F\cdot m^{-1}}}{4\pi\times10^{-7}\mathrm{H\cdot m}}}\times10^{-4}\mathrm{V\cdot m^{-1}}=2.65\times10^{-7}\mathrm{A\cdot m^{-1}}$$

由 $S=EH=E_0H_0\cos^2\omega\left(t-\frac{r}{v}\right)$，可得电磁波的强度，即平均能流密度

$$\bar{S}=\frac{1}{T}\int_0^T E_0H_0\cos^2\left[\frac{2\pi}{T}\left(t-\frac{r}{c}\right)\right]\mathrm{d}t=\frac{E_0H_0}{2}$$

$$=\frac{1}{2}\times10^{-4}\mathrm{V\cdot m^{-1}}\times2.65\times10^{-7}\mathrm{A\cdot m^{-1}}=1.33\times10^{-11}\mathrm{W\cdot m^{-2}}$$

模拟试题卷1(示例)

(含力学、狭义相对论、电磁学三部分内容)

班级:__________ 姓名:__________ 学号:__________

一、填空题(共30分)

1. (本题3分)在半径为R的圆周上运动的质点,其速率与时间的关系为$v=ct^2$(式中c为恒量),则从$t=0$到t时刻质点走过的路程$s(t)=$________;t时刻质点的切向加速度$a_t=$________;t时刻质点的法向加速度$a_n=$________.

2. (本题3分)一质量为1kg的物体,置于水平地面上,物体与地面之间的静摩擦因数$\mu_0=0.20$,滑动摩擦因数$\mu=0.16$,现对物体施一水平拉力$F=t+0.96$ (SI),则2s末物体的速度大小$v=$________.

3. (本题3分)一质量为m的质点,在指向圆心的力$F=-k/r^2$的作用下,沿半径为r的圆周运动,此质点的速度大小$v=$________;若取距圆心无穷远处为势能零点,它的机械能$E=$________.

4. (本题3分)狭义相对论确认,时间和空间的测量值都是________,它们与观察者的________密切相关.

5. (本题3分)如填空题5图所示,一长直导线中通有电流I,有一与长直导线共面且垂直于导线的细金属棒AB,以速度v平行于长直导线做匀速运动. 问

(1) 金属棒A、B两端的电势V_A和V_B哪一个较高? ________

(2) 若将电流I反向,V_A和V_B哪一个较高? ________

6. (本题3分)如填空题6图所示,在一长直导线L中通有电流I,$ABCD$为一矩形线圈,它与L皆在纸面内,且AB边与L平行.

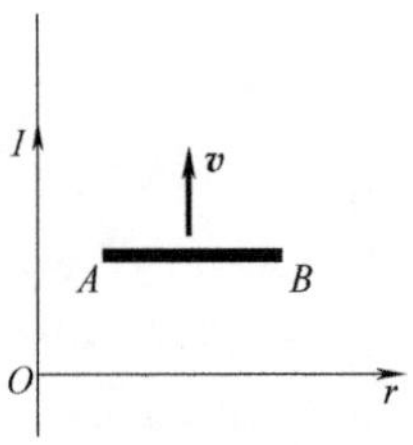

填空题5图

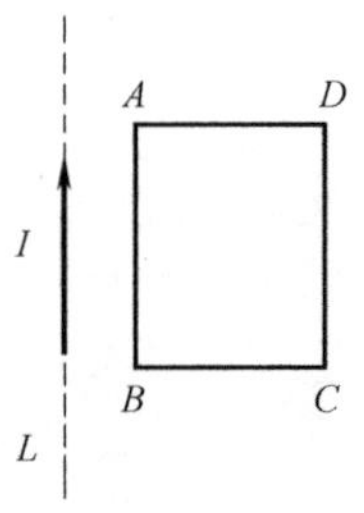

填空题6图

(1) 此矩形线圈在纸面内向右移动,线圈中感应电动势方向为________;

(2) 此矩形线圈绕AD边旋转,当BC边已离开纸面正向外运动时,线圈中感应电动势的方向为________.

7. (本题3分)如填空题7图所示,试验电荷q在点电荷$+Q$产生的电场中,沿半径为R的3/4圆弧轨道由a点移到d点的过程中电场力做功为________;从d点移到无穷远

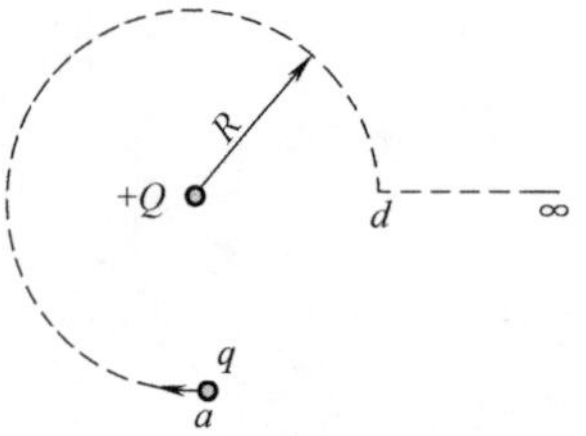

填空题7图

处的过程电场力做功为________.

8. (本题3分)一运动质点在某瞬时位于位矢 $\boldsymbol{r}(x,y)$ 的端点处,其速度大小为________.

9. (本题3分)质量为 $m=0.5\text{kg}$ 的质点,在 xOy 平面坐标系内运动,其运动函数为 $x=5t$ $y=0.5t^2$ (SI),从 $t=2\text{s}$ 到 $t=4\text{s}$ 这段时间内,外力对质点做的功为________.

10. (本题3分)A,B为两导体大平板,面积均为 S,平行放置,A板带电荷 $+Q_1$,B板带电荷 $+Q_2$,如果使B板接地,则 A、B 间电场强度的大小为________.

二、计算题(共50分)

11. (本题8分)一条均匀的金属链条,质量为 m,挂在一个光滑的钉子上,一边长度为 a,另一边长度为 b,且 $a>b$,试求链条从静止开始到滑离钉子所花的时间 t.

12. (本题7分)如计算题12图所示,质量为 m'、半径为 R 的1/4圆弧形滑块,静止在水平桌面上,今有质量为 m 的小物体由圆弧的上端 A 点静止滑下,试求当 m 滑到最低点 B 时,求小物体相对于滑块的速度 v 及 m' 相对于地面的速度 u. 不计一切摩擦.

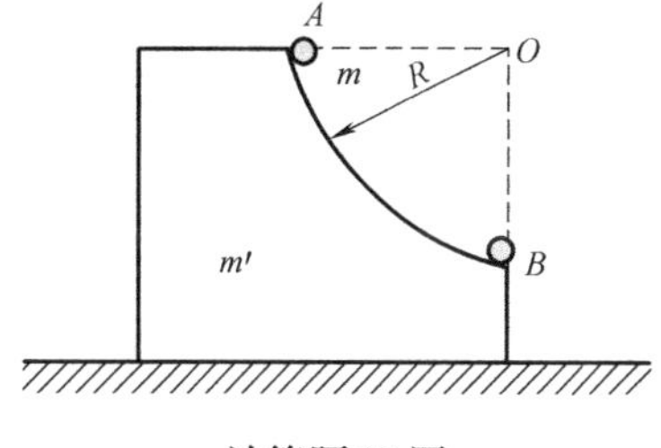

计算题12图

13. (本题7分)质量为 m 的小球,在水中所受的浮力 F 为恒量,当它从静止开始沉降时,受到水的黏滞阻力为 $F_r=kv$ (k 为常量),试求小球在水中竖直沉降的速度 v 与时间 t 的关系.

14. (本题7分)求半径为 R、均匀带电 q 的球体所激发的电场的分布,并画出内外电场强度分布函数的图像.

15. (本题7分)一个以 $0.8c$ 速度运动的粒子,飞行了3m后衰变,该粒子存在了多少时间,若在与该粒子一起运动的坐标系中来测量,该粒子衰变前存在了多长时间?

16. (本题7分)两条无穷长的平行直导线相距为 d,分别载有同方向的电流 I_1 和 I_2. 空间任一点 P 到 I_1 的垂直距离为 r_1、到 I_2 的垂直距离为 r_2,如计算题16图所示. 如果 $d=10\text{cm}$,$I=12\text{A}$,$I_2=10\text{A}$,$r_1=6.0\text{cm}$,$r_2=8.0\text{cm}$,求点 P 的磁感应强度 $\boldsymbol{B}$.

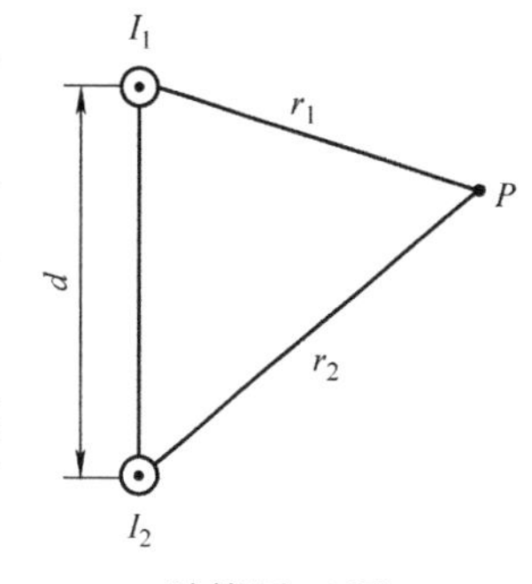

计算题16图

17. (本题7分)一辆停在光滑直轨道上质量为 m' 的平板车上站着 N 个人,当他们从车上沿同一方向跳下后,车获得了一定的速度(见计算题17图). 设这 N 个人的质量均为 m,跳下时相对于车的水平分速度均为 u. 试计算下列两种情况下车最后的速度的大小:(1) N 个人同时跳下;(2) N 个人依次跳下.

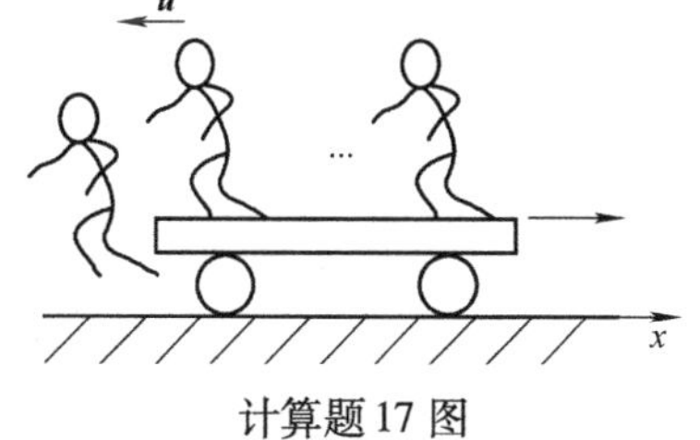

计算题17图

三、物理过程描述考核,按照试题要求准确描述(本题10分)

18. 一个人坐在可绕竖直轴自由旋转的椅子上,双手各握一个哑铃,两臂平伸,另一个人推动转椅让其匀速旋转起来. 然后椅子上的人突然收缩双臂,请问能观察到什么现象? 如果椅子上的人再把双臂平伸呢? 试解释其原因.

四、设计应用题(本题10分)

19. 在海上,小船遇到风暴容易侧翻. 利用角动量的知识设计一种方法,增加小船的稳定性.

模拟试题卷 1 解答

一、填空题

1. $s=(1/3)ct^3$　(1 分)，$a_t=2ct$　(1 分)，$a_n=c^2t^4/R$　(1 分)．

2. $0.89\mathrm{m\cdot s^{-1}}$　(3 分)．

3. $v=\sqrt{k/rm}$　(1 分)，$E=-k/2r$　(2 分)．

4. 相对的(2 分)，运动(1 分)．

5. (1) A 端高(2 分)，(2) B 端高(1 分)．

6. (1) $ADCBA$ 绕向(2 分)，(2) $ADCBA$ 绕向(1 分)．

7. 0(1 分)，$qQ/(4\pi\varepsilon_0 R)$(2 分)．

8. $\sqrt{\left(\dfrac{\mathrm{d}x}{\mathrm{d}t}\right)^2+\left(\dfrac{\mathrm{d}y}{\mathrm{d}t}\right)^2}$(3 分)．

9. 3J(3 分)．

10. $\dfrac{Q_1}{\varepsilon_0 S}$(3 分)．

二、计算题

11. 解：钉子处的重力势能为零，静止时及滑离前任意时刻的机械能分别为

$$E_0=\int_{-a}^{0}\frac{mg}{a+b}x\mathrm{d}x+\int_{-b}^{0}\frac{mg}{a+b}x\mathrm{d}x=-\frac{mg(a^2+b^2)}{2(a+b)}\qquad(2\text{ 分})$$

$$\begin{aligned}E&=\int_{-a-y}^{0}\frac{mg}{a+b}x\mathrm{d}x+\int_{-b+y}^{0}\frac{mg}{a+b}x\mathrm{d}x+\frac{1}{2}mv^2\\&=-\frac{mg}{2(a+b)}[(a+y)^2+(b-y)^2]+\frac{1}{2}mv^2\end{aligned}\qquad(2\text{ 分})$$

由机械能守恒定律 $E=E_0$ 得

$$v=\sqrt{\frac{2gy}{a+b}(y+a-b)}\qquad(1\text{ 分})$$

由速度定义得

$$v=\frac{\mathrm{d}y}{\mathrm{d}t}=\sqrt{\frac{2gy}{a+b}(y+a-b)}\qquad(1\text{ 分})$$

分离变量积分得

$$t=\int_0^t\mathrm{d}t=\int_0^b\frac{\mathrm{d}y}{v}=\int_0^b\frac{\mathrm{d}y}{\sqrt{\frac{2gy}{a+b}(y+a-b)}}=\sqrt{\frac{a+b}{2g}}\ln\frac{\sqrt{a}+\sqrt{b}}{\sqrt{a}-\sqrt{b}}\qquad(2\text{ 分})$$

12. 解：设小物体在 B 点时相对 m' 的速度为 v，m' 相对地的速度为 u，由于 m、m' 系统在水平方向不受外力作用，故水平方向动量守恒，对 m、m'、地球系统机械能守恒．有

$$m(v-u)-m'u=0\qquad ⓐ\qquad(3\text{ 分})$$

$$\frac{1}{2}m(v-u)^2+\frac{1}{2}m'u^2=mgR\qquad ⓑ\qquad(3\text{ 分})$$

由式ⓐ和式ⓑ可解得

$$u=m\sqrt{\frac{2gR}{m'(m'+m)}}\qquad(1\text{ 分})$$

$$v=\sqrt{\frac{2(m'+m)gR}{m'}}\qquad(2\text{ 分})$$

13. 解:小球受力如计算题 13 解答用图所示,根据牛顿第二定律有

$$mg-kv-F=ma=m\frac{\mathrm{d}v}{\mathrm{d}t}\qquad(2\text{ 分})$$

分离变量,得

$$\frac{\mathrm{d}v}{(mg-kv-F)/m}=\mathrm{d}t\qquad(2\text{ 分})$$

初始条件为 $t=0, v=0$,积分之,有

$$\int_0^v\frac{\mathrm{d}v}{(mg-kv-F)/m}=\int_0^t\mathrm{d}t\qquad(2\text{ 分})$$

可得v与时间 t 的关系为

$$v=(mg-F)(1-\mathrm{e}^{-kt/m})/k\qquad(1\text{ 分})$$

计算题 13 解答用图

14. 解:均匀带电球体的体密度为

$$\rho=\frac{3q}{4\pi R^3}\qquad(1\text{ 分})$$

过 P_1 点作高斯面 S_1,根据高斯定理,有

$$\oiint_{S_1}\boldsymbol{E}_1\cdot\mathrm{d}\boldsymbol{S}=E_1\cdot4\pi r^2=\frac{q}{\varepsilon_0}\qquad(2\text{ 分})$$

所以

$$E_1=\frac{1}{4\pi\varepsilon_0}\frac{q}{r^2}\quad(r\geqslant R)\qquad(1\text{ 分})$$

同理,过 P_2 点作高斯面 S_2,根据高斯定理有

$$\oiint_{S_2}\boldsymbol{E}_2\cdot\mathrm{d}\boldsymbol{S}=E_2\cdot4\pi r^2=\frac{1}{\varepsilon_0}\left(\rho\cdot\frac{4}{3}\pi r^3\right)\qquad(2\text{ 分})$$

所以

$$E_2=\frac{q}{4\pi\varepsilon_0}\frac{r}{R^3}\quad r\leqslant R\qquad(1\text{ 分})$$

绘出函数图,如计算题 14 解答用图所示.

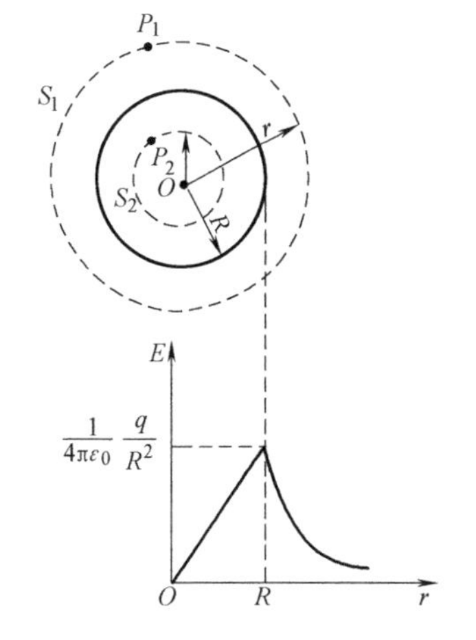

计算题 14 解答用图

15. 解:由分析可知在实验室参考系 S 系中,粒子存在时间为

$$\Delta t=\frac{l}{u}=\frac{3}{0.8c}=1.25\times10^{-8}\mathrm{s}\qquad(3\text{ 分})$$

在与该粒子一起运动的坐标系为 S′系中,粒子存在时间为

$$\Delta t'=\Delta t\sqrt{1-\frac{u^2}{c^2}}=1.25\times10^{-8}\times\sqrt{1-\frac{(0.8c)^2}{c^2}}=7.5\times10^{-9}\mathrm{s}\qquad(4\text{ 分})$$

16. 解:电流 I_1 和 I_2 在点 P 产生的磁感应强度的大小分别为

$$B_1=\frac{\mu_0I_1}{2\pi r_1}\qquad(1\text{ 分})$$

$$B_2=\frac{\mu_0I_2}{2\pi r_2}\qquad(1\text{ 分})$$

它们的方向根据右手螺旋定则确定,分别垂直于 r_1 和 r_2.

设 r_1 和 r_2 夹角为 α,由于 $r_1:r_2:d=3:4:5$,所以 α 是一个直角,因此 $\boldsymbol{B}_1$ 和 $\boldsymbol{B}_2$ 必定互相垂直. 它们合磁感应强度 B 的大小为

$$B=\sqrt{B_1^2+B_2^2}=\sqrt{\left(\frac{\mu_0 I_1}{2\pi r_1}\right)^2+\left(\frac{\mu_0 I_2}{2\pi r_2}\right)^2}=4.7\times10^{-5}\text{T} \qquad (2\text{ 分})$$

设 B 与 B_2 夹角为 φ,则

$$\tan\varphi=\frac{B_1}{B_2}=\frac{I_1 r_2}{I_2 r_1}=1.6 \qquad (2\text{ 分})$$

$$\varphi=57°59' \qquad (1\text{ 分})$$

17. 解:(1) 以地面为参考建立坐标系,水平向右为 x 轴正方向. 设人跳车时车的速度为 V,则人跳车时相对地的速度

$$v=-u+v'$$

跳车过程中,人与车系统动量守恒,根据动量守恒定律,有

$$m'v'+Nmv=0$$

将v代入上式,可求出第一种情况车的反冲速度为

$$v'=\frac{Nm}{m'+Nm}u \qquad (2\text{ 分})$$

(2) N 个人依次跳车,第一个人跳车过程有

$$[m'+(N-1)m]v_1'+mv_1=0$$

$$v_1=-u+v_1'$$

由上面两式解出第一个人跳车后,车的反冲速度为

$$v_1'=\frac{mu}{m'+Nm} \qquad (2\text{ 分})$$

第二个人跳车过程有

$$[m'+(N-2)m]v_2'+mv_2=[m'+(N-1)m]v_1'$$

$$v_2=-u+v_2'$$

由此可知,第二个人跳车后,车的反冲速度为

$$v_2'=v_1'+\frac{mu}{m'+(N-1)m} \qquad (1\text{ 分})$$

同理可得第三个人跳车后,车的反冲速度为

$$v_3'=v_2'+\frac{mu}{m'+(N-2)m} \qquad (1\text{ 分})$$

依次分析每个人跳车过程,可得 N 个人依次跳下后平板车的反冲速度为

$$v_N'=\frac{mu}{m'+Nm}+\frac{mu}{m'+(N-1)m}+\cdots+\frac{mu}{m'+m} \qquad (1\text{ 分})$$

三、物理过程描述考核,按照试题要求准确描述

18. 答:如果椅子上的人突然收缩双臂,则可以看到椅子的转速明显加大;再平伸双臂,则椅子的速度又减慢. 可以如此多次重复. 其原因是椅子上的人在平伸或收缩双臂的过程中,绕椅子转轴的外力矩为零,人和椅子构成的系统角动量守恒. 当收缩双臂时,系统的转动惯量变小,则系统的转速增大;反之,当平伸双臂时,系统的转动惯量变大,则系统的转速减小. 只回答

现象给 4 分,说明理由给 6 分.

四、设计应用题

19. 答:在船上安装一个重飞轮,如设计应用题 19 解答用图 a 所示,其转轴水平且与船的前进方向垂直.这样,船在行进过程中始终保持一个较大的角动量,可增加船的稳定性.

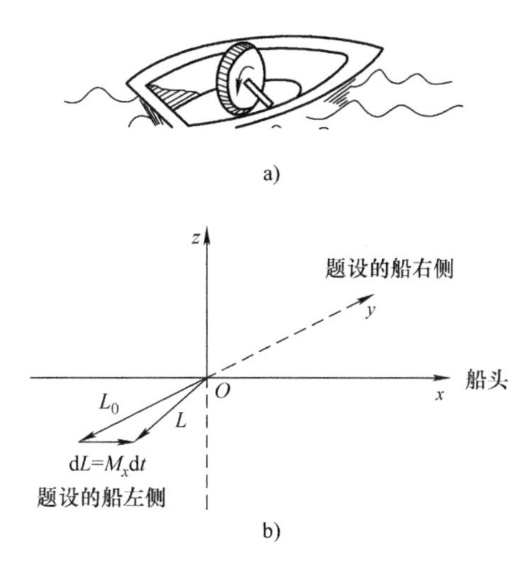

a)　b)

设计应用题 19 解答用图

当浪打过来使船向左倾斜时(迎着船头看),船受到了一个沿着 x 轴正向的力矩,根据角动量定理,船就获得了一个沿 x 轴正向的角动量增量.

$$\mathrm{d}L = M_x \mathrm{d}t \qquad (4\ 分)$$

如设计应用题 19 解答用图 b 所示,船将在水面上向右旋转,而不是向左倾斜.

由于飞轮的存在,浪并没有让船向左翻倒,而是在维持飞轮旋转角动量不变的情况下,船体在水平面上稍稍右旋,从而保持了船体的稳定性.

如果没有转动的飞轮,船将向左倾斜,重心偏离通过船身几何中心的竖直面,有可能造成倾覆,转动的飞轮可以大大减小船倾覆的可能性.

同理,当浪打过来使船向右倾斜时,船体在水平面上稍稍左旋,分析过程相似.　　(6 分)

模拟试题卷2(示例)

(含力学、狭义相对论、电磁学三部分内容)

班级:____________　姓名:____________　学号:____________

一、填空题(共30分)

1. (本题3分)一质点在平面上做曲线运动,其速率v与路程s的关系为$v=1+s^2$(SI),则其切向加速度以路程s来表示的表达式为$a_t=$________(SI).

2. (本题3分)一质量为m的质点沿一条曲线运动,其位置矢量在空间直角坐标系中的表达式为$\boldsymbol{r}=a\cos\omega t\boldsymbol{i}+b\sin\omega t\boldsymbol{j}$,其中$a$、$b$、$\omega$皆为恒量,则此质点对坐标原点$O$的角动量大小$L=$________;此质点所受到的作用力对原点的力矩$M=$________.

3. (本题3分)两个电容器1和2,串联后连接电动势恒定的电源充电.在和电源连接的情况下,若把电介质充入电容器2中,则电容器1上的电势差________;电容器1极板上的电荷________.(填增大、减小、不变)

4. (本题3分)以速度v相对于地球做匀速直线运动的恒星所发出的光子,其相对于地球的速度的大小为________.

5. (本题3分)一导体在外电场中处于静电平衡时,导体上面元$\mathrm{d}S$的电荷密度为σ,那么面元$\mathrm{d}S$所受电场力的大小为________,方向为________.

6. (本题3分)如填空题6图所示,一滑道的质量为m'、高度为h,放在水平面上,滑道底部与水平面相切.质量为m的小物块自滑道顶部由静止下滑,则

(1) 在物块滑到地面时,滑道的速度为________;

(2) 在物块下滑的整个过程中,滑道对物块所做的功为________.

填空题6图

7. (本题3分)描述静电场的两个基本物理量是________________;它们的定义式是________________和________________.

8. (本题3分)物体在恒力F作用下做直线运动,在时间Δt_1内速度由静止增加到v,在时间Δt_2内速度由v增加到$2v$,设F在Δt_1内做的功是W_1,冲量是I_1,在Δt_2内做的功是W_2,冲量是I_2,那么有W_1____W_2,I_2____I_1.(填≥、<或=)

9. (本题3分)设某微观粒子的总能量是它的静止能量的k倍,则其运动速度的大小为________.(以c表示真空中的光速)

10. (本题3分)长直电流I_2与圆形电流I_1共面,并与其一直径相重合,但二者间绝缘,如填空题10图所示.设长直导线静止,则圆形电流将向________运动.

填空题10图

二、理论推导题(本题8分)

11. 理论推导题11图所示为一种电四极子,它由两个相同的电偶极子$\boldsymbol{p}=q\boldsymbol{l}$组成,这两个

电偶极子在同一直线上,但方向相反,它们的负电荷重合在一起. 试推导在其延长线上距离负电荷为 $r(r>>l)$ 的 P 点处:

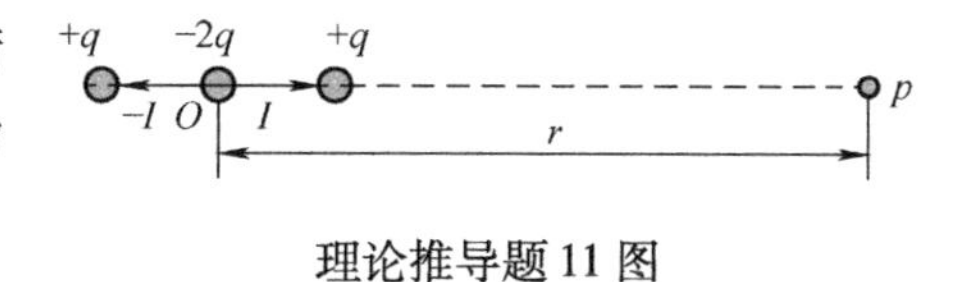

理论推导题 11 图

(1) 电场强度为

$$E=\frac{3ql^2}{2\pi\varepsilon_0 r^4}$$

(2) 电势为

$$V=\frac{ql^2}{2\pi\varepsilon_0 r^3}$$

三、计算题(共 54 分)

12. (本题 10 分)质量为 10g 的子弹,以 $200\text{m}\cdot\text{s}^{-1}$ 的初速度水平地射入一木板,设木板对子弹的阻力是恒定的.

(1) 若木板很厚,子弹射进木板 4. 0cm 而静止,求木板的阻力;

(2) 若木板厚度为 2. 0cm,求子弹穿透木板后的速度.

13. (本题 10 分)在真空中,电流由长直导线 1 经 a 点流入一电阻均匀分布的圆环,再由 b 点沿切线从圆环流出,经长直导电线 2 流回电源,如计算题 13 图所示. 已知直导线上的电流 I,圆环半径为 R,且 a、b 和圆心 O 在同一直线上,求 O 处的磁感应强度 $\boldsymbol{B}$.

计算题 13 图

14. (本题 10 分)在一通有电流 i 的长直导线旁边放有一截面积为矩形的闭合线框,如计算题 14 图所示.

(1) 求直导线与线框间的互感 M;

(2) 若矩形线框中通有电流 $i=I_0\cos\omega t$,求长直导线中的互感感应电动势.

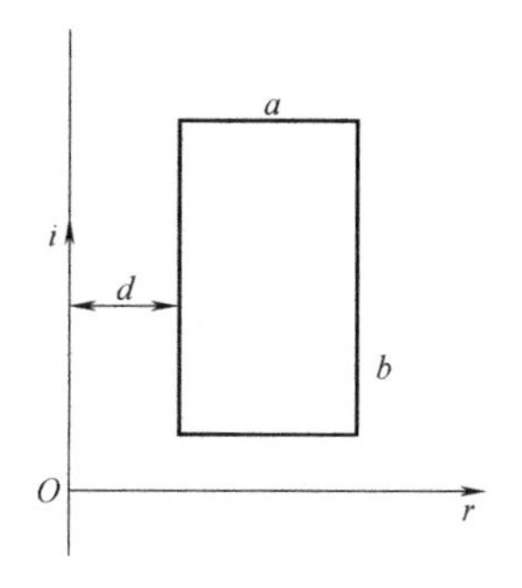

计算题 14 图

15. (本题 8 分)如计算题 15 图所示,一质量为 m 的小球,从质量为 m' 的圆弧形槽中由静止滑下,设圆弧形槽的半径为 R. 忽略一切摩擦,求小球刚离开圆弧形槽时,小球和槽的速度.

16. (本题 8 分)如计算题 16 图所示,一个长为 L,质量为 m' 的匀质细杆,可绕通过一端的水平轴 O 转动,开始时杆自由悬挂. 一质量为 m 的子弹,以水平速度 v_0 射入杆中而不复出,入射点离 O 点的距离为 d. 试问:(1) 子弹射入杆后杆所获得的角速度;(2) 子弹射入杆的过程中(设经历时间为 Δt),杆的上端受轴的水平和竖直分力;(3) 若要使杆的上端不受水平力作用,子弹的入射位置应在何处(该位置称为打击中心)?

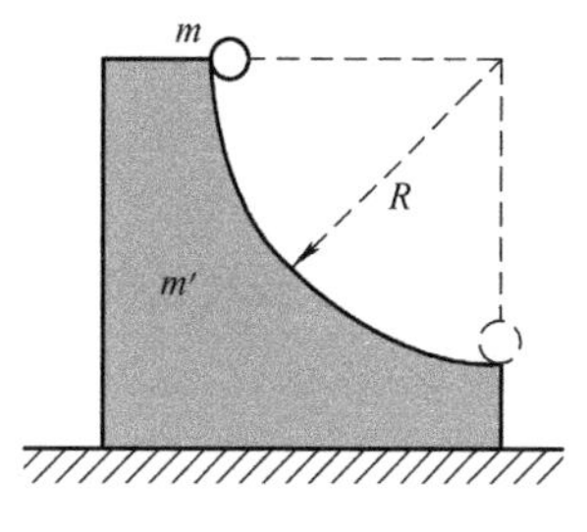

计算题 15 图

17. (本题 8 分)如计算题 17 图所示,平行板电容器极板面积为 S,极板间距为 d,分别维持两极板 A 和 B 的电势为 $V_A=V$ 和 $V_B=0$ 不变. 把一块带有电荷量 q 的导体薄片平行地置于两极板中间,导体片的面积也为 S,厚度可忽略不计,略去边缘效应. 求导体片的电势 V_C.

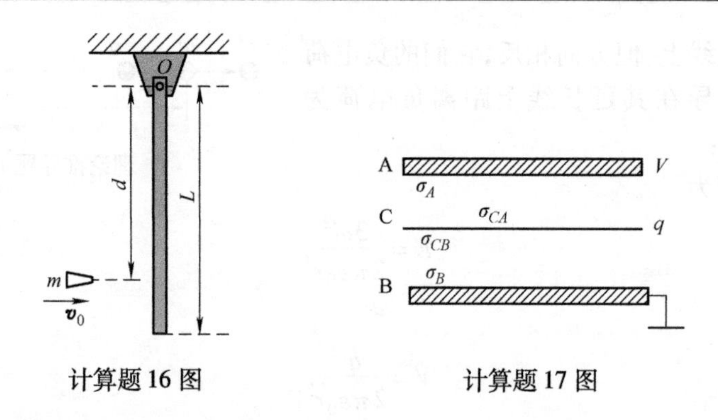

计算题 16 图　　计算题 17 图

四、设计应用题(本题 8 分)

18. 假设有一个额定电压为5V 的小灯泡和1 个额定电压为220V 的灯泡和足够多的导线(其电阻可忽略),以及220V 交流电源. 请利用所学电磁感应的相关知识设计一种使额定电压为5V 的小灯泡亮起来的方法.(1) 画出所涉及的实验原理图;(2) 描述其工作原理;(3) 给出一种改变小灯泡亮度的方法.

模拟试题卷 2 解答

一、填空题

1. $2s^3+2s$ (3 分).

2. $m\omega ab$ (2 分),0 (1 分).

3. 增大 (2 分),增大 (1 分).

4. c (3 分).

5. $\dfrac{\sigma^2 \mathrm{d}S}{\varepsilon_0}$ (2 分),垂直导体表面向外 (1 分).

6. (1) $\sqrt{\dfrac{2m^2gh}{(m+m')m'}}$ (1 分),(2) $-\left(\dfrac{m}{m+m'}\right)mgh$ (2 分).

7. 电场强度和电势 (1 分),$\boldsymbol{E}=\boldsymbol{F}/q_0$(1 分),$V_{\mathrm{p}}=W/q_0=\int_{\mathrm{p}}^{0}\boldsymbol{E}\cdot\mathrm{d}\boldsymbol{l}$ (1 分).

8. $<$(2 分),$=$ (1 分).

9. $\dfrac{c}{k}\sqrt{k^2-1}$ (3 分).

10. 右 (3 分).

二、理论推导题

11. 解:取负电荷处为坐标原点 O,向右为 x 轴正方向,则右边的偶极子在 P 点产生的电场强度为

$$\boldsymbol{E}_1=\frac{2ql}{4\pi\varepsilon_0(r-l/2)^3}\boldsymbol{i}$$

左边的偶极子在 P 点产生的电场强度为

$$\boldsymbol{E}_2=\frac{-2ql}{4\pi\varepsilon_0(r+l/2)^3}\boldsymbol{i}$$

P 点合电场强度

$$\boldsymbol{E}=\boldsymbol{E}_1+\boldsymbol{E}_2=\frac{2ql}{4\pi\varepsilon_0}\left[\frac{1}{(r-l/2)^3}-\frac{1}{(r+l/2)^3}\right]\boldsymbol{i} \quad (2\text{ 分})$$

由于 $r>>l,\dfrac{1}{(r-l/2)^3}-\dfrac{1}{(r+l/2)^3}=\dfrac{3r^2l+l^3/4}{(r^2-l^2/4)^3}\approx\dfrac{3l}{r^4}$　　(1分)

所以在其延长线上距离负电荷为 $r(r>>l)$ 的 P 点处近似为

$$\boldsymbol{E}=\frac{3ql^2}{2\pi\varepsilon_0 r^4}\boldsymbol{i}$$　　(1分)

同理,右边的偶极子在 P 点产生的电势为

$$V_1=\frac{ql}{4\pi\varepsilon_0(r-l/2)^2}$$　　(1分)

左边的偶极子在 P 点产生的电势为

$$V_2=\frac{-ql}{4\pi\varepsilon_0(r+l/2)^2}$$　　(1分)

所以 P 点的电势为

$$V=V_1+V_2=\frac{ql}{4\pi\varepsilon_0\ (r-l/2)^2}-\frac{ql}{4\pi\varepsilon_0\ (r+l/2)^2}=\frac{ql^2}{2\pi\varepsilon_0 r^3}$$　　(2分)

三、计算题

12. 解:按动能定理有 $A=E_k-E_{k0}$　　(2分)

(1) $-Fs=0-\frac{1}{2}mv_0^2$　　(2分)

$$F=\frac{mv^2}{2s}=\frac{10\times10^{-3}\times200^2}{2\times4\times10^{-2}}\mathrm{N}=5\times10^3\mathrm{N}$$　　(2分)

(2) $-Fs=E_k-E_{k0}$, $\frac{1}{2}mv^2=\frac{1}{2}mv_0^2-Fs'$　　(2分)

所以 $v=\sqrt{v_0^2-2Fs'/m}$

$=\sqrt{200^2-2\times5\times10^3\times0.02/10^{-2}}\ \mathrm{m\cdot s^{-1}}$

$=1.41\times10^2\mathrm{m\cdot s^{-1}}$　　(2分)

13. 解:根据长直导线在周围空间所激发的磁场

$$B=\frac{\mu_0}{4\pi}\int_{\theta_1}^{\theta_2}\frac{I\sin\theta\mathrm{d}\theta}{r_0}=\frac{\mu_0 I}{4\pi r_0}(\cos\theta_1-\cos\theta_2)$$　　(2分)

直线1在 O 处激发的磁场

$$B_1=0$$　　(2分)

直线2在 O 处激发的磁场

$$B_2=\frac{\mu_0 I}{4\pi R}$$　　(2分)

圆弧 acb 和圆弧 adb 在 O 处激发的磁场大小相等,方向相反,其和为零,即

$$B_3=0$$　　(2分)

O 处的合磁感应强度为　　$B=B_1+B_2+B_3=\frac{\mu_0 I}{4\pi R}$　　(2分)

14. 解:(1) 矩形线框中的磁通量(见计算题14解答用图)为

$$\Phi_m=\iint_S \boldsymbol{B}\cdot d\boldsymbol{S}=\int_d^{a+d}\frac{\mu_0 i}{2\pi r}\cdot b dr=\frac{\mu_0 ib}{2\pi}\ln\frac{a+d}{d}\quad (3分)$$

长直导线和矩形线框之间的互感为

$$M=\frac{\Phi_m}{i}=\frac{\mu_0 b}{2\pi}\ln\frac{a+d}{d}\quad (2分)$$

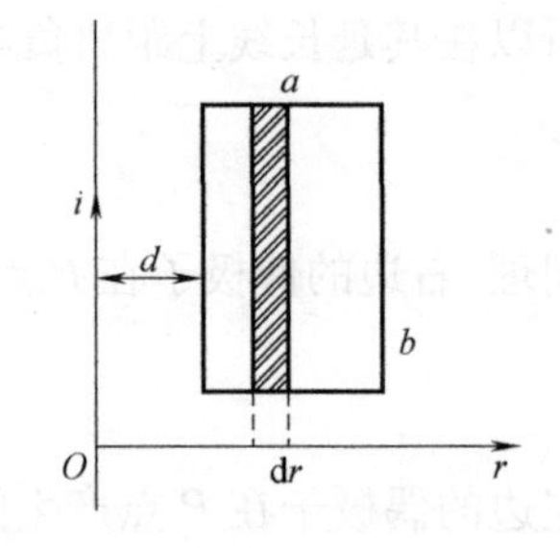

计算题14解答用图

(2) 矩形线框通有交流电 $i=I_0\cos\omega t$,长直导线中的互感电动势为

$$\mathscr{E}=-M\frac{di}{dt}\quad (2分)$$

可得

$$\mathscr{E}=\frac{\mu_0 bI_0\omega\sin\omega t}{2\pi}\ln\frac{a+d}{d}\quad (3分)$$

15. 解:设小球运动到槽底时的速度为v,圆弧形槽的速度为v',根据小球、圆弧形槽与地球构成的系统机械能守恒,得

$$mgR=\frac{1}{2}mv^2+\frac{1}{2}Mv'^2\quad (2分)$$

根据小球和圆弧形槽构成的系统水平方向上动量守恒得

$$mv+m'v'=\boldsymbol{0}\quad (2分)$$

由以上两式得

$$v=\sqrt{\frac{2m'gR}{m'+m}}\quad (2分)$$

$$V=-m\sqrt{\frac{2gR}{m'(m'+m)}}\quad (2分)$$

16. 解:(1) 将子弹和细杆作为一个系统,根据角动量守恒有

$$mv_0 d+0=\left(\frac{1}{3}m'L^2+md^2\right)\omega$$

求得子弹射入杆后的角速度

$$\omega=\frac{3mv_0 d}{m'L^2+3md^2}\quad (2分)$$

(2) 在子弹射入杆的过程中(设经历时间为 Δt),杆的上端受轴的水平和竖直分力分别为 F_x、F_y,水平方向上满足动量定理

$$F_x\Delta t=P_2-P_1=m'\frac{L\omega}{2}+md\omega-mv_0$$

得杆的上端受轴的水平分力为

$$F_x=\frac{m'\frac{L\omega}{2}+md\omega-mv_0}{\Delta t}\quad (2分)$$

竖直方向忽略子弹的重量,由动量定理得

$$\left(F_y - m'\omega^2 \frac{L}{2} - m'g\right)\Delta t = 0$$

得杆的上端受轴的竖直分力为

$$F_y = m'\omega^2 \frac{L}{2} + m'g \qquad (2\text{ 分})$$

(3) 若要使杆的上端不受水平力作用,子弹的入射位置应满足

$$m'\frac{L\omega}{2} + md\omega - mv_0 = 0$$

得子弹的入射位置

$$d = \frac{2}{3}L \qquad (2\text{ 分})$$

17. 解:设极板平面的面电荷密度分别为 σ_A、σ_{CA}、σ_{CB}、σ_B,由静电平衡和电荷守恒定律得

$$\sigma_A + \sigma_{CA} = 0,\ \sigma_B + \sigma_{CB} = 0$$

得到

$$\sigma_A + \sigma_B = -(\sigma_{CA} + \sigma_{CB}) = -\frac{q}{S} \qquad (1)\ (2\text{ 分})$$

A、B 两板间的电势差

$$U = E_{AC}\frac{d}{2} + E_{CB}\frac{d}{2} = \frac{\sigma_A d}{2\varepsilon_0} + \frac{\sigma_{CB} d}{2\varepsilon_0} = \frac{(\sigma_A - \sigma_B)d}{2\varepsilon_0} \qquad (2)\ (2\text{ 分})$$

两式联立得

$$\sigma_A = \frac{\varepsilon_0 U}{d} - \frac{q}{2S},\ \sigma_B = -\frac{\varepsilon_0 U}{d} - \frac{q}{2S} \qquad (2\text{ 分})$$

导体片的电势

$$V_C = E_{CB}\frac{d}{2} = -\frac{\sigma_B d}{2\varepsilon_0} = \frac{1}{2}\left(U + \frac{qd}{2\varepsilon_0 S}\right) \qquad (2\text{ 分})$$

四、设计应用题

18. 答:(1) 利用互感原理作图,220V 灯泡连在交流电源上,并将交流电源导线缠绕成线圈,将小灯泡与另一根导线相连,并将该导线也缠绕成线圈,将两个线圈上下放置(非接触),中间若有铁心效果更佳; (4 分)

(2) 利用的是互感原理,交流电的电流发生变化导致连接小灯泡的线圈中产生电流; (2 分)

(3) 可以通过改变线圈的匝数来改变小灯泡的亮度. (2 分)

第12章　几何光学

12.1　学习要点导引

12.1.1　本章章节逻辑框图

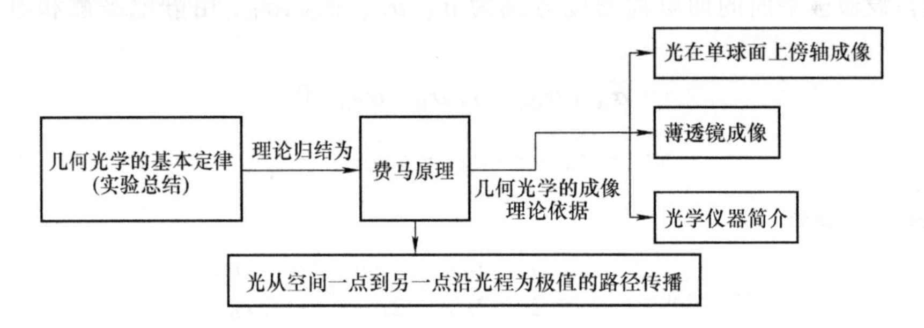

12.1.2　本章阅读导引

(1) 在教材中,我们讲过麦克斯韦的电磁场理论,称为**经典电磁场理论**. 在此基础上介绍了电磁辐射,即有关电磁波的传播过程,并给出电磁波谱. 经典电磁场理论表明,光的本性就是一定频率(或波长)范围内的电磁波. 也就是说,光具有干涉、衍射和偏振等波动性的效应,表现为光的波长 λ 不容忽略. 这就是我们将在后续要讨论的波动光学. 如果光学系统的特征尺寸(如单缝的缝宽等)远大于光的波长 λ,光的波动性的效应不显著,即在波长 $\lambda\to 0$ 的这种极限情况下,这类问题就可作为本章所介绍的**几何光学**问题来处理.

(2) 几何光学认为光沿着一条假想的几何线(即光线)传播,这是一种数学抽象. 当一束由无数条光线组成的光束在光学系统内传播时,每条光线的位置、传播方向以及它们之间的相对关系都将改变,这种改变是由于介质的作用引起的,而介质的这种作用是由其折射率 n 来表征的:由于折射率 n 在空间的分布不同,导致不同的光学系统对光线的不同作用.

(3) 几何光学用光线来研究光的传播问题,乃是基于由实验总结出来的三条基本定律,即本章介绍的光线的直线传播定律、反射定律和折射定律. 这三条基本定律可以从理论上归结为一个普通原理——费马原理.

(4) 几何光学的一个重要应用就是对所研究的光学系统进行光路控制以及成像.

(5) 通过本章学习,读者应着重认识与成像有关的一些基本概念:

1) 在讨论镜面等光具组的成像时,我们把镜面仅局限于球面的一小部分,即镜面的孔径甚小,光线很靠近主光轴而形成所谓的傍轴光线.

2) 如果一束光的各条光线或其延长线交于一点,则此光束称为**同心光束**,其焦点称为同心光束的**顶点**,且视光束会聚于顶点或从顶点发射出去而相应地分为**会聚光束**和**发散光束**. 顶点在无穷远处的同心光束形成**平行光**. 点光源发出的是以自身为顶点的发散光束.

3）由一些反射面和折射面组成的光学系统称为**光具组**.

4）入射同心光束的顶点称为**物点**. 若此光束经光具组后出射的仍是同心光束,其顶点称为该光束的**像点**. 入射发散（或会聚）光束的顶点即为实（或虚）物点;出射发散（或会聚）光束的顶点即为虚（或实）像点. 实像是指观察屏上的像点处有真实的光线到达,可在屏幕上显现.

5）通常,把与入射光线相联系的物点所组成的空间称为物方,把与出射光线相联系的像点所组成的空间称为像方. 不能简单地认为光具组前方就是物方,而后方就是像方.

6）为了对物、像之间各种虚实关系用统一的物像公式表述,需要人为地规定一套符号规则,我们在教材中已列出,读者应加以掌握.

（6）在讨论球面镜的反射和折射成像、薄透镜成像的物像公式时,必须按统一的符号规则确定物距、像距和焦距的正负,不可凭主观臆断,否则,对物、像的虚实以至于由此求像的放大率等都会给出错误的结果.

（7）有关成像的作图法可能在中学物理课程中已学过,但这种方法对求解上述成像问题还是行之有效的. 读者可以温故而知新,不妨再阅读一下.

（8）教材中所介绍的一些光学仪器,在以后的专业后续课程中经常会遇到,建议对其做一些探讨,不无裨益.

12.2　教学拓展

1. 费马原理的数学演绎

几何光学中的三条基本定律可从数学上由费马原理给出其理论诠释.

光在均匀介质中是沿直线传播的. 由于直线是两点间的最短路径,因而换句话说,光是沿费时最少的路径传播的. 这就是光的直线传播定律在理论上的佐证.

当光射向两种介质Ⅰ和Ⅱ的分界面时,将按反射定律和折射定律进行反射和折射,也可证明光是沿费时最少的路径传播的. 如图 12.2-1a 所示,ACB 是按反射定律确定的传播路径,$AC'B$是给定的两点 A、B 之间任选的另一条路径. 作 B 点对分界面的对称点 B',则 $BC'=B'C'$,$BC=B'C$,$BD=B'D$,且 $i=\beta$,显然,由于两直线相交,对顶角才能相等,既然 $i=\beta$,则 $B'CA$ 必为一直线,而 $BC'A$ 为一条折线,这样,$B'C'A>B'CA$,即 $AC'+C'B>AC+CB$,由几何关系可知,$i'=\beta$,故 $i=i'$,即入射角 = 反射角,所以 ACB 为光反射路径,光反射时按反射定律确定的路径传播,实际上也是按费时最少的路径传播的.

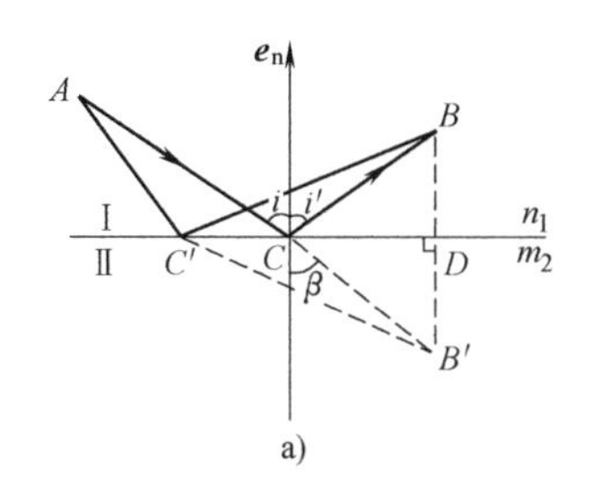

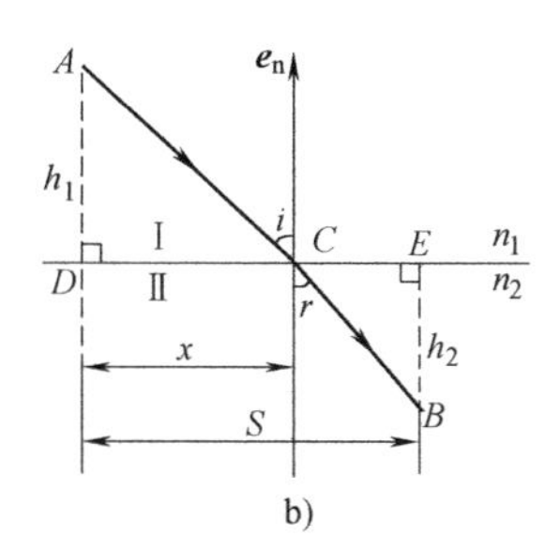

图 12.2-1　光的反射和折射

如图 12.2-1b 所示,当光射向介质Ⅰ和介质Ⅱ的分界面时,A 点和 B 点分别处于介质Ⅰ和介质Ⅱ中. 设 C 为光从 A 点传播到 B 点的过程中经过分界面上的一点，从 A 点和 B 点分别作分界面的垂线 AD 和 BE，则对给定的介质分界面和 A 点与 B 点而言，$AD=h_1$，$BE=h_2$，$DE=S$ 等皆为恒量，而 $DC=x$ 则随入射点 C 的位置而异，故 x 为一变量. 而今，光线从 A 点经 C 点到达 B 点所需时间为 $t=AC/v_1+CB/v_2$，其中，v_1 和 v_2 分别为光在介质Ⅰ和介质Ⅱ中的传播速度，取决于给定的两种介质的相对折射率 $n_{21}=\frac{n_2}{n_1}$. 这样，由图示的几何关系，上述时间 t 可写成 x 的函数，即

$$t=\frac{\sqrt{h_1^2+x^2}}{v_1}+\frac{\sqrt{h_2^2+(s-x)^2}}{v_2} \tag{a}$$

将式ⓐ对 x 求导，并取 t 的极值，即 $\frac{\mathrm{d}t}{\mathrm{d}x}=0$，也即

$$\frac{1}{v_1}\frac{x}{\sqrt{h_1^2+x^2}}-\frac{1}{v_2}\frac{s-x}{\sqrt{h_2^2+(s-x)^2}}=0 \tag{b}$$

读者还可求式ⓐ关于 t 对 x 的二阶导数，可得出 $\frac{\mathrm{d}^2t}{\mathrm{d}x^2}>0$，从而判断 t 具有极小值. 这就表明光从 A 点经折射而抵达 B 点，也是沿费时为极值的路径进行的. 考虑到图 12.2-1b 中的几何关系，有

$$\frac{x}{\sqrt{h_1^2+x^2}}=\sin i,\quad \frac{s-x}{\sqrt{h_2^2+(s-x)^2}}=\sin r \tag{c}$$

便得

$$\frac{\sin i}{\sin r}=\frac{v_1}{v_2}=\frac{n_2}{n_1}=n_{21} \tag{d}$$

式ⓓ正是折射定律的数学表达式.

综上所述，**费马原理**可表述为：**在给定的两点之间，光总是沿费时为极值的路径传播**. 或者光沿所需时间为平稳路径传播. 这条原理又称为**平稳时间原理.** 它涵盖了几何光学的三条基本定律.

2. 棱镜的偏向角

若隔着棱镜来看某个物体，就可看到物体的虚像，虚像的位置向折射棱角 φ 的方向偏移(见图 12.2-2).

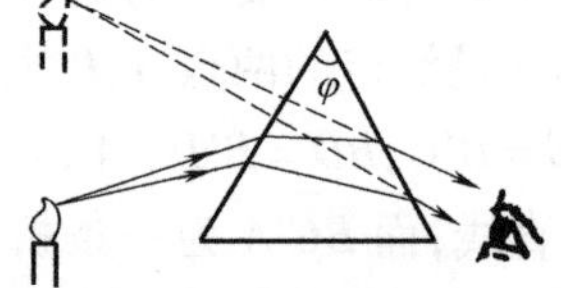

图 12.2-2 隔着棱镜看到蜡烛的像

如图 12.2-3 所示的棱镜，出射光线 QR 与入射光线 IP 的偏向角为

$$\delta=\delta_1+\delta_2 \tag{a}$$

式中，δ_1 为 AB 面上的入射光线 IP 与镜内的光路 PQ 所成的偏向角，δ_2 为 AC 面上的出射光线 QR 与 PQ 所成的偏向角，根据几何关系不难看出，$\delta_1=i_1-r_1$，$\delta_2=r_2-i_2$，$\varphi=i_2+r_1$，代入式ⓐ，则有

$$\delta=(i_1-r_1)+(r_2-i_2)=i_1+r_2-\varphi \tag{b}$$

按折射定律 $n_0\sin i_1=n\sin r_1$，$n\sin i_2=n_0\sin r_2$，其中，n 为棱镜的折射率，并设棱镜周围介质为空气，其折射率 $n_0\approx1$，且因 $i_2=\varphi-r_1$，可得

$$r_2=\arcsin\left\{n\sin\left[\varphi-\arcsin\left(\frac{1}{n}\sin i_1\right)\right]\right\} \tag{c}$$

将式ⓒ代入式ⓑ,可知棱镜的偏向角 δ 是入射角 i_1 的函数.

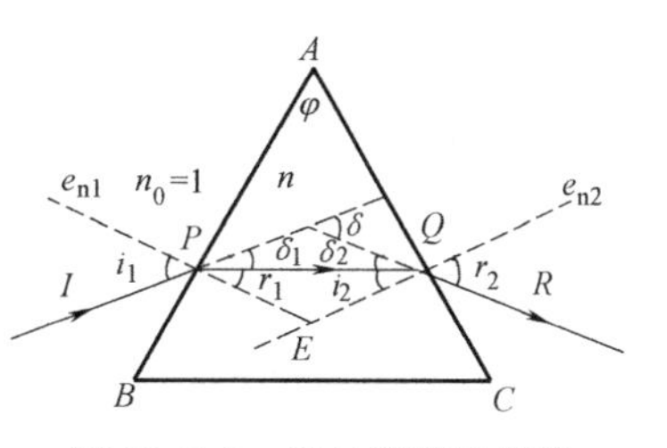

图 12.2-3 通过棱镜的光线

可以证明(从略),当入射光线与出射光线相对于棱镜对称、光路在镜内平行于棱镜的底边时,则偏向角为最小,记作 $\delta_{\min}$,这时,有

$$r_1 = i_2 = \frac{\varphi}{2}, i_1 = \frac{(\delta_{\min} + \varphi)}{2}$$

代入折射定律,得

$$n = \frac{\sin i_1}{\sin r_1} = \frac{\sin\left(\frac{\delta_{\min} + \varphi}{2}\right)}{\sin\left(\frac{\varphi}{2}\right)} \quad ⓓ$$

若折射棱角 φ 甚小,则偏向角 δ 也极微小,光线与棱镜所成各角的正弦可相应地由其角的弧度代替,即 $\sin(\varphi/2) \approx \varphi/2$, $\sin[(\varphi + \delta_{\min})/2] \approx (\varphi + \delta_{\min})/2$,于是,由式ⓓ可得

$$\delta_{\min} = (n-1)\varphi \quad ⓔ$$

根据上述结果,在实验室中用棱镜分光镜测定折射棱角 φ 和某波长光线在棱镜中的最小偏向角 $\delta_{\min}$,就可算出棱镜介质对该色光的折射率 n.

3. 光的色散

光通过各种介质时要产生光的色散现象和吸收现象.我们在这里对光的色散现象做一简介.

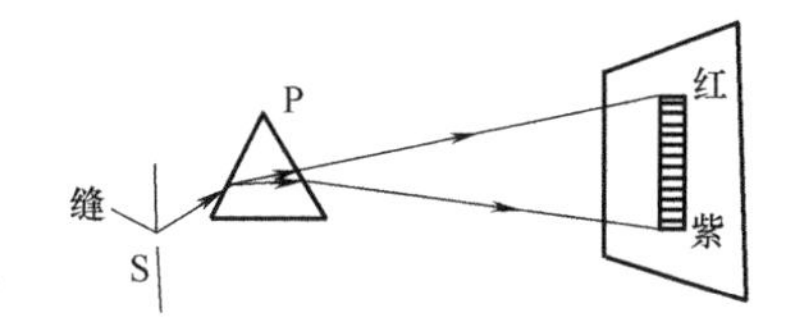

图 12.2-4 光的色散

将一束平行的白光通过狭缝 S 入射到三棱镜 P 上(见图 12.2-4),光线经过色散棱镜折射后就在棱镜后方的屏幕上形成相当宽的一条具有各种颜色的光带.该光带的一端呈现红色,另一端呈现紫色,从红到紫依次出现红、橙、黄、绿、蓝、靛、紫等颜色,这些颜色是连续过渡的,并没有明显的分界.这种现象经过反复实验,确证白光是由上述七种单色光所组成的复合光.

复合光通过棱镜被分解为各种单色光的现象叫作**光的色散**.分开的单色光依次排列而成的光带,叫作**光谱**.在白光产生的光谱中,颜色的过渡是连续的,所以它又称为**连续光谱**.根据光的电磁理论,各种波长的光波在真空中都以恒定的速度 c(即真空中的光速)传播;而在介质中,由于光波与物质的相互作用,光波的传播速度就要减小,而且不同波长的光波,传播速度也各不相同.因此,同一介质对不同的单色光就有不同的折射率.红色光的折射率最小,因此透过三棱镜后,偏折的角度也最小;紫色光的折射率最大,因此透过三棱镜后,偏折的角度也最大.所以,在屏上就显示出由红到紫连续分布的光谱.

可见光为 $3.9 \times 10^{14} \sim 7.5 \times 10^{14}$ Hz 的电磁波,取真空中的光速 $c = 3.00 \times 10^8 \mathrm{m \cdot s^{-1}}$,根据波速、波长与频率的关系式 $c = \lambda\nu$,易于求出可见光在真空中的波长范围为 400nm ~ 760nm.可见光的颜色是由光波的频率决定的,不同频率的光对人眼引起的颜色感觉是不同的;同一频率的光,在不同的介质中虽因光速不同而具有不同的波长,但因频率不变,故人眼感觉到的是相同颜色.所以**单色光就是指具有一定频率的光**.为便于应用,习惯上将光的各种颜色按光在真空中的不同波长范围来划分,读者可参阅教材.

12.3　解题指导

1. 应用费马原理解题

本章的一个重要问题就是应用费马原理求得光的实际路径. 当光从空间一点传播到另一点时,它总是沿着光程为极值的路径传播. 这里应指明:①光程是介质折射率和几何路程的乘积;②极值是指极大、极小或稳定值三者之一.

2. 成像的解析法

成像是几何光学研究的中心问题,主要讨论物像的位置、大小、虚实和倒正. 成像解析法就是根据题目给的条件,选择适当公式,进行计算.

例12-1　根据费马原理推导傍轴条件下球面反射成像公式. 已知凹球面AB的曲率半径为r. 其光轴上的物点P发出的任意光线PM由左向右传播,M为凹球面上的入射点,经反射后的反射光线MQ会聚于光轴的像点Q,如例12-1图所示. 其中物距$\overline{PO}=p$,像距$\overline{QO}=q$,$\angle MCO=\varphi$,推导其傍轴条件下的凹球面反射成像公式.

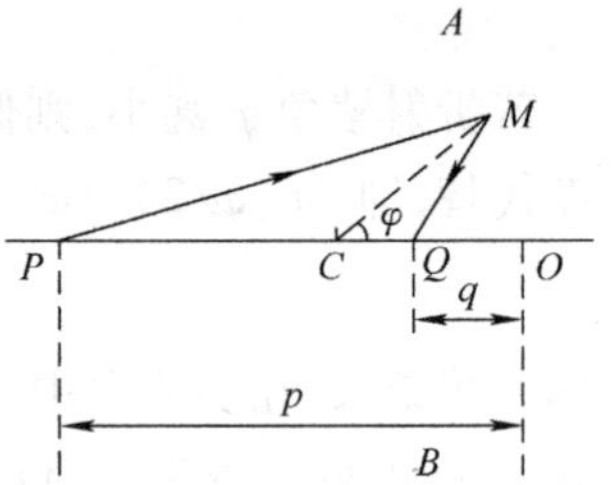

例12-1图

分析　根据费马原理,光线从一点传播到另一点是沿光程为极值,因此由P点经凹球面镜反射到达Q点的光线$P-M-Q$的光程也为极值. 故其光程的一阶导等于零.

解　设光线在空气中传播. 空气折射率为n,则物像之间光线$P-M-Q$光程为

$$\begin{aligned}L(PMQ)&=n\overline{PM}+n\overline{MQ}\\&=n\sqrt{r^2+(p-r)^2-2r(p-r)\cos(\pi-\varphi)}+n\sqrt{r^2+(r-q)^2-2r(r-q)\cos\varphi}\\&=n\sqrt{p^2+4r(r-p)\sin^2\frac{\varphi}{2}}+n\sqrt{q^2+4r(r-q)\sin^2\frac{\varphi}{2}}\end{aligned}$$

根据费马原理,成像的实际光路是光程取极值的路径,即

$$\frac{\mathrm{d}L(PMQ)}{\mathrm{d}\varphi}=0$$

求导后得

$$\frac{r-p}{\sqrt{p^2+4r(r-p)\sin^2\frac{\varphi}{2}}}=\frac{q-r}{\sqrt{q^2+4r(r-q)\sin^2\frac{\varphi}{2}}}$$

上式是球面镜反射成像的准确公式,在傍轴近似条件下,$\varphi\to0$,即$\sin\frac{\varphi}{2}\to0$,则可简化为

$$\frac{1}{p}+\frac{1}{q}=\frac{2}{r}$$

此式就是傍轴光线下球面反射成像公式.

12.4　习题解答

12-1　光线从空气射入玻璃,当入射角$i=30°$时,折射角$r=19°$. 求玻璃的折射率和光在玻璃中的速度. 已知光在空气中的速度是$c=3\times10^8\,\mathrm{m\cdot s^{-1}}$.

解　由折射率的定义可求得玻璃的折射率为

$$n_{玻}=\frac{\sin i}{\sin r}=\frac{\sin 30°}{\sin 19°}=\frac{0.5}{0.3256}=1.54$$

由 $n_{玻}=c/v_{玻}$，可算得

$$v_{玻}=\frac{c}{n_{玻}}=\frac{3\times10^{8}}{1.54}\mathrm{m\cdot s^{-1}}=1.95\times10^{8}\mathrm{m\cdot s^{-1}}$$

12-2 如习题12-2图所示，一个高为16cm、半径为12cm的圆柱形筒. 人眼在 P 点只能看到正对面内侧的 D 点，$AD=9\text{cm}$，当筒中盛满某种液体时，在 P 点恰好看到正对面内侧的最低点 B. 求该液体的折射率.

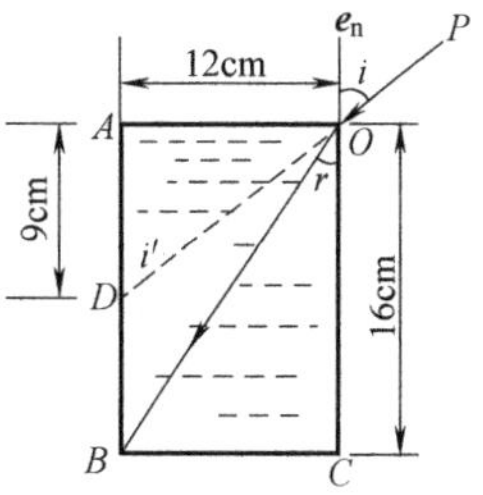

解 由图示的几何关系，有 $\sin i=\sin i'=4/5$，$\sin r=3/5$. 又由题设 $n_1\approx1$，则按折射定律，$n_1\sin i=n_2\sin r$，有

$$1\times\frac{4}{5}=n_2\times\frac{3}{5}$$

由此可得该液体的折射率 $n_2=4/3=1.33$.

习题12-2图

12-3 一条光线入射到一个正方形玻璃板上（见习题12-3图），入射角为45°. 若在竖直平面上进行全反射，问玻璃的折射率必须有多大?

解 由折射定律

$$\sin 45°=n\sin r$$

有

$$\sin r=\frac{1}{\sqrt{2}\,n}$$

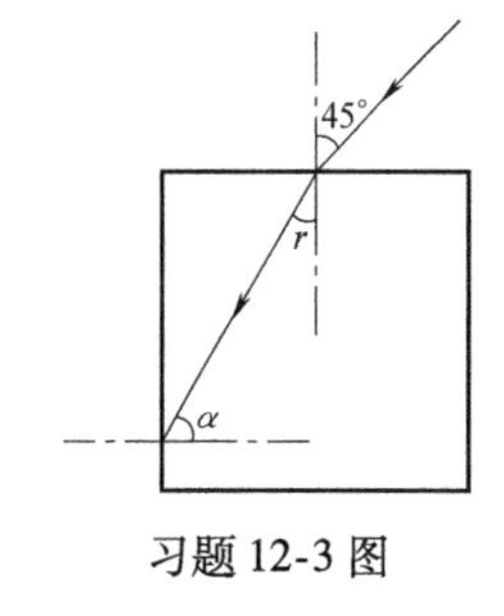

习题12-3图

按全反射条件 $\alpha>\alpha_c$，而 $\sin\alpha_c=\dfrac{1}{n}$，则

$$\sin\alpha>\frac{1}{n}$$

由几何关系 $\alpha=\dfrac{\pi}{2}-r$，则

$$\sin r=\cos\alpha$$

而

$$\cos\alpha=\sqrt{1-\sin^2\alpha}<\sqrt{1-\sin^2\alpha_c}=\frac{\sqrt{n^2-1}}{n}$$

即

$$\frac{\sqrt{n^2-1}}{n}>\sin r=\frac{1}{\sqrt{2}n}$$

由这个不等式解得

$$n>1.22$$

即玻璃的折射率必须大于1.22.

12-4 一支蜡烛位于一凹面镜前12.0cm处，成实像于距镜顶4.00m远处的屏上.（1）求凹面镜的半径和焦距；（2）如果蜡烛火焰的高度为3.00mm，则屏上的火焰的像高为多少?

解 （1）由题给可知，$p=12\text{cm}=0.12\text{m}$，$q=4.00\text{m}$.

由球面反射的物像公式

$$\frac{1}{q}+\frac{1}{p}=\frac{1}{f}$$

有

$$\frac{1}{4.00\text{m}}+\frac{1}{0.12\text{m}}=\frac{1}{f}$$

可算得凹面镜的焦距 $f=0.117\text{m}$.

再由焦距与半径之间的关系可得凹面镜的半径

$$R=2f=0.234\text{m}$$

(2) 横向放大率

$$m = -\frac{q}{p} = -\frac{4.00\text{m}}{0.12\text{m}} = -\frac{100}{3}$$

已知火焰高度为3.00mm，则屏上的火焰的像高为

$$y' = my = -\frac{100}{3} \times 3\text{mm} = -100\text{mm}$$

所以，成倒立、放大的实像.

12-5　设凸球面反射镜的曲率半径为16cm，一物体高5mm，置于镜前20cm处. 求所成像的位置、大小和虚实.

解　按题意，物距 $p = +20\text{cm}$，焦距 $f = -R/2 = -16\text{cm}/2 = -8\text{cm}$，将它们代入球面反射镜物像公式，得

$$\frac{1}{q} = \frac{1}{f} - \frac{1}{p} = \left(\frac{1}{-8} - \frac{1}{20}\right)\text{cm}^{-1}$$

可算出像距

$$q = -5.7\text{cm}$$

又因物长 $y = 5\text{mm} = 0.5\text{cm}$. 又由放大率公式 $m = y'/y = -q/p$，则得像长为

$$y' = (-q/p)y = \{-[(-5.7)/20] \times 0.5\}\text{cm} = 0.14\text{cm}$$

$q<0$ 说明像是虚的，$|m|<1$ 说明像是缩小的，$y'>0$ 说明像是正立的. 总之，所成的像是缩小、正立的虚像.

12-6　一曲率半径为30cm的凸球形折射面，其左、右方介质的折射率分别为 $n_1 = 1.0$ 和 $n_2 = 1.5$，物点在顶点 O 左方的10cm处. 求像的位置和虚实.

解　按球面折射的物像公式

$$\frac{n_1}{p} + \frac{n_2}{q} = \frac{n_2 - n_1}{R}$$

按符号法则，根据题设，$n_1 = 1.0$，$n_2 = 1.5$，$p = 10\text{cm}$，$R = 30\text{cm}$，代入上式，有

$$\frac{1}{10\text{cm}} + \frac{1.5}{q} = \frac{1.5-1}{30\text{cm}}$$

可解得 $q = -18\text{cm}$.

由于 $q<0$，像点在顶点 O 的左侧，乃是虚像.

12-7　一凸透镜的焦距为10cm，在距透镜45cm的地方放置一小物，试分别用成像公式和作图法求像的位置. 并说明像的性质.

解　利用透镜成像公式

$$\frac{1}{q} + \frac{1}{p} = \frac{1}{f}$$

已知 $f = 10\text{cm}$，$p = 45\text{cm}$，则

$$\frac{1}{q} = \frac{1}{f} - \frac{1}{p} = \frac{1}{10\text{cm}} - \frac{1}{45\text{cm}} = \frac{7}{90\text{cm}}$$

所以，像距

$$q = \frac{90}{7}\text{cm} \approx 12.9\text{cm}$$

横向放大率公式

$$m = -\frac{q}{p} = -\frac{12.9\text{cm}}{45\text{cm}} = -0.29$$

即像位于透镜后12.9cm处，为一缩小的、倒立的实像. 用作图法求像的位置如习题12-7图所示.

12-8　一会聚透镜的焦距为15.0cm，物体位于透镜一侧20.0cm处. (1) 求像的位置、放大率和成像性质；(2) 如果物距为7.5cm，情况如何？(3) 绘制以上两种情况的光路图.

解　(1) 按成像公式 $\frac{1}{q} + \frac{1}{p} = \frac{1}{f}$，已知 $f = 15.0\text{cm}$，　$p = 20.0\text{cm}$. 则由

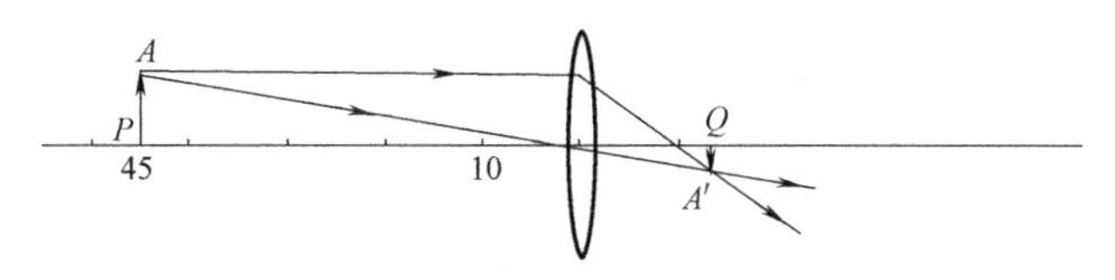

习题12-7图

$$\frac{1}{q}=\frac{1}{f}-\frac{1}{p}=\frac{p-f}{pf}$$

故得像距

$$q=\frac{pf}{p-f}=\frac{20.0\text{cm}\times15.0\text{cm}}{20.0\text{cm}-15.0\text{cm}}=60\text{cm}$$

放大率

$$m=-\frac{q}{p}=-\frac{60\text{cm}}{20\text{cm}}=-3.0$$

即成倒立的、放大的实像.

(2) 同理,若 $p=7.5\text{cm}$,则得像距

$$q=\frac{pf}{p-f}=\frac{7.5\text{cm}\times15.0\text{cm}}{7.5\text{cm}-15.0\text{cm}}=-15\text{cm}$$

放大率

$$m=-\frac{q}{p}=-\frac{-15\text{cm}}{7.5\text{cm}}=2.0$$

因而成正立、放大的虚像.

(3) 第一种情况,如习题12-8图a所示,第二种情况如习题12-8图b所示.

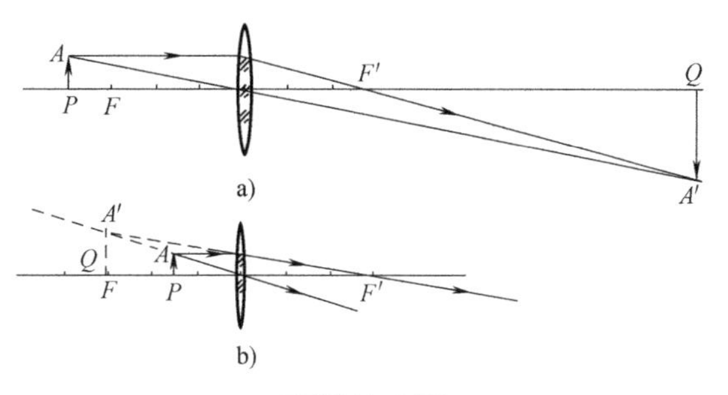

习题12-8图

12-9 物体位于一薄透镜左侧,而其像位于薄透镜右侧30.0cm处的屏幕上,今将透镜向右移动6.00cm,然后再将屏幕左移6.00cm,这时又能在屏幕上看到清晰的像.求薄透镜的焦距.

解 设物距为 p,由题设,像距为 $q=30.0\text{cm}$.由薄透镜成像公式

有

$$\frac{1}{p}+\frac{1}{30.0}=\frac{1}{f} \quad ⓐ$$

若透镜向右移动6.00cm,而屏幕左移6.00cm,于是物距为 $p+6.00$,像距为18.0cm,则

$$\frac{1}{p+6.00}+\frac{1}{18.0}=\frac{1}{f} \quad ⓑ$$

由式ⓐ和式ⓑ,有

$$p^2+6p-270=0$$

解此方程得到 $p_1=13.7\text{cm}$,$p_2=-19.7\text{cm}$(由于物体位于透镜的左侧,其物距应为正,所以此值应舍去).

将 $p_1=13.7\text{cm}$ 代入式ⓐ,可求得薄透镜的焦距为

$$f=9.41\text{cm}$$

12-10 一台显微镜的目镜焦距为20.0mm,物镜焦距为10.0mm,目镜与物镜的间距为20.0cm,最终成像在无穷远处.求:(1) 被观察物至物镜的距离;(2) 物镜的放大倍数;(3) 显微镜的视角放大率.

分析 显微镜的放大率取决于物镜的横向放大率和目镜的视角放大率.(1) 已知物镜的像距,由薄透镜的成像公式即

可计算出物距 p.(2) 由物距和像距进一步可计算出物镜的放大倍数.(3) 目镜的视角放大率可由明视距离和目镜的焦距确定.

解　(1) 设物镜所成的实像位于目镜的焦点处,即物镜的像距为 $q=200\text{mm}-20\text{mm}=180\text{mm}$. 已知焦距 $f=10.0\text{mm}$,并设物距为 p. 把已知条件代入物镜的成像公式,有

$$\frac{1}{p}+\frac{1}{180\text{mm}}=\frac{1}{10.0\text{mm}}$$

解得物镜的物距为 $p=10.6\text{mm}$.

(2) 物镜的放大倍数为

$$m_1=-\frac{q}{p}=-\frac{180\text{mm}}{10.6\text{mm}}=-17.0$$

(3) 因明视距离为 $d=25\text{cm}$,目镜的视角放大率为

$$m_2=\frac{d}{f_2}=\frac{250\text{mm}}{20.0\text{mm}}=12.5$$

显微镜的视角放大率为

$$m=m_1m_2=17.0\times12.5=212.5$$

12-11　一架望远镜由焦距为 100.0cm 的物镜和焦距为 20.0cm 的目镜组成,成像在无穷远处. 求该望远镜的视角放大率.

分析　望远镜的视角放大率可以由物镜和目镜的焦距来确定. 望远镜的物镜成像于其焦平面位置,即像距等于焦距 $(q=f_1)$.

解　望远镜的视角放大率为

$$m=\frac{y'}{y}=-\frac{f_1}{f_2}=-\frac{100.0\text{cm}}{20.0\text{cm}}=-5.0$$

第13章　波动光学

13.1　学习要点导引

13.1.1　本章章节逻辑框图

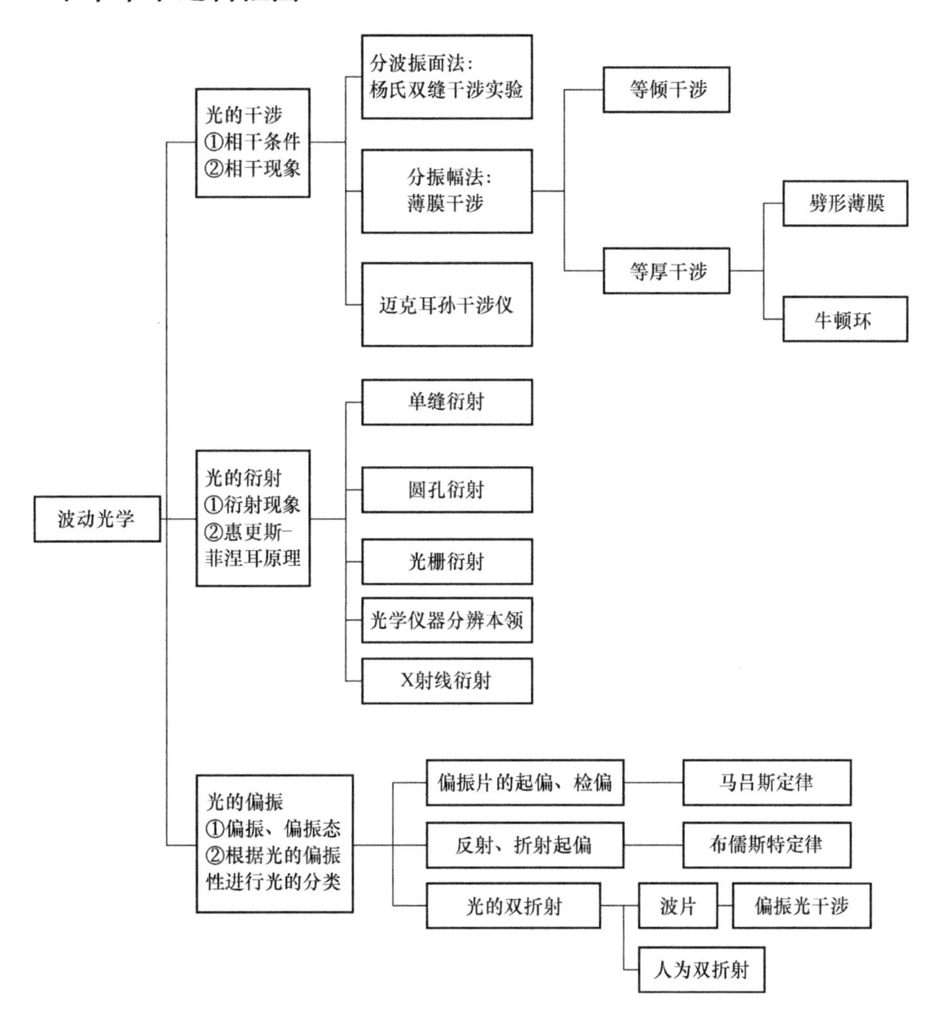

13.1.2　本章阅读导引

本章以光的电磁波理论为基础,研究了波动光学的主要内容,即光的干涉、衍射和偏振.

任何复杂的光波总可以看成是由若干个不同频率的平面简谐光波所合成.单色光乃是具有一定频率的简谐光波.单色平面简谐光波的表达式可写作

$$E=E_0\cos\left[\omega\left(t-\frac{r}{v}\right)+\varphi\right]=E_0\cos\left(\omega t-\frac{2\pi}{\lambda}r+\varphi\right)$$

它表述光波在传播过程中光矢量(电场强度矢量)$\boldsymbol{E}$ 随时间 t 和空间(位置)r 的周期性变化,或者说,相应的光振动 E 无论对时间或空间来说,乃是具有一定振动方向的简谐振动. 在上式中,E_0 是光波的振幅,它反映光振动的强度;在我们的视觉上,能够观测到的是光强 I,它正比于光振幅 E_0 的二次方,即 $I\propto E_0^2$. 上式中的角频率 ω[或频率 $\nu=\omega/(2\pi)$]与波长 λ,在我们的视觉上,反映出来的是光的颜色. 总而言之,上述光波表达式通过光强、颜色、初相、振动方向等反映了光矢量 $\boldsymbol{E}$ 是时间和空间的周期函数.

在研究光的干涉和衍射时,作为自然光,对振动方向这个因素无须顾及. 主要是探讨光强分布中的频率(或波长)和初相所起的作用,并没有追究光波是纵波还是横波.

在本章教材的 13.3 节中,我们考察了光波中的光振动的方向这个因素,从光的偏振现象确认了光是横波.

(1) 首先,我们从光的干涉现象来说明光具有波动性. 读者应重点掌握光的相干性、光程差的意义及其计算方法,以及干涉条件的运用.

(2) 学习光的干涉时,对光的相干性需要深入理解. 我们知道,两列波叠加时如果能产生干涉现象,即某些地方的振动始终互相加强,而在另一些地方的振动始终互相减弱或互相抵消,则相互干涉的两列波应满足下列条件:

1) 振动方向相同——如果振动方向不相同,例如互相垂直,那么两个振动永远不能互相抵消.

2) 波源振动频率相同——如果频率不相同,叠加时会产生有时互相加强,有时互相减弱的现象,不能始终加强或减弱.

3) 波源振动相位相同或相位差恒定——否则也不能始终加强或减弱,即观察不到干涉现象.

满足上述条件的两列波能产生干涉现象,称为相干波. 互相独立的光源发出的光波不可能满足上述条件,因此不可能产生干涉现象. 要获得互相干涉的光波,必须用人为的方法将同一点光源发出来的光分成两条或两条以上的光束,并使它们在空间经过不同的路线,然后会聚于一点. 例如在杨氏双缝干涉实验、薄膜干涉、牛顿环等许多干涉现象中,都实施着上述这样的举措.

(3) 定量讨论光的干涉时首先应明确,当两个同方向、同频率的振动合成时,如果相位相同或相位差为 2π 的整数倍,则振动互相加强;如果相位差为 π 的奇数倍,则振动互相减弱. 两波在同一介质中传播而叠加时,如果波源振动相位相同,则在某处两振动的相位差决定于波程差;相位相差为 2π,对应于波程差为一个波长. 但对于通过不同介质而叠加于一点的两束相干光来说,相位差则决定于光程差;光程相差一个波长(在真空中传播的波长),对应于相位差为 2π. 值得强调的是,光程差除了与光经过的波程之差有关外,还与下列两个因素有关:

1) 介质的影响——在介质中,光程应该是经过的波程和折射率的乘积.

2) 反射面的影响——如果一束光由光密介质(即折射率较大)射向光疏介质而在分界面上反射,另一束由光疏介质射向光密介质而在分界面上反射,则这两束反射后的光线间要附加额外的半个波长的光程差(半波损失).

(4) 应该指出,在具体的干涉装置中,为了产生光波的干涉现象,除了将同一个点光源的光波分成两束以获得相干光之外，还必须使两束相干光的光程差不宜过大. 因为光源中单个原子每发一次光，辐射出来的是一段有限长的波列. 当这种一段段的有限长的波列进入干涉装置后，每个波列都分成同样长的两个波列，各沿不同的光路前进，从而在它们的相遇点上形成一定的光程差. 但如果光程差太大，由同一波列分成的两个波列就不能相遇. 因此，只有当干涉装置中这两个波列的光程差不大于光波的波列长度时，它们才能相遇而发生干涉. 通常把能观察到干涉现象的最大光程差称为**相干长度**. 相干长度显然就等于光波的波列长度. 各种光源发出的光波，其波列长度不同，一般约几百毫米. 激光的波列长度比普通单色光要长得多，例如氦氖激光器的相干长度可达几十千米，故用激光作为光源，就可以在很大光程差的情况下产生干涉.

(5) 其次，再从光的衍射现象来说明光具有波动性. 读者应理解惠更斯－菲涅耳原理的基本精神，重点掌握单缝衍射和光栅公式及其应用条件.

(6) 惠更斯－菲涅耳原理最重要的一点是：从同一波前上各点所发出的子波，在空间各点相遇时能相互干涉. 由各子波的相互叠加而形成加强或减弱的结果，可以解释光波通过狭缝或绕过障碍物后所形成的明、暗相间的条纹——衍射图样.

(7) 形成单缝衍射条纹与干涉条纹的区别在于：前者是由同一光波中无数相干“子波”在狭缝后叠加而产生的；后者是有限的相干光束（如杨氏双缝干涉实验中的两束光）叠加的结果.

(8) 单缝衍射是许多子波的叠加，用数学上的积分来计算这个叠加问题很复杂，一般采用波带法处理. 当单缝中的两条边缘光线的光程差（即最大光程差）为 $\Delta=2k\lambda/2$ 时，相应地可将单缝处的波前分成偶数个波带，这时相邻各波带对应点的子波相干而抵消，故 $\Delta=2k\lambda/2$ 为暗条纹条件. 如波前可分为奇数个波带，即 $\Delta=(2k+1)\lambda/2$，则每相邻两波带的子波相互抵消，只剩下一个波带未被抵消，故得明条纹. 即

$$a\sin\varphi=\pm 2\frac{\lambda}{2},\pm 4\frac{\lambda}{2},\pm 6\frac{\lambda}{2},\cdots \text{时为暗条纹}$$

$$a\sin\varphi=\pm 3\frac{\lambda}{2},\pm 5\frac{\lambda}{2},\pm 7\frac{\lambda}{2},\cdots \text{时为明条纹}$$

中央为明条纹

必须注意，单缝衍射的明暗条件恰好与干涉的明暗条件相反，这是由于干涉是两波的叠加，明暗条纹决定于两个光束间的光程差；而单缝衍射是许多子波的叠加，其明暗条件决定于单缝两端最大光程差的半波带数.

(9) 在光栅衍射中，除了每条狭缝本身要产生衍射现象外，通过各条狭缝的光线还要产生干涉现象. 与单缝的衍射条纹相比较，光栅的衍射条纹有下列重要的特点：

1) 明条纹（主极大）分得很开，且又很明亮——光栅上的狭缝可以刻得很密，因此衍射条纹可以分得很开. 另一方面，由每一条狭缝发出的光虽然很微弱，但从光栅上大量狭缝发出的光互相加强的结果，产生的条纹可以很明亮.

2) 明条纹很狭窄，两明条纹间有相当宽的暗区——光栅上狭缝条数很多，大量通过狭缝的光线相互干涉，形成很多暗条纹. 因此在光栅的衍射条纹中，在两明条纹间充塞着许多暗条纹次级明纹，实际上就形成了一片暗区. 形成明条纹（主极大）的必要条件是

$$(a+b)\sin\varphi=\pm k\lambda,\quad k=0,1,2,\cdots$$

但有时这个条件并不是充分的. 因此,还应考虑对满足上式的衍射角 φ,对各单缝自身的衍射会不会形成暗条纹,即缺级现象.

(10) 最后,我们考察了光波中的光振动方向这个因素,从光的偏振现象说明光是横波. 并介绍了利用偏振片、反射、折射和双折射以获得和检验偏振光的方法. 要求读者掌握偏振光的获得和检验方法,以及马吕斯定律和布儒斯特定律.

(11) 光是一种电磁波,在本质上不同于机械波,教材 13. 3. 1 节的图 13-27 中,我们只不过利用机械波做类比,来说明光的偏振性. 因此,切莫把机械波和电磁波两者混淆.

(12) 光振动就是光矢量 $\boldsymbol{E}$ 的振动. 光矢量始终沿着固定方向的光称为**线偏振光**;当我们迎着光波传播方向观察时,线偏振光中的光振动都保持在同一个固定平面内. 光矢量在垂直于光传播方向的平面内以一定的角速度旋转,其末端点所描出的轨道是椭圆,这种光称为**椭圆偏振光**;如果光矢量的末端点描出的轨道是圆,这种光称为**圆偏振光**,它是椭圆偏振光的特例. 它们的光矢量方向都随时间而改变. 其差别在于:椭圆偏振光的光矢量大小随时间变化;圆偏振光的光矢量大小则不随时间变化. 它们都可以看成是两个振动方向互相垂直、具有一定相位差的两个同频率线偏振光的合成.

没有一个光振动较其他方向的光振动更占优势的光,称为**自然光**. 在自然光中,所有取向的光振动,其光强度是相等的. 通常,我们可等效地用两个互相垂直、光强度相等但无固定相位关系的光振动来表示自然光.

介于线偏振光和自然光之间的一种光,就是部分偏振光. 一般而言,自然光与某种偏振光(线偏振光、椭圆偏振光或圆偏振光)的混合,都是部分偏振光.

部分偏振光不同于自然光之处在于:在同一时刻,各个方向的光强不尽相同,其中某一方向振动的光强比其他方向的光强为大.

读者应着重搞清楚自然光、部分偏振光和线偏振光的特征.

(13) 获得偏振光的方法

1) 反射和折射——入射到两种各向同性介质的分界面上的自然光,要发生反射和折射. 如果入射角为起偏角 i_0(i_0 满足 $\tan i_0 = n_{21}$),则反射光为完全偏振光,折射光为部分偏振光. 如果自然光连续通过许多平行玻璃片(玻璃片堆),则折射光也近似为完全偏振光.

2) 双折射和选择吸收——光线折入各向异性的晶体时,会分解成寻常光 o 和非常光 e 两束折射光,它们都是线偏振光. 偏振片是利用晶体的二向色性制成的,光射入偏振片时,由于某些晶体的二向色性,o 光被吸收,只剩下 e 光透过偏振片而获得线偏振光.

3) 借教材中图 13-39 所示的装置,让一束线偏光通过双折射晶体,可以获得椭圆偏振光.

(14) 能产生偏振光的仪器(起偏器),一般也可以用来检验光线是否为偏振光(检偏器). 如果起偏器和检偏器的偏振化方向相互平行,则透出的光亮度最大;如果它们两者相互正交,即夹角为 90°,则光完全不能通过.

光强为 I_0 的偏振光透过检偏器后,光强变为

$$I = I_0 \cos^2 \alpha$$

α 是起偏器和检偏器的偏振化方向之间的夹角. 这就是马吕斯定律.

(15) 偏振光的干涉及其在人为双折射(如光弹性效应等)方面的应用,在工程上有其实际意义,不妨一读.

13.2 教学拓展

13.2.1 光的单色性

单色光是指波长固定的光波,即只含有单一波长的光. 但严格的单色光是不存在的. 对于实际光波来说,单色性再好也都有一定的波长(或频率)范围,故只能称为准单色光. 这是由于发光原子中电子的高能级(E_2)和低能级(E_1)的能量是在某一值附近波动,即某一时刻电子在某一量值附近出现的概率最大,能量偏离这个值越多,出现的概率越小. 与之对应的原子发出光波的波长(或频率)也是以一定值为中心,存在着上下波动,光波含有一定波长范围,如图 13.2-1所示,以波长为横坐标,光强为纵坐标,可以直观地表示出,光强与波长的关系,称为光谱曲线. 光谱曲线中光强最强处对应波长设为 λ,强度为 I_0. 当光强下降到 $I_0/2$ 时,对应的波长分别为 $\lambda-\frac{\Delta\lambda}{2}$和 $\lambda+\frac{\Delta\lambda}{2}$,则波长范围 $\Delta\lambda$ 称为谱线宽度. 谱线宽度是反映光的单色性好坏的物理量. 谱线宽度越窄,表明光的单色性越好. 例如用滤光片得到的准单色光的谱线宽度约为 10nm;钠光灯和汞灯辐射的准单色光的谱线宽度为 $0.1\sim10^{-3}$nm;激光器单色性更好,谱线宽度大约为 10^{-9}nm.

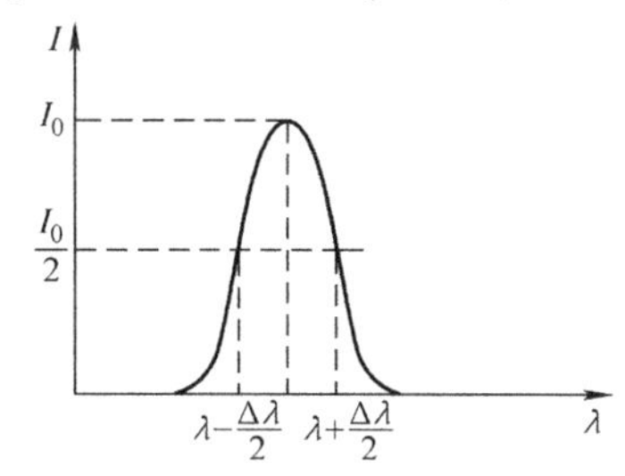

图 13.2-1 光谱曲线

13.2.2 以杨氏双缝干涉实验为原型的其他分波前干涉实验

(1) 菲涅耳双棱镜

如图 13.2-2 所示,S_1 和 S_2 是光源 S 由双棱镜 AA'折射后所形成的虚像,光源 S 发出光波经双棱镜折射到达空间任一点所经过的路程,与该光线直接从 S_1 和 S_2 射出是等效的. 这两部分光是相干光,图中阴影区域表示相干光叠加区域,观察屏上处于叠加区域的部分可以观察到明暗相间的干涉条纹,对干涉条纹的分析与杨氏双缝干涉实验相同.

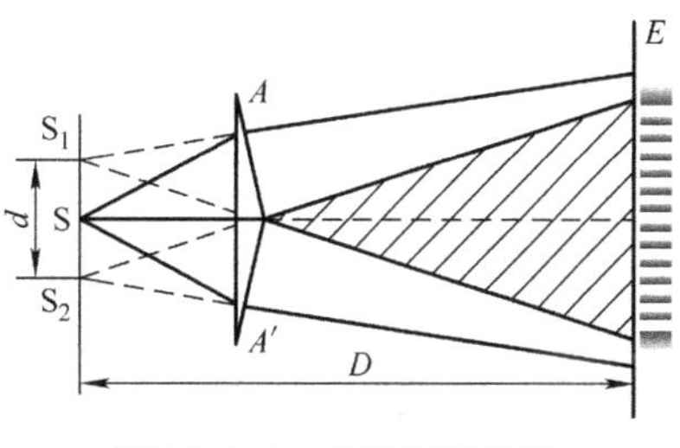

图 13.2-2 菲涅耳双棱镜

(2) 菲涅耳双面镜

如图 13.2-3 所示,M_1 和 M_2 是两块平板玻璃,用作反射镜,S 是光源,从光源发出的光波经 M_1 反射,另一部分经 M_2 反射. 这两部分光也是相干光,可看成是由虚光源 S_1 和 S_2 发出的,图中阴影的区域表示相干光在空间叠加的区域,在屏上对应区域可以观察到明暗相间的干涉条纹. 同样,对干涉条纹的分析与杨氏实验相同.

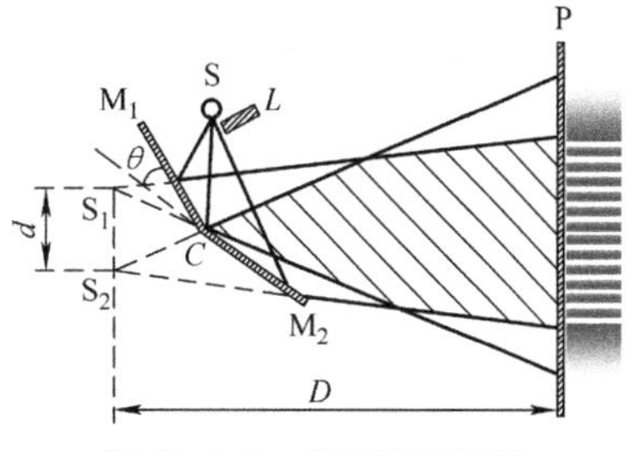

图 13.2-3 菲涅耳双面镜

13.2.3 衍射的分类

观察衍射现象的实验装置一般由光源、衍射屏和接收屏三部分组成. 根据它们三者间距离的不同情况,通常将衍射分为两类:一类是衍射屏离光源或接收屏的距离为有限远时的衍射,称为菲涅耳衍射. 如图 13. 2-4a 所示;另一类是衍射屏与光源或接收屏的距离皆为无限远的衍射,也就是照射到衍射屏上的入射光和离开衍射屏的衍射光都是平行光的衍射,称为夫琅禾费衍射,如图 13. 2-4b 所示. 在实验室中,可用两个会聚透镜来实现夫琅禾费衍射,如图 13. 2-4c 所示.

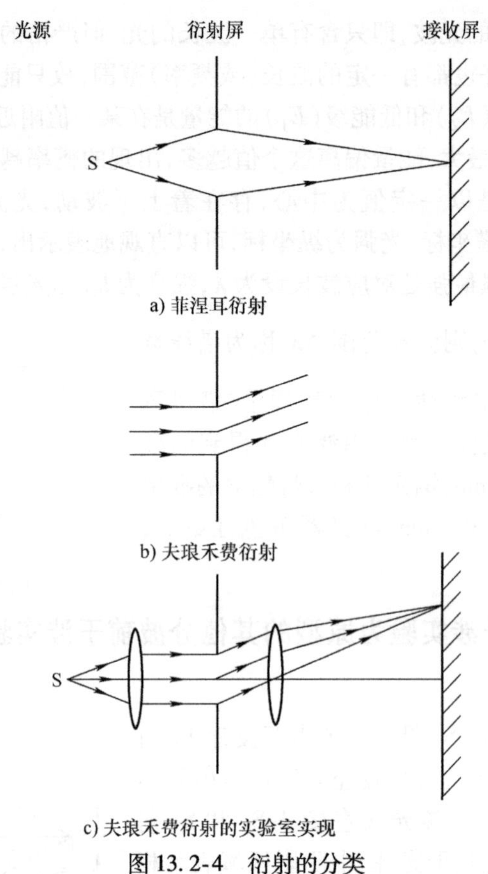

a) 菲涅耳衍射

b) 夫琅禾费衍射

c) 夫琅禾费衍射的实验室实现

图 13. 2-4　衍射的分类

13. 2. 4　单缝衍射的光强分布

根据第 9 章的教学参考资料 9. 2. 3 节关于 N 个同方向、同频率的简谐运动的合成结果,我们来讨论单缝的夫琅禾费衍射. 当平行光入射于缝宽为 a(缝宽远远小于缝长)的单缝上,如图 13. 2-5所示,考察平行光经单缝后会聚在位于透镜焦平面处的屏幕上亮暗分布情况. 按惠更斯 – 菲涅耳原理,设想宽度为 a 的单缝处入射光的波前 BC 被分成 N 条宽度皆为 $\mathrm{d}l = a/N$的无限细波带,显然,它们发出的子波是同频率的,抵达屏幕上一点 P 的过程中,传播方向也相同,距离也近乎相等. 因而,P 点上各子波的振幅 α 也近似相等;相邻两子波带发出的子波传播到 P 点处时的光程差皆为 $CE/N = (a\sin\varphi)/N$,相应的相位差为

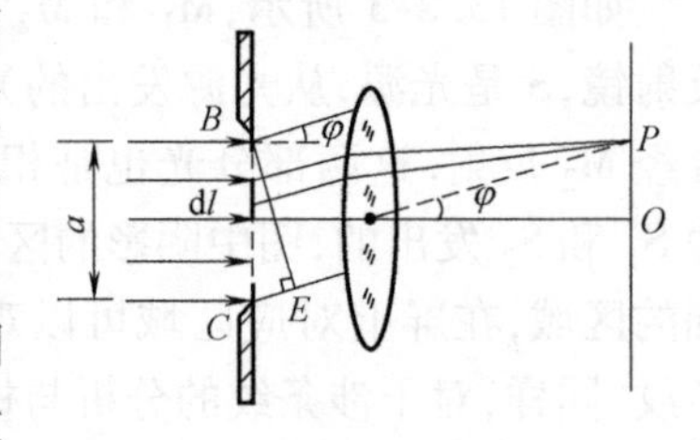

图 13. 2-5

$$\delta=\frac{2\pi}{\lambda}\left(\frac{a\sin\varphi}{N}\right) \tag{a}$$

根据惠更斯 - 菲涅耳原理,P 点的光振动应是 N 个同频率、等振幅 α、相位差依次皆为 δ 的振动的合成,相应于衍射角为 φ 的 P 点的合振动的振幅为

$$A_{\varphi}=\alpha\frac{\sin(N\delta/2)}{\sin(\delta/2)}$$

考虑到 N 甚大,而 δ 甚小,则有 $\sin(\delta/2)\approx\delta/2$,于是,上式成为

$$A_{\varphi}=\alpha\frac{\sin(N\delta/2)}{(\delta/2)}=(N\alpha)\frac{\sin(N\delta/2)}{N\delta/2}$$

又由式ⓐ,令

$$\psi=\frac{N\delta}{2}=\frac{\pi a\sin\varphi}{\lambda} \tag{b}$$

则

$$A_{\varphi}=(N\alpha)\frac{\sin\psi}{\psi}$$

式中,当衍射角 $\varphi=0$ 时,$\psi=0$,有 $\lim\limits_{\psi\to0}\frac{\sin\psi}{\psi}=1$,从而得 $A_0=N\alpha$,可见 $N\alpha$ 正是中央条纹中点 O 处的合振幅. 这样,P 点处的合振幅可写作

$$A_{\varphi}=A_0\frac{\sin\psi}{\psi}$$

鉴于 P 点的光强正比于振幅的平方,则将上式两边平方后,即得 P 点的光强为

$$I=I_0\frac{\sin^2\psi}{\psi^2} \tag{c}$$

式中,I_0 为中央明条纹中心处的光强. 式ⓒ即为单缝夫琅禾费衍射的光强度公式,据此可画出光强分布曲线,如图 13.2-6 所示. 此曲线所显示的光强大小与相应角位置的关系可分析如下:

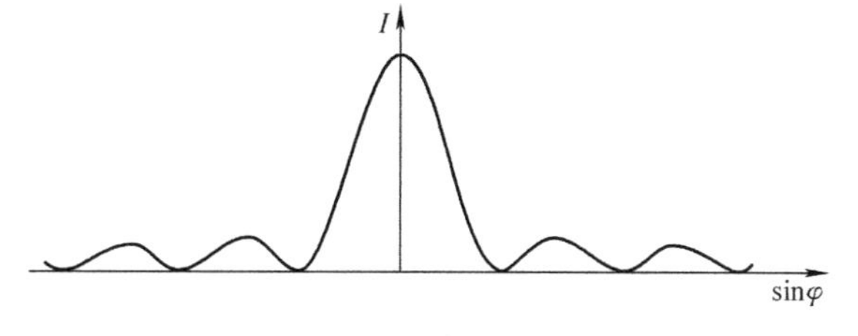

图 13.2-6

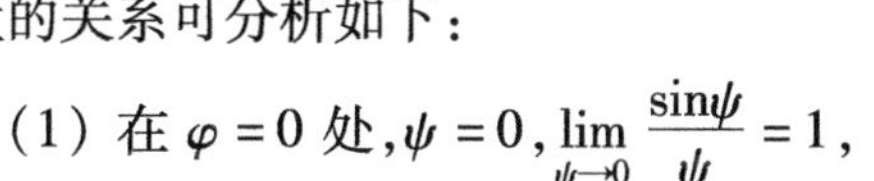
(1) 在 $\varphi=0$ 处,$\psi=0$,$\lim\limits_{\psi\to0}\frac{\sin\psi}{\psi}=1$,$I=I_0$,光强最大,叫作**主极大**,这就是中央明条纹中心的光强.

(2) 当 $\psi=k\pi$,$k=\pm1,\pm2,\pm3,\cdots$时,$\frac{\sin\psi}{\psi}=\frac{\sin k\pi}{k\pi}=\frac{0}{k\pi}=0$,$I=0$,光强为极小. 由式ⓑ,可得暗条纹中心的条件:

$$a\sin\varphi=k\lambda,\quad k=\pm1,\pm2,\pm3,\cdots \tag{d}$$

(3) 借高等数学中的洛必达法则,令$\frac{\mathrm{d}}{\mathrm{d}\psi}\left(\frac{\sin\psi}{\psi}\right)^2=0$ 求极值,可得次极大的条件为

$$\tan\psi=\psi$$

用图解法可求得相应于各个次极大的 ψ 值为

$$\psi=\pm1.43\pi,\ \pm2.46\pi,\cdots$$

由式ⓑ,相应地,有

$$a\sin\theta=\pm1.43\lambda,\ \pm2.46\lambda,\cdots \tag{e}$$

这就表明,次极大接近于相邻两暗条纹的中点,而偏向主极大的一方. 将上述 ψ 值代入式ⓒ,

可计算各个次极大的光强. 计算结果表明,次极大的光强随级次 k 的递增而速降.

13. 2. 5　光栅的分辨本领

光栅的分辨本领是指光栅把波长很接近的两条谱线分辨清楚的本领,是表征光栅性能的主要技术指标. 通常把恰能分辨的两条谱线的平均波长 λ 与这两条谱线的波长差 $\Delta\lambda$ 的比值,定义为光栅的色分辨本领,用 R 表示,即

$$R=\frac{\lambda}{\Delta\lambda} \tag{ⓐ}$$

按瑞利判据,波长为 λ 和 $\lambda+\Delta\lambda$ 的两条谱线第 k 级明条纹恰好能被分辨时,波长 λ 的单色光的第 k 级明条纹与波长 $\lambda+\Delta\lambda$ 的单色光的第 $(kN-1)$ 级暗条纹(即 $\lambda+\Delta\lambda$ 单色光的第 k 级明条纹边缘的第 1 级小)重合,即

$$(a+b)\sin\theta=k\lambda$$

$$(a+b)\sin\theta=\frac{kN-1}{N}(\lambda+\Delta\lambda)$$

两谱线重合时,$k\lambda=\frac{kN-1}{N}(\lambda+\Delta\lambda)$,则光栅的色分辨本领为

$$R=\frac{\lambda}{\Delta\lambda}=kN \tag{ⓑ}$$

式ⓑ表明,光栅缝数 N 越多,则光栅的分辨率越高;另外利用越高级次的光谱,则分辨率也越高.

13. 3　解题指导

13. 3. 1　光的干涉问题解法

讨论干涉后的光强分布,关键是两束(或多束)相干光抵达屏上任一点的相位差. 而相位差决定于光程差. 计算光程差,首先要注意在计算的起点相位是否相同;其次,光程应是所通过介质折射率乘以几何路程;第三,若两束相干光有光束经介质反射再到达相遇位置,而需考虑光线在反射面处是否有相位 π 的突变。

13. 3. 2　光的衍射部分

注意半波带法是将衍射屏的波前按照衍射光的边缘光线的最大光程差以 $\frac{\lambda}{2}$ 为单元进行分份. 而相邻半波带的对应光线光程差为 $\frac{\lambda}{2}$,两两相消.

13. 3. 3　光的偏振部分

注意马吕斯定律表示线偏振光通过检偏器后的光强. 如果是自然光通过检偏器后光强变为原光强的一半.

在反射折射起偏时,当以布儒斯特角入射时,反射光线与折射光线垂直.

例 13-1　在杨氏双缝干涉实验中,用 632. 8nm 氦氖激光束垂直照射间距为 0. 5mm 的两个小孔,小孔至

屏幕的垂直距离为1.5m.(1)试问若整个装置放在空气中.屏幕上条纹间距是多少;(2)若整个装置放入$n=1.33$的水中,条纹如何变化.条纹间距为多少?

分析 装置在空气中,光程差$\delta=r_2-r_1=d\dfrac{x}{D}=k\lambda$产生明条纹.因此条纹间距$\Delta x=\dfrac{D}{d}\lambda$.若整个装置放入水中,光程差$\delta'=n(r_2-r_1)=nd\dfrac{x'}{D}=k\lambda$产生明条纹,所以中央零级明条纹位置不变.而第$k$级明条纹$x_k=\dfrac{kD}{nd}\lambda$,条纹间距$\Delta x'=\dfrac{D\lambda}{nd}$小于空气中条纹间距.

解 (1)空气中,
$$\Delta x=\frac{D\lambda}{d}=\frac{1.5\times632.8\times10^{-9}}{0.5\times10^{-3}}\text{m}=1.90\times10^{-3}\text{m}$$

(2)水中,
$$\Delta x'=\frac{D\lambda}{nd}=\frac{1.5\times632.8\times10^{-9}}{1.33\times0.5\times10^{-3}}\text{m}=1.43\times10^{-3}\text{m}$$

装置放入水中,中央零级明条纹位置不变,其他条纹向零级明条纹靠拢,条纹间距变小为1.43×10^{-3}m.

例13-2 用每毫米500条栅纹的光栅观察钠光谱线($\lambda=590$nm),已知狭缝宽度$a=10^{-3}$mm.试求(1)平行光垂直入射时,最多能观察到第几级光谱线?实际观察到几条光谱线?(2)平行光与光栅法线成夹角$\theta=30°$入射时(见例13-2图),最多能观察到第几级谱线?

分析 垂直入射到光栅满足光栅方程
$$(a+b)\sin\varphi=k\lambda(k=0,\pm1,\pm2,\cdots)$$
其中,$-1<\sin\varphi<1$,决定了最多能观察到的光谱级次.同时要考虑光栅的缺级现象.得出实际观察到的谱线.

如例13-2图所示,当光线与光栅法成夹角$\theta=30°$入射时,此时光程差
$$\delta=(a+b)(\sin30°+\sin\varphi)$$
因此明条纹条件$(a+b)(\sin30°+\sin\varphi)=k\lambda$.根据$-1<\sin\varphi<1$和缺级条件.得出实际观察到的谱线.

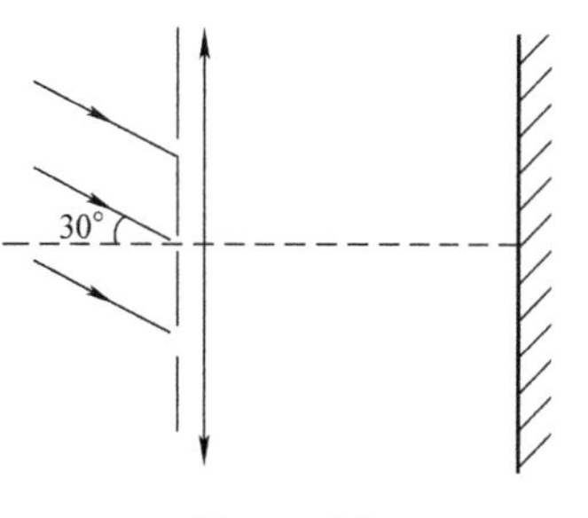

例13-2图

解 (1)由已知可得光栅常数
$$a+b=\frac{1\times10^{-3}\text{m}}{500}=2\times10^{-6}\text{m}$$

由光栅方程$(a+b)\sin\varphi=k\lambda$得可能出现的主极大最高级次
$$k_m=\frac{(a+b)\sin\varphi}{\lambda}=\frac{2\times10^{-6}\sin\varphi}{590\times10^{-9}}=3.39\sin\varphi$$

因为
$$-1<\sin\varphi<1$$
所以
$$-3.39<k_m<3.39$$

由缺级条件可知.缺级级次为$k=\dfrac{a+b}{a}k'=\dfrac{2\times10^{-6}}{10^{-3}\times10^{-3}}=2k'=\pm2,\pm4,\cdots$故平行光垂直入射时,最多能观察到第3级光谱.实际观察到$k=0,\pm1,\pm3$,共5条谱线.

(2)当平行光斜入射时,如例13-2图所示,明条纹条件为
$$(a+b)(\sin30°+\sin\varphi)=k\lambda$$

所以可能出现的主极大最高级次
$$k_m=\frac{(a+b)(\sin30°+\sin\varphi)}{\lambda}$$

又因为$-1<\sin\varphi<1$

所以$-1.695<k_m<5.085$

由缺级条件可知缺级级次为
$$k=\frac{a+b}{a}k'=2k'$$

故平行光如图斜入射时,最多能观察到第5级光谱,实际观察到$k=5,3,1,0,-1$.共5条谱线.

例 13-3 自然光从空气连续射入介质 A 和 B，如例 13-3 图所示，当入射角 $i_0=60°$ 时，得到的反射光 R_1 和 R_2 都是振动方向垂直于入射面的线偏振光，求介质 A 和 B 的折射率之比.

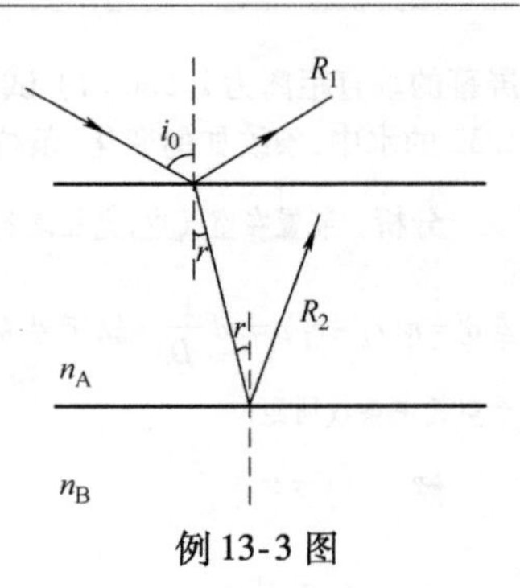

例 13-3 图

分析 反射光是振动方向垂直于入射面的线偏振光，说明入射角为起偏角.

解 当光线以布儒斯特角入射时，

$$i_0+r=\frac{\pi}{2}.$$

则 $r=\frac{\pi}{2}-\frac{\pi}{3}=\frac{\pi}{6}$

由布儒斯特定律得

$$\tan r=\tan\frac{\pi}{6}=\frac{\sqrt{3}}{3}=\frac{n_B}{n_A}$$

所以 $\frac{n_A}{n_B}=\sqrt{3}$，即介质 A 与介质 B 折射率之比为 $\sqrt{3}$.

13.4 习题解答

13-1 在杨氏双缝实验中，双缝与屏幕的距离为 120cm，双缝间的距离为 0.45mm，屏幕上相邻明条纹中心之间的距离为 1.5mm，(1) 求入射单色光的波长. (2) 若入射光的波长为 550nm，求第 3 条暗条纹中心到中央明条纹中心的距离.

解 (1) 按公式 $|\Delta x|=\lambda D/d$，由题设数值可算得入射单色光的波长为

$$\lambda=\frac{d|\Delta x|}{D}=\frac{0.45\times10^{-3}\times1.5\times10^{-3}}{1.20}\text{m}=0.5625\times10^{-6}\text{m}=562.5\text{nm}$$

(2) 按杨氏干涉暗条纹公式

$$x=(2k+1)\frac{D}{d}\frac{\lambda}{2},\quad (k=0,\pm1,\pm2,\cdots)$$

由题设条件，第 3 条暗条纹相应于级次 $k=\pm2$，则

$$|x|=\left[(2\times2+1)\times\frac{120\times10^{-2}}{2\times0.45\times10^{-3}}\times\frac{550\times10^{-9}}{2}\right]\text{m}=1.83\times10^{-3}\text{m}$$

13-2 如习题 13-2 图所示，在杨氏实验的装置中，设入射光的波长为 550nm，今用一块薄云母片（$n=1.58$）覆盖在一条缝上，这时屏幕上的零级明条纹移到原来的第 7 条明条纹位置上，求此云母片的厚度.

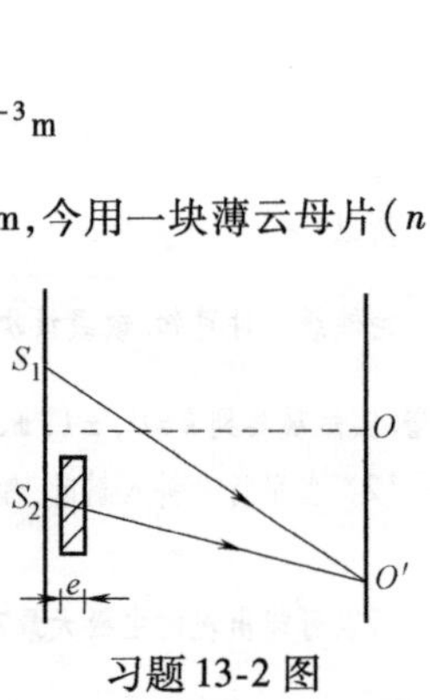

解 设在 S_2 缝上覆盖的云母片厚度为 e，则中央（零级）明条纹下移 7 个明条纹的距离，并处于 O' 处，而原来中央（零级）明条纹位置 O 处被屏幕上方第 7 级明条纹占据，这样，按波程差 $\delta=k\lambda$ 为明条纹的条件，有

$$[S_2O+(n-1)e]-S_1O=7\lambda$$

因 $S_2O=S_1O$，则上式成为 $(n-1)e=7\lambda$，从而可算出 $e=6.64\times10^{-6}\text{m}$

习题 13-2 图

13-3 在双缝实验中，两缝间距为 0.30mm，用单色光垂直照射双缝，在离缝 1.20m 的屏上测得中央明条纹一侧第 5 条暗条纹与另一侧第 5 条暗条纹间的距离为 22.78mm. 问所用光的波长为多少？是什么颜色的光？

分析 在双缝干涉中，屏上暗条纹位置由 $x=\frac{D}{d}(2k+1)\frac{\lambda}{2}$ 决定. 所谓第 5 条暗条纹是指对应 $k=4$ 的那一级暗条纹. 由于条纹对称，该暗条纹到中央明条纹中心的距离 $x=\frac{22.78}{2}\text{mm}$，那么由暗条纹公式即可求得波长 λ.

此外,因双缝干涉是等间距的,故也可用条纹间距公式 $\Delta x=\frac{D}{d}\lambda$ 求入射光波长.应注意两个第5条暗条纹之间所包含的相邻条纹间隔数为9(不是10,为什么?),故 $\Delta x=\frac{22.78}{9}\text{mm}$.

解1　屏上暗条纹的位置 $x=\frac{D}{d}(2k+1)\frac{\lambda}{2}$,把 $k=4$,$x=\frac{22.78}{2}\times10^{-3}\text{m}$ 以及 d、D 值代入,可算得 $\lambda=632.8\text{nm}$,为红光.

解2　屏上相邻暗条纹(或明条纹)间距 $\Delta x=\frac{D}{d}\lambda$,把 $\Delta x=\frac{22.78}{9}\times10^{-3}\text{m}$,以及 d、D 值代入,可算得 $\lambda=632.8\text{nm}$. 即为红光.

13-4　如习题13-4图所示,氦氖激光器发出波长为632.8nm的单色光,射在相距 $2.2\times10^{-4}\text{m}$ 的双缝上.求离缝1.80m处屏幕上所形成的20条干涉明纹之间的距离.

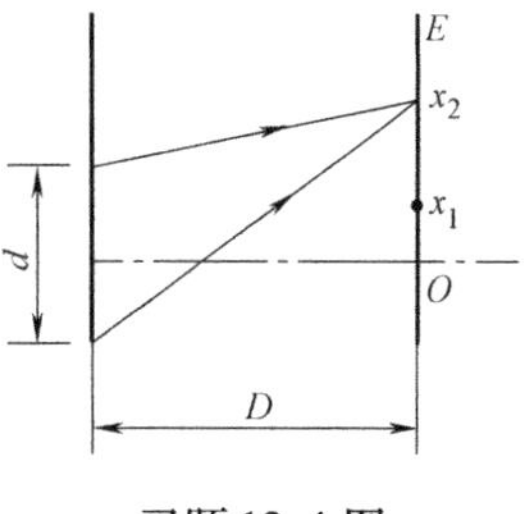

习题13-4图

解　设从第 k 条明条纹开始算起(即把第 k 条看作开始计算的第1条明条纹),它的位置为

$$x_1=k\frac{D\lambda}{d}$$

则第20条明条纹的位置为

$$x_2=(k+19)\frac{D\lambda}{d}$$

所以20条明条纹之间的距离为

$$\Delta x=x_2-x_1=19\frac{D\lambda}{d}$$

将 $\lambda=632.8\text{nm}=6.328\times10^{-7}\text{m}$,$d=2.2\times10^{-4}\text{m}$,$D=1.8\text{m}$ 代入上式,得

$$\Delta x=\left[19\times\frac{(1.8)(6.328\times10^{-7})}{2.2\times10^{-4}}\right]\text{m}=9.84\times10^{-2}\text{m}$$

13-5　在杨氏双缝实验中,设两缝间距离 $d=0.2\text{mm}$,屏幕与缝之间距离 $D=100\text{cm}$,以白色光垂直照射,求第一级与第二级光谱的宽度.(已知 $\lambda_{红}=800\text{nm}$,$\lambda_{紫}=400\text{nm}$)

解　已知 $D=100\text{cm}$,$d=0.2\text{mm}=2\times10^{-2}\text{cm}$,$\lambda_{红}=8\times10^{-5}\text{cm}$,$\lambda_{紫}=4\times10^{-5}\text{cm}$. 按杨氏双缝干涉明条纹的公式

$$x=k\frac{D\lambda}{d}$$

当 $k=1$ 时,得第1级光谱的宽度为

$$\begin{aligned}\Delta x_1&=x_{1红}-x_{1紫}=\frac{D}{d}(\lambda_{红}-\lambda_{紫})\\&=\left[\frac{(100)}{2\times10^{-2}}(8\times10^{-5}-4\times10^{-5})\right]\text{cm}=20\times10^{-2}\text{cm}=0.2\text{cm}\end{aligned}$$

当 $k=2$ 时,得第2级光谱的宽度为

$$\begin{aligned}\Delta x_2&=x_{2红}-x_{2紫}=\frac{2D}{d}(\lambda_{红}-\lambda_{紫})\\&=\left[\frac{2\times100}{2\times10^{-2}}\times(8\times10^{-5}-4\times10^{-5})\right]\text{cm}=0.4\text{cm}\end{aligned}$$

13-6　波长为500nm的单色光从空气中垂直入射到折射率 $n=1.375$、厚度 $e=10^{-4}\text{cm}$ 的薄膜上,入射光的一部分反射,一部分进入薄膜,并从下表面上反射.试问:(1)透射光在薄膜内的波程上有几个波长?(2)透射光在薄膜的下表面反射后,在上表面与反射光相遇时的相位差为多少?

解　(1)光在薄膜内的路程应折算为光程,即 $\Delta=2ne$,设波长数为 k,则按题意,有

$$2ne=k\lambda$$

将 $n=1.375$,$e=10^{-4}\text{cm}=10^{-6}\text{m}$,$\lambda=500\text{nm}=500\times10^{-9}\text{m}$ 代入上式,得波长个数为

$$k=\frac{2ne}{\lambda}=\frac{2\times1.375\times10^{-6}}{500\times10^{-9}}=5.5(\text{个})$$

(2) 透射光与反射光在上表面相遇时的光程差为

$$\Delta=5.5\lambda+\lambda/2=6\lambda$$

式中,$\lambda/2$ 为半波损失的附加光程差,因相位差 $\Delta\varphi$ 与光程差 δ 的关系为

$$\Delta\varphi=\frac{2\pi}{\lambda}\delta$$

所以相位差为

$$\Delta\varphi=\frac{2\pi}{\lambda}\times6\lambda=12\pi$$

13-7　如习题 13-7 图所示,用白光垂直照射厚度 $e=400\text{nm}$ 的薄膜,若薄膜的折射率为 $n_2=1.40$,且 $n_1>n_2>n_3$,问反射光中哪种波长的可见光得到加强?

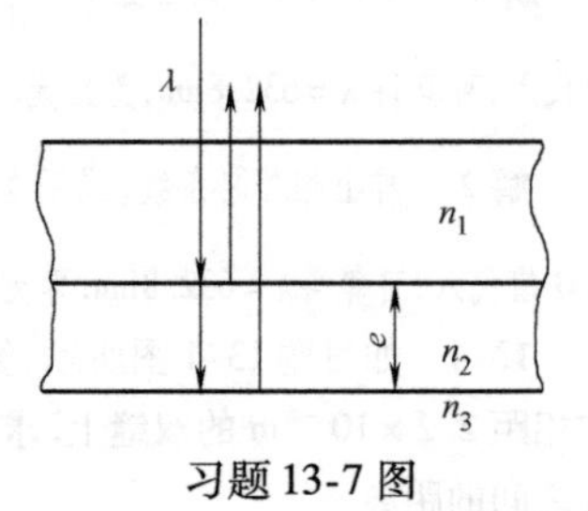

习题 13-7 图

分析　薄膜干涉中,两相干光之间光程差一般为 $\Delta=2e\sqrt{n_2^2-n_1^2\sin^2 i}+\left(0\text{ 或 }\frac{\lambda}{2}\right)$. 当光垂直照射时,光程差 $\Delta=2n_2e+\left(0\text{ 或 }\frac{\lambda}{2}\right)$,式中第一项为两相干光因传播路径不同而引起的光程差,第二项为相位跃变(即半波损失)所带来的附加光程差. 当两相干光均有或均无半波损失时($n_1>n_2>n_3$ 或 $n_1<n_2<n_3$),半波损失对光程差的影响为零;当两相干光中仅有一列光有半波损失时($n_1>n_2,n_2<n_3$ 或 $n_1<n_2,n_2>n_3$),会引起附加光程差 $\frac{\lambda}{2}$. 对于薄膜干涉以及后面所述的劈尖和牛顿环干涉,都必须根据 n_1、n_2、n_3 三者之间的关系,认真分析半波损失对光程差有无影响,而不能随意套用教材中的现成公式. 在本题中,由于 $n_1>n_2>n_3$,两相干光在薄膜上、下两个表面均无半波损失,故光程差 $\Delta=2n_2e$.

解　根据以上分析,且由干涉加强条件,有 $\Delta=2n_2e=k\lambda$,当 $k=2$ 时,$\lambda=2n_2e/k$,由此可算出 $\lambda=560\text{nm}$(黄光),该波长在可见光范围内;当 k 为其他值时,波长均在可见光范围之外. 由于仅有 $\lambda=560\text{nm}$ 的光在反射中加强,故此时薄膜从正面看呈黄色.

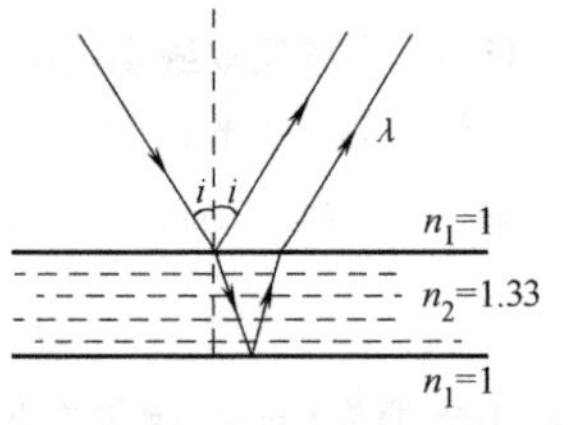

13-8　一束白光投射到空气中一层肥皂泡薄膜上,在与薄膜法线成 30° 角的方向上,观察到薄膜的反射光呈绿色($\lambda=500\text{nm}$). 求膜的最小厚度,已知肥皂水的折射率为 1.33.

习题 13-8 图

解　按题意,作习题 13-8 图,由薄膜干涉加强公式

$$2e\sqrt{n_2^2-n_1^2\sin^2 i}+\frac{\lambda}{2}=k\lambda$$

相应于膜的最小厚度,取 $k=1$,代入题给数据,得

$$e=\frac{\lambda/2}{2\sqrt{n_2^2-n_1^2\sin^2 i}}=\frac{(500/2)\text{nm}}{2\sqrt{1.33^2-1^2\times(\sin30°)^2}}=\frac{125\text{nm}}{\sqrt{1.33^2-0.25}}=101.4\text{nm}=1.01\times10^{-4}\text{mm}$$

13-9　氦氖激光器发出波长为 632.8nm 的单色光,垂直照射在两块平面玻璃片上,两玻璃片的一边互相接触,另一边夹着一片云母,形成一劈形空气膜. 测得 50 条明条纹中心间的距离为 $6.351\times10^{-3}\text{m}$,棱边到云母片间的距离为 $30.313\times10^{-3}\text{m}$,求云母片厚度.

解　按题意,作习题 13-9 图,相邻两条纹间距 $l=L'/(N-1)$,N 为条纹数,$L'=6.351\times10^{-3}\text{m}$,由

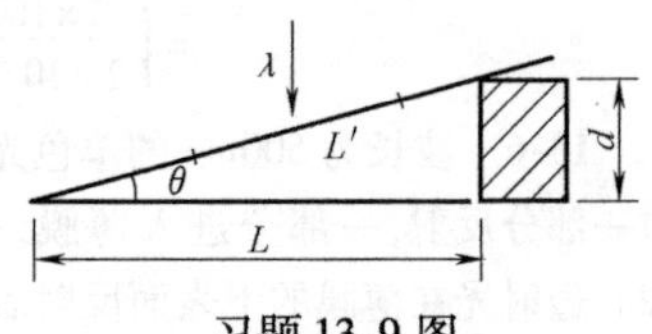

习题 13-9 图

$$l\sin\theta=\frac{\lambda}{2}$$

因 θ 甚小,有 $\sin\theta\approx\tan\theta=d/L$,则云母片厚度为

$$d=L\sin\theta=L\frac{\lambda}{2l}=L\lambda\Big/\left(\frac{2L'}{N-1}\right)=\frac{L(N-1)\lambda}{2L'}$$

已知 $\lambda=632.8\text{nm}=632.8\times10^{-9}\text{m}$，$N=50$，$L=30.313\times10^{-3}\text{m}$，$L'=6.351\times10^{-3}\text{m}$，代入上式，得

$$d=\frac{(30.313\times10^{-3})(50-1)(632.8\times10^{-9})}{2\times6.351\times10^{-3}}\text{m}=7.40\times10^{-5}\text{m}$$

13-10　如习题13-10图所示，利用空气劈形膜测细金属丝直径，已知入射光的波长 $\lambda=589.3\text{nm}$，$L=2.888\times10^{-2}\text{m}$，测得30条明条纹中心间的距离为 $4.295\times10^{-3}\text{m}$，求细金属丝的直径 d.

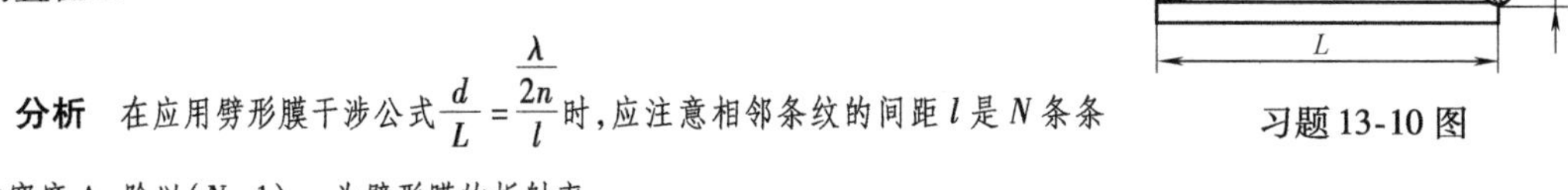

习题13-10图

分析　在应用劈形膜干涉公式 $\dfrac{d}{L}=\dfrac{\frac{\lambda}{2n}}{l}$ 时，应注意相邻条纹的间距 l 是 N 条条纹的宽度 Δx 除以 $(N-1)$，n 为劈形膜的折射率.

解　由分析可知，相邻条纹间距为 $l=\dfrac{\Delta x}{N-1}$，则细金属丝的直径为

$$d=\frac{\lambda}{2nl}L=\frac{\lambda(N-1)}{2n\Delta x}L$$

按题给数据，由上式可算出 $d=5.75\times10^{-5}\text{m}$.

13-11　在利用牛顿环测未知单色光波长的实验中，当用波长为589.3nm的钠黄光垂直照射时，测得第1和第4暗环径向的距离为 $\Delta r=4.00\times10^{-3}\text{m}$；当用波长未知的单色光垂直照射时，测得第1和第4暗环的距离为 $\Delta r'=3.85\times10^{-3}\text{m}$，求该单色光的波长.

分析　在牛顿环装置中，干涉暗环半径 $r=\sqrt{kR\lambda}$，其中 $k=0,1,2,\cdots$，$k=0$ 对应牛顿环中心的暗斑，$k=1$ 和 $k=4$ 则对应第1和第4暗环，由它们之间的间距 $\Delta r=r_4-r_1=\sqrt{R\lambda}$，可知 $\Delta r\propto\sqrt{\lambda}$，据此可按题中的测量方法求出未知波长 λ'.

解　根据分析有

$$\frac{\Delta r'}{\Delta r}=\frac{\sqrt{\lambda'}}{\sqrt{\lambda}}$$

代入题设数据，可算出未知波长为 $\lambda'=546\text{nm}$.

13-12　在牛顿环实验中，透镜的曲率半径 $R=40\text{cm}$，用单色光垂直照射，在反射光中观察某一级暗环的半径 $r=2.5\text{mm}$. 现把平板玻璃向下平移 $d_0=5.0\mu\text{m}$，上述被观察的暗环半径变为何值？

分析　在平板向下平移后，牛顿环中空气膜的厚度整体增厚. 由等厚干涉原理可知，所有条纹向中心收缩，原来被观察的 k 级暗环的半径将变小. 本题应首先推导平板玻璃向下平移 d_0 后，牛顿环的暗环半径公式，再结合平板玻璃未平移前的暗环半径公式即可求解.

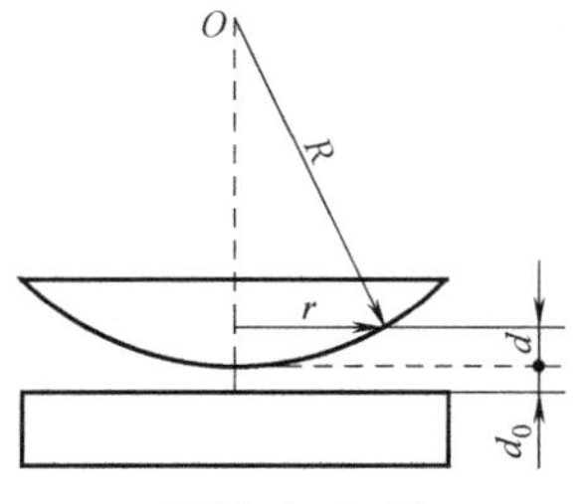

习题13-12图

解　按题意，作习题13-12图，平板玻璃未平移前，被观察的 k 级暗环的半径 r 为

$$r=\sqrt{kR\lambda} \quad ⓐ$$

平板玻璃向下平移 d_0 后，如习题13-12图所示，反射光的光程差为

$$\Delta=2(d+d_0)+\frac{\lambda}{2}$$

由干涉相消条件 $\Delta=(2k+1)\dfrac{\lambda}{2}$ 和 $d\approx\dfrac{r^2}{2R}$，可得 k 级暗环的半径 r' 为

$$r'=\sqrt{R(k\lambda-2d_0)} \quad ⓑ$$

解式ⓐ和式ⓑ，可得 k 级暗环半径变为

$$r'=\sqrt{r^2-2Rd_0}=\sqrt{(2.5\times10^{-3})^2-2\times40\times10^{-2}\times5.0\times10^{-6}}\text{m}=1.50\times10^{-3}\text{m}$$

13-13　在宽度 $a=0.6\text{mm}$ 的狭缝后40cm处，有一与狭缝平行的屏幕. 今以平行光自左面垂直照射狭缝，在屏幕上形成衍射条纹，若离零级明条纹的中心 P_0 处为1.4mm的 P 处，观察到第4级明条纹.（1）求入射光的波长；（2）从 P 处来看这光波时，在狭缝处的波前可分成几个半波带？

解　按题意作习题 13-13 图,(1) 第 4 级衍射明条纹应满足

$$a\sin\varphi=(2k+1)\frac{\lambda}{2}=(2\times4+1)\frac{\lambda}{2}=9\times\frac{\lambda}{2}=4.5\lambda \quad ⓐ$$

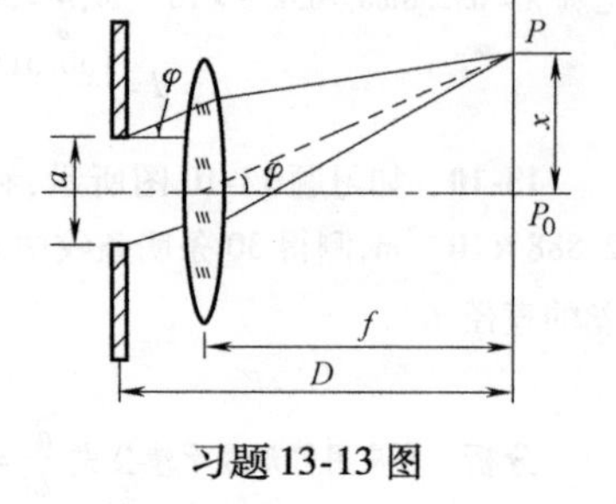

习题 13-13 图

因为通过透镜光心的光线方向不变,且透镜离单缝很近,$D\approx f$,且 φ 角甚小,故由图可知

$$\sin\varphi\approx\tan\varphi=\frac{x}{f}\approx\frac{x}{D} \quad ⓑ$$

以式ⓑ代入式ⓐ,得

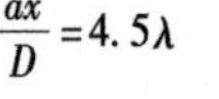

$$\frac{ax}{D}=4.5\lambda$$

代入题给数据,由上式可求得波长为

$$\lambda=\frac{ax}{4.5D}=\frac{(0.6\times10^{-3})(1.4\times10^{-3})}{4.5\times40\times10^{-2}}\text{m}=4.67\times10^{-7}\text{m}=467\text{nm}$$

(2) 从 P 点来看,因为

$$a\sin\varphi=9\left(\frac{\lambda}{2}\right)$$

所以单缝处波前可分为 9 个半波带.

13-14　在白色光形成的单缝衍射条纹中,某波长的光的第 3 级明条纹和红色光(波长为 630nm)的第 2 级明条纹相重合.求该光波的波长.

解　按衍射明条纹条件

$$a\sin\varphi=(2k+1)\frac{\lambda}{2},\quad k=\pm1,\pm2,\cdots$$

设红光的波长为 λ_R,则第 2 级红光和第 3 级某色光重合时满足的条件分别为

$$a\sin\varphi=(2+2+1)\frac{\lambda_R}{2}$$

$$a\sin\varphi=(2\times3+1)\frac{\lambda}{2}$$

由此遂有

$$5(\lambda_R/2)=7(\lambda/2)$$

按题给数据,可算得所求某色光的波长为

$$\lambda=\frac{5}{7}\lambda_R=\frac{5}{7}\times630\text{nm}=450\text{nm}$$

13-15　一单色平行光垂直照射于一单缝,若其第 3 级明条纹位置正好和波长为 600nm 的单色光垂直入射时的第 2 级明条纹的位置重合,求前一种单色光的波长.

分析　采用比较法来确定波长.对应于同一观察点,两次衍射的光程差相同,由于衍射明条纹条件 $a\sin\varphi=(2k+1)\frac{\lambda}{2}$,故有 $(2k_1+1)\lambda_1=(2k_2+1)\lambda_2$,在两明条纹级次和其中一种波长已知的情况下,即可求出另一种未知波长.

解　根据分析,将 $\lambda_2=600\text{nm}$、$k_2=2$、$k_1=3$ 代入 $(2k_1+1)\lambda_1=(2k_2+1)\lambda_2$,得

$$\lambda_1=\frac{(2k_2+1)\lambda_2}{2k_1+1}=\frac{(2\times2+1)\times600}{2\times3+1}\text{nm}=428.6\text{nm}$$

13-16　用 1mm 内有 500 条刻痕的平面透射光栅观察钠光谱($\lambda=589\text{nm}$),设透镜焦距 $f=1.00\text{m}$.问:

(1) 光线垂直入射时,最多能看到第几级光谱?

(2) 光线以入射角 30°入射时,最多能看到第几级光谱?

(3) 若用白光垂直照射光栅,第 1 级光谱的线宽度是多少?

分析　(1) 首先确定光栅常量 $d=\frac{10^{-3}}{N}\text{m}$,式中 N 为刻痕数,$d=a+b$,然后由光线垂直照射光栅时的衍射条件,即可

解得结果.

(2) 如同光线倾斜入射单缝一样,此时光栅衍射的明条纹的条件改变为 $d(\sin i \pm \sin\varphi) = \pm k\lambda$,由于两侧条纹不再对称,令 $\sin\varphi = 1$,可求得 k_{m1} 和 k_{m2} 两个值,其中一个比垂直入射时的 k_m 值小,另一个比 k_m 值大,因而,在其他条件不变的情况下,倾斜入射时可以观察到较高级次的条纹.

(3) 用白光照射光栅,除中央明纹仍为白光外,其余处出现一系列光谱带,称为光栅光谱.每个光谱带是由同一级次不同波长的明条纹依次排列而成.所谓第1级光谱的线宽度是指入射光中最小波长(取 $\lambda_{min} = 400\text{nm}$)和最大波长(取 $\lambda_{max} = 760\text{nm}$)的第1级明条纹在屏上的间距,其余波长的第1级明条纹均出现在此范围内.需要指出的是,对于较高级次的光谱会出现相邻光谱间的交错重叠的现象.

解 (1) 光波垂直入射时,光栅衍射明条纹的条件为 $d\sin\varphi = \pm k\lambda$,令 $\sin\varphi = 1$,可得

$$k_m = \pm\frac{d}{\lambda} = \pm\frac{10^{-3}}{500\times 589\times 10^{-9}} = \pm 3.39$$

取整数 $k_m = 3$,即最多能看到第3级光谱.

(2) 倾斜入射时,光栅明条纹的条件为

$$d(\sin i \pm \sin\varphi) = \pm k\lambda$$

令 $\sin\varphi = 1$,读者可自行求得位于中央主极大两侧,能观察到条纹的最大 k_m 值分别为 $k_{m1} = 5$ 和 $k_{m2} = 1$(已取整数值).故在法线两侧能观察到的最大级次分别为5级和1级.

(3) 白光的波长范围为400~760nm,用白光垂直照射时,由 $d\sin\varphi = k\lambda$ 和 $\sin\varphi \approx \frac{x}{f}$,可自行求得第1级($k=1$)光谱在屏幕上的位置,对应于 $\lambda_1 = 400\text{nm}$ 和 $\lambda_2 = 760\text{nm}$ 的明条纹的位置分别为

$$x_1 = \frac{\lambda_1 f}{d} = \frac{4\times 10^{-7}\times 1.00}{10^{-3}/500}\text{m} = 0.2\text{m}, \quad x_2 = \frac{\lambda_2 f}{d} = \frac{7.6\times 10^{-7}\times 1.00}{10^{-3}/500}\text{m} = 0.38\text{m}$$

则第1级光谱的线宽度为

$$\Delta x = x_2 - x_1 = 0.38\text{m} - 0.2\text{m} = 0.18\text{m}$$

13-17 用一望远镜观察天空中两颗星.设这两颗星相对于望远镜所张的角为 $4.84\times 10^{-6}\text{rad}$,由这两颗星发出的光波波长均为 $\lambda = 550\text{nm}$.若要分辨出这两颗星,问所用望远镜的口径至少需多大?

解 按最小分辨角公式

$$\theta_0 = 1.22\frac{\lambda}{D}$$

以 $\theta_0 = 4.84\times 10^{-6}\text{rad}$,$\lambda = 5.50\times 10^{-5}\text{cm}$,代入上式,得望远镜口径至少为

$$D = \frac{1.22\lambda}{\theta_0} = \frac{1.22\times 5.50\times 10^{-5}\text{cm}}{4.84\times 10^{-6}\text{rad}} = 13.9\text{cm}$$

13-18 用一束平行的钠黄光($\lambda = 589.3\text{nm}$)垂直照射在光栅常量为 $2\times 10^{-6}\text{m}$ 的光栅上,求最多能看到几条主明纹(包括中央明条纹在内).

解 由光栅公式

$$(a+b)\sin\varphi = k\lambda, \quad k = 0, \pm 1, \pm 2, \cdots$$

按题意,取 $\varphi = 90°$,已知 $\lambda = 589.3\text{nm}$,$a+b = 2\times 10^{-6}\text{m}$,则

$$k = \left|\pm\frac{a+b}{\lambda}\right| = \frac{2\times 10^{-6}}{589.3\times 10^{-9}} = 3.39$$

取整数,$k=3$.所以能看到 $k = 0, \pm 1, \pm 2, \pm 3$ 共7条主明纹.

13-19 两偏振片偏振化方向成夹角30°时,透射光的光强为 I_1,若入射光的光强不变,而使两偏振片的偏振化方向之间的夹角变为45°,那么透射光强将如何变化?

解 按马吕斯定律

$$I = I_0\cos^2\alpha$$

当 $\alpha = 30°$ 时,透射光强为 I_1,则由上式可得

$$I_0 = \frac{I_1}{\cos^2 30°} = \frac{I_1}{(\sqrt{3}/2)^2} = \frac{4I_1}{3}$$

当 $\alpha = 45°$，透射光强为

$$I_2 = I_0 \cos^2\alpha = \frac{4I_1}{3}\cos^2 45° = \frac{4I_1}{3}\left(\frac{1}{\sqrt{2}}\right)^2 = \frac{2}{3}I_1$$

13-20　偏振光通过偏振片后，光强减小一半，求偏振光振动方向与偏振片的偏振化方向之间的夹角.

解　按马吕斯定律

$$I = I_0 \cos^2\alpha$$

由题意，$I = I_0/2$，则由上式可求得偏振片与偏振化方向之间的夹角为

$$\alpha = \arccos\frac{1}{\sqrt{2}} = 45°$$

13-21　测得一池静水的表面反射出来的太阳光是线偏振光，求此时太阳处在地平线的多大仰角处？(水的折射率为 1.33)

分析　按题意作习题 13-21 图，设太阳光(自然光)以入射角 i 入射到水面，则所求仰角 $\theta = \frac{\pi}{2} - i$. 当反射光起偏时，根据布儒斯特定律，有 $i = i_0 = \arctan\frac{n_2}{n_1}$(其中 n_1 为空气的折射率，n_2 为水的折射率).

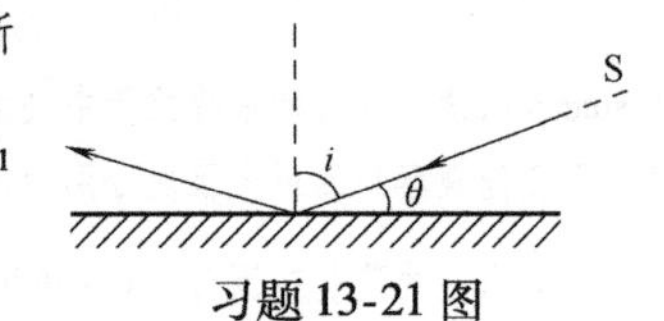

习题 13-21 图

解　根据以上分析，有

$$i_0 = i = \frac{\pi}{2} - \theta = \arctan\frac{n_2}{n_1}$$

则

$$\theta = \frac{\pi}{2} - \arctan\frac{n_2}{n_1} = 36.9°$$

13-22　一束光是自然光和线偏振光的混合，当它通过一偏振片时，发现透射光的光强取决于偏振片的取向，其光强可以变化 5 倍，问入射光中两种光的光强各占总入射光强的几分之几？

分析　偏振片的旋转，仅对入射的混合光中的线偏振光部分有影响，在偏振片旋转一周的过程中，当偏振光的振动方向平行于偏振片的偏振化方向时，透射光强最大；而相互垂直时，透射光强最小. 分别计算最大透射光强 I_{max} 和最小透射光强 I_{min}，按题意用相比的方法即能求解.

解　设入射混合光强为 I，其中线偏振光强为 xI，自然光强为 $(1-x)I$. 按题意，旋转偏振片，则有

最大透射光强

$$I_{max} = \left[\frac{1}{2}(1-x) + x\right]I$$

最小透射光强

$$I_{min} = \left[\frac{1}{2}(1-x)\right]I$$

按题意，$I_{max}/I_{min} = 5$，即

$$\frac{1}{2}(1-x) + x = 5 \times \frac{1}{2}(1-x)$$

解得

$$x = \frac{2}{3}$$

即线偏振光占总入射光强的 2/3，自然光占 1/3.

13-23　两偏振片 A 和 B 的偏振化方向互相垂直，使光完全不能透过，今在 A 和 B 之间插入偏振片 C，它与偏振片 A 的偏振化方向的夹角为 α，这时就有光透过偏振片 B. 设透过偏振片 A 的光强度为 I_0，求证：透过偏振片 B 的光强为 $I = (I_0/4)\sin^2 2\alpha$.

证　插入偏振片 C，与偏振片 A 的偏振化方向成 α 角，则透过 C 的光强为

$$I' = I_0 \cos^2\alpha$$

因偏振片 A 和 B 互相垂直，则透过偏振片 B 的光强为

$$I = I'\cos^2(90° - \alpha) = I_0\cos^2\alpha\sin^2\alpha = (I_0/4)\sin^2 2\alpha$$

13-24 当光从水中射向玻璃而反射时,起偏振角为48°26′,已知水的折射率为1.333,求玻璃的折射率;若光从玻璃中射向水中,求起偏角.

解 按布儒斯特公式

$$\tan i_0 = n_2/n_1$$

已知 $n_1 = 1.333$, $i_0 = 48°26'$,则玻璃的折射率 n_2 为

$$n_2 = n_1 \tan i_0 = 1.333 \times \tan 48°26' = 1.50$$

光从玻璃射向水中时,$n_1 = 1.50$, $n_2 = 1.333$,则起偏角为

$$i_0 = \arctan\frac{n_2}{n_1} = \arctan\frac{1.333}{1.50} = 41°34'$$

第 14 章　热力学基础

14.1　学习要点导引

14.1.1　本章章节逻辑框图

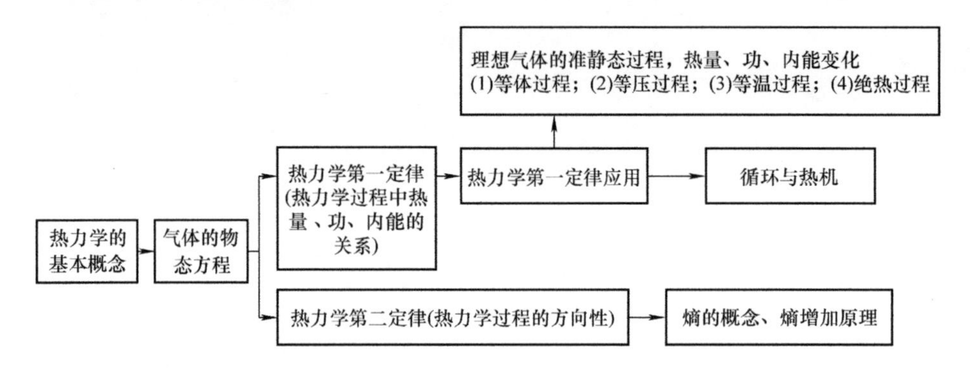

14.1.2　本章阅读导引

本章讨论了热力学系统的宏观状态及其变化规律. 根据能量守恒定律和针对状态变化过程的方向,分别讨论了热力学第一定律和热力学第二定律. 要求重点掌握热力学第一定律及其中各物理量的意义,能用来求解简单的热力学问题(理想气体的四个过程),对热力学第二定律和熵增加原理要切实领会.

(1) 本章的研究对象是热力学系统,主要限于气体. 我们从宏观上讨论理想气体的状态(平衡态)及其状态变化过程(准静态过程)的特征和规律.

(2) 要求对理想气体的物态(或状态)参量 p、V、T 及表述物态参量之间关系的物态方程,在中学物理的基础上温故而知新.

(3) 本章涉及三个物理常数:阿伏加德罗常数 N_A、摩尔气体常数 R 和玻耳兹曼常数 k,从它们间的关系 $k=R/N_A$ 可知,k 实际上是每个分子平均的普适常数,而 R 则是 1mol 气体的普适气体常数. 它们的量值不一定要记住,但应掌握它们之间的关系.

(4) 在力学中,我们限于讨论机械能. 但是,物体(或系统)除了机械能(宏观的)外,还具有其他形式的能量,如分子热运动所具有的动能(微观的)、由于分子间相互作用而引起的势能(微观的),这些能量总称为内能(又称热力学能). 值得注意的是,系统的内能是整个物体(或系统)所具有的,因此是宏观量,对气体而言,其微观本质可以理解为分子的动能和势能;对于理想气体则是分子的动能.

(5) 热力学系统一般都要和外界相互作用而交换能量,能量的交换是通过彼此做功或传递热量来进行的(或两者同时进行). 做功和传递热量的本质虽然不同,但两者对系统所产生的效果却是一样的,都会引起系统内能的改变,这就是功与热的等效性. 所做的功和传递的热量并不直接等于系统的内能，而是等于系统内能的增量. 因此，我们可以通过量度出对系统所做的功和传递的热量，来确定系统内能的改变，即做功和传递热量都是内能改变的量度. 而内能是状态的函数，内能的改变就意味着状态有变化. 所以，系统状态的改变，正是由于外界与系统交换能量的结果.

(6) 做功、传递热量和内能的关系为

对系统做功→增加系统的内能；

对系统传递热量→增加系统的内能

如果对系统同时做功并传递热量，则得

$$A'(\text{对系统做功}) + Q(\text{对系统传递热量}) = E_2 - E_1(\text{系统内能增量})$$

或

$$Q(\text{对系统传递热量}) = E_2 - E_1(\text{系统内能增量}) + A(\text{系统对外做功})$$

用微分形式表示时，为

$$\mathrm{d}Q = \mathrm{d}E + \mathrm{d}A$$

上式就是热力学第一定律的数学表示式. 这定律实质上是包括热现象在内的能量守恒定律. 若把 Q 比喻为系统的"收入"，那么 A 就相当于"支出"，而 $E_2 - E_1$ 就相当于"储蓄的增加"，两边需要轧平(守恒).

热力学第一定律对于任何系统、任何过程都是适用的，但在实际运用时需要注意两点：

1) 单位问题：热力学第一定律的表达式中各量都用 J(焦耳)为单位.

2) 正、负问题：式中各量可正可负，具体规定见下表：

	Q	$E_2 - E_1$	A
+	系统吸热	系统内能增加	系统对外界做功
-	系统放热	系统内能减少	外界对系统做功

(7) 在计算热力学第一定律中的各量时，要注意各个量的特征和条件.

1) 内能的增量——内能是状态的单值函数，因此，如果过程的始、末状态相同，则始、末状态的内能相等，不管过程(或循环)多么复杂，它的内能增量必然是零，即 $\Delta E = 0$；又如，理想气体的内能仅是温度的函数，如果过程的始、末状态都在同一条等温线上，也必然有 $\Delta E = 0$. 通过这样判断，在解某些习题时就可省掉内能增量的计算. 其次，内能的改变与过程无关. 因此，不管过程如何，均可借助于等体过程的内能增量公式 $\Delta E = mC_{V,\mathrm{m}}\Delta T/M$ 来计算.

2) 功——在计算功时，需要注意，只有在准静态过程中才能用 $A = \int_{V_1}^{V_2} p\mathrm{d}V$ 计算功，并且 A 的大小就是 p-V 图中的过程线下、区间为$[V_1、V_2]$的面积(回忆一下准静态过程的意义)，否则就不易计算. 功的量值与过程有关，对于不同过程，功是不同的. 如果从状态Ⅰ到Ⅱ的两条过程线ⅠaⅡ、ⅠbⅡ下的面积不同，就可以看出两种过程中的功是不同的.

3) 热量——传递热量也与过程有关，所以计算时须分清具体过程. 例如，等体过程和等压过程所传递的热量分别为$(\Delta Q)_V = mC_{V,\mathrm{m}}\Delta T/M$、$(\Delta Q)_{p,\mathrm{m}} = mC_{p,\mathrm{m}}\Delta T/M$. 这里对热容和摩尔热容的意义及其关系要区别清楚.

(8) 热力学第一定律对理想气体的三个等值过程和绝热过程的应用，要会自行推演，不能只记公式，因为公式很冗长，容易记错. 推导并不难，只要把握住四点：①过程是准静态的；②各过程的特征；③理想气体的状态方程 $pV=mRT/M$（因为研究的对象是理想气体）；④热力学第一定律 $\Delta Q=\Delta E+p\Delta V$（因为我们是从能量观点来研究气体的状态变化过程，故需满足能量守恒的热力学第一定律）. 根据过程的特征，将状态方程和热力学第一定律联合应用，就可推出各过程的表达式.

理想气体热力学过程的主要公式

过程		特征	过程方程	内能增量 ΔE		系统做功 A		吸收热量 Q		摩尔热容 C_m
等体	升温升压	$V=$恒量	$\frac{p}{T}=$恒量	$\frac{m}{M}C_{V,m}(T_2-T_1)$	>0	0		$\frac{m}{M}C_{V,m}(T_2-T_1)$	>0	$\frac{i}{2}R$
	降温降压				<0				<0	
等压	升温膨胀	$p=$恒量	$\frac{V}{T}=$恒量	$\frac{m}{M}C_{V,m}(T_2-T_1)$	>0	$\frac{m}{M}R(T_2-T_1)=p(V_2-V_1)$	>0	$\frac{m}{M}(C_{V,m}+R)(T_2-T_1)=\frac{m}{M}C_{p,m}(T_2-T_1)$	>0	$\frac{i+2}{2}R$
	降温压缩				<0		<0		<0	
等温	降压膨胀	$T=$恒量	$pV=$恒量	0		$\frac{m}{M}RT\ln\frac{V_2}{V_1}=\frac{m}{M}RT\ln\frac{p_1}{p_2}$	>0	$\frac{m}{M}RT\ln\frac{V_2}{V_1}=\frac{m}{M}RT\ln\frac{p_1}{p_2}$	>0	∞
	升压压缩						<0		<0	
绝热	降温膨胀	$Q=0$	$pV^{\gamma}=$恒量 $V^{\gamma-1}T=$恒量 $p^{\gamma-1}T^{-\gamma}=$恒量	$\frac{m}{M}C_{V,m}(T_2-T_1)$	<0	$-\frac{m}{M}C_{V,m}(T_2-T_1)=\frac{p_1V_1-p_2V_2}{\gamma-1}$	>0	0		0
	升温压缩				>0		<0			

（9）$C_{p,m}-C_{V,m}=R$ 的关系要会推导，$C_{p,m}$、$C_{V,m}$ 的理论值应能计算.

（10）在热、功转换中，需采用循环过程才能连续不断地进行热与功的转换. 进行循环的工质是热、功转换的介质，对热机的循环而言，其作用是吸热增加自己的内能，再从自身内能的减小来对外做功，并使工质恢复原来状态而完成一个循环，然后仍重复进行下去，使热不断地转换为功. 但是进行循环时，热不能100%地转换为功，因为有一部分热量必须同时传递给低温热源（实际热机中还要有一部分消耗在机器部件的摩阻上，但这里只考虑理想的循环）. 否则，工质无法恢复原态，循环过程也就无法实现. 要评价循环中到底有多少热变成有用的功，我们用循环（或热机）的效率 η 来表示. 显然，对一切热机而言，$\eta<100\%$. 理想卡诺循环的效率是一切实际热机的效率在理论上的极限值. 对制冷机的循环，要求读者有一初步了解.

（11）热不能无条件地全部变为功，但功却可以全部转换为热（如通过摩擦）. 可见热、功转换的这两个方向相反的过程，其情况是不同的，为此我们要研究过程的可逆和不可逆. 对于可逆过程和不可逆过程，以及怎样能实施可逆过程，应有一初步认识.

（12）可逆过程是理想的，在这里，要明确在实际中一切与热现象有关的过程都是不可逆的，只是或多或少地可以近似为可逆过程，但总不能达到可逆过程.

（13）热力学第一定律只阐明任何过程中（例如，不管是热变为功，还是功变为热的过程）能量必定守恒，但并不是服从热力学第一定律的过程都能自动发生，所以不能由它来判明过程能否发生以及过程进行的方向. 热力学第二定律能够说明过程所进行的方向，即某些方向的过程可以发生，而另一些方向的过程则不能发生. 通过摩擦，功可以全部变为热，但由热力学第二定律可断定热却不能通过一个循环全部变成功；热可以从高温物体自动传向低温物体，但热力学第二定律指出热却不能自动地从低温物体传向高温物体.

（14）热力学第二定律的开尔文表述指出功变热的不可逆性，克劳修斯表述则指出了热传导过程的不可逆性，并且借热力学第二定律还可以证明自然界中其他与热现象有关的宏观过程的不可逆性. 所以，热力学第二定律是独立于热力学第一定律之外的另一条自然规律，其实质在于揭示自然界中一切与热现象有关的实际宏观过程都是不可逆的，过程的进行都是有方向的.

（15）卡诺定理可由热力学第二定律证明. 卡诺定理是热力学理论中的一条重要定理，它指出了提高热机效率的方向.

（16）根据卡诺定理，可给出热温比这个概念，在此基础上便可引入热力学的一个新的状态函数——熵，从而得出热力学第二定律的数学表述，即熵增加原理，使我们通过熵变的计算来判断过程进行的方向. 读者对熵的概念及熵增加原理应仔细领会.

14.2　教学拓展

14.2.1　热力学第二定律两种表述的等效性

热力学第二定律的开尔文表述与热机的工作有关，克劳修斯表述与热传导现象有关. 两种表述貌似不同，但是它们通过热功转换和热传导各自表达了过程进行的方向性.

热力学第二定律是从大量实验事实总结出来的，虽然人们不能直接验证这个定律的各种表述的正确性，然而由此所得出的一切推论都符合客观存在，因而可以断定热力学第二定律是一条正确反映客观实际的规律.

热力学第二定律的上述两种表述是完全等效的，可用反证法来证明其一致性.

设克劳修斯的表述不成立，则开尔文表述也不能成立. 如图 14.2-1a 所示，假设可以违背克劳修斯表述，有一热机在一个循环中可以不做功，使热量 Q_2 能够从温度为 T_2 的低温热源自动地传递给温度为 T_1 的高温热源. 而今，再在此两热源之间设置一个卡诺热机，使它在工作时传给低温热源的热量等于 Q_2，则整个系统在完成一个循环时，其结果是卡诺热机从单一的温度为 T_1 的高温热源获得热量$Q_1 - Q_2$，全部转化为功. 这样，整个系统竟成为第二类永动机，显然，这是违反了开尔文表述的.

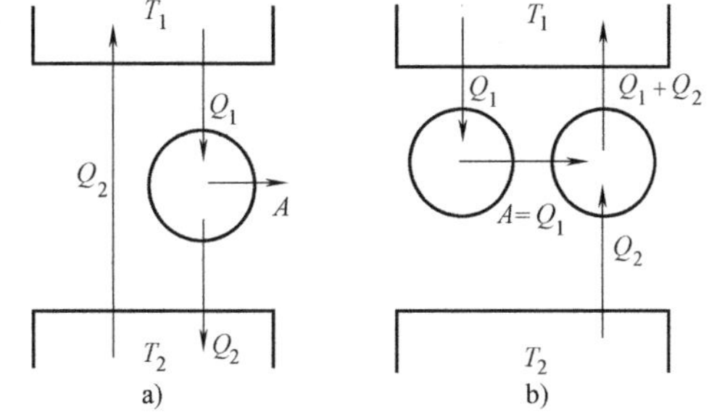

图 14.2-1

继而再证明：若开尔文表述不成立，则克劳修斯表述也不成立. 如图 14.2-1b 所示，假定可以违背开尔文说法，一个热机能够从温度为 T_1 的高温热源吸取热量 Q_1，用来全部转化为功 A，借此功驱动一个卡诺制冷机，使它在温度为 T_1 的高温热源和温度为 T_2 的低温热源之间进行逆向制冷循环，则卡诺热机将从低温热源吸取热量 Q_2 连同功 A 一起传给高温热源，由于 $A = Q_1$，所以整个系统的全过程是将热量 Q_2 从低温热源传到了高温热源而竟未引起其他变化，显然，这是违反克劳修斯表述的.

热力学第二定律确定了过程的方向性,即不受外界影响的自然过程. 开尔文表述指出功热转化过程的不可逆性,克劳修斯表述指出热传导过程的不可逆性. 由上述两种表述的一致性可知,这两种不可逆过程存在着内在的联系,由其中一种过程的不可逆性可以推断另一种过程的不可逆性. 自然界存在着无数的不可逆过程,一切不可逆过程之间都存在着这种内在联系. 例如,理想气体的自由膨胀就是一个不可逆过程. 这可从热功转化的不可逆性来推断.

14.2.2　卡诺定理的证明

利用卡诺定理可导出克劳修斯公式,由此可引入熵和熵增加原理. 这条定理是卡诺在研究热机效率时于1824年提出来的. 卡诺定理可表述为下述两部分:

(1) 所有工作在相同的高温热源与相同的低温热源之间的可逆热机,不论用何种工质,它们的效率都相等,即

$$\eta = 1 - \frac{T_2}{T_1} \tag{a}$$

(2) 所有工作在相同的高温热源与相同的低温热源之间的不可逆热机,其效率都不可能大于工作在同样热源之间的可逆热机的效率,即

$$\eta \leqslant 1 - \frac{T_2}{T_1} \tag{b}$$

证　设在相同的温度为 T_1 的高温热源和温度为 T_2 的低温热源之间,有两个热机C和C′,其工质经过一个循环过程时,从高温热源分别吸收热量 Q_1 和 Q_1',向低温热源分别放出热量 Q_2 和 Q_2',所做的功分别为 A 和 A',则这两热机C和C′的效率分别为

$$\eta = \frac{A}{Q_1},\quad \eta' = \frac{A'}{Q_1'} \tag{c}$$

不妨先证定理的第二部分. 如图14.2-2所示,假设C为可逆机,我们用反证法来证明 $\eta \geqslant \eta'$.

为方便起见,假设 $A = A'$,若 $\eta < \eta'$,则由式ⓐ可知,必有 $Q_1 > Q_1'$,按热力学第一定律,可得

$$Q_2' = Q_1' - A' \tag{d}$$

$$Q_2 = Q_1 - A \tag{e}$$

因而

$$Q_1 - Q_1' = Q_2 - Q_2' \tag{f}$$

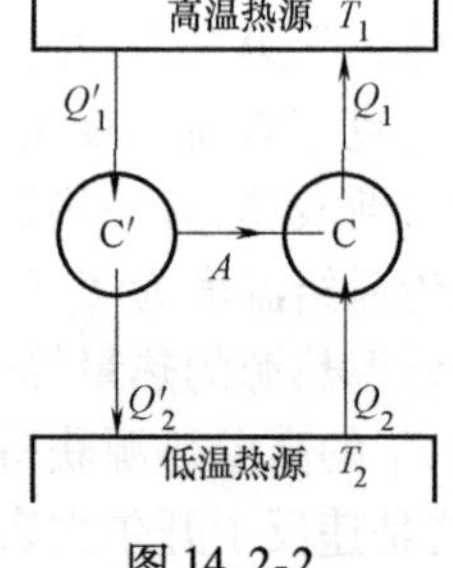

图14.2-2

式ⓕ表明,在两个热机的联合循环运行一次时,其唯一的效果是从低温热源把热量 $Q_2 - Q_2'$ 传给了高温热源,而并未引起其他的变化. 这显然是违背了热力学第二定律的克劳修斯表述的,因而不可能是 $\eta' > \eta$,而必是 $\eta \geqslant \eta'$.

再来证定理的第一部分. 设两个可逆机C和C′在相同温度 T_1 的高温热源和相同温度 T_2 的低温热源之间运行,其效率分别为 η 和 η',考虑到C是可逆机,则必有 $\eta \geqslant \eta'$,可是C′也是可逆机,也必有 $\eta' \geqslant \eta$,于是得 $\eta = \eta'$.

值得注意的是,在上述论证过程中均未涉及工质的性质,即与工作物质无关. 总而言之,任何可逆卡诺热机的效率仅与两个热源的温度 T_1 和 T_2 有关.

14.3　解题指导

本章涉及计算各热力学过程中的热量变化、内能变化、做功等情况,在计算系统的内能变

化时，关键要抓住内能是系统的状态函数这一特点，即理想气体的内能只是温度的函数. 做功可通过 $A = \int_{V_1}^{V_2} p\mathrm{d}V$ 计算，也可借助 $p-V$ 图曲线下覆盖的面积来计算. 热量可通过热容量来计算，即 $Q = \int_{T_1}^{T_2} rC_\mathrm{m}\mathrm{d}T$，也可通过热力学第一定律计算，热量 $Q=(E_2-E_1)+A$。

例 14-1　一定量的单原子分子理想气体装在封闭的气缸里. 此缸有可活动的活塞(活塞与气缸壁之间无摩擦且无漏气). 已知气体的初压强 $p_1=1\mathrm{atm}$，体积 $V_1=1\mathrm{L}$，现将该气体在等压下加热直到体积为原来的两倍，然后在等容下加热，压强为原来的 2 倍，最后做绝热膨胀直到温度下降到初温为止. 试求：(1) 整个过程中气体内能的变化；(2) 整个过程中气体所吸收的热量；(3) 整个过程中气体所做的功.

分析　系统内能是状态函数，仅与系统所处状态的温度有关. 题目中整个过程的初始状态和末状态温度相同. 内能应该相等. 热量是过程量，功也是过程量，与具体的热力学过程有关. 而借助热力学第一定律 $Q=\Delta E+A$ 可以知道其中两个量，求出第三个量.

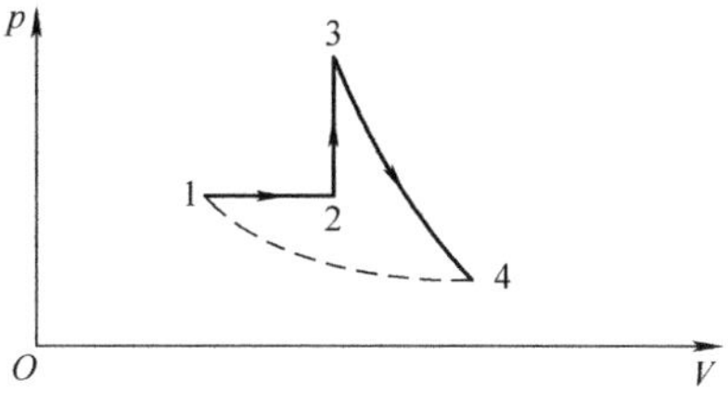

例 14-1 图

解　(1) 因为系统整个过程的初始状态温度与末了状态温度相同，所以整个过程气体内能的变化为

$$\Delta E=\frac{m}{M}C_{V,\mathrm{m}}\Delta T=0$$

(2) 因为 3—4 过程是绝热过程，所以整个过程气体所吸收的热量为

$$\begin{aligned}
Q &= Q_{12}+Q_{23}\\
&=\frac{m}{M}C_{P,\mathrm{m}}(T_2-T_1)+\frac{m}{M}C_{V,\mathrm{m}}(T_3-T_2)\\
&=\frac{5}{2}\frac{m}{M}R(T_2-T_1)+\frac{3}{2}\frac{m}{M}R(T_3-T_2)\\
&=\frac{5}{2}(p_1V_2-p_1V_1)+\frac{3}{2}(p_2V_2-p_1V_2)\\
&=\frac{5}{2}(2p_1V_1-p_1V_1)+\frac{3}{2}(4p_1V_1-2p_1V_1)\\
&=\frac{11}{2}p_1V_1=\left(\frac{11}{2}\times 1.01\times 10^5\times 10^{-3}\right)\mathrm{J}=555.5\mathrm{J}.
\end{aligned}$$

(3) 根据热力学第一定律 $Q=\Delta E+A$，且 $\Delta E=0$ 得整个过程气体所做的功为

$$A=Q=555.5\mathrm{J}$$

例 14-2　四冲程汽油发动机的工作循环叫作**奥托循环**，它是由两条绝热线 ab、cd 和两条等体线 bc、da 等四个分过程所组成的，如例 14-2 图所示. 四个状态 a、b、c、d 的温度分别用 T_a、T_b、T_c、T_d 来表示. 试以理想气体作为工作物质(简称工质)，求奥托循环的效率.

分析　热机的效率 $\eta=1-\dfrac{|Q_2|}{Q_1}=\dfrac{A}{Q_1}$，可以通过整个循环过程：吸热过程(等体升压过程 bc)吸热 Q_1，放热过程(等体降压过程 da)放热 Q_2 来计算效率.

解　等体吸热过程 bc. 被压缩后的高温可燃气体用电火花点火后发生爆炸，由于爆炸过程很快，可视作一个等体吸热过程. 爆炸过程中工质吸收化学能使自身温度上升到 T_c，压强增大到 p_c，吸收的热量为

$$Q_1=E_c-E_b=\frac{m}{M}C_{V,\mathrm{m}}(T_c-T_b)>0 \qquad ⓐ$$

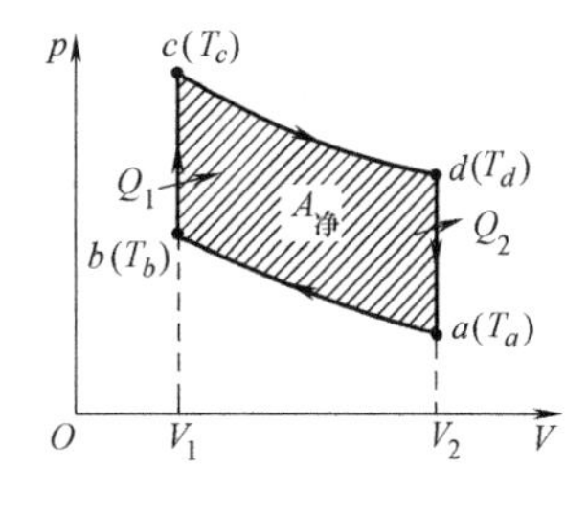

例 14-2 图

等体放热过程 da. 膨胀后的废气由排气管排放到大气中放热，从而使系统回复到初始状态. 放出的热量为

$$Q_2=E_a-E_d=\frac{m}{M}C_{V,\mathrm{m}}(T_a-T_d)=-\frac{m}{M}C_{V,\mathrm{m}}(T_d-T_a) \quad ⓑ$$

将式ⓐ、式ⓑ代入热机效率公式,化简得奥托循环的热效率为

$$\eta=1-\frac{|Q_2|}{Q_1}=1-\frac{T_d-T_a}{T_c-T_b} \quad ⓒ$$

考虑到两个绝热过程中的绝热方程为

$$V_2^{\gamma-1}T_d=V_1^{\gamma-1}T_c,\quad V_2^{\gamma-1}T_a=V_1^{\gamma-1}T_b$$

将上两式相减,得

$$(T_d-T_a)V_2^{\gamma-1}=(T_c-T_b)V_1^{\gamma-1} \quad ⓓ$$

将式ⓓ代入式ⓒ,奥托循环的效率公式可写成

$$\eta=1-\frac{1}{\left(\frac{V_2}{V_1}\right)^{\gamma-1}}$$

式中,V_2/V_1 称为**压缩比**.汽油机的压缩比一般约为5~7.若取 $V_2/V_1=5$,$\gamma=1.4$,则由上式可算出 $\eta=47\%$.这是理想情况;如果考虑到摩擦、散热等因素,效率还要低得多.但是比蒸汽机的效率要高得多.

例14-3　2mol理想气体,首先被等容冷却,然后再等压膨胀,使气体温度回到初始温度.假设经过这两个过程后,气体压强只有原来压强的1/3,如例14-3图所示.试求气体的熵变.

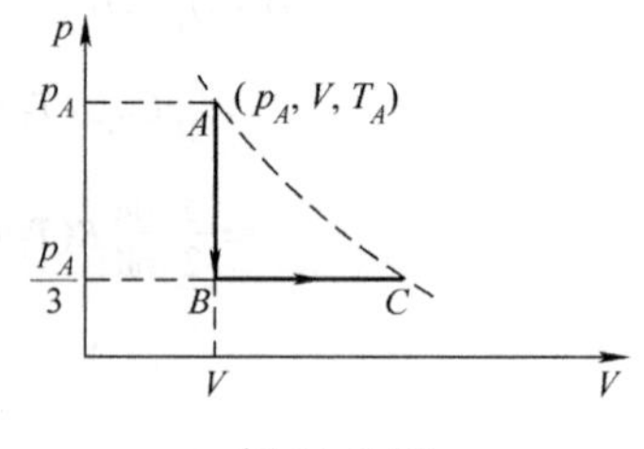

例14-3图

分析　熵是态函数.所以气体的熵变可以在初、末两态之间任选一个可逆过程进行计算.

解1　按照实际路径:AB(等容过程)和BC(等压过程)计算熵变得出 $A\to C$ 的熵变.

等容过程熵变 $\Delta S_{AB}=\int_A^B\frac{\delta Q}{T}=\int_{T_A}^{T_B}\frac{2C_{V,\mathrm{m}}\mathrm{d}T}{T}=2C_{V,\mathrm{m}}\ln\frac{T_B}{T_A}$

$$=2C_{V,\mathrm{m}}\ln\frac{\frac{p_A}{3}}{p_A}=-2\ln3C_{V,\mathrm{m}}$$

等压过程熵变 $\Delta S_{BC}=\int_B^C\frac{\delta Q}{T}=\int_{T_B}^{T_C}\frac{2C_{p,\mathrm{m}}\mathrm{d}T}{T}=2C_{p,\mathrm{m}}\ln\frac{T_C}{T_B}$

$$=2C_{p,\mathrm{m}}\ln\frac{T_A}{T_B}=2\ln3C_{p,\mathrm{m}}$$

气体的熵变 $\Delta S=\Delta S_{AB}+\Delta S_{BC}=-2\ln3C_{V,\mathrm{m}}+2\ln3C_{p,\mathrm{m}}$

$$=2\ln3(C_{p,\mathrm{m}}-C_{V,\mathrm{m}})=2\ln3R$$

解2　在初始状态A和末了状态B之间设计等温过程.

气体的熵变 $\Delta S=\int_A^C\frac{\delta Q}{T}=\int_A^C\frac{2RT}{VT}\mathrm{d}V=2R\ln\frac{V_C}{V_A}$

$$=2R\ln\frac{p_A}{\frac{p_A}{3}}=2\ln3R$$

从以上计算可知,熵变只与初末状态有关,与过程无关.

14.4　习题解答

14-1　在体积为200L的钢瓶中贮有 CO_2 气体,测得其温度为15℃,压强为 $2.03\times10^5\mathrm{Pa}$,求瓶中气体的

质量.

解　按题设数据，$V=200\mathrm{L}=0.2\mathrm{m}^3$，$T=(15+273)\mathrm{K}=288\mathrm{K}$，$p=2.03\times10^5\mathrm{Pa}$，$M=(12+2\times16)\times10^{-3}\mathrm{kg\cdot mol^{-1}}=44\times10^{-3}\mathrm{kg\cdot mol^{-1}}$；且 $R=8.31\mathrm{J\cdot mol^{-1}\cdot K^{-1}}$，按理想气体物态方程，可算得瓶中 CO_2 气体的质量为

$$m=\frac{pVM}{RT}=\frac{2.03\times10^5\times0.2\times44\times10^{-3}}{8.31\times288}\mathrm{kg}=0.75\mathrm{kg}$$

14-2　已知真实气体的物态方程为

$$\left(p+\frac{a}{V^2}\right)(V-b)=RT$$

式中，a、b、R 均为恒量，试求由体积 V_1 等温膨胀到 V_2 所做的功.

解　由题设的物态方程解出

$$p=\frac{RT}{V-b}-\frac{a}{V^2}$$

气体所做的功为

$$A=\int_{V_1}^{V_2}p\mathrm{d}V=\int_{V_1}^{V_2}\left(\frac{RT}{V-b}-\frac{a}{V^2}\right)\mathrm{d}V=RT\ln\frac{V_2-b}{V_1-b}+\left(\frac{a}{V_2}-\frac{a}{V_1}\right)$$

14-3　水蒸气的质量为0.1kg，它的摩尔定容热容为 $C_{V,\mathrm{m}}=7R/2$，当它从120℃加热到140℃时，问：经历等体过程、等压过程后（见习题14-3图），系统各吸收热量多少？（将水蒸气看作理想气体）

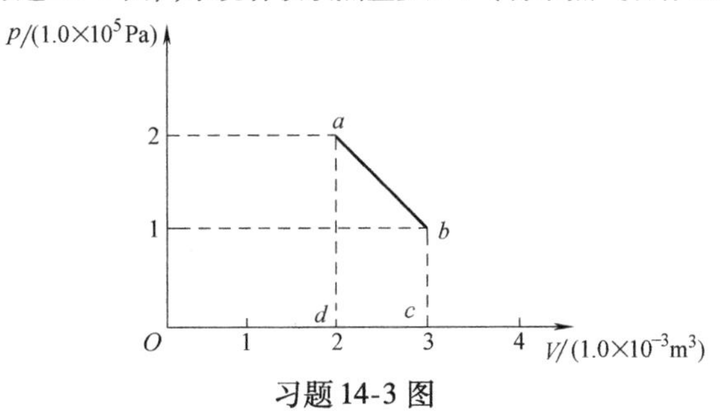

习题14-3图

解　按题设数据，在等体过程中，系统吸收的热量为

$$\begin{aligned}Q_V&=\frac{m}{M}C_{V,\mathrm{m}}(T_2-T_1)\\&=\frac{0.1}{18\times10^{-3}}\times\frac{7\times8.31}{2}\times[(140+273)-(120+273)]\mathrm{J}\\&=3.23\times10^3\mathrm{J}\end{aligned}$$

在等压过程中，系统吸收的热量为

$$\begin{aligned}Q_p&=\frac{m}{M}C_{p,\mathrm{m}}(T_2-T_1)=\frac{m}{M}(R+C_{V,\mathrm{m}})(T_2-T_1)\\&=\left\{\frac{0.1}{18\times10^{-3}}\times\left(8.31+\frac{7\times8.31}{2}\right)[(140+273)-(120+273)]\right\}\mathrm{J}\\&=4.16\times10^3\mathrm{J}\end{aligned}$$

14-4　一定量的空气，吸收了 $1.71\times10^3\mathrm{J}$ 的热量，并在保持压强为 $1.0\times10^5\mathrm{Pa}$ 的情况下膨胀，体积从 $1.0\times10^{-2}\mathrm{m}^3$ 增加到 $1.5\times10^{-2}\mathrm{m}^3$，问空气对外做了多少功？它的内能改变了多少？

分析　由于气体做等压膨胀，气体做功可直接由 $A=p(V_2-V_1)$ 求得. 取该空气为系统，根据热力学第一定律 $Q=\Delta E+A$ 可确定它的内能变化. 在计算过程中要注意热量、功、内能取值的正负.

解　该空气等压膨胀，对外做功为

$$A=p(V_2-V_1)=[1.0\times10^5\times(1.5-1.0)\times10^{-2}]\mathrm{J}=5.0\times10^2\mathrm{J}$$

其内能的改变为

$$\Delta E = Q - A = 1.71\times10^3\text{J} - 5.0\times10^2\text{J} = 1.21\times10^3\text{J}$$

14-5　一气缸内储有 10mol 的单原子分子的理想气体，在压缩过程中，外界做功 59J，气体温度升高 1K. 试计算气体内能增量和所吸收的热量，在此过程中气体的摩尔热容是多少？

解

$$\Delta E = \frac{m}{M}C_{V,\text{m}}\Delta T = \left(10\times\frac{3}{2}\times8.31\times1\right)\text{J} = 124.7\text{J}$$

$$Q = \Delta E + A = (124.7 - 59)\text{J} = 65.7\text{J}$$

$$C_\text{m} = \frac{Q/T}{m/M} = \frac{65.7}{10}\text{J}\cdot\text{mol}^{-1}\cdot\text{K}^{-1} = 6.57\text{J}\cdot\text{mol}^{-1}\cdot\text{K}^{-1}$$

14-6　1.0mol 的空气从热源吸收热量 2.66×10^5J，其内能增加了 4.18×10^5J，问在此过程中气体做了多少功？是它对外界做功，还是外界对它做功？

解　由热力学第一定律得气体所做的功为

$$A = Q - \Delta E = 2.66\times10^5\text{J} - 4.18\times10^5\text{J} = -1.52\times10^5\text{J}$$

负号表示外界对空气做功.

14-7　使一定质量的理想气体的状态按习题 14-7 图 a 中的曲线沿箭头所示的方向发生变化，图线的 BC 段是以 p 轴和 V 轴为渐近线的双曲线.

(1) 已知气体在状态 A 时的温度 $T_A = 300$K，求气体在状态 B、C 和 D 时的温度.

(2) 从 A 到 D 气体对外做的功总共是多少？

(3) 将上述过程在 V-T 图上画出，并标明过程进行的方向.

解　(1)AB 为等压过程：

$$T_B = T_A\frac{V_B}{V_A} = \left(300\times\frac{20}{10}\right)\text{K} = 600\text{K}$$

BC 为等温过程：

$$T_C = T_B = 600\text{K}$$

CD 为等压过程：

$$T_D = T_C\frac{V_D}{V_C} = \left(600\times\frac{20}{40}\right)\text{K} = 300\text{K}$$

(2)

$$\begin{aligned}A &= A_{AB} + A_{BC} + A_{CD}\\ &= p_A(V_B - V_A) + p_BV_B\ln\frac{V_C}{V_B} + p_C(V_D - V_C)\\ &= \left\{\left[2\times(20-10) + 2\times20\times\ln\frac{40}{20} + 1\times(20-40)\right]\times1.013\times10^5\times10^{-3}\right\}\text{J}\\ &= 2.81\times10^3\text{J}\end{aligned}$$

(3)V-T 图如习题 14-7 图 b 所示

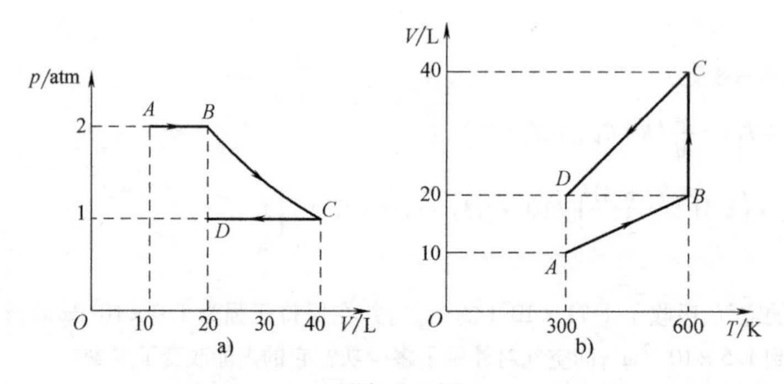

习题 14-7 图

14-8　当一热力学系统由习题 14-8 图所示的状态 a 沿 acb 过程到达状态 b 时，吸收了 560J 的热量，对外做了 356J 的功.

(1) 如果它沿 adb 过程到达状态 b 时. 对外做了 220J 的功，它吸收了多少热量？

（2）当它由状态 b 沿曲线 ba 返回状态 a 时，外界对它做了282J的功，它将吸收多少热量？是吸热，还是放热？

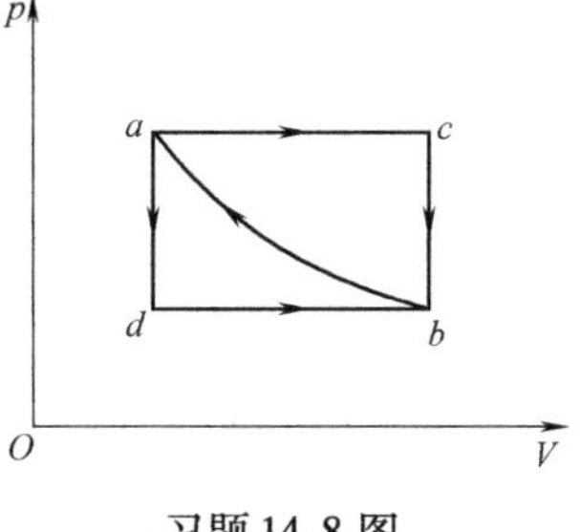

习题14-8图

解　$E_b - E_a = Q_{acb} - A_{acb} = 560\text{J} - 356\text{J} = 204\text{J}$

（1）$Q_{adb} = E_b - E_a + A_{adb} = 204\text{J} + 220\text{J} = 424\text{J}$

（2）$Q_{ba} = E_a - E_b + A_{ba} = -204\text{J} + (-282)\text{J} = -486\text{J}$

负号表示系统对外界放热486J.

14-9　将419.6J的热量供给标准状态下的5g的氢（氢作为理想气体看待，其摩尔质量为0.002kg·mol^{-1}）.（1）若体积不变，则此热量转化为什么？氢气的温度变为多少？（2）若温度不变，则此热量转化为什么？氢气体积变为多少？（3）若压强不变，则此热量转化为什么？氢气的体积又变为多少？

解　已知 $Q = 419.6\text{J}$，　$m = 5\text{g} = 5\times10^{-3}\text{kg}$，　$M = 0.002\text{kg}\cdot\text{mol}^{-1}$.

（1）等体过程. $\Delta V = 0, A = 0$，故由热力学第一定律 $Q = \Delta E + A$，得 $Q = \Delta E$，即传入的热量全部转化为氢气的内能增加，即

$$\Delta E = Q = 419.6\text{J}$$

由

$$\Delta E = \frac{m}{M}C_{V,\text{m}}\Delta T$$

得

$$\Delta T = T_2 - T_1 = \frac{\Delta E}{\frac{m}{M}C_{V,\text{m}}} = \frac{419.6\text{J}}{\frac{5\times10^{-3}\text{kg}}{2\times10^{-3}\text{kg}\cdot\text{mol}^{-1}}\times\frac{5}{2}\times8.31\text{J}\cdot\text{mol}^{-1}\text{K}^{-1}} = 8.06\text{K}$$

按题设，H_2 处于标准状态，$T_1 = 273\text{K}$，所以温度变为

$$T_2 = T_1 + \Delta T = 273\text{K} + 8.06\text{K} = 281\text{K}$$

（2）等温过程. $\Delta E = 0$，故由热力学第一定律得

$$Q = A$$

即传入的热量全部转化为对外界所做的功，即

$$A = 419.6\text{J}$$

由

$$A = \frac{m}{M}RT\ln\frac{V_2}{V_1}$$

得体积为

$$V_2 = V_1 \text{e}^{\frac{A}{(m/M)RT}}$$

$$= \frac{5\times10^{-3}\text{kg}}{0.002\text{kg}\cdot\text{mol}^{-1}}\times22.4\times10^{-3}\text{m}^3\cdot\text{mol}^{-1}\times\text{e}^{\frac{419.6}{\frac{5\times10^{-3}}{0.002}\times8.31\times273}} = 0.06\text{m}^3$$

（3）等压过程. 按热力学第一定律，传入的热量之一部分对外界做功，一部分增加了 H_2 的内能. 由

$$Q = \frac{m}{M}C_{p,\text{m}}\Delta T,\quad \Delta T = \frac{Q}{\frac{m}{M}C_{p,\text{m}}}$$

因 H_2 为双原子分子，$C_{p,\text{m}} = 29.1\text{J}\cdot\text{mol}^{-1}\cdot\text{K}^{-1}$，则

$$\Delta T = \frac{419.6}{\frac{5\times10^{-3}}{2\times10^{-3}}\times29.1}\text{K} = 5.75\text{K}$$

又因 $T_1 = 273\text{K}$，有

$$T_2 = T_1 + \Delta T = 273\text{K} + 5.75\text{K} = 278.8\text{K}$$

在等压过程中，由 $V_1/T_1 = V_2/T_2$，得

$$V_2 = \frac{V_1}{T_1}T_2 = \left(\frac{2.5\times22.4\times10^{-3}}{273}\times278.8\right)\text{m}^3 = 0.057\text{m}^3$$

14-10　64g氧气的温度由0℃升至50℃，（1）保持体积不变；（2）保持压强不变. 在这两个过程中氧气各

吸收了多少热量？各增加了多少内能？对外各做了多少功？

解　(1)

$$Q=\frac{m}{M}C_{V,m}\Delta T=\frac{64\times10^{-3}}{32\times10^{-3}}\times\frac{5}{2}\times8.31\times(50-0)\text{J}$$
$$=2.08\times10^{3}\text{J}$$
$$\Delta E=Q=2.08\times10^{3}\text{J}$$
$$A=0$$

(2)

$$Q=\frac{m}{M}C_{p,m}\Delta T=\frac{64}{32}\times\frac{5+2}{2}\times8.31\times(50-0)\text{J}$$
$$=2.91\times10^{3}\text{J}$$
$$\Delta E=2.08\times10^{3}\text{J}$$
$$A=Q-\Delta E=(2.91-2.08)\times10^{3}\text{J}$$
$$=0.83\times10^{3}\text{J}$$

14-11　一压强为 $1.0\times10^{5}\text{Pa}$、体积为 $1.0\times10^{-3}\text{m}^{3}$ 的氧气自 0℃加热到 100℃. 问：(1) 当压强不变时，需要多少热量？当体积不变时，需要多少热量？(2) 在等压或等体过程中各做了多少功？

分析　求过程的做功通常有两个途径. ①利用公式 $A=\int_V p(V)\text{d}V$；②利用热力学第一定律去求解. 在本题中，热量 Q 已求出，而内能变化可由 $\Delta E=\frac{m}{M}C_{V,m}(T_2-T_1)$ 得到，从而可求得功 A.

解　根据题给初态条件得氧气的物质的量为

$$\frac{m}{M}=\frac{p_1V_1}{RT_1}=\frac{1.0\times10^{5}\times1.0\times10^{-3}}{8.31\times273}\text{mol}$$
$$=4.41\times10^{-2}\text{mol}$$

查表知氧气的摩尔定压热容 $C_{p,m}=29.44\text{J}\cdot\text{mol}^{-1}\cdot\text{K}^{-1}$，摩尔定容热容 $C_{V,m}=21.12\text{J}\cdot\text{mol}^{-1}\cdot\text{K}^{-1}$.

(1) 求 Q_p、Q_V

等压过程氧气(系统)吸热

$$Q_p=\frac{m}{M}C_{p,m}(T_2-T_1)=4.41\times10^{-2}\times29.44\times100\text{J}$$
$$=129.8\text{J}$$

等体过程氧气(系统)吸热

$$Q_V=\Delta E=\frac{m}{M}C_{V,m}(T_2-T_1)=4.41\times10^{-2}\times21.12\times100\text{J}=93.1\text{J}$$

(2) 按上述两种方法求做功值 A_p、A_V

① 利用公式 $A=\int_V p(V)\text{d}V$ 求解. 在等压过程中，$\text{d}A=p\text{d}V=\frac{m}{M}R\text{d}T$，则得

$$A_p=\int_V \text{d}W=\int_{T_1}^{T_2}\frac{m}{M}R\text{d}T=\frac{m}{M}R(T_2-T_1)=4.41\times10^{-2}\times8.31\times100\text{J}=36.6\text{J}$$

而在等体过程中，因气体的体积不变，故做功为

$$A_V=\int_V p(V)\text{d}V=0$$

② 利用热力学第一定律 $Q=\Delta E+A$ 求解. 氧气的内能变化为

$$\Delta E=\frac{m}{M}C_{V,m}(T_2-T_1)=4.41\times10^{-2}\times21.12\times100\text{J}=93.1\text{J}$$

由于在(1) 中已求出 Q_p 与 Q_V，则由热力学第一定律可得在等压、等体过程中所做的功分别为

$$A_p=Q_p-\Delta E=129.8\text{J}-93.1\text{J}=36.7\text{J}$$
$$A_V=0$$

14-12　一定量氢气在保持压强为4.00×10^5Pa不变的情况下，温度由0℃升高到50.0℃时，吸收了6.0×10^4J的热量. 问：

（1）氢气的物质的量是多少摩尔？

（2）氢气内能变化了多少？

（3）氢气对外做了多少功？

（4）如果氢气的体积保持不变而温度发生同样变化，它该吸收多少热量？

解　（1）由$Q=\frac{m}{M}C_{p,\mathrm{m}}\Delta T=\frac{m}{M}\frac{i+2}{2}R\Delta T$，得

$$\frac{m}{M}=\frac{2Q}{(i+2)R\Delta T}=\frac{2\times6.0\times10^4}{(5+2)\times8.31\times50}\mathrm{mol}=41.3\mathrm{mol}$$

（2）$\Delta E=\frac{m}{M}C_{V,\mathrm{m}}\Delta T=\frac{m}{M}\times\frac{i}{2}R\Delta T$

$$=41.3\times\frac{5}{2}\times8.31\times50\mathrm{J}=4.29\times10^4\mathrm{J}$$

（3）$A=Q-\Delta E=(6.0-4.29)\times10^4\mathrm{J}=1.71\times10^4\mathrm{J}$

（4）$Q=\Delta E=4.29\times10^4\mathrm{J}$

14-13　在300K的温度下，2mol理想气体的体积从$4.0\times10^{-3}\mathrm{m}^3$等温压缩到$1.0\times10^{-3}\mathrm{m}^3$，求在此过程中气体做的功和吸收的热量.

解　等温压缩过程中气体所做的功为

$$A=RT\ln(V_2/V_1)=2\times8.31\times300\ln1/4\mathrm{J}=-6.91\times10^3\mathrm{J}$$

式中负号表示外界对系统做功. 由于等温过程内能的变化为零，则由热力学第一定律可得系统吸收的热量为

$$Q=A=-6.91\times10^3\mathrm{J}$$

负号则表示系统向外界放热.

14-14　2mol氢气在温度为300K时体积为$0.05\mathrm{m}^3$. 经过（1）绝热膨胀；或（2）等温膨胀；（3）等压膨胀，最后体积都变为$0.25\mathrm{m}^3$. 试分别计算这三种过程中氢气对外做的功，并说明它们所做的功为什么不同？在同一幅p-V图上画出这三个过程的过程曲线.

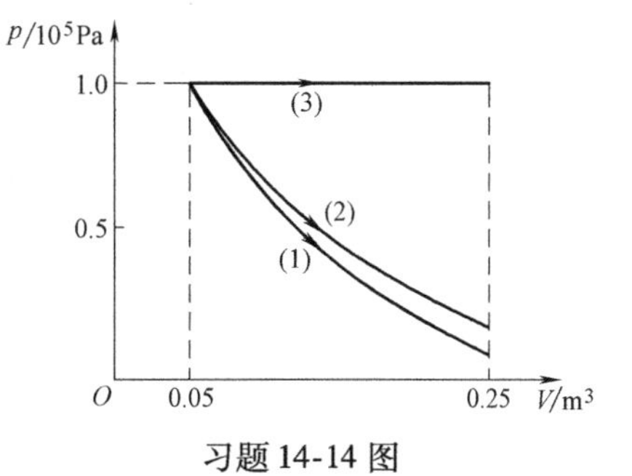

习题14-14图

解　（1）因为

$$T_2=T_1(V_1/V_2)^{\gamma-1}$$

故绝热膨胀所做的功

$$A=-\Delta E=\frac{m}{M}C_{V,\mathrm{m}}(T_1-T_2)$$

$$=2\times\frac{5}{2}\times8.31\times300\times[1-(0.05/0.25)^{1.4-1}]\mathrm{J}$$

$$=5.91\times10^3\mathrm{J}$$

（2）等温膨胀所做的功为

$$A=\frac{m}{M}RT_1\ln\frac{V_2}{V_1}=2\times8.31\times300\times\ln\frac{0.25}{0.05}\mathrm{J}$$

$$=8.02\times10^3\mathrm{J}$$

（3）等压膨胀所做的功为

$$A=p_1(V_2-V_1)$$

$$=\frac{m}{M}\frac{RT_1}{V_1}(V_2-V_1)$$

$$=\frac{2\times8.31\times300}{0.05}(0.25-0.05)\mathrm{J}=19.9\times10^3\mathrm{J}$$

由于各过程的压强不同，所以在体积变化相同的情况下，气体对外所做的功也不同，这在习题 14-14 的 $p-V$ 图上看得很清楚：各过程曲线下的面积不同.

14-15　温度为 27℃、压强为 1.01×10^5Pa 的一定量氮气，经绝热压缩，使其体积变为原来的 1/5，求压缩后氮气的压强和温度.

解　由绝热方程可得氮气经绝热压缩后的压强与温度分别为

$$p_2=\left(\frac{V_1}{V_2}\right)^{\gamma}p_1=\left(\frac{V_1}{V_1/5}\right)^{1.4}\times101\times10^5\,\mathrm{Pa}=9.61\times10^5\,\mathrm{Pa}$$

$$T_2=\left(\frac{V_1}{V_2}\right)^{\gamma-1}T_1=\left(\frac{V_1}{V_1/5}\right)^{1.4-1}\times(27+273)\,\mathrm{K}=5.71\times10^2\,\mathrm{K}$$

14-16　一定量的氮气，压强为 1atm，体积为 10L，在温度自 300K 升到 400K 的过程中：(1) 保持体积不变；(2) 保持压强不变，问各需吸收多少热量？这热量为什么不相同？

解　(1)

$$Q=\frac{m}{M}C_{V,\mathrm{m}}\Delta T=\frac{m}{M}\frac{i}{2}R\Delta T=\frac{i}{2}\frac{p_1V_1}{T_1}\Delta T$$

$$=\frac{5}{2}\times\frac{1.013\times10^5\times10\times10^{-3}}{300}\times(400-300)\,\mathrm{J}$$

$$=0.844\times10^3\,\mathrm{J}$$

(2)

$$Q=\frac{m}{M}C_{p,\mathrm{m}}\Delta T=\frac{m}{M}\frac{i+2}{2}R\Delta T=\frac{i+2}{2}\frac{p_1V_1}{T_1}\Delta T$$

$$=\frac{7}{2}\times\frac{1.013\times10^5\times10\times10^{-3}}{300}\times(400-300)\,\mathrm{J}$$

$$=1.18\times10^3\,\mathrm{J}$$

热量之所以不同，是因为在过程(2)中吸收的热量除用于升温外，还要用于膨胀做功.

14-17　如习题 14-17 图所示，理想的柴油发动机工作的**狄塞尔**(Diesel)循环是由两个绝热过程 ab 和 cd，一个等压过程 bc 及一个等体过程 da 组成. 已知 V_1、V_2、V_3 和 γ，试证这种循环的效率为

$$\eta=1-\frac{1}{\gamma}\left[\left(\frac{V_2}{V_1}\right)^{\gamma}-\left(\frac{V_3}{V_1}\right)^{\gamma}\right]\left(\frac{V_2}{V_1}-\frac{V_3}{V_1}\right)^{-1}$$

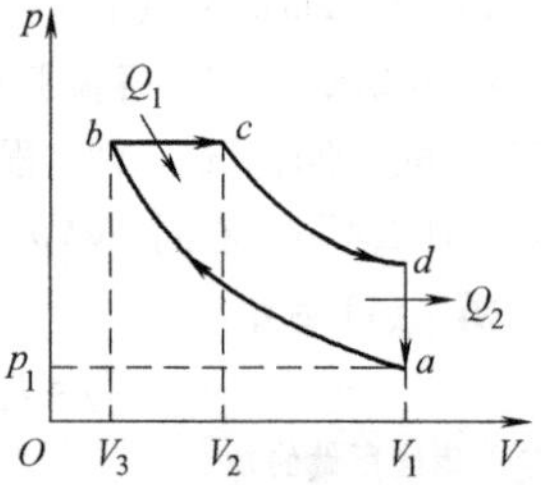

习题 14-17 图

证　设等压过程 bc 中吸热为 Q_1，等体过程 ba 中放热为 Q_2，则循环的效率为

$$\eta=1-\frac{Q_2}{Q_1}=1-\frac{\frac{m}{M}C_{V,\mathrm{m}}(T_d-T_a)}{\frac{m}{M}C_{p,\mathrm{m}}(T_c-T_b)}=1-\frac{C_{V,\mathrm{m}}(T_d-T_a)}{C_{p,\mathrm{m}}(T_c-T_b)}$$

而

$$\frac{T_d-T_a}{T_c-T_b}=\frac{\frac{T_d}{T_c}-\frac{T_a}{T_c}}{1-\frac{T_b}{T_c}}=\frac{\left(\frac{V_2}{V_1}\right)^{\gamma-1}-\frac{T_a}{T_b(V_2/V_3)}}{1-V_2/V_3}$$

$$=\frac{\left(\frac{V_2}{V_1}\right)^{\gamma-1}-\frac{V_3}{V_2}\left(\frac{V_3}{V_1}\right)^{\gamma-1}}{1-\frac{V_3}{V_2}}=\frac{\left(\frac{V_2}{V_1}\right)^{\gamma}-\left(\frac{V_3}{V_1}\right)^{\gamma}}{\frac{V_2}{V_1}-\frac{V_3}{V_1}}$$

又

$$C_{V,\mathrm{m}}/C_{p,\mathrm{m}}=1/\gamma$$

所以
$$\eta = 1 - \frac{1}{\gamma}\frac{\left(\frac{V_2}{V_1}\right)^{\gamma} - \left(\frac{V_3}{V_1}\right)^{\gamma}}{\frac{V_2}{V_1} - \frac{V_3}{V_1}}$$

14-18　一卡诺热机的低温热源温度为7℃,效率为40%,若要将其效率提高到50%,问高温热源的温度需提高多少?

解　设高温热源的温度分别为T_1'、T_1'',则有
$$\eta' = 1 - T_2/T_1',\quad \eta'' = 1 - T_2/T_1''$$
其中T_2为低温热源温度.由上述两式可得高温热源需提高的温度为
$$\Delta T = T_1'' - T_1' = \left(\frac{1}{1-\eta''} - \frac{1}{1-\eta'}\right)T_2 = \left(\frac{1}{1-0.5} - \frac{1}{1-0.4}\right)\times(7+273)\mathrm{K} = 100\mathrm{K}$$

14-19　一蒸汽机的功率为5000kW,高温热源温度为600K,低温热源温度为300K,求此热机在理论上所能达到的最高效率.若实际效率仅为理想效率的20%,问每小时应加煤若干?已知每克煤发热量为1.51×10^4J.

解　已知蒸汽机的高温热源和低温热源的温度分别为$T_1=600\mathrm{K}$、$T_2=300\mathrm{K}$,它在理论上所能达到的最高效率为
$$\eta_{理想} = \frac{T_1 - T_2}{T_1} = \frac{600\mathrm{K} - 300\mathrm{K}}{600\mathrm{K}} = 50\%$$
按题设
$$\eta_{实际} = \eta_{理想}\times20\% = 50\%\times20\% = 10\%$$
所以蒸汽机输入功率为
$$N_1 = \frac{5000\times10^3\mathrm{W}}{10\%} = 5000\times10^4\mathrm{W}$$
每小时的输入功率为
$$N_1' = (5000\times10^4\mathrm{J\cdot s^{-1}})\times3600\mathrm{s}$$
已知煤的发热量为$Q=1.51\times10^4\mathrm{J\cdot g^{-1}}$,所以每小时加煤量为
$$m = \frac{N_1'}{Q} = \frac{5000\times10^4\times3600\mathrm{J\cdot h^{-1}}}{1.51\times10^4\mathrm{J\cdot g^{-1}}} = 1.19\times10^7\mathrm{g\cdot h^{-1}} = 1.19\times10^4\mathrm{kg\cdot h^{-1}}$$

14-20　一循环过程的T-V图线如习题14-20图所示.该循环的工作物质为ν(mol)的理想气体,其$C_{V,\mathrm{m}}$和γ均已知,且为恒量.已知a点的温度为T_1、体积为V_1,b点和c点的体积为V_2,ca为绝热过程.求:(1)c点的温度;(2)循环的效率.

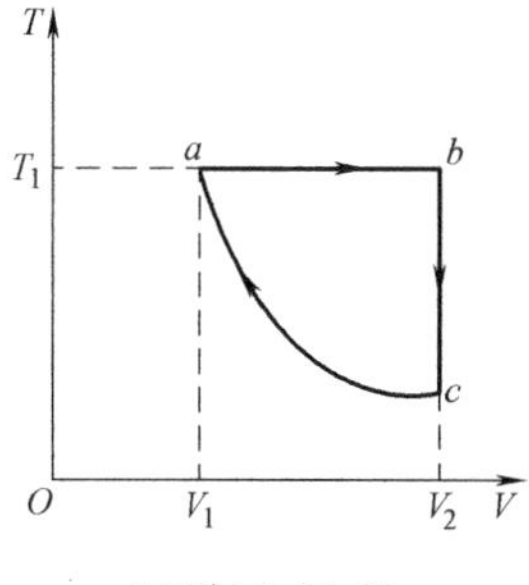

习题14-20图

解　(1)由图可知,c点的体积为V_2,ca为绝热过程.由绝热过程初、终态参量间的关系,有
$$\frac{T_2}{T_1} = \left(\frac{V_1}{V_2}\right)^{\gamma-1}$$
得c点的温度
$$T_c = T_2 = T_1(V_1/V_2)^{\gamma-1}$$

(2)ab为等温过程,工作物质吸热,即
$$Q_1 = \nu RT_1\ln\frac{V_2}{V_1}$$
bc为等体过程、工作物质放热为
$$Q_2 = \nu C_{V,\mathrm{m}}(T_b - T_c) = \nu C_{V,\mathrm{m}}T_1\left(1 - \frac{T_c}{T_1}\right) = \nu C_{V,\mathrm{m}}T_1[1-(V_1/V_2)^{\gamma-1}]$$

循环过程的效率为

$$\eta = 1 - \frac{Q_2}{Q_1} = 1 - \frac{C_{V,m}[1-(V_1/V_2)^{\gamma-1}]}{R\ln(V_2/V_1)}$$

14-21　一热机工作于 1000K 与 300K 的两热源之间. 若将高温热源提高到 1100K 或者将低温热源降到 200K,问理论上热机效率各增加多少？采取哪一种方案对提高热机效率更为有利？

解　热机工作于 1000K ~ 300K 的两热源之间,由卡诺定理,理论上至多可达到的效率为

$$\eta = \frac{T_1 - T_2}{T_1} = \frac{1000\text{K} - 300\text{K}}{1000\text{K}} = 0.7$$

若将高温热源提高到 1100K,则

$$\eta' = \frac{1100\text{K} - 300\text{K}}{1100\text{K}} = 0.727$$

热机效率增加为

$$\Delta\eta_1 = \eta' - \eta = 0.727 - 0.7 = 0.027 = 2.7\%$$

若将低温热源降到 200K,则

$$\eta'' = \frac{1000\text{K} - 200\text{K}}{1000\text{K}} = 0.8$$

热机效率增加为

$$\Delta\eta_2 = \eta'' - \eta = 0.8 - 0.7 = 0.1 = 10\%$$

采取降低低温热源的温度,对提高热机效率更为有利.

14-22　两块金属的温度分别为 100℃和 0℃,其摩尔定压热容皆为 $C_{p,m} = 150\text{J}\cdot\text{K}^{-1}$. 求它们接触而达到热平衡后熵的变化.

解　通过热接触,一块金属放出的热量应等于另一块金属吸收的热量. 若在这两块金属达到热平衡时的温度为 T,则应有

$$C_{p,m}(T - T_2) = C_{p,m}(T_1 - T)$$

于是,按题设数据,可得　$T = \frac{T_1 + T_2}{2} = \frac{1}{2}[(273+100)+(273+0)]\text{K} = 323\text{K}$

设想这两块金属经可逆过程,温度分别由 T_1 和 T_2 变为 T,则相应的熵变为

$$\Delta S = \int_{T_1}^{T}\frac{dQ_1}{T} + \int_{T_2}^{T}\frac{dQ_2}{T} = \int_{T_1}^{T}\frac{C_{p,m}dT}{T} + \int_{T_2}^{T}\frac{C_{p,m}dT}{T} = C_{p,m}\left(\ln\frac{T}{T_1} + \ln\frac{T}{T_2}\right)$$

$$= 150\left(\ln\frac{323}{373} + \ln\frac{323}{273}\right)\text{J}\cdot\text{K}^{-1} = 3.64\text{J}\cdot\text{K}^{-1}$$

14-23　你一天大约向周围环境散发 8×10^6J 热量,试估算你一天产生多少熵？忽略你进食时带进体内的熵,环境的温度按 273K 计算. 设人体温度为 36℃.

解　设人体温度为 $T_1 = 36℃ = 309\text{K}$,环境温度为 $T_2 = 273\text{K}$. 一天产生的熵即人和环境熵的增量之和,即

$$\Delta S = \Delta S_1 + \Delta S_2 = -\frac{Q}{T_1} + \frac{Q}{T_2} = 8\times10^6\left(-\frac{1}{309} + \frac{1}{273}\right)\text{J}\cdot\text{K}^{-1}$$

$$= 3.4\times10^3\text{J}\cdot\text{K}^{-1}$$

14-24　1kg、0℃的水放到 100℃的恒温热源上,最后达到平衡,求这一过程引起的水和恒温热源所组成的系统的熵变;是增加还是减少？

解　$\Delta S = \Delta S_1 + \Delta S_2 = \int_{T_1}^{T_2}\frac{cm dT}{T} + \frac{Q}{T_2}$

$$= cm\ln\frac{T_2}{T_1} + \frac{-cm(T_2 - T_1)}{T_2}$$

$$= 4.18\times10^3\times1\times\ln\frac{373}{273}\text{J}\cdot\text{K}^{-1} + \frac{-4.18\times10^3\times1\times(373-273)}{373}\text{J}\cdot\text{K}^{-1}$$

$$= 184\text{J}\cdot\text{K}^{-1} > 0$$

熵增加了.

第 15 章　统计物理简介

15.1　学习要点导引

15.1.1　本章章节逻辑框图

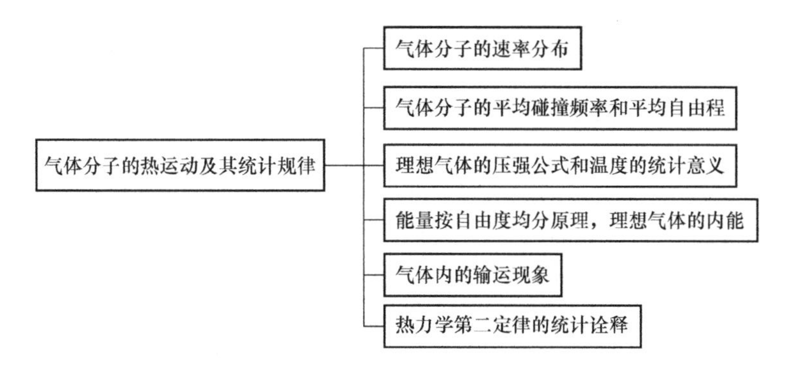

15.1.2　本章阅读导引

本章从气体动理论的基本观点和某些假定出发，运用统计方法来研究气体大量分子的运动规律，找出气体宏观量与微观量之间的关系，从而揭露气体宏观性质和规律的微观本质. 全章主要内容有：①用统计方法讨论了气体分子运动的速率分布以及分子的平均自由程和平均碰撞频率；②从气体动理论的基本观点出发，描述了气体分子热运动的图景及其统计规律性，在此基础上推导出气体动理论中最基本、最重要的压强公式和能量公式，从而解释了压强和温度的微观本质；③引述了气体分子能量按自由度均分原理，并叙述了内能的意义；④阐述了气体的输运现象；⑤对热力学第二定律做了统计诠释.

(1) 学习本章时，首先要弄清楚微观量和宏观量的概念. 微观物理量是描述个别分子的，是个别分子所具有的量. 对一些重要的微观量（如分子大小、速率、碰撞频率、自由程等）的数量级要有大致的认识.

气体动理论的基本观点和气体分子热运动及其统计规律性，是学习本章内容的基本出发点.

(2) 本章主要研究气体大量分子的热运动在宏观上所表现的平衡态，它可用气体物态参量（宏观量）p、V、T 表示；而它们间的关系，则集中地反映在理想气体物态方程（$pV=mRT/M$）上. 需要注意，在本教材中，有时常把物态参量称为状态参量，而把物态方程常称为状态方程.

(3) 在气体动理论基本观点的基础上，进一步认识气体分子热运动的图景及其统计规律性，是学习本章重点内容的首要任务. 由于我们的研究对象是构成气体的大量分子，而各个分子由于相互频繁地碰撞而做杂乱无章的运动. 如果根据力学规律，对每个分子一一去做研究，显然是有困难的，也是不必要的. 由于分子的数目是庞大的，同时，每个分子的运动情况（如速度、自由程和碰撞等)又是随机的.如果我们对大量分子的某些物理量(如速率等)进行统计,则从大量分子的总体来说,却表现出一定的规律性——统计规律性.统计规律性是大量随机事件所独具的一种客观性质.因此我们面临的问题,就是如何利用统计知识,去理解大量分子运动的统计规律性(例如速率分布规律),并由此进一步求它的统计平均值(如方均根速率、平均碰撞频率等),从而认识大量分子总体的运动情况.

(4) 麦克斯韦速率分布律只适用于平衡态.例如,设想将一容器用绝热板分隔为两部分,两部分盛有温度不同的同种气体,则两部分气体分子各自具有一定的速率分布.若抽去隔板,在最初的一段短时间内,气体处于非平衡态,分子速率是不服从麦克斯韦速率分布律的.经过一定时间,气体分子因频繁碰撞而相互交换动量和能量,这期间如不受外界影响,则最后终究要达到新的平衡态,这时,气体分子又在新的温度下按麦克斯韦速率分布律呈现相应于该温度的速率分布.由此可知,气体由非平衡态过渡到平衡态的过程是依靠分子间的碰撞来实现的;分子间的碰撞是使气体分子速率保持稳定分布的一个决定性因素.

(5) 压强公式必须切实理解,并会推导.推导过程中要记住:①状态——气体处在平衡状态;②对象——理想气体分子模型(即1、2、3三条假定);③方法——个别分子与器壁碰撞时服从力学规律,可利用力学定律计算;大量分子的总体则服从统计规律,即取全体分子的速度的统计平均值.统计的手段很重要,否则就无法得出宏观量与微观量之间的本质联系.

(6) 压强公式 $p=(2n/3)(m_0\overline{v^2}/2)$ 表明:气体的压强决定于分子数密度 n 和分子的平均平动动能 $m_0\overline{v^2}/2$ 两个量,这两者都是统计平均值㊀,所以宏观量压强 p 是大量分子统计平均的结果,它是大量分子集体的表现,对个别分子来说,我们无法觉察出它对器壁的压强.

(7) 表达温度微观本质的能量公式 $m_0\overline{v^2}/2=3kT/2$ 也是一个统计规律.读者也要切实理解和掌握.

(8) 搞清状态参量 p、T 的微观本质后,就能从微观意义上来解释有关气体的一些宏观实验定律.

(9) 根据能量按自由度均分原理,读者必须会自行导出理想气体内能计算公式.

(10) 气体内能是状态的单值函数.对给定的一个状态(p、V、T),气体具有的内能也只能是单一值,不可能同时兼有两个内能值.在微观上,理想气体内能只是全部分子的各种形式的动能的总和,反映在宏观上为 $E=f(T)$.真实气体内能是全部分子间的各种形式动能与相互作用势能的总和,反映在宏观上为 $E=f(T、V)$.

(11) 对气体从非平衡态向平衡态过渡的三种输运(或内迁移)现象,建议阅读以后有一个定性的了解.这在后续课程中或在工程学科中可能还经常会用到.

(12) 从统计角度出发,对熵这个状态量的含义和热力学第二定律的微观本质必须有所理解.

15.2 教学拓展

下面介绍重力场中粒子按高度的分布.

㊀ $m_0\overline{v^2}/2$ 值是对大量分子统计平均后所得到的每个分子的平均平动动能,这与每个分子本身所具有的动能大小不尽相等,后者是不规则的,时大时小且各不相同的.其次,设想在气体中任取单位体积来看,由于分子热运动而飞入或飞出这体积范围的分子数也是时多时少的,因此分子数密度 n 在公式中也应理解为一种统计平均值.

玻耳兹曼将麦克斯韦速度分布律推广后得到了保守场中粒子的空间分布. 考虑到外力场作用,当气体分子在保守场中运动时,分子的总能量 $E = E_k + E_p$,其中 E_p 是分子在保守场中的势能. 同时由于势能一般随位置而定,所以在外场中分子在空间的分布不再均匀,这时不但要考虑分子在一定速度间隔内,还要考虑,在一定的坐标间隔内的分布. 于是得到在空间小体积 $x \sim x + dx, y \sim y + dy, z \sim z + dz$ 的小体积元中,速度在 $v_x \sim v_x + dv_x, v_y \sim v_y + dv_y, v_z \sim v_z + dv_z$ 区间的分子数

$$dN' = n_0 \left(\frac{m}{2\pi RT}\right)^{\frac{3}{2}} e^{-\frac{E_k + E_p}{kt}} dv_x dv_y dv_z dx dy dz \qquad ⓐ$$

其中 n_0 为常量.

式ⓐ对所有速度积分,可得体积元 $dxdydz$ 内的总分子数

$$dN = \int_{-\infty}^{+\infty}\int_{-\infty}^{+\infty}\int_{-\infty}^{+\infty} n_0 \left(\frac{m}{2\pi kT}\right)^{\frac{3}{2}} e^{-\frac{E_k + E_p}{kT}} dv_x dv_y dv_z dx dy dz$$

由于速度分布函数满足归一化条件,有

$$\int_{-\infty}^{+\infty}\int_{-\infty}^{+\infty}\int_{-\infty}^{+\infty} \left(\frac{m}{2\pi kT}\right)^{\frac{3}{2}} e^{-\frac{E_k}{kT}} dv_x dv_y dv_z = 1$$

于是得

$$dN = n_0 e^{-\frac{E_p}{kT}} dx dy dz$$

用空间粒子数密度来表示,则

$$n = \frac{dN}{dx dy dz} = n_0 e^{-\frac{E_p}{kT}} \qquad ⓑ$$

式ⓑ中的 n_0 为 $E_p = 0$ 处的粒子数密度. 式ⓑ表示粒子数密度按势能分布的统计规律. 它说明在保守力场中,势能越大处粒子数密度越小,即粒子总是优先占据势能较低的状态. 这个关系式对处于任何保守力场(如重力场、静电场)中的气体、液体和固体分子,布朗粒子等均适用.

在重力场中 $E_p = mgh$,代入式ⓑ得重力场中分子按高度的分布规律为

$$n = n_0 e^{-\frac{mgh}{kT}} \qquad ⓒ$$

在重力场中,气体分子受到两种互相对立的作用,无规则的热运动企图使气体分子均匀分布于它们所能到达的空间,而重力企图使分子聚集于地球表面. 当这两种作用平衡时,就形成式ⓒ所示的统计分布. 将式ⓒ代入理想气体状态方程得

$$p = nkT = n_0 kT e^{-\frac{mgh}{kT}} = p_0 e^{-\frac{mgh}{kT}} \qquad ⓓ$$

式中,p_0 为 $h = 0$ 处的压强,式ⓓ表示气体压强随高度的变化规律,称为恒温气压公式. 我们可由气压的变化来确定高度

$$h = \frac{kT}{mg} \ln \frac{p_0}{p} = \frac{RT}{Mg} \ln \frac{p_0}{p} \qquad ⓔ$$

由式ⓔ可以看出,高度每升高 10m 气压约下降 133Pa,这个结果与实际情况近似吻合.

这里,从理想气体绝热自由膨胀这一特殊情况出发,导出玻耳兹曼关系式 $S = k\ln W$.

设 $\frac{m}{M}$mol 的理想气体由始态 (T_1, V_1) 经历绝热自由膨胀过程,终态的体积为 V_2,如图 15.2-1所示.

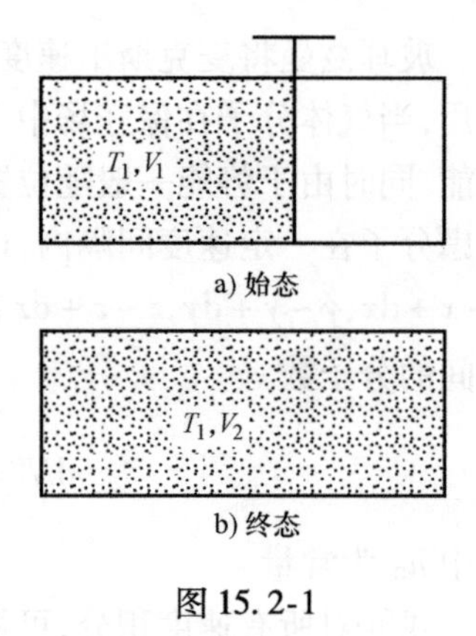

图 15.2-1

在理想气体绝热自由膨胀过程中，$dQ=0$，$dA=0$，因而按热力学第一定律，有 $dE=0$，即气体内能不变，鉴于理想气体内能仅是温度的函数，则终态与始态二者的温度相等，即 $T_2=T_1$，从而终态为 (T_1,V_2).

显然，自由膨胀不是准静态过程，所以并不是可逆过程. 为了计算熵的变化，由于 $T_2=T_1$，不妨设想一个可逆等温过程，借以连接始态 (T_1,V_1) 和终态 (T_1,V_2)，循此可逆等温过程，就可计算此气体的熵的变化，即

$$S_2-S_1=\int_1^2\frac{dQ}{T}=\int_1^2\frac{dE+pdV}{T} \qquad ⓐ$$

就理想气体而言，在等温过程中，$dE=0$；并按物态方程 $pV=(m/M)RT$，则式ⓐ成为

$$S_2-S_1=\frac{m}{M}R\int_{V_1}^{V_2}\frac{dV}{V}=\frac{m}{M}R\ln\frac{V_2}{V_1} \qquad ⓑ$$

不用细说，由于 $V_2>V_1$，在此过程中将引起熵的增加.

在始态时，每个气体分子在体积为 V_1 的活动空间中出现的概率与 V_1 成正比，N 个分子在体积 V_1 中出现的概率应与 V_1^N 成正比. 于是，始态的热力学概率可记作

$$W_1=CV_1^N \qquad ⓒ$$

式中，C 为比例常数. 同理，终态的热力学概率应为

$$W_2=CV_2^N \qquad ⓓ$$

以式ⓓ被式ⓒ相除后，取对数并乘以玻耳兹曼常数 k，得

$$k\ln\frac{W_2}{W_1}=kN\ln\frac{V_2}{V_1} \qquad ⓔ$$

由于物质的量为 m/M 的气体分子数为 $N=(m/M)N_A$，其中 N_A 为阿伏加德罗常数；而 $kN=k\dfrac{m}{M}N_A=\dfrac{m}{M}R$，$R$ 为理想气体的摩尔气体常数. 据此，式ⓔ成为

$$k\ln W_2-k\ln W_1=\frac{m}{M}R\ln\frac{V_2}{V_1} \qquad ⓕ$$

将式ⓕ与理想气体自由膨胀过程时熵的变化公式ⓑ相比较，应得玻耳兹曼关系为

$$S=k\ln W \qquad ⓖ$$

从上述特例给出的熵与热力学概率的关系，在统计力学中被证明是普遍成立的.

15.3　解题指导

本部分从理想气体系统的统计规律出发，针对不同的物理问题，采用相应物理模型与物理规律、公式进行相应分析. 本部分涉及较多的公式和推导，注意公式中各物理量的物理含义.

例 15-1　设有 N 个粒子，其速率分布函数为

$$f(v)=\begin{cases}\dfrac{a}{Nv_0}v & 0<v<v_0\\ \dfrac{2a}{N}-\dfrac{a}{Nv_0}v & v_0<v<2v_0\\ 0 & v>2v_0\end{cases}$$

其中,N 和v_0 是已知量.求:

(1) 常量 a;(2) N 个粒子的平均速度;(3) 速率介于$\left(\dfrac{v_0}{2}\sim v_0\right)$区间的粒子数.

分析　速率分布函数$f(v)$,表示速率分布在v附近单位速率区间的分子数占总分子数的百分率.因此速率分布函数满足归一化.根据速度分布函数就可以获得任意区间分子速度、粒子数、分子的百分比等信息.

解　(1) 根据$\int_0^{\infty}f(v)\mathrm{d}v=1$ 可得

$$\int_0^{v_0}\frac{a}{Nv_0}v\mathrm{d}v+\int_{v_0}^{2v_0}\left(\frac{2a}{N}-\frac{a}{Nv_0}v\right)\mathrm{d}v=1$$

整理得$\dfrac{av_0}{N}=1$,即 $a=\dfrac{N}{v_0}$

(2) 由$f(v)=\dfrac{\mathrm{d}N}{N\mathrm{d}v}$可得 N 个粒子的平均速率

$$\bar{v}=\frac{\int_0^{\infty}v\mathrm{d}N}{N}=\frac{\int_0^{\infty}vNf(v)\mathrm{d}v}{N}=\int_0^{\infty}vf(v)\mathrm{d}v$$

$$=\int_0^{v_0}v\frac{a}{Nv_0}v\mathrm{d}v+\int_{v_0}^{2v_0}v\left(\frac{2a}{N}-\frac{a}{Nv_0}v\right)\mathrm{d}v$$

$$=\frac{av_0^2}{N}$$

(3) 由$f(v)=\dfrac{\mathrm{d}N}{N\mathrm{d}v}$得$\left(\dfrac{v_0}{2}\sim v_0\right)$区间的粒子数

$$\Delta N=\int_{\frac{v_0}{2}}^{v_0}Nf(v)\mathrm{d}v=\int_{\frac{v_0}{2}}^{v_0}N\frac{a}{Nv_0}v\mathrm{d}v=\frac{3}{8}av_0$$

例 15-2　2g 氢气与 2g 氦气分别装在两个容积相同的封闭容器内,温度也相同(氢气视为刚性双原子分子).求:(1) 氢分子与氦分子的平均平动动能之比;(2) 氢气与氦气压强之比.

分析　本题涉及分子的平均平动动能$\bar{\varepsilon}_t=\dfrac{3}{2}kT$,压强 $p=\dfrac{2}{3}n\bar{\varepsilon}_t$,粒子数密度 $n=\dfrac{N}{V}$一系列公式,注意公式中各量的物理含义以及各量的关系.

解　(1) 因为两气体的温度相同,所以

$$\frac{\bar{\varepsilon}_{t\,H_2}}{\bar{\varepsilon}_{t\,He}}=\frac{\frac{3}{2}kT}{\frac{3}{2}kT}=1$$

(2) 因为

$$\frac{n_{H_2}}{n_{He}}=\frac{N_{H_2}/V}{N_{He}/V}=\frac{N_{H_2}}{N_{He}}=\frac{\frac{2}{2}NA}{\frac{2}{4}NA}=2$$

所以

$$\frac{p_{H_2}}{p_{He}}=\frac{\frac{2}{3}n_{H_2}\bar{\varepsilon}_{t\,H_2}}{\frac{2}{3}n_{He}\bar{\varepsilon}_{t\,He}}=2$$

15.4 习题解答

15-1 计算300K时氧气的三种速率v_p、$\overline{v}$和$\sqrt{\overline{v^2}}$.

解 已知$T=300K$,可算得最概然速率为

$$v_p=1.41\sqrt{\frac{RT}{M}}=1.41\times\sqrt{\frac{(8.31J\cdot mol^{-1}\cdot K^{-1})(300K)}{32\times10^{-3}kg\cdot mol^{-1}}}$$
$$=(1.41\times279.1)m\cdot s^{-1}=394m\cdot s^{-1}$$

平均速率为

$$\overline{v}=1.60\sqrt{\frac{RT}{M}}=1.60\times\sqrt{\frac{(8.31J\cdot mol^{-1}\cdot K^{-1})(300K)}{32\times10^{-3}kg\cdot mol^{-1}}}=447m\cdot s^{-1}$$

方均根速率为

$$\sqrt{\overline{v^2}}=1.73\sqrt{\frac{RT}{M}}=1.73\times\sqrt{\frac{(8.31J\cdot mol^{-1}\cdot K^{-1})(300K)}{32\times10^{-3}kg\cdot mol^{-1}}}=483m\cdot s^{-1}$$

15-2 某种理想气体分子在温度T_1时的方均根速率,等于温度为T_2时的平均速率.求T_2/T_1.

解 按题设,有

$$1.73\sqrt{\frac{RT_1}{M}}=1.60\sqrt{\frac{RT_2}{M}}$$

即

$$\frac{T_2}{T_1}=\left(\frac{1.73}{1.60}\right)^2=1.169\approx1.17$$

15-3 某种理想气体在压强为0.40×10^5Pa时密度为$0.3kg\cdot m^{-3}$,求此时气体分子的平均速率、方均根速率和最概然速率.

解 将理想气体物态方程$pV=\frac{m}{M}RT$化为$\rho=\frac{pM}{RT}$,借此式,可将题中所述三种统计速率的计算公式化为

$$\overline{v}=1.60\sqrt{\frac{RT}{M}}=1.60\sqrt{\frac{p}{\rho}}$$
$$\sqrt{\overline{v^2}}=1.73\sqrt{\frac{RT}{M}}=1.73\sqrt{\frac{p}{\rho}}$$
$$v_p=1.41\sqrt{\frac{RT}{M}}=1.41\sqrt{\frac{p}{\rho}}$$

代入题设数据,可分别算出

$$\overline{v}=583m\cdot s^{-1},\quad \sqrt{\overline{v^2}}=632m\cdot s^{-1},\quad v_p=516m\cdot s^{-1}$$

15-4 氢弹爆炸时可达10^8℃的高温,并拥有大量的氢核(即质子)和氘核(其质量为质子的两倍).求:(1)质子的方均根速率;(2)在热平衡时,质子与氘核两者的平均平动动能之比.质子的质量$m_p=1.673\times10^{-27}kg$.

解 (1)
$$T=(10^8+273)K\approx10^8K$$

$$\sqrt{\overline{v_p^2}}=\sqrt{\frac{3RT}{M}}=\sqrt{\frac{3kT}{m_p}}=\sqrt{\frac{3\times(1.38\times10^{-23}J\cdot K^{-1})\times10^8K}{1.673\times10^{-27}kg}}$$
$$=\sqrt{2.475\times10^{12}}m\cdot s^{-1}=1.573\times10^6m\cdot s^{-1}$$

(2) 由
$$\sqrt{\overline{v_{H_1^2}^2}}=\sqrt{\frac{3kT}{2m_p}}$$

即
$$\overline{v_{\mathrm{p}}^2}=2\overline{v_{\mathrm{H}_1^2}^2}$$

(2) 平均平动动能之比

$$\frac{\frac{1}{2}m_{\mathrm{p}}\overline{v_{\mathrm{p}}^2}}{\frac{1}{2}m_{\mathrm{H}_1^2}\overline{v_{\mathrm{H}_1^2}^2}}=\frac{\frac{1}{2}m_{\mathrm{p}}\cdot(2\overline{v_{\mathrm{H}_1^2}^2})}{\frac{1}{2}(2m_{\mathrm{p}})(\overline{v_{\mathrm{H}_1^2}^2})}=1$$

15-5　容器中有N个假想的气体分子,其速率分布如习题15-5图所示,且当$v>2v_0$时,分子数为0.[注意:图中的纵坐标为$Nf(v)$].(1) 由N和v_0求a;(2) 求速率在$1.5v_0\sim2.0v_0$之间的分子数;(3) 求分子的平均速率.

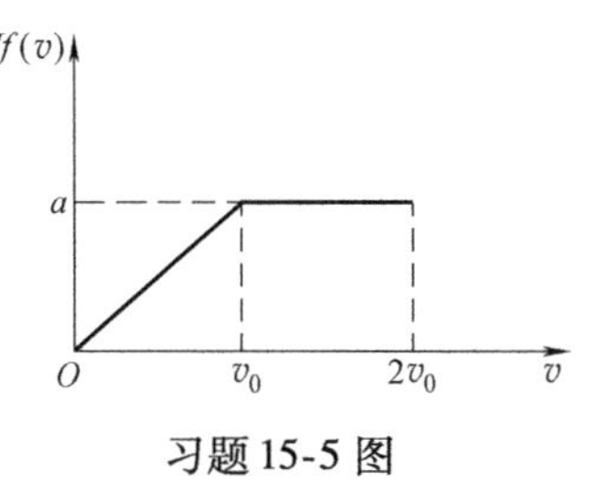

习题15-5图

解　(1) 由图可知,在速率间隔$0\sim v_0$内,有
$$\frac{Nf(v)}{v}=\frac{a}{v_0}$$
即
$$f(v)=\frac{av}{Nv_0}$$
在速率间隔$v_0\sim2v_0$内,有
$$Nf(v)=a$$
即
$$f(v)=\frac{a}{N}$$
按速率分布函数$f(v)$的归一化条件,有
$$\int_0^{v_0}\frac{av}{Nv_0}\mathrm{d}v+\int_{v_0}^{2v_0}\frac{a}{N}\mathrm{d}v=1$$
可解得
$$a=\frac{2N}{3v_0}$$

(2) 在速率间隔$v_0\sim2v_0$内的速率分布函数为$f(v)=a/N$,故速率在$1.5v_0$与$2.0v_0$之间的分子数为
$$\Delta N=Nf(v)\Delta v=N\frac{a}{N}(2.0v_0-1.5v_0)=\frac{2N}{3v_0}(0.5v_0)=\frac{N}{3}$$

(3) 分子的平均速率为
$$\bar{v}=\frac{\sum_i v_i\Delta N_i}{N}=\frac{1}{N}\sum_i v_iNf(v_i)\mathrm{d}v$$
改写成积分,可求得
$$\bar{v}=\frac{1}{N}\int_0^{2v_0}Nf(v)v\,\mathrm{d}v=\frac{1}{N}\left[\int_0^{v_0}\left(\frac{a}{v_0}v\right)v\,\mathrm{d}v+\int_{v_0}^{2v_0}av\mathrm{d}v\right]=\frac{11v_0}{9}$$

15-6　在某一压强下,0℃时氧分子的平均自由程为9.5×10^{-8}m,如果气体压强降到原来的0.01,求此时氧分子的平均碰撞频率.设温度保持不变.

解　0℃时氧气的平均速率为
$$\bar{v}=1.60\sqrt{\frac{RT}{M}}=1.60\sqrt{\frac{8.31\times273}{0.032}}\mathrm{m\cdot s^{-1}}=426.0\mathrm{m\cdot s^{-1}}$$
又按$\bar{\lambda}=kT/(\sqrt{2}\pi d^2p)$,因温度保持不变,压强由$p_1$下降到$p_2=0.01p_1$,则有
$$\frac{\bar{\lambda}_1}{\bar{\lambda}_2}=\frac{p_2}{p_1}=0.01$$
即$\overline{\lambda_2}=100\times\overline{\lambda_1}=100\times9.5\times10^{-8}\mathrm{m}=9.5\times10^{-6}\mathrm{m}$,则此时氧分子的碰撞频率为
$$\bar{Z}=\frac{\bar{v}}{\lambda_2}=426.0\times\frac{1}{9.5\times10^{-6}}\mathrm{s^{-1}}=4.5\times10^7\mathrm{s^{-1}}$$

15-7　在标准状态下,1cm^{3}内有多少个氮分子?氮分子的平均速率为多少?平均碰撞频率和平均自由程各为多少?设氮分子的有效直径$d=3.76\times10^{-8}$cm.

解　由 $p=nkT$，按题意，可算得 1cm^3 内的氮分子个数为

$$n=\frac{p}{kT}=\frac{1.013\times10^5\text{Pa}}{1.38\times10^{-23}\text{J}\cdot\text{K}^{-1}\times273\text{K}}=2.69\times10^{25}\text{m}^{-3}=2.69\times10^{19}\text{cm}^{-3}$$

平均速率为

$$\overline{v}=1.60\sqrt{\frac{RT}{M}}=1.60\times\sqrt{\frac{8.31\times273}{0.028}}\text{m}\cdot\text{s}^{-1}=455\text{m}\cdot\text{s}^{-1}$$

平均碰撞频率为

$$\overline{Z}=\sqrt{2}\pi d^2\overline{v}n=\sqrt{2}\pi\times(3.76\times10^{-10})^2\times455\times2.69\times10^{25}\text{s}^{-1}=7.69\times10^9\text{s}^{-1}$$

平均自由程为

$$\overline{\lambda}=\frac{\overline{v}}{\overline{Z}}=\frac{455}{7.69\times10^9}\text{m}=5.9\times10^{-8}\text{m}$$

15-8　气体分子质量为 $3\times10^{-23}\text{g}$，设 1s 内有 10^{19} 个分子以 $400\text{m}\cdot\text{s}^{-1}$ 的速度垂直撞击 2cm^2 的器壁，求器壁所受的平均作用力和压强．

解　设器壁的面积为 S，沿定向运动方向取长度为 v，则体积 Sv 内的 $N=nSv$ 个分子在 1s 内都将与器壁碰撞．其中每个分子与器壁碰撞时对器壁作用的冲量为 $2mv$，于是 1s 内器壁所受到的总冲量，也就是所受到的总冲力，即平均作用力为

$$F=N(2mv)=(nSv)(2mv)=2Snmv^2 \quad ⓐ$$

分子束对器壁的压强为

$$p=\frac{F}{S}=\frac{2Snmv^2}{S}=2nmv^2 \quad ⓑ$$

代入题给数据，可算得

$$F=2Snmv^2=2(2\times10^{-4}\text{m}^2)(10^{19}\text{s}^{-1})(3\times10^{-23}\times10^{-3}\text{kg})(400\text{m}\cdot\text{s}^{-1})^2=1.92\times10^{-5}\text{N}$$

$$p=\frac{F}{S}=\frac{1.92\times10^{-5}\text{N}}{2\times10^{-4}\text{m}^2}=0.096\text{N}\cdot\text{m}^{-2}=0.096\text{Pa}$$

15-9　在 300K 时，真空管内的压强是 $133.3\times10^{-6}\text{Pa}$，求 1cm^3 内的分子数．

解　1cm^3 内的分子数

$$n=\frac{p}{kT}=\frac{133.3\times10^{-6}}{1.38\times10^{-23}\times300}\text{m}^{-3}=3.22\times10^{16}\text{m}^{-3}=3.22\times10^{10}\text{cm}^{-3}$$

15-10　在 291K 时，体积为 10L 的气体中有 10^{24} 个分子，求气体的压强．

解

$$n=\frac{N}{V}=\frac{10^{24}}{10\times10^{-3}\text{m}^3}=10^{26}\text{m}^{-3}$$

$$p=nkT=(10^{26}\times1.38\times10^{-23}\times291)\text{Pa}=4.02\times10^5\text{Pa}$$

15-11　压强为 $1.103\times10^5\text{Pa}$、质量为 2g、体积为 1.54L 的氧气，其分子的平均平动动能是多少？

解　$m=2\text{g}=2\times10^{-3}\text{kg}$，$p=1.103\times10^5\text{Pa}$，$V=1.54\times10^{-3}\text{m}^3$，$R=8.31\text{J}\cdot\text{mol}^{-1}\cdot\text{K}^{-1}$，$M=0.032\text{kg}\cdot\text{mol}^{-1}$，则

$$T=\frac{MpV}{mR}=\frac{(0.032)(1.103\times10^5)(1.54\times10^{-3})}{0.002\times8.31}\text{K}=327\text{K}$$

分子平均平动动能为

$$\frac{1}{2}m_0\overline{v^2}=\frac{3}{2}kT=\frac{3}{2}\times1.38\times10^{-23}\times327\text{J}=6.77\times10^{-21}\text{J}$$

15-12　一容器内储有气体，压强为 1.33Pa，温度为 7℃．问在 1cm^3 中有多少个气体分子？

解　按 $p=nkT$，按题给数据可算得

$$n=\frac{p}{kT}=\frac{1.33}{1.38\times10^{-23}\times(273+7)}\text{m}^{-3}=3.45\times10^{20}\text{m}^{-3}=3.5\times10^{14}\text{cm}^{-3}$$

15-13　求氧分子在 $T=300\text{K}$ 时的平均平动动能和方均根速度．

解　已知 $T=300\text{K}$，得平均平动动能为

$$\frac{1}{2}m_0\overline{v^2}=\frac{3}{2}\times1.38\times10^{-23}\text{J}\cdot\text{K}^{-1}\times300\text{K}=6.21\times10^{-21}\text{J}$$

氧气的方均根速度为

$$\sqrt{\overline{v^2}}=1.73\times\sqrt{\frac{RT}{M}}=1.73\times\sqrt{\frac{8.31\times300}{0.032}}\text{m}\cdot\text{s}^{-1}=483\text{m}\cdot\text{s}^{-1}$$

15-14　把理想气体压缩，使其压强增加 1.013×10^4Pa，若温度保持为27℃，求单位体积内所增加的分子数.

解　设始、末态的压强分别为 p、p'，始、末态的分子密度分别为 n、n'，则按题意，T 不变，有

$$n=\frac{p}{kT},\ n'=\frac{p'}{kT}$$

增加的分子密度为

$$\Delta n=n'-n=\frac{1}{kT}(p'-p)=\frac{1}{kT}\Delta p$$

已知 $T=300\text{K}$，$\Delta p=0.1\times1.013\times10^5\text{N}\cdot\text{m}^{-2}$，代入上式，得

$$\Delta n=\frac{1}{1.38\times10^{-23}\text{J}\cdot\text{K}^{-1}\times300\text{K}}\times0.1\times1.013\times10^5\text{N}\cdot\text{m}^{-2}=0.245\times10^{25}\text{m}^{-3}$$
$$=2.45\times10^{18}\text{cm}^{-3}$$

15-15　容器中储有氧气，其压强为 $p=1.013\times10^5$Pa，温度为27℃，求：(1) 单位体积中的分子数 n；(2)氧气的密度 ρ；(3) 氧分子的质量 m.

解　已知 $p=1.013\times10^5\text{Pa}$，$T=300\text{K}$，$M=32\times10^{-3}\text{kg}\cdot\text{mol}^{-1}$.

(1) 单位体积的分子数为

$$n=\frac{p}{kT}=\frac{1.013\times10^5\text{Pa}}{1.38\times10^{-23}\text{J}\cdot\text{K}^{-1}\times300\text{K}}=2.44\times10^{25}\text{m}^{-3}$$

(2) 氧气的密度为

$$\rho=\frac{pM}{RT}=\frac{1.013\times10^5\text{Pa}\times32\times10^{-3}\text{kg}\cdot\text{mol}^{-1}}{8.31\text{J}\cdot\text{mol}^{-1}\cdot\text{K}^{-1}\times300\text{K}}=1.30\text{kg}\cdot\text{m}^{-3}$$

(3) 氧分子的质量为

$$m=\frac{\rho}{n}=\frac{1.30\text{kg}\cdot\text{m}^{-3}}{2.44\times10^{25}\text{m}^{-3}}=5.32\times10^{-26}\text{kg}$$

15-16　室温为300K时，1mol 氧气的平动动能和转动动能各为多少？14g 氮气的内能为多少？将1g 氢气从10℃加热到30℃，氢气的内能增加多少？

解　已知 $T=300\text{K}$，1mol 的氧气的平动动能和转动动能分别为

$$E_{平}=N_A\left(\frac{3}{2}kT\right)=\frac{3}{2}RT=\frac{3}{2}\times(8.31\text{J}\cdot\text{mol}^{-1}\cdot\text{K}^{-1})\times300\text{K}$$
$$=3.74\times10^3\text{J}\cdot\text{mol}^{-1}$$

$$E_{转}=\frac{2}{2}RT=(8.31\text{J}\cdot\text{mol}^{-1}\cdot\text{K}^{-1})\times300\text{K}=2.49\times10^3\text{J}\cdot\text{mol}^{-1}$$

14×10^{-3}kg 的氮气($i=5$)的内能为

$$E=\frac{m}{M}\frac{i}{2}RT=\frac{14\times10^{-3}\text{kg}}{28\times10^{-3}\text{kg}\cdot\text{mol}^{-1}}\times\frac{5}{2}\times(8.31\text{J}\cdot\text{mol}^{-1}\cdot\text{K}^{-1})\times(300\text{K})$$
$$=3.11\times10^3\text{J}$$

1×10^{-3}kg 的氢气($i=5$)从10℃加热到30℃，内能的增量为

$$\Delta E=\frac{m}{M}\frac{i}{2}R\Delta T$$
$$=\frac{1\times10^{-3}\text{kg}}{2\times10^{-3}\text{kg}\cdot\text{mol}^{-1}}\times\frac{5}{2}\times(8.31\text{J}\cdot\text{mol}^{-1}\cdot\text{K}^{-1})\times[(30+273)\text{K}-(10+273)\text{K}]$$
$$=\left(\frac{1}{2}\text{mol}\right)\times\frac{5}{2}\times(8.31\text{J}\cdot\text{mol}^{-1}\cdot\text{K}^{-1})\times(20\text{K})=2.08\times10^2\text{J}$$

第 16 章　早期量子论

16.1　学习要点导引

16.1.1　本章章节逻辑框图

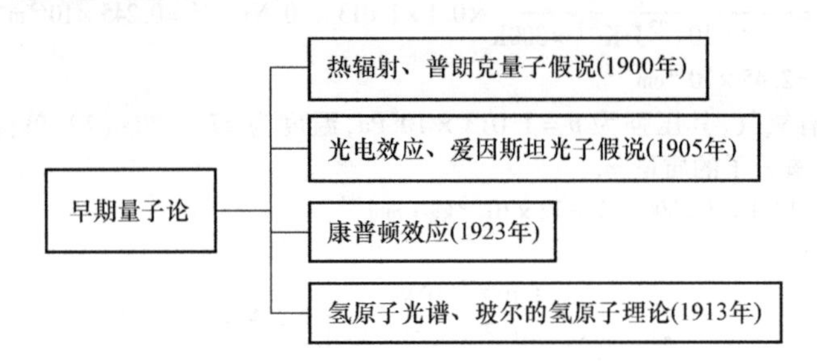

16.1.2　本章阅读导引

本章从热辐射基本规律出发,引入了普朗克的能量子概念,并通过对光电效应现象的解释,介绍了爱因斯坦引用光量子概念成功地阐明了这一现象,并提出光子学说,继而从康普顿效应进一步证实了光和所有电磁波的粒子性,使我们对光和所有电磁波的本性——波粒二象性,有一全面认识. 在此基础上,介绍了氢原子光谱和氢原子的玻尔理论. 要求读者了解热辐射的基本概念及其规律和量子假说,掌握爱因斯坦的光电效应方程,并认识电磁波的波粒二象性. 此外,务必掌握原子光谱和氢原子的玻尔理论(特别是能级概念).

(1) 当物体因热辐射而消耗的能量等于由外界获得的能量而达到平衡时,即在平衡热辐射时,对绝对黑体而言,有下列重要定律:

1) 斯忒藩-玻耳兹曼定律——说明绝对黑体的辐出度与热力学温度之间的关系,其关系式为

$$M_0 = \sigma T^4$$

该定律表明绝对黑体的辐出度与热力学温度的四次方成正比,随着温度的升高,绝对黑体的辐出度迅速增加.

2) 维恩位移定律——说明对应于绝对黑体单色辐出度峰值的波长与温度之间的关系,其关系式为

$$T\lambda_{\mathrm{m}} = b$$

它表明当温度升高时,相应于单色辐出度峰值的波长向短波方向移动. 即温度越高,则辐射的波长越短.

(2) 绝对黑体单色辐出度按波长分布的曲线可根据实验得到.

普朗克为了解释上述实验曲线的结果,放弃了经典理论中关于能量连续取值的假设,引入新的量子假设,从而正确地导出符合实验结果的普朗克公式,这说明量子假设正确地反映了客

观情况. 量子假设的主要内容如下：

1）简谐振子所具有的能量和能量的变化不可能为任意的数值，只能取某一能量单元（即能量子）的整倍数，即 $E = n\varepsilon(n = 1, 2, \cdots)$.

2）能量子的大小与频率成正比，即 $\varepsilon = h\nu$. 式中，h 为普朗克常量.

量子的概念是近代物理中的基本概念，也可以说是区别于经典理论的重要标志.

（3）普朗克的量子假说表述了辐射体中的简谐振子的能量是量子化的，但仍把能量子仅仅看作辐射与物质之间能量交换的一种方式，还没有把能量子物质化. 通过对光电效应的研究，进一步确认：电磁辐射既是一种波，也是一种粒子流在空间的传播，并把能量子物质化了，从爱因斯坦的光电效应方程可以看出，光子的能量就是能量子.

（4）光电效应的规律是说明光具有粒子性的重要实验根据，光应视为一粒一粒的以光速运动着的光子流. 今把波动说和光子说的区别与联系归纳如下：

波　动　说	光　子　说
①光连续地被发射或被吸收	①光不连续地被发射或被吸收
②光波具有频率 ν	②光子具有能量 $\varepsilon = h\nu$，质量 $m = h\nu/c^2$
③光强决定于光波的振幅，而与频率无关	③光强决定于光子的数目和每个光子的能量，因而与频率有关
④不论什么频率的光波，只要光强足够大，就能产生光电效应. 这与实际情况相违背	④只有当频率大于一定数值时，才能产生光电效应. 这与实际情况相符合
⑤电子吸收光的能量而逸出金属表面时，光强越大，则电子动能越大，与频率无关. 这也与实际情况相违背	⑤电子吸收光子能量而逸出金属表面时，光强越大，则逸出电子数目越多，而电子动能并不增加. 频率改变时，电子动能也改变. 这也与实际情况相符合
⑥电子必须经过一段时间才能吸收足够的能量而逸出，这也与实际情况相违背	⑥若入射光的频率大于截止频率，则光一旦照射，电子立刻就得到光子的全部能量而可以逸出，这也与实际情况相符合

综上所述，可见波动说不能解释光电效应，只有光子说才能完满地解释光电效应. 爱因斯坦根据能量关系得到下列与实验结果相符合的方程：

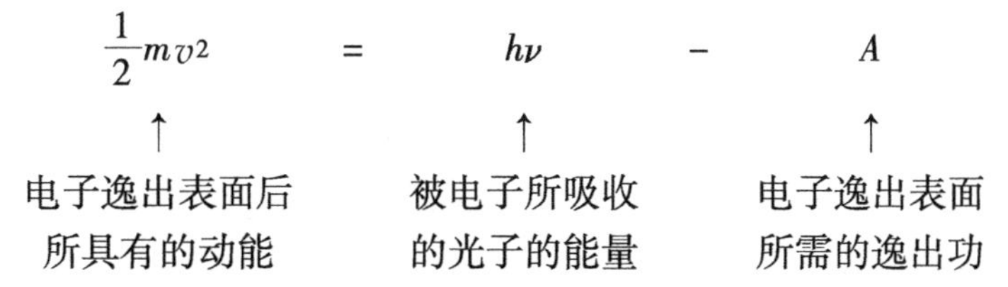

波动说虽然不能正确地解释热辐射、光电效应等现象中的实验规律，但是不能因此认为它已被推翻，因为光子说同样并不能正确地解释光的干涉、衍射和偏振等现象.

（5）康普顿用 X 光的单色光照射石墨，观察到了波长变化的散射光. 从而进一步证明了原先被认为是电磁波的 X 光竟是光子束.

这样，我们可以推而广之，光和所有电磁辐射在传播过程中所表现的干涉、衍射和偏振等现象中，说明它们具有波动性；当光与其他电磁辐射和物质相互作用时（例如在光电效应、康普顿效应等情况中），表现为具有质量、动量和能量的粒子性. 所以，它们具有波动性与粒子性，即电磁辐射具有波粒二象性. 其实，从统计角度看，电磁辐射的波动性应理解为大量光子的统计平均行为，并且单个光子也是一种具有统计规律性的波，即一个光子在某处出现的概率与该处的光强成正比.

(6) 我们根据实验结果,从原子对外显示出来的光学现象探讨了氢原子光谱的规律性.可是,进一步运用经典物理来解释原子内电子的运动情景和原子光谱,遇到了不可克服的困难.为了解决这些困难,玻尔结合原子光谱的规律,发展了普朗克的量子概念,建立了量子理论,成功地解释了氢原子的光谱,并首先明确了原子内部的微观运动规律是服从量子化条件的.可是,当人们进一步解决复杂的原子光谱问题时,玻尔理论就无能为力了.后来,尽管索末菲等人对玻尔理论做了修正和扩充,但毕竟还没有完全跳出经典物理的框框.因此,要比较彻底地掌握原子内微观粒子的运动规律,必须从微观粒子所具有的波粒二象性出发,从根本上放弃经典理论的概念,建立一套新的理论——量子力学,才能较完满地解决原子结构问题.有关量子力学的一些基本内容,我们将留待下一章中介绍.

(7) 通过学习,要求读者重点掌握玻尔量子理论和有关的一些重要概念(量子条件、能级等).

(8) 通过本章的学习可以初步领会到,近代物理学是在实验事实与经典物理学理论产生矛盾的情况下发展起来的.这是人类认识客观事物发展规律的一条途径.因此在学习时,我们也应循着这条途径一步步地深入下去.同时,还必须注意每一个具体问题是怎样提出来的,又是怎样进行考虑和解决的,并得出了哪些结论,还存在一些什么问题.另外,在学习时,也要注意到与经典物理学理论之间的区别.

(9) 研究分子、原子以及原子核等微观体系时,有两种实验途径常常被采用.一种是用高能粒子对原子等进行轰击,观测高能粒子的散射情况(例如卢瑟福的 α 粒子的散射实验,由此建立了原子有核模型,即原子是由原子核和绕核旋转的电子所组成的);另一种是观测原子等在受外界激发的条件下发射的光谱,并分析光谱是由哪些波长(或频率)的光组成的,研究各种波长的光强分布情况,从中可以知道原子中分立能级的情况,而原子内部的量子状态就反映在这些能级上.

(10) 各种元素的原子光谱,它们的规律性是不同的,其中氢原子光谱是最简单的,用广义的巴耳末公式就可以简单地表示出来.其他元素原子光谱的规律性则不能用这公式来反映.

16.2 教学拓展

我们可以按普朗克公式推导斯忒藩-玻耳兹曼定律和维恩位移定律.

在普朗克公式中,为运算简便起见,令

$$C_1 = 2\pi hc^2, \quad x = \frac{hc}{k\lambda T} \tag{a}$$

则

$$\mathrm{d}x = -\frac{hc}{k\lambda^2 T}\mathrm{d}\lambda = -\frac{k}{hc}Tx^2\mathrm{d}\lambda$$

将上述各量代入普朗克公式中,得

$$M_{\lambda 0}(x,T) = \frac{C_1 k^5 T^5}{h^5 c^5}\frac{x^5}{\mathrm{e}^x - 1} \tag{b}$$

因此,绝对黑体在一定温度 T 时的总的辐出度为

$$M_0(T) = \int_0^\infty M_{\lambda 0}(\lambda,T)\mathrm{d}\lambda = \frac{C_1 k^4 T^4}{h^4 c^4}\int_0^\infty \frac{x^3}{\mathrm{e}^x - 1}\mathrm{d}x$$

查积分表,可算出
$$\int_0^{\infty}\frac{x^3}{e^x-1}dx=6.494$$

于是,得
$$M_0(T)=6.494\frac{C_1k^4}{h^4c^4}T^4=\sigma T^4$$
这正是斯忒藩-玻耳兹曼定律,并可由上式算出式中的恒量 σ 为
$$\sigma=6.494\frac{C_1k^4}{h^4c^4}=5.710\times10^{-8}J\cdot s^{-1}\cdot m^{-2}\cdot K^{-4}$$
此值也与实验数值相符.

为了推导维恩位移定律,只需求出式ⓑ中 $M_{\lambda0}$ 为极大值的位置 x_m. 取
$$\frac{d}{dx}M_{\lambda0}(x,T)=\frac{C_1k^5T^5}{h^5c^5}\frac{(e^x-1)5x^4-x^5e^x}{(e^x-1)^2}=0$$
由此得
$$5e^x-xe^x-5=0$$
用近似法解上式的超越方程（具体解法从略),可得
$$x_m=\frac{hc}{k\lambda_mT}=4.965$$
由式ⓐ,得
$$\lambda_m=\frac{hc}{kTx_m}=\frac{hc}{4.965k}\frac{1}{T}$$
即
$$\lambda_mT=b$$
这正是维恩位移定律,由前式可算出
$$b=\frac{hc}{4.965k}=2.897\times10^{-3}m\cdot K$$
也与实验数值相符.

16.3　解题指导

本章黑体辐射部分习题主要是斯忒藩-玻耳兹曼定律和维恩位移定律的应用;光电效应主要是应用爱因斯坦光电效应方程求最大初动能、截止电压、逸出功或红限频率,注意各量之间的关系;对于康普顿效应,应注意波长的改变量只与散射角有关,而与散射物质和入射波长等无关,且电子反冲速度很大时须考虑相对论效应,不得随意使用经典力学的动能公式;玻尔氢原子理论主要涉及氢原子光谱. 注意当最高能级确定后,原子可跃迁到任意较低的激发态能级,而激发态不稳定,其后又可自发跃迁到最低能级,从而辐射多种波长的光.

例16-1　在加热黑体过程中,其单色辐射出射度的峰值波长由0.69μm变化到0.50μm. 问总辐射出射度改变为原来的多少倍?

分析　由维恩位移定律 $\lambda_{max}T=b$ 可知黑体温度 T 的关系再由斯忒藩-玻耳兹曼定律 $M_0(T)=\sigma T^4$ 得总辐射出射度的变化.

解　由维恩位移定律 $\lambda_{max}T=b$,得

$$\lambda_{\max1}T_1=\lambda_{\max2}T_2.$$

$$\frac{T_2}{T_1}=\frac{\lambda_{\max1}}{\lambda_{\max2}}=\frac{0.69}{0.50}$$

由斯忒藩-玻耳兹曼定律 $M_0(T)=\sigma T^4$ 得

$$\frac{M(T_2)}{M(T_1)}=\frac{\sigma T_2^4}{\sigma T_1^4}=\left(\frac{T_2}{T_1}\right)^4=\left(\frac{\lambda_{\max1}}{\lambda_{\max2}}\right)^4=\left(\frac{0.69}{0.50}\right)^4=3.63.$$

即总辐射出射度的改变为原来的3.63倍.

例16-2 基态氢原子被外来单色光激发后发出的巴耳末系中,仅观察到3条谱线.试求:(1) 外来光的波长;(2) 这三条谱线的波长.

分析 氢原子光谱的巴耳末系是指从高能级向第一激发态($n=2$ 能级)跃迁时发出的光谱,由于题目指出仅观察到三条巴耳末系谱线,所以应为处于第四激发态($n=5$ 能级)原子发出的光谱.由此可知外来单色光是将基态原子激发到第四激发态.

解 (1) 由已知可知外来单色光使基态氢原子跃迁到第四激发态($n=5$ 能级),故外来单色光波长应满足

$$h\frac{c}{\lambda_{外}}=E_5-E_1=\frac{E_1}{5^2}-E_1$$

所以

$$\lambda_{外}=-\frac{25hc}{24E_1}=\frac{25\times6.63\times10^{-34}\times3\times10^8}{24\times136\times116\times10^{-19}}\text{m}=9.52\times10^{-8}\text{m}$$

(2) 根据光谱规律,这三条谱线分别为

$$\frac{1}{\lambda_{5-2}}=R_H\left(\frac{1}{2^2}-\frac{1}{5^2}\right)$$

所以

$$\lambda_{5-2}=\frac{1}{R_H\left(\frac{1}{2^2}-\frac{1}{5^2}\right)}=\frac{1}{1.097\times10^{-7}\times\left(\frac{1}{4}-\frac{1}{25}\right)}\text{m}=4.34\times10^{-7}\text{m}$$

同理

$$\lambda_{4-2}=\frac{1}{R_H\left(\frac{1}{2^2}-\frac{1}{4^2}\right)}=4.861\times10^{-7}\text{m}$$

$$\lambda_{3-2}=\frac{1}{R_H\left(\frac{1}{2^2}-\frac{1}{3^2}\right)}=6.562\times10^{-7}\text{m}$$

16.4 习题解答

16-1 设有一物体(可视作绝对黑体),其温度自450K增加为900K,问其辐出度增加为原来的多少倍?

解 已知 $T_1=450\text{K}$,$T_2=900\text{K}$,按斯忒藩-玻耳兹曼定律,设 M_{01} 和 M_{02} 分别为450K和900K时黑体的辐出度,则有

$$M_{01}=\sigma T_1^4,\quad M_{02}=\sigma T_2^4$$

$$M_{01}/M_{02}=(T_1/T_2)^4$$

代入题给数据,可得 $M_{02}=16M_{01}$,即增加为原来的16倍.

16-2 从冶炼炉小孔内发出辐射,相应于单色辐出度峰值的波长 $\lambda_m=11.6\times10^{-5}\text{cm}$,求炉内温度.

解 按维恩位移定律

$$T\lambda_m=b$$

式中,$b=2.898\times10^{-3}\text{m}\cdot\text{K}$.按题设 $\lambda_m=11.6\times10^{-5}\text{cm}=11.6\times10^{-7}\text{m}$,可得炉内温度为

$$T=\frac{b}{\lambda_m}=\frac{2.898\times10^{-3}\text{m}\cdot\text{K}}{11.6\times10^{-7}\text{m}}=2498\text{K}$$

16-3　太阳在持续地进行热辐射，相应于单色辐出度峰值的波长 $\lambda_m=4.70\times10^{-7}$m，假定把太阳当作绝对黑体，试估算太阳表面的温度.

解　根据维恩位移定律可算出太阳的热力学温度为

$$T=\frac{b}{\lambda_m}=\frac{2.898\times10^{-3}\text{m}\cdot\text{K}}{4.70\times10^{-7}\text{m}}=6.17\times10^3\text{K}$$

16-4　若把太阳看作半径为 7.0×10^8m 的球形黑体，太阳射到地球表面上每平方米的辐射能量为 $\varepsilon=1.4\times10^3$W，地球与太阳的距离为 $r=1.5\times10^{11}$m. 试计算太阳的温度.

解　太阳向周围空间均匀辐射能量，若以 R 为太阳的半径，M_0 为太阳表面的辐出度，即在单位时间内单位表面积所辐射的能量，那么，在单位时间内太阳总的辐出度为

$$M_{总}=4\pi R^2M_0$$

由斯忒藩-玻耳兹曼定律 $M_0=\sigma T^4$，得

$$M_{总}=4\pi R^2\sigma T^4$$

由于以太阳中心为球心、r 为半径的球面上单位时间内太阳总的辐出度不变，故

$$4\pi R^2\sigma T^4=4\pi r^2\varepsilon$$

得

$$\begin{aligned}T&=\left(\frac{r^2\varepsilon}{R^2\sigma}\right)^{\frac{1}{4}}\\&=\left[\frac{(1.5\times10^{11}\text{m})^2\times(1.4\times10^3\text{W}\cdot\text{m}^{-2})}{(7.0\times10^8\text{m})^2\times(5.67\times10^{-8}\text{W}\cdot\text{m}^{-2}\cdot\text{K}^{-4})}\right]^{\frac{1}{4}}\\&=3.26\times10^4\text{K}\end{aligned}$$

16-5　在灯泡中，用电流加热钨丝，它的温度可达2000K，把钨丝看成绝对黑体，问辐射出对应于单色辐出度峰值的波长 λ_m 是多少？

解　按维恩位移定律 $T\lambda_m=b$，由题给数据，得

$$\lambda_m=\frac{b}{T}=\frac{2.898\times10^{-3}}{2000}\text{m}=1.45\times10^{-6}\text{m}$$

16-6　北极星辐射光谱中出现相应于单色辐出度峰值的波长为 $\lambda_m=0.35\times10^{-3}$mm，求北极星表面的温度（把北极星看作为绝对黑体）.

解　按维恩位移定律 $T\lambda_m=b$，由题给数据，得

$$T=\frac{b}{\lambda_m}=\frac{2.898\times10^{-3}}{0.35\times10^{-3}}\text{K}=8.28\times10^3\text{K}$$

16-7　用波长为200nm的紫外光照射到金属铝的表面上，已知铝的电子逸出功为4.2eV，试问：(1) 光电子的初动能为多少？(2) 铝的红限波长为多少？

解　(1) 由爱因斯坦方程

$$h\nu=\frac{1}{2}mv^2+A$$

得

$$\begin{aligned}\frac{1}{2}mv^2&=h\nu-A=\frac{hc}{\lambda}-A\\&=\frac{(6.63\times10^{-34}\text{J}\cdot\text{s})(3\times10^8\text{m}\cdot\text{s}^{-1})}{(200\times10^{-9}\text{m})\times(1.6\times10^{-19}\text{J}\cdot\text{eV}^{-1})}-4.2\text{eV}\\&=2.0\text{eV}\end{aligned}$$

(2) 令 $\frac{1}{2}mv^2=0$，由爱因斯坦方程可得铝的红限波长 λ_0 为

$$\lambda_0 = \frac{hc}{A} = \frac{(6.63\times10^{-34}\mathrm{J\cdot s})(3\times10^{8}\mathrm{m\cdot s^{-1}})}{(4.2\mathrm{eV})\times(1.6\times10^{-19}\mathrm{J\cdot eV^{-1}})} = 296\mathrm{nm}$$

16-8　求绿色光($\lambda=555\mathrm{nm}$)光子的能量.

解　按题设$\lambda=555\mathrm{nm}$,则光子的能量为

$$\varepsilon = h\nu = h\frac{c}{\lambda} = 6.63\times10^{-34}\times\frac{3\times10^{8}}{555\times10^{-9}}\mathrm{J} = 3.58\times10^{-9}\mathrm{J}$$

16-9　使锂产生光电效应的光的最大波长$\lambda_0=520\mathrm{nm}$.若用波长为$\lambda=\lambda_0/2$的光照射在锂上,问锂所放出的光电子的动能为多少电子伏特?

解　由题设条件,锂的逸出功

$$A = \varepsilon_0 = h\nu_0 = \frac{hc}{\lambda_0}$$

由爱因斯坦方程,可得光电子的动能为

$$\frac{1}{2}mv^2 = h\nu - A = hc\bigg/\left(\frac{\lambda_0}{2}\right) - hc/\lambda_0 = hc/\lambda_0$$

已知$\lambda_0=5.2\times10^{-5}\mathrm{cm}=5.2\times10^{-7}\mathrm{m}$,　$h=6.63\times10^{-34}\mathrm{J\cdot s}$,　$c=3\times10^{8}\mathrm{m\cdot s^{-1}}$,代入上式得光电子的动能为

$$E_k = \frac{(6.63\times10^{-34})\times(3\times10^{8})}{5.2\times10^{-7}}\mathrm{eV} = 2.39\mathrm{eV}$$

16-10　钨的逸出功是4.52eV,钡的逸出功是2.50eV.分别计算恰使钨放射光电子和钡放射光电子的入射光的最大波长,根据计算结果说明哪一种金属可以作为使用于可见光范围内的光电管阴极的材料.

解　使钨和钡放射电子的入射光的最大波长分别为

$$\lambda_{m_W} = \frac{hc}{A_W} = \frac{6.63\times10^{-34}\times3\times10^{8}}{4.52\times1.6\times10^{-19}}\mathrm{m} = 2.75\times10^{-7}\mathrm{m} = 275\mathrm{nm}$$

$$\lambda_{m_{Ba}} = \frac{hc}{A_{Ba}} = \frac{6.63\times10^{-34}\times3\times10^{8}}{2.5\times1.6\times10^{-19}}\mathrm{m} = 4.97\times10^{-7}\mathrm{m} = 497\mathrm{nm}$$

由此可见,钡可作为使用于可见光范围内的光电管阴极材料.

16-11　用波长分别为546.1nm和312.6nm的光照射在铯表面上而发生光电效应时,相应的遏止电压分别为0.374V和2.070V.试求电子的电荷.

解　由于遏止电压与光频率存在着如下的线性关系,即

$$|U_a| = k\nu - U_0$$

其中,$\nu=c/\lambda$,则

$$|U_a| = k\frac{c}{\lambda} - U_0$$

相应地

$$U_{a1} = k\frac{c}{\lambda_1} - U_0,\quad U_{a2} = k\frac{c}{\lambda_2} - U_0$$

对上两式联立求解,得

$$k = \frac{U_{a1} - U_{a2}}{c\left(\frac{1}{\lambda_1} - \frac{1}{\lambda_2}\right)}$$

代入题给数据,得

$$k = \frac{0.374 - 2.070}{3\times10^{8}\left(\frac{1}{546.1\times10^{-9}} - \frac{1}{312.6\times10^{-9}}\right)}\mathrm{V\cdot s} = 4.13\times10^{-15}\mathrm{V\cdot s}$$

又由$h=ke$,其中,普朗克常量$h=6.62559\times10^{-34}\mathrm{J\cdot s}$,则电子的电荷为

$$e = \frac{h}{k} = \frac{6.62559\times10^{-34}}{4.13\times10^{-15}}\mathrm{C} = 1.64\times10^{-19}\mathrm{C}$$

16-12 波长为 $\lambda_0=0.02\text{nm}$ 的X射线与自由电子碰撞,若从与入射线成90°角的方向观察散射线,求:(1) 散射的X射线的波长;(2) 反冲电子的动能和动量.(假定被碰撞的电子可视作静止的.)

解 (1) 把 $\varphi=90°$、$m=m_0=9.11\times10^{-31}\text{kg}$、$h=6.63\times10^{-34}\text{J}\cdot\text{s}$、$c=3\times10^8\text{m}\cdot\text{s}^{-1}$、$\lambda=0.02\text{nm}$ 代入康普顿散射公式,有

$$\lambda-\lambda_0=\frac{2h}{mc}\sin^2\frac{\varphi}{2}$$

由此便可算出散射的X射线波长为

$$\begin{aligned}\lambda&=\lambda_0+\frac{2h}{mc}\sin^2\frac{\varphi}{2}\\&=0.02\times10^{-9}\text{m}+\frac{2\times6.63\times10^{-34}\text{J}\cdot\text{s}}{(9.11\times10^{-31}\text{kg})(3\times10^8\text{m}\cdot\text{s}^{-1})}\times\sin^2\frac{90°}{2}\\&=0.02\times10^{-9}\text{m}+0.00243\times10^{-9}\text{m}=0.0224\times10^{-9}\text{m}=0.0224\text{nm}\end{aligned}$$

(2) 按能量守恒定律

$$m_0c^2+h\nu_0=h\nu+mc^2$$

X射线损失的能量变为反冲电子的动能,其大小为

$$E_k=mc^2-m_0c^2=h\nu_0-h\nu=hc\left(\frac{1}{\lambda_0}-\frac{1}{\lambda}\right)$$

将 $\lambda_0=0.02\times10^{-9}\text{nm}$ 和 $\lambda=0.0224\times10^{-9}\text{nm}$ 代入上式得

$$\begin{aligned}E_k&=(6.63\times10^{-34}\text{J}\cdot\text{s})(3\times10^8\text{m}\cdot\text{s}^{-1})\times\left(\frac{1}{0.2\times10^{-10}\text{m}}-\frac{1}{0.224\times10^{-10}\text{m}}\right)\\&=10.66\times10^{-16}\text{J}=6.7\times10^3\text{eV}\end{aligned}$$

今设X射线入射方向为 Ox 轴正向,观察方向为 Oy 轴负向,反冲电子运动方向与 Ox 轴夹角为 θ,则电子动量沿 Ox、Oy 轴的分量式为

$$\frac{h}{\lambda_0}=mv\cos\theta,\quad \frac{h}{\lambda}=mv\sin\theta$$

则由此可求动量的大小为

$$\begin{aligned}p&=mv=\frac{h}{\lambda\lambda_0}\sqrt{\lambda_0^2+\lambda^2}\\&=\frac{(6.63\times10^{-34}\text{J}\cdot\text{s})\sqrt{(0.2\times10^{-10}\text{m})^2+(0.224\times10^{-10}\text{m})^2}}{(0.2\times10^{-10}\text{m})(0.224\times10^{-10}\text{m})}\\&=4.44\times10^{-23}\text{kg}\cdot\text{m}\cdot\text{s}^{-1}\end{aligned}$$

反冲电子与入射X射线方向的夹角为

$$\theta=\arctan\frac{h/\lambda}{h/\lambda_0}=\arctan\frac{\lambda_0}{\lambda}=\arctan\frac{0.02\text{nm}}{0.0224\text{nm}}=41.8°$$

16-13 根据玻尔理论,求氢原子在基态时各量的数值:(1) 量子数;(2) 轨道半径;(3) 角动量;(4) 线动量;(5) 角速度;(6) 线速度;(7) 势能;(8) 动能;(9) 总能量.

解 (1) 基态时的量子数为 $n=1$.

(2) 轨道半径为

$$r_1=\frac{\varepsilon_0h^2}{\pi me^2}=\frac{(8.85\times10^{-12})(6.63\times10^{-34})^2}{3.14\times9.11\times10^{-31}\times(1.6\times10^{-19})^2}\text{m}=0.531\times10^{-10}\text{m}$$

(3) 角动量为

$$L_\varphi=n\frac{h}{2\pi}=1\times\frac{6.63\times10^{-34}\text{J}\cdot\text{s}}{2\pi}=1.055\times10^{-34}\text{J}\cdot\text{s}$$

(4) 线动量为

$$p_1 = m v_1 = \frac{L_\varphi}{r_1} = \frac{1.055 \times 10^{-34}}{0.531 \times 10^{-10}} \mathrm{kg \cdot m \cdot s^{-1}} = 1.987 \times 10^{-24} \mathrm{kg \cdot m \cdot s^{-1}}$$

(5) 角速度为

$$\omega = \frac{v_1}{r_1} = \frac{m v_1}{m r_1} = \frac{p_1}{m v_1} = \frac{1.987 \times 10^{-24}}{(9.11 \times 10^{-31})(0.531 \times 10^{-10})} \mathrm{rad \cdot s^{-1}}$$
$$= 4.107 \times 10^{16} \mathrm{rad \cdot s^{-1}}$$

(6) 线速度为

$$v_1 = r_1 \omega = (0.531 \times 10^{-10})(4.107 \times 10^{16}) \mathrm{m \cdot s^{-1}} = 2.181 \times 10^6 \mathrm{m \cdot s^{-1}}$$

(7) 势能为

$$E_{p1} = -\frac{e^2}{4\pi\varepsilon_0 r_n} = -\frac{e^2}{4\pi\varepsilon_0 r_1} = \left[-(9.0 \times 10^9) \times \frac{(1.6 \times 10^{-19})^2}{0.531 \times 10^{-10}} \right] \mathrm{J}$$
$$= -43.38 \times 10^{-19} \mathrm{J} = -27.2 \mathrm{eV}$$

(8) 动能为

$$E_k = E_{k1} = \frac{1}{2} m v_1^2 = \left[\frac{1}{2}(9.11 \times 10^{-31})(2.181 \times 10^6)^2 \right] \mathrm{J}$$
$$= 21.67 \times 10^{-19} \mathrm{J} = 13.6 \mathrm{eV}$$

(9) 总能量为

$$E_1 = E_{k1} + E_{p1} = 13.6\mathrm{eV} + (-27.2\mathrm{eV}) = -13.6\mathrm{eV}$$

16-14　求氢原子中电子从 $n=4$ 的轨道跃迁到 $n=2$ 的轨道时氢原子发射的光子的波长.

解　由

$$\tilde{\nu}_{kn} = \frac{1}{\lambda} = R\left(\frac{1}{k^2} - \frac{1}{n^2}\right)$$
$$= (1.097373 \times 10^7 \mathrm{m^{-1}}) \left(\frac{1}{2^2} - \frac{1}{4^2}\right) = 0.2058 \times 10^7 \mathrm{m^{-1}}$$

光子波长为

$$\lambda = 4.86 \times 10^{-7} \mathrm{m} = 486 \mathrm{nm}$$

16-15　氢原子在什么温度下,其平均平动动能等于使氢原子从基态跃迁到激发态 $n=2$ 所需的能量?

解　按题意,有

$$\frac{m\overline{v}^2}{2} = |E_{21}| = Rhc\left(\frac{1}{1^2} - \frac{1}{2^2}\right)$$

而按教材所述,有 $m\overline{v}^2/2 = 3kT/2$,得

$$T = \frac{Rhc}{2k} = \frac{1.097373 \times 10^7 \times 6.63 \times 10^{-34} \times 3 \times 10^8}{2 \times 1.38 \times 10^{-23}} \mathrm{K} = 7.91 \times 10^4 \mathrm{K}$$

16-16　已知氢原子莱曼系的最大波长为 121.6nm,求里德伯常量.

解　按莱曼系公式,有

$$\frac{1}{\lambda} = R\left(\frac{1}{1^2} - \frac{1}{n^2}\right), \quad n = 2,3,4,\cdots$$

对应于最大波长 $\lambda_{\max}$ 的 $n=2$,则得里德伯常量为

$$R = \frac{4}{3\lambda_{\max}} = \frac{4}{3 \times 121.6 \times 10^{-9}} \mathrm{m^{-1}} = 1.09649 \times 10^7 \mathrm{m^{-1}}$$

16-17　自由电子与氢原子碰撞时,若能使氢原子激发而辐射,问自由电子的动能最小为多少电子伏特?

解　按题意,设自由电子传递给氢原子的能量至少为 E',则这些能量应等于氢原子从基态 $n=1$,跃迁到 $n=2$ 的激发态所辐射的能量. 已知 $n=1$ 时,$E=-13.6\mathrm{eV}$;　$n=2$ 时,$E_2 = \frac{E_1}{n^2} = \frac{E_1}{2^2} = \frac{E_1}{4}$,所以

$$E' = \Delta E = E_2 - E_1 = E_1\left(\frac{1}{4} - 1\right) = (-13.6\mathrm{eV}) \times \left(-\frac{3}{4}\right) = 10.2\mathrm{eV}$$

16-18　对氢原子来说,试证:当量子数 $n>>1$ 时,从 n 跃迁到 $n-1$ 态所发射的光子的频率 ν 等于 n 态时电子的旋转频率 $\nu'=\dfrac{me^4}{4\varepsilon_0^2h^3n^3}$.

证　当氢原子从 n 态跃迁到 $n-1$ 态时($n>>1$),所发射光子的频率为

$$\nu=\frac{me^4}{8\varepsilon_0^2h^3}\left(\frac{1}{k^2}-\frac{1}{n^2}\right)$$

按题意,$k=n-1$,则

$$\nu=\frac{me^4}{8\varepsilon_0^2h^3}\left[\frac{1}{(n-1)^2}-\frac{1}{n^2}\right]=\frac{me^4}{8\varepsilon_0^2h^3}\frac{2n-1}{n^2(n-1)^2} \tag{ⓐ}$$

当 $n\gg1$ 时,则 $2n-1\approx2n,n-1\approx n$,式ⓐ成为

$$\nu=\frac{me^4}{8\varepsilon_0^2h^3}\frac{2}{n^3}=\frac{me^4}{4\varepsilon_0^2h^3n^3} \tag{ⓑ}$$

当氢原子处于 n 态时,电子的旋转频率为

$$\nu'=\frac{\omega}{2\pi}=\frac{v_n}{2\pi r_n}=\frac{2}{2\pi r_n}\sqrt{\frac{e^2}{4\pi\varepsilon_0 mr_n}}=\frac{1}{2\pi}\sqrt{\frac{e^2}{4\pi\varepsilon_0 mr_n^3}} \tag{ⓒ}$$

式中,v_n 可由 $\dfrac{e^2}{4\pi\varepsilon_0 r_n^2}=\dfrac{mv_n^2}{r_n}$ 求得,再结合 $L_\varphi=m\,v_nr_n=\dfrac{nh}{2\pi}$,便可给出

$$r_n=\frac{\varepsilon_0n^2h^2}{\pi me^2} \tag{ⓓ}$$

以式ⓓ代入式ⓒ,得

$$\nu'=\frac{1}{2\pi}\sqrt{\frac{e^2}{4\pi\varepsilon_0 m\left(\dfrac{\varepsilon_0n^2h^2}{\pi me^2}\right)^3}}=\frac{1}{2\pi}\left(\frac{\pi^2e^8m^2}{4\varepsilon_0^4h^6n^6}\right)^{1/2}=\frac{me^4}{4\varepsilon_0^2h^3n^3}$$

因此,$\nu=\nu'$.

第17章　量子力学简介

17.1　学习要点导引

17.1.1　本章章节逻辑框图

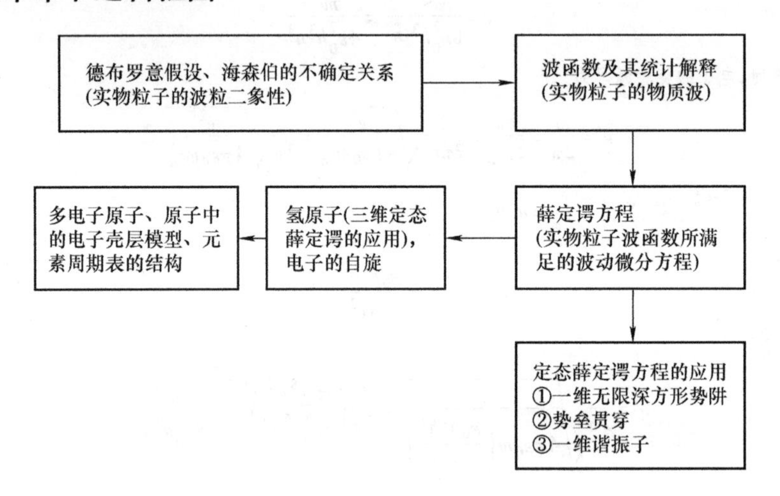

17.1.2　本章阅读导引

量子力学是一门研究微观粒子运动规律的基础理论学科.它不仅是近代物理的一大理论支柱,而且在化学、生物和电子学等其他学科中也获得了广泛应用.本章只简述其梗概.首先,从一切微观粒子都具有波粒二象性出发,引述了量子力学的一条基本原理——不确定关系;而后提出了描写微观粒子状态的波函数,并讨论了其统计意义;继而建立了反映微观粒子状态变化规律的薛定谔方程,并举例说明此方程的简单应用以及用量子理论说明一些具体问题.要求读者对微观粒子的波粒二象性、波函数和微观粒子运动的图像有一初步认识和了解.

(1) 德布罗意关于物质的波粒二象性的假设被实验证实以后,我们对微观实物粒子的本性有了全面认识.但是,对粒子的波动性,从经典力学角度来看,很难理解.然而,实验却无可置疑地证实了它的存在.

(2) 由于微观粒子具有波粒二象性,粒子运动的轨道概念失去了意义.因此,如果人们硬要用不能反映粒子波动性的经典力学方法去描述微观粒子的运动状态,就会对描述微观体系的物理量的测定带来不准确性.

然而,事物总是相互联系的.经典力学是量子力学的近似,甚至在某些情况下用经典力学概念研究微观粒子现象时所得的结果,与用量子力学方法计算的结果相差不大.于是,人们就产生这样一个问题:究竟在什么情况下可用经典概念来近似地描述微观粒子的状态呢?而又在什么情况下则根本不能用经典概念来描述微观粒子的状态呢?判断这一问题的根据就是不确定关系.

不确定关系能够检查将经典概念用于微观粒子时，究竟可应用到什么程度. 当不确定关系所加的限制可忽略时，应用经典力学方法描述微观粒子的运动仍可得出近似正确的结论，否则，就必须用量子力学方法来处理.

(3) 与粒子相联系的物质波的数学表达式 $\Psi=\Psi(x,y,z,t)$ 就是波函数. Ψ 本身是不能直接被观测到的，因而也没有直观的物理意义；但它蕴含着粒子运动的信息表现在它的模量的二次方，即 $\Psi(x,y,z,t)\Psi^*(x,y,z,t)=|\Psi(x,y,z,t)|^2$，描述了粒子在时刻 t 位于 x,y,z 处附近出现的概率密度，并且由此可给出在该处附近体积元 $\mathrm{d}V$ 内出现的概率，即 $|\Psi(x,y,z,t)|^2\mathrm{d}V$，而在整个空间内出现的概率必然可以归结为 $\int_V|\Psi(x,y,z,t)|^2\mathrm{d}V=1$，这就是波函数的归一化条件.

(4) 读者主要了解一维的定态薛定谔方程：

$$\frac{\partial^2\psi}{\partial x^2}+\frac{8\pi^2m}{h^2}(E-E_p)\psi=0$$

并着重以一维方势阱为例，领会薛定谔方程的求解过程以及解的物理意义.

(5) 由于数学运算繁冗，不要求用定态薛定谔方程对氢原子问题求解. 但对求解过程中所应满足的三个量子化条件及有关的量子数，读者应有一全面的认识. 须注意，在求解定态薛定谔方程时，只能给出描述定态氢原子中电子的三个量子数. 要完整地描述电子的运动状态，还需加上一个自旋磁量子数. 即共需四个量子数才行. 对其他原子来说，亦是如此.

其次，对氢原子或其他原子中的电子运动情景应有所了解. 从微观粒子波粒二象性的事实出发，原子内电子的运动不能按经典力学的观点，把它看成沿轨道运动，而应该看作是在核外空间到处都有出现的机会. 量子力学借统计方法可以算出它在“量子轨道”处出现的概率最大. 因此，玻尔量子理论的轨道概念并不能帮助我们完全正确地理解微观电子运动的问题.

计算表明，对氢原子来说，电子经常出现的区域是一个以原子核为中心、半径为 5. 29nm 的球形空间，其界面是一个球面. 在界面以外的空间，电子出现的机会就很少了. 界面以内各处，电子出现机会的多少，我们通常形象地用小黑点的稠密和稀疏来描绘. 这样描绘出来的图像酷似云雾，分布在原子核的周围，故称为电子云.

顺便指出，除了氢原子以外，其他原子的核外电子不止一个，它们的电子云形状并非都是球形的. 例如，钠原子的核外有 11 个电子，其运动状态各异，因而它们的电子云在核外空间的分布（如离核远近、电子云形状及电子云空间区域的方位等）也就不相同.

按照量子力学和原子结构理论，所有原子中的电子的量子状态都可以像氢原子中那样，用 n、l、m_l 和 m_s 四个量子数来标示. 它们取值的不同就表征了原子中电子的不同运动状态，也就有不同的电子云. 总之，量子力学所揭示的电子运动规律是统计性的，电子云只是一种描绘电子运动的方法.

(6) 多电子原子的能级取决于它的电子组态. 电子壳层结构不过是对原子的电子组态的一种描述. 读者应有所领会.

(7) 再一次强调，原子中的电子轨道运动、壳层模型、电子云等都是一种形象的比喻和习惯的叫法.

(8) 对电子的自旋补充说几句. 电子的自旋角动量 $L_s=\sqrt{3}h/(4\pi)$ 是一个常量，表明电子自旋是电子固有的一个运动属性，它不随外界条件而变化. 后来在实验中发现，质子、中子和其他一些基本粒子都存在自旋. 因而在微观领域内，自旋也和质量、电荷等一样，是用作标志微观粒子基本特性的一个重要物理量.

(9) 还须指出，自旋是一个角动量，似应与转动有关. 可是微观粒子内部运动的情况与自旋的关系究竟如何，尚不清楚，只不过是形象地认为：除了粒子的轨道运动所具有的角动量之外，还有一个固有的角动量，即自旋角动量. 其实，自旋是一个量子概念，它无法用经典力学的模型来描述.

17.2　教学拓展

势垒贯穿问题是研究金属电子冷发射和 α 粒子放射性的理论基础。这里，主要讨论势垒贯穿的解析解.

设实物粒子沿 Ox 轴运动。在 $0\leqslant x\leqslant a$ 的有限区域内，势能 E_p 为恒量 V_0；在此区域以外，势能为零，即

$$E_p=\begin{cases}V_0, 0\leqslant x\leqslant a\\0, x<0, x>a\end{cases} \tag{a}$$

上述势能函数称为**方形势垒**，如图 17.2-1 所示。

现在讨论能量为 E 的实物粒子，由势垒左方 $(x<0)$ 向右运动，根据经典力学，若质点的能量 $E<V_0$，它不可能越过或透过势垒. 但在量子力学中，情况并非如此，能量 $E>V_0$ 的粒子，固然可以越过势垒，但也可能遇势垒而返回；而 $E<V_0$ 的粒子，虽然也可能遇势垒而返回，但也可能贯穿势垒，进入它的右方，宛如在势垒中挖有隧道，粒子可沿隧道穿过，因而势垒贯穿也称为**隧道效应**. 由于我们只讨论贯穿，所以只讨论 $E<V_0$ 的情况.

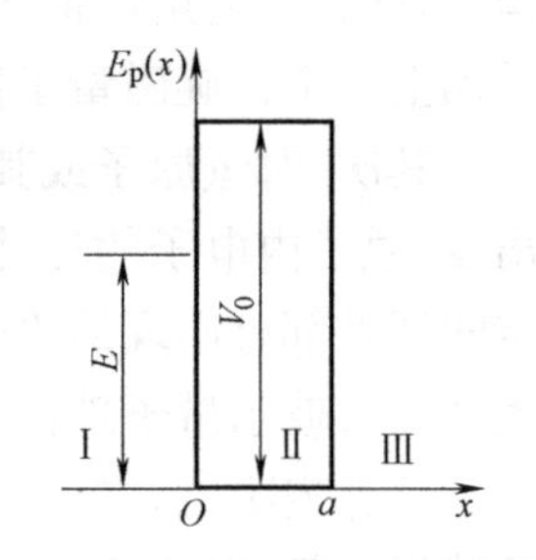

图 17.2-1　一维方形势垒

按式ⓐ，粒子的波函数 ψ 应满足定态薛定谔方程：

$$\frac{d^2\psi}{dx^2}+\frac{2m}{\hbar^2}E\psi=0(x<0, x>a) \tag{b}$$

$$\frac{d^2\psi}{dx^2}-\frac{2m}{\hbar^2}(V_0-E)\psi=0(0\leqslant x\leqslant a) \tag{c}$$

式中，常量 $\hbar=h/2\pi$. 设 $\sqrt{2mE/\hbar^2}=k_1$，$\sqrt{2m(V_0-E)/\hbar^2}=k_2$，分别代入式ⓑ、式ⓒ，得

$$\frac{d^2\psi}{dx^2}+k_1^2\psi=0\quad(x<0, x>a) \tag{d}$$

$$\frac{d^2\psi}{dx^2}-k_2^2\psi=0\quad(0\leqslant x\leqslant a) \tag{e}$$

在区域 $x<0$，式ⓓ的解，即波函数为

$$\psi_1=Ae^{ik_1x}+A'e^{-ik_1x} \tag{f}$$

在 $0\leqslant x\leqslant a$ 区域内，式ⓔ的解，即波函数为

$$\psi_2=Be^{ik_2x}+B'e^{-ik_2x} \tag{g}$$

在区域 $x>a$，式ⓓ的解，即波函数为

$$\psi_3 = C\mathrm{e}^{\mathrm{i}k_1x} + C'\mathrm{e}^{-\mathrm{i}k_1x} \tag{h}$$

上述各式中，A、A'、B、B'、C、C'皆为积分常数。对定态波函数而言，ψ_1、ψ_2、ψ_3 应乘以时间因子 $\mathrm{e}^{-\mathrm{i}\frac{E}{\hbar}t}$. 显然，式ⓕ～式ⓗ三式右方第一项表示由左向右传播的平面波，第二项表示反向传播的平面波. 所以，式ⓕ右方第一项为入射波，第二项为反射波. 而在区域 $x>a$，并无由右向左运动的粒子，不存在相应的反射波，则式ⓗ中，需令

$$C' = 0 \tag{i}$$

今借波函数及其导数在 $x=0$ 和 $x=a$ 处的连续条件，以确定积分常数. 由式ⓕ、式ⓖ，因

$$\left.\begin{aligned} &\psi_1\big|_{x=0} = \psi_2\big|_{x=0}, \quad \text{得} \quad A + A' = B + B' \\ &\left.\frac{\mathrm{d}\psi_1}{\mathrm{d}x}\right|_{x=0} = \left.\frac{\mathrm{d}\psi_2}{\mathrm{d}x}\right|_{x=0}, \quad \text{得} \quad \mathrm{i}k_1(A - A') = k_2(B - B') \end{aligned}\right\} \tag{j}$$

由式ⓖ、式ⓗ，因

$$\left.\begin{aligned} &\psi_2\big|_{x=a} = \psi\big|_{x=a}, \quad \text{得} \quad B\mathrm{e}^{k_2a} + B'\mathrm{e}^{-k_2a} = C\mathrm{e}^{\mathrm{i}k_1a} \\ &\left.\frac{\partial\psi_2}{\partial x}\right|_{x=a} = \left.\frac{\partial\psi_3}{\partial x}\right|_{x=a}, \quad \text{得} \quad k_2(B\mathrm{e}^{k_2a} - B'\mathrm{e}^{-k_2a}) = \mathrm{i}Ck_1\mathrm{e}^{\mathrm{i}k_1a} \end{aligned}\right\} \tag{k}$$

式ⓙ、式ⓚ是一组（4 个）代数方程，含 A、A'、B、B'、C 五个未知数. 若将 A 作为已知数，在方程组中消去 A'、B、B'，便可求得 C，即

$$C = \frac{4\mathrm{i}k_1k_2\mathrm{e}^{-\mathrm{i}k_1a}}{(k_2 + \mathrm{i}k_1)^2\mathrm{e}^{-k_2a} - (k_2 - \mathrm{i}k_1)^2\mathrm{e}^{k_2a}}A \tag{l}$$

继而，我们把势垒右方（$x>a$）在单位时间内穿过垂直于 Ox 轴的单位面积而向右运动的粒子数，与势垒左方（$x<0$）在单位时间内穿过垂直于 Ox 轴的单位面积而向右入射的粒子数之比，称为**贯穿系数**，记作 D. 由于在势垒两侧沿 Ox 轴正向运动的粒子数密度分别正比于 $|C|^2$ 和 $|A|^2$，且因 $k_1=\sqrt{2mE/\hbar^2}=p/\hbar=\frac{mv}{\hbar}$ 对两侧皆相同，则势垒两侧粒子的运动速度又相等，因而贯穿系数为

$$D = \frac{|C|^2}{|A|^2} = \frac{CC^*}{AA^*} = \frac{16k_1^2k_2^2}{(k_1^2 + k_2^2)^2(\mathrm{e}^{k_2a} - \mathrm{e}^{-k_2a})^2 + 16k_1^2k_2^2} \tag{m}$$

从数值计算表明，在 $k_2a \gg 1$ 时，$\mathrm{e}^{-k_2a}\approx 0$，这样，式ⓜ可简化为

$$D = \frac{16}{\left(\frac{k_1}{k_2} + \frac{k_2}{k_1}\right)^2\mathrm{e}^{2k_2a} + 16} \tag{n}$$

因 k_1、k_2 的数量级相同，当 k_2a 足够大时，上式分母中的 16 也可被忽略，于是，除一常系数外，式ⓝ可写作如下的近似式：

$$D \approx \mathrm{e}^{-2k_2a} = \mathrm{e}^{-\frac{2}{\hbar}\sqrt{2m(V_0 - E)}a} \tag{o}$$

式ⓞ表明，当势垒增高（即 V_0 升高）、增宽（即 a 加大）时，贯穿系数将迅速减小，趋向于零，则上述量子力学的结论趋于和经典力学一致；而当势垒不高且较狭窄时，贯穿系数较显著.

17.3　解题指导

本章有关德布罗意波的计算应当注意，当实物粒子的加速电压较小、实物粒子速度远小于

光速时，可使用非相对论动能公式，而当加速电压较大、实物粒子的速度接近光速时，需使用相对论动能公式.

本章有关波函数的计算，由归一化条件 $\int|\psi(x,t)|^2\mathrm{d}V=1$ 可确定归一化常量. 波函数的统计意义 $|\psi(r,t)|^2$ 表示粒子于 t 时刻 r 处单位体积中出现的概率，即概率密度. 可通过 $|\psi(r,t)|^2$ 在某空间范围内积分获得这一区域粒子出现的概率等.

例 17-1　写出实物粒子德布罗意波长与粒子动能 E_k 和静质量 m_0 之间的关系，并证明，当 $E_k \ll m_0c^2$ 时，$\lambda \approx \dfrac{h}{\sqrt{2m_0E_k}}$；当 $E_k \gg 2m_0c^2$ 时，$\lambda \approx \dfrac{hc}{E_k}$.

证　根据粒子的相对论能量，质量为 m、速度为 v 的实物粒子的能量 E 为

$$E=E_k+m_0c^2=mc^2=\frac{m_0c^2}{\sqrt{1-\frac{v^2}{c^2}}}$$

所以

$$\sqrt{1-\frac{v^2}{c^2}}=\frac{m_0c^2}{E_k+m_0c^2},\quad v=c\sqrt{1-\left(\frac{m_0c^2}{E_k+m_0c^2}\right)^2} \tag{a}$$

根据德布罗意关系得，动量为 p 的实物粒子的波长为

$$\lambda=\frac{h}{p}=\frac{h}{mv}=\frac{h\sqrt{1-\frac{v^2}{c^2}}}{m_0v}$$

将式ⓐ代入得

$$\lambda=\frac{h}{\sqrt{1-\left(\frac{m_0c^2}{E_k+m_0c^2}\right)^2}}\frac{c}{(E_k+m_0c^2)}$$

$$=\frac{hc}{\sqrt{E_k^2+2E_km_0c^2}}$$

当 $E_k \ll m_0c^2$ 时，$\lambda \approx \dfrac{hc}{\sqrt{2E_km_0c^2}}=\dfrac{h}{\sqrt{2m_0E_k}}$

当 $E_k \gg 2m_0c^2$ 时，$\lambda \approx \dfrac{hc}{\sqrt{E_k^2}}=\dfrac{hc}{E_k}$

17.4　习题解答

17-1　(1) 质量为 10g 的物体以速度 $5\mathrm{m\cdot s^{-1}}$ 做自由运动，求该物体的德布罗意波长.

(2) 经过 $V_{KD}=100\mathrm{V}$ 电压加速的电子，其德布罗意波长为多大?

解　(1) 该物体的波长为

$$\lambda=\frac{h}{p}=\frac{h}{mv}=\frac{6.63\times10^{-34}}{10\times10^{-3}\times5}\mathrm{m}=1.33\times10^{-32}\mathrm{m}$$

(2) 按非相对论的动量与能量的关系 $p^2=2mE$，且 $E=eU_{KD}$，则德布罗意波长为

$$\lambda=\frac{h}{p}=\frac{h}{\sqrt{2mE}}=\frac{h}{\sqrt{2meU_{KD}}}$$

于是，我们将电子的电荷量 $e=1.6\times10^{-19}\mathrm{C}$、质量 $m=9.11\times10^{-31}\mathrm{kg}$、电压 $U_{KD}=100\mathrm{V}$ 和普朗克常量 $h=6.63\times10^{-34}\mathrm{J\cdot s}$，代入上式，可算得

$$\lambda=\frac{6.63\times10^{-34}}{\sqrt{2\times9.11\times10^{-31}\times1.6\times10^{-19}\times100}}\text{m}=1.23\times10^{-10}\text{m}\approx0.12\text{nm}$$

17-2　一初速为$v_0=6\times10^5\text{m}\cdot\text{s}^{-1}$的电子进入场强为$E=400\text{N}\cdot\text{C}^{-1}$的均匀电场,逆电场方向加速行进.求电子在电场中经历位移为$s=20\text{cm}$时的德布罗意波长(不计电子质量随速度的改变).

解　电子逆电场方向做匀加速直线运动,加速度为

$$a=\frac{eE}{m_e}$$

式中,e、m_e分别为电子的电荷量和质量.则电子经历位移s时的末速为

$$v=\sqrt{v_0^2+2as}=\sqrt{v_0^2+2eEs/m_e}$$

代入已知数据,得

$$v=\sqrt{(6\times10^5\text{m}\cdot\text{s}^{-1})^2+\frac{2\times(1.6\times10^{-19}\text{C})\times(400\text{N}\cdot\text{C}^{-1})(20\times10^{-2}\text{m})}{9.11\times10^{-31}\text{kg}}}$$
$$=5.32\times10^6\text{m}\cdot\text{s}^{-1}$$

相应的德布罗意波波长为

$$\lambda=\frac{h}{m_e v}=\frac{6.63\times10^{-34}\text{J}\cdot\text{s}}{9.11\times10^{-31}\text{kg}\times5.32\times10^6\text{m}\cdot\text{s}^{-1}}$$
$$=1.37\times10^{-10}\text{m}=0.14\text{nm}$$

17-3　设一光子沿Ox轴运动,其波长为450nm,若测定波长的准确度为10^{-6},求此光子位置的不确定量.

解　按德布罗意公式$p=h/\lambda$,可求出动量的不确定量为

$$\Delta p_x=\left|\frac{h}{\lambda+\Delta\lambda}-\frac{h}{\lambda}\right|=\left|\frac{-h\Delta\lambda}{\lambda^2+\lambda\Delta\lambda}\right|\approx\left|-\frac{h\Delta\lambda}{\lambda^2}\right|=\frac{\Delta\lambda}{\lambda}\frac{h}{\lambda}$$

按不确定关系,并由题设$\Delta\lambda/\lambda=10^{-6}$,可得光子位置的不确定量为

$$\Delta x\geqslant\frac{h}{\Delta p_x}=\frac{\lambda}{\Delta\lambda/\lambda}=\frac{450\text{nm}}{10^{-6}}=450\times10^6\text{nm}=0.45\text{m}$$

17-4　电视机显像管中电子的加速电压$U_{KD}=10^4\text{V}$,求电子从枪口半径$r=0.1\text{cm}$的电子枪射出后的横向速度的不确定量.

解　电子横向位置的不确定量为$\Delta x=2r=2\times0.1\text{cm}=0.2\text{cm}$,而动量的横向不确定量为$\Delta p_x=m\Delta v_x$.按不确定关系$\Delta p_x\Delta x\geqslant h$,可算得

$$\Delta v_x\geqslant\frac{h}{m\Delta x}=\frac{6.63\times10^{-34}}{9.11\times10^{-31}\times0.2\times10^{-2}}\text{m}\cdot\text{s}^{-1}=0.36\text{m}\cdot\text{s}^{-1}$$

而今,由$eV=mv^2/2$,可算出电子经10^4V的电压加速后的速度为

$$v=(2eV/m)^{\frac{1}{2}}=[(2\times1.6\times10^{-19}\times10^4)/(9.11\times10^{-31})]^{1/2}\text{m}\cdot\text{s}^{-1}=5.9\times10^7\text{m}\cdot\text{s}^{-1}$$

可见$\Delta v_x\ll v$,这意味着电子运动速度相对而言是确定的,波动性产生的影响微不足道.因而电子的运动允许按经典力学来处理.

17-5　求证:自由粒子的不确定关系为$\Delta x\Delta\lambda\geqslant\lambda^2$,其中,$\lambda$为自由粒子的德布罗意波长.

证　按德布罗意公式$p=h/\lambda$,对此式两边取微分,有

$$\Delta p=(h/\lambda^2)\Delta\lambda$$

则

$$\Delta x\Delta p=\Delta x(h^2/\lambda^2)\Delta\lambda$$

代入不确定关系式,成为

$$\Delta x(h/\lambda^2)\Delta\lambda\geqslant h$$

从而

$$\Delta x\Delta\lambda\geqslant\lambda^2$$

17-6　一粒子沿Ox轴方向运动,相应的波函数为$\psi(x)=C/(1+\text{i}x)$。(1) 求常数C;(2) 求概率密度;

(3) 何处出现粒子的概率最大?

解　(1) 先求题设波函数ψ的共轭函数ψ^*,由

$$\psi = C\frac{1}{1+\mathrm{i}x} = C\frac{1-\mathrm{i}x}{(1+\mathrm{i}x)(1-\mathrm{i}x)} = C\frac{1-\mathrm{i}x}{1+x^2}$$

则

$$\psi^* = C\frac{1+\mathrm{i}x}{1+x^2}$$

按波函数的归一化条件$\int_{-\infty}^{+\infty}\psi\psi^*\,\mathrm{d}x = 1$,有

$$\int_{-\infty}^{+\infty}\psi\psi^*\,\mathrm{d}x = C^2\int_{-\infty}^{+\infty}\frac{1+x^2}{(1+x^2)^2}\mathrm{d}x$$

$$= C^2\int_{-\infty}^{+\infty}\frac{1}{1+x^2}\mathrm{d}x = C^2[\arctan x]_{-\infty}^{+\infty} = C^2\pi$$

即$C\pi^2 = 1$,得

$$C = 1/\sqrt{\pi}$$

(2) 按概率密度的定义,有

$$w(x) = \frac{\mathrm{d}P}{\mathrm{d}V} = \psi\psi^* = \left(\frac{1}{\sqrt{\pi}}\frac{1-\mathrm{i}x}{1+x^2}\right)\left(\frac{1}{\sqrt{\pi}}\frac{1+\mathrm{i}x}{1+x^2}\right) = \frac{1}{\pi(1+x^2)}$$

(3) 为了求$w(x)$的极值,令$\mathrm{d}w(x)/\mathrm{d}x = 0$,即

$$\frac{\mathrm{d}w(x)}{\mathrm{d}x} = -\frac{2x}{(1+x^2)^2} = 0$$

其解为$x = 0$;再由

$$\left.\frac{\mathrm{d}^2w(x)}{\mathrm{d}x^2}\right|_{x=0} = \frac{1}{\pi}\left[\frac{-8x^2}{(1+x^2)^3} + \frac{2}{(1+x^2)^2}\right]\Bigg|_{x=0} = -\frac{2}{\pi} < 0$$

即在$x = 0$处粒子出现的概率为最大.

17-7　一微观粒子处于一维无限深势阱中的基态,势阱宽度为$0\leqslant x\leqslant a$. 求在$a/4\leqslant x\leqslant 3a/4$区域内发现粒子的概率.

解　已知粒子在一维无限深势阱中的基态($n = 1$)波函数为

$$\psi(x) = \sqrt{\frac{2}{a}}\sin\frac{\pi x}{a}$$

在$a/4\leqslant x\leqslant 3a/4$区域内找到粒子的概率为

$$P = \int_{a/4}^{3a/4}|\psi|^2\mathrm{d}x = \frac{2}{a}\int_{a/4}^{3a/4}\left(\sin\frac{\pi x}{a}\right)^2\mathrm{d}x = \frac{2}{a}\int_{a/4}^{3a/4}\frac{1}{2}\left(1-\cos\frac{2\pi x}{a}\right)\mathrm{d}x$$

$$= \frac{1}{2} + \frac{1}{\pi} = 0.818 = 81.8\%$$

17-8　一微观粒子出现在区间$0\leqslant x\leqslant a$内任一点的概率都相等,而在该区间外的概率处处为零. 求此粒子在该区域内的概率密度.

解　按题意,粒子的概率密度为

$$P(x) = C,\quad 0\leqslant x\leqslant a$$

$$P(x) = 0,\quad x<0, x>a$$

式中,C为常数. 则由波函数的归一化条件,有

$$\int_{-\infty}^{+\infty}P(x)\,\mathrm{d}x = \int_{-\infty}^{0}0\,\mathrm{d}x + \int_0^a C\,\mathrm{d}x + \int_a^{+\infty}0\,\mathrm{d}x = C\int_0^a\mathrm{d}x = Ca = 1$$

由此得

$$C = \frac{1}{a}$$

上式表明,区域内粒子的概率密度为$P(x) = 1/a$,它只与区间的宽度有关.

17-9　一微观粒子沿 Ox 轴方向运动,其波函数为 $\psi=A/(1+\mathrm{i}x)$.(1) 求归一化后的波函数;(2) 求粒子坐标的概率分布函数;(3) 找到粒子的概率最大应在什么地方?

解　(1) 按题设,波函数为 $\psi=A/(1+\mathrm{i}x)=A(1-\mathrm{i}x)/(1+x^2)$,其共轭波函数为 $\psi^*=A(1+\mathrm{i}x)/(1+x^2)$,则有

$$\int_{-\infty}^{+\infty}\psi\psi^*\,\mathrm{d}x=\int_{-\infty}^{+\infty}\frac{A(1-\mathrm{i}x)}{1+x^2}\frac{A(1+\mathrm{i}x)}{1+x^2}\mathrm{d}x=\int_{-\infty}^{+\infty}\frac{|A|^2\mathrm{d}x}{1+x^2}=\pi|A|^2=1$$

取 A 的幅角为零,$A=1/\sqrt{\pi}$,则被归一化的波函数为

$$\psi(x)=\frac{1}{\sqrt{\pi}}\frac{1}{1+\mathrm{i}x}=\frac{1}{\sqrt{\pi}}\frac{1-\mathrm{i}x}{1+x^2} \tag{ⓐ}$$

(2) 粒子坐标的概率分布为

$$P(x)=\varphi(x)\varphi^*(x)=\left(\frac{1}{\sqrt{\pi}}\frac{1-\mathrm{i}x}{1+x^2}\right)\left(\frac{1}{\sqrt{\pi}}\frac{1+\mathrm{i}x}{1+x^2}\right)=\frac{1}{\pi}\frac{1}{1+x^2} \tag{ⓑ}$$

(3) 从式ⓑ可知,当 $x=0$ 时,找到粒子的概率为最大,即

$$P_{\max}=P(0)=1/\pi \tag{ⓒ}$$

17-10　一质量为 m 的微观粒子在宽度为 a 的刚性盒子中沿宽度方向做一维运动,求此粒子的动量和能量.

解　粒子封闭在一个宽度为 a 的盒子中沿 Ox 轴方向做一维运动,则与粒子相关联的德布罗意波穿不出盒壁,因此,在 $x=0$ 与 $x=a$ 这两点处恒为波节,即描述粒子运动的波函数有 $\psi(x)|_{x=0}=0$ 和 $\psi(x)|_{x=a}=0$. 可见该粒子的德布罗意波在盒中应形成一驻波,且两端为波节. 显然,两个波节的间距 a 只能是半波长的正整数倍,即

$$a=n\frac{\lambda}{2},\quad n=1,2,3,\cdots$$

因而粒子的德布罗意波波长为

$$\lambda=\frac{2a}{n},\quad n=1,2,3,\cdots$$

由德布罗意公式 $p=h/\lambda$ 和非相对论动能和动量的公式 $E_k=p^2/(2m)$,可得

$$p=\frac{nh}{2a},\quad E_k=\frac{n^2h^2}{8ma^2},\quad n=1,2,3,\cdots$$

17-11　在原子中,与主量子数 $n=3$ 相应的状态数有几个?

解　$$N_n=2n^2=2\times3^2=18\ (个)$$

17-12　有两种原子,在基态时其电子壳层是这样填充的:

(1) $n=1$ 壳层,$n=2$ 壳层和 3s 支壳层都填满,3p 支壳层填满一半;

(2) $n=1$ 壳层,$n=2$ 壳层,$n=3$ 壳层及 4s,4p,4d 支壳层都填满.

试问这是哪两种原子?

解　(1) $Z=2\times1^2+2\times2^2+2+6/2=15$,即为 P(磷原子).

(2) $Z=2\times1^2+2\times2^2+2\times3^2+2+6+10=46$,即为 Pd(钯原子).

模拟试题卷 3(示例)

(含振动、波动、光学、热学、量子力学五部分内容)

班级:____________ 姓名:____________ 学号:____________

一、填空题(共 30 分)

1. (本题 2 分) 在麦克斯韦速率分布律中,速率分布函数 $f(v)$ 的物理意义为__________________.

2. (本题 3 分)波从一种介质进入另一种介质时,其传播速度________,频率________,波长________(填变化或不变).

3. (本题 2 分)如填空题 3 图所示,一平面简谐波沿 Ox 轴正向传播,若某一时刻 P_1 点的相位为 6π,经 $t=\dfrac{T}{4}$后与 P_1 点相距$\dfrac{\lambda}{4}$的 P_2 点的相位是________.

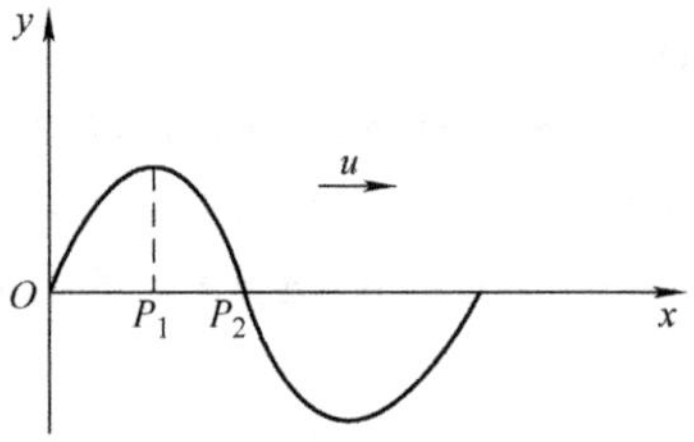

填空题 3 图

4. (本题 2 分)波长为 λ 的单色平行光垂直入射到单缝上,对应于衍射角为 30° 的方向上,若单缝处波面可分为 3 个半波带,则狭缝宽度 $a=$________.

5. (本题 2 分)一定量的理想气体,从状态 $A(2p_1, V_1)$ 经历如填空题 5 图所示的直线过程变化到状态 $B(p_1, 2V_1)$,则 AB 过程中系统做功 $A=$________.

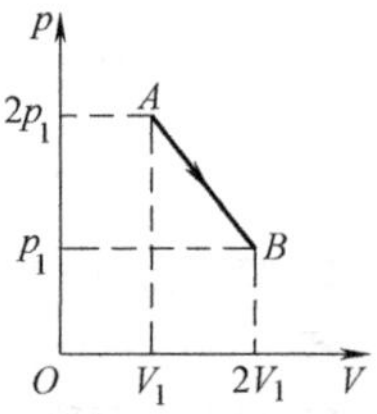

填空题 5 图

6. (本题 3 分)从统计的意义来解释,不可逆过程实质上是一个________________的转变过程,一切实际过程都向着________________的方向进行.

7. (本题 2 分)一铁球由 10m 高处落到地面,又回升到 0.5m 高处.假定铁球与地面碰撞时损失的宏观机械能全部转变为铁球的内能,则铁球的温度将升高________.(已知铁的比热容 $c=501.6\text{J}\cdot\text{kg}^{-1}\cdot\text{K}^{-1}$)

8. (本题 4 分)如填空题 8 图所示,假设两个同相的相干点光源 S_1 和 S_2 发出波长为 λ 的光. A 点是它们连线的中垂线上的一点.若在 S_1 与 A 之间插入厚度为 e、折射率为 n 的薄玻璃片,则两光源发出的光在 A 点的位相差 $\Delta\varphi=$________;若已知 $\lambda=500\text{nm}$, $n=1.5$, A 点恰为第 4 级明纹中心,则 $e=$________.

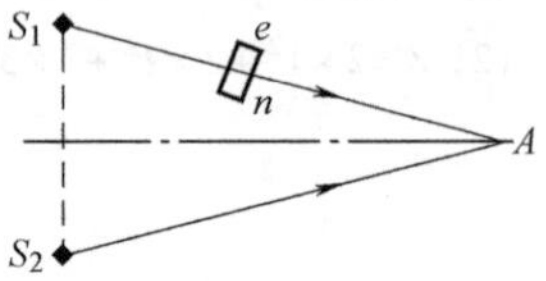

填空题 8 图

9. (本题 2 分)用一束自然光和一束线偏振光构成的混合光垂直照射在一偏振片上,以光的传播方向为轴旋转偏振片时,发现透射光强的最大值为最小值的 5 倍,则入射光中,自然光光强 I_0 与线偏振光光强 I 的比为__________.

10. (本题 2 分)用波长 $\lambda=600\text{nm}$ 的单色光垂直照射牛顿环装置时,从中央暗斑向外数第 4 个(不计中央暗斑)暗环所对应的空气膜厚度为__________ μm.

11. (本题2分)如填空题11图所示,两相干波源 S_1 与 S_2 相距 $3\lambda/4$,λ 为波长. 设两波在 S_1S_2 连线上传播,它们的振幅都是 A,并且不随距离而变化. 已知在该直线上位于 S_1 左侧各点的合成波强度为其中一个波强度的4倍,则两波源应满足的相位条件是__________.

S_1　S_2　$\frac{3}{4}\lambda$

填空题11图

12. (本题4分)量子力学指出:若氢原子处于主量子数 $n=4$ 的状态,则其轨道角动量可能取的值(用 $\hbar=h/2\pi$ 表示)分别为____、____、____、____;对应于 $l=3$ 的状态,氢原子的角动量在磁场方向的投影可能取的值分别为____、____、____、____.

二、计算题(共50分)

13. (本题8分)一质量为 m 的质点在力 $F=-\pi^2 x$ 的作用下沿 x 轴运动(见计算题13图). 求其运动的周期.

14. (本题8分)已知X射线光子的能量为0.6MeV,若在康普顿散射中散射光子的波长为入射光子的1.2倍,试求反冲电子的动能.

m　F　x　0

计算题13图

15. (本题13分)一波源做简谐振动,周期为0.01s,振幅为0.3m,如果把经平衡位置向正方向运动作为计时起点,并设此振动以 $400\text{m}\cdot\text{s}^{-1}$ 的速度沿直线传播,求:(1) 这一波动的表达式;(2) 距波源16m处的质点的振动初相位.

16. (本题13分)波长 $\lambda=600\text{nm}$ 的单色光垂直入射到一光栅上,测得第2级主极大的衍射角为30°,且第3级是缺级.

(1) 光栅常数 $(a+b)$ 等于多少?

(2) 透光缝可能的最小宽度 a 等于多少?

(3) 在选定了上述 $(a+b)$ 和 b 之后,求在衍射角 $-\pi/2<\varphi<\pi/2$ 范围内可能观察到的全部主极大的级次.

17. (本题8分)设实物粒子的动能为 E_k,静止质量为 m_0,考虑相对论效应,求实物粒子的德布罗意波长.

三、物理过程描述考核,按照试题要求准确描述(本题10分)

18. 请描述杨氏双缝干涉的物理过程. 要求:(1) 给出杨氏双缝干涉的示意图,并结合示意图描述物理过程;(2) 解释清楚能够发生干涉的原因;(3) 给出杨氏双缝干涉的物理现象.

四、设计应用题(本题10分)

19. 请同学们根据下列条件及具体要求设计"发光波长在可见光范围内的激光器". 假设某原子的基态能级为 -13.6eV,激发态能级满足 $E_n=\dfrac{E_1}{n_2}$,$n=2,3,\cdots$请利用所学"量子力学"部分的相关知识回答以下问题:(1) 画出该原子能级分布图;(2) 计算给出在可见光范围内,可能的四条谱线对应的波长;(3) 并画出上述四条谱线在能级间的跃迁指向. ($1\text{eV}=1.602\times10^{-19}\text{J}$,$h=6.626\times10^{-34}\text{J}\cdot\text{s}$)

模拟试题卷3解答

一、填空题

1. 速率在 v 附近的单位速率区间的分子数占总分子数的百分比(2分).

2. 变化,不变,变化(3 分).

3. 6π(2 分).

4. 3λ(2 分).

5. $3p_1V_1/2$(2 分).

6. 从概率小的状态到概率大的状态(2 分),状态的概率增大(或熵值增大)(1 分).

7. 0.186K(2 分).

8. $\dfrac{2\pi(n-1)e}{\lambda}$ (2 分), 4000nm(2 分).

9. $\dfrac{1}{2}$(2 分)

10. 1.2(2 分).

11. S_1 的相位比 S_2 的相位超前 $\pi/2$(2 分).

12. $\sqrt{12}\hbar,\sqrt{6}\hbar,\sqrt{2}\hbar,0$(2 分), $\pm3\hbar,\pm2\hbar,\pm\hbar,0$(2 分).

二、计算题

13. (本题 8 分)解:将 $F=-\pi^2x$ 与 $F=-kx$ 比较知,质点做简谐运动,且 $k=\pi^2$,又 (3 分)

$$\omega=\sqrt{\frac{k}{m}}=\frac{\pi}{\sqrt{m}} \quad (2\text{ 分})$$

故所求质点的运动周期为
$$T=\frac{2\pi}{\omega}=2\sqrt{m} \quad (3\text{ 分})$$

14. (本题 8 分)解:设散射前电子为静止的自由电子,则反冲电子的动能 E_k 等于入射光子与散射光子能量之差($\varepsilon_0-\varepsilon$),即 $E_k=\varepsilon_0-\varepsilon$ (2 分)

入射 X 射线光子的能量　$\varepsilon_0=h\nu_0=hc/\lambda_0$ (2 分)

散射光子的能量　$\varepsilon=hc/\lambda=hc/(1.2\lambda_0)=(1/1.2)\varepsilon_0$ (2 分)

反冲电子的动能　$E_k=\varepsilon_0-\varepsilon=(1-1/1.2)\varepsilon_0=0.10\text{MeV}$ (2 分)

15. (本题 13 分)解:(1) 由题给可知 $A=0.3\text{m},\omega=2\pi/T=200\pi\text{s}^{-1}$.

由波动的标准表达式,有
$$y=0.3\cos\left[200\pi\left(t-\frac{x}{u}\right)+\varphi\right] \quad (2\text{ 分})$$

又由于 $t=0$ 时 $x=0$,且 $v>0$,可得初相
$$\varphi=-\frac{\pi}{2} \quad (3\text{ 分})$$

则波动表达式
$$y=0.3\cos\left[200\pi\left(t-\frac{x}{400}\right)-\frac{\pi}{2}\right]\ \text{(SI)} \quad (3\text{ 分})$$

(2) 将 $x=16\text{m}$ 代入上式,有
$$y_1=0.3\cos\left[200\pi t-17\frac{\pi}{2}\right]\ \text{(SI)} \quad (2\text{ 分})$$

所以距波源 16m 处的质点的振动初相位
$$\varphi_1=-\frac{\pi}{2} \quad (3\text{ 分})$$

16. (本题 13 分)解:(1) 由光栅主极大的公式可得光栅常数为

$$a+b=\frac{k\lambda}{\sin\varphi}=\frac{2\times600\times10^{-7}\text{cm}}{\sin30^\circ}=2.4\times10^{-4}\text{cm} \quad (3\text{ 分})$$

(2) 若第3级不缺级,则由光栅公式得

$$(a+b)\sin\varphi' = 3\lambda \quad (1分)$$

由于第3级缺级,则对应于最小可能的 a,φ'方向应是单缝衍射第一级暗纹,

$$a\sin\varphi' = \lambda \quad (1分)$$

比较上述两式,得

$$a = \frac{(a+b)}{3} = \frac{2.4\times10^{-4}\text{cm}}{3} = 0.8\times10^{-4}\text{cm} \quad (3分)$$

(3) $(a+b)\sin\varphi = k\lambda$(主极大)

$a\sin\varphi = k'\lambda$(单缝衍射极小)($k'=1,2,3,\cdots$)

因此,$k=3,6,9,\cdots$缺级. (3分)

又因为 $k_{\max}=(a+b)/\lambda=4$,所以实际呈现的全部主极大级次为

$$k=0,\ \pm1,\ \pm2. \quad (2分)$$

17. (本题8分)$E_k = mc^2 - m_0c^2 = (m_0c^2/\sqrt{1-(v/c)^2}) - m_0c^2$,得 (2分)

$$m = (E_k + m_0c^2)/c^2 \quad (2分)$$

$$v = c\sqrt{E_k^2 + 2E_km_0c^2}\Big/(E_k + m_0c^2) \quad (2分)$$

将 m、v代入德布罗意公式得

$$\lambda = h/mv = hc\Big/\sqrt{E_k^2 + 2E_km_0c^2} \quad (2分)$$

三、物理过程描述考核,按照试题要求准确描述

18. (本题10分)解:(1)杨氏双缝干涉示意图如物理过程描述考核题18解答用图所示.

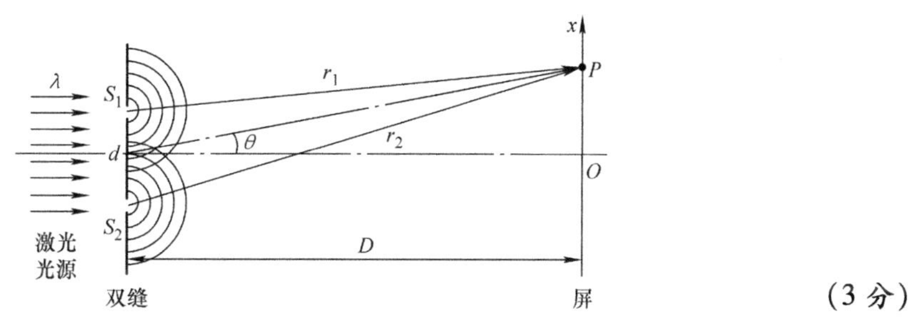

(3分)

物理过程描述考核题18解答用图

平行单色光垂直照射在双缝 S_1 和 S_2 上,透过双缝形成相干光,在空间相遇发生干涉.

(1分)

(2) 干涉原因:相干光条件有同频率,振动方向相同,相位差恒定;在空间相遇的相干光,有一定的光程差,当光程差等于波长的整数倍时,为明条纹位置,当光程差为半波长的奇数倍时,为暗条纹位置. (4分)

(3) 现象:屏幕上显现平行于狭缝方向的、明暗相间的、等间距的条纹. (2分)

四、设计应用题

19. (本题10分)解:(1)该原子能级分布图如设计应用题19解答用图1所示.

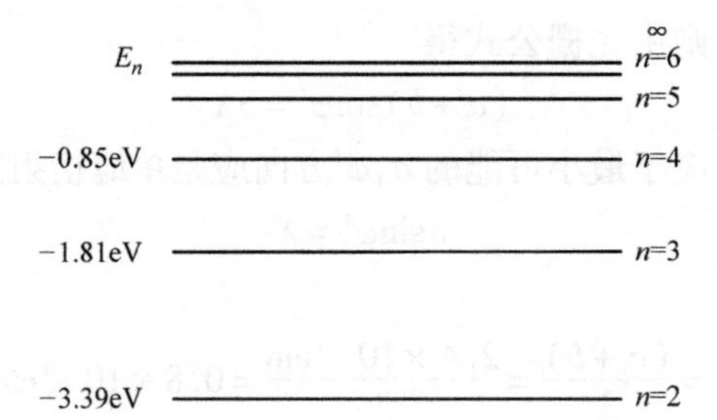

（3 分）

设计应用题 19 解答用图 1

（2）$E_n = \frac{1}{n^2}E_1$

$E_2 = -3.4\text{eV}$

$E_2 = -1.51\text{eV}, E_{32} = 1.89\text{eV}, \lambda_1 = \frac{c}{\nu} = \frac{hc}{\Delta E} = 656.5\text{nm}$

$E_4 = -0.85\text{eV}, E_{42} = 2.55\text{eV}, \lambda_2 = \frac{c}{\nu} = \frac{hc}{\Delta E} = 486.6\text{nm}$　　（3 分）

$E_5 = -0.544\text{eV}, E_{52} = 2.856\text{eV}, \lambda_3 = \frac{c}{\nu} = \frac{hc}{\Delta E} = 434.5\text{nm}$

$E_6 = -0.378\text{eV}, E_{32} = 3.022\text{eV}, \lambda_4 = \frac{c}{\nu} = \frac{hc}{\Delta E} = 410.6\text{nm}$　　（2 分）

（3）四条谱线在能级间的跃迁指向如设计应用题 19 解答用图 2 所示.

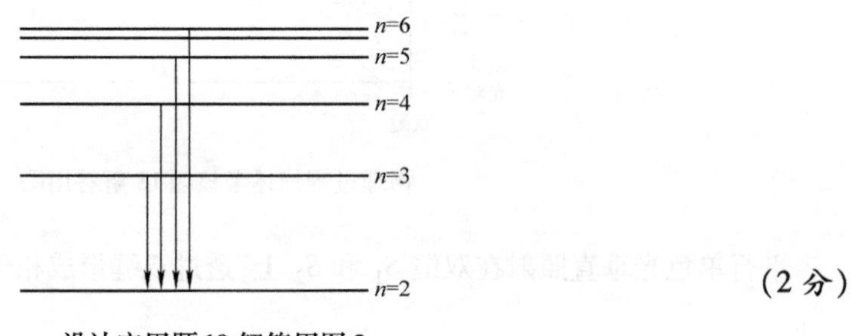

（2 分）

设计应用题 19 解答用图 2

模拟试题卷4(示例)

(含振动、波动、光学、热学、量子力学五部分内容)

班级:__________ 姓名:__________ 学号:__________

一、填空题(共30分)

1. (本题2分)如填空题1图所示的牛顿环实验装置中,用单色光垂直照射,当凸透镜垂直向上缓缓平移而远离平板玻璃时,则可以观察到环状干涉条纹________(填如何移动).

单色光

空气

填空题1图

2. (本题2分)若α粒子在磁感应强度为B的均匀磁场中沿半径为R的圆形轨道运动,则德布罗意波长为________.

3. (本题2分)光电效应和康普顿效应都包含有电子与光子的相互作用过程,________效应服从动量守恒.

4. (本题4分)两个同方向的简谐振动曲线如填空题4图所示.合振动的振幅为______,合振动的振动表达式为__________.

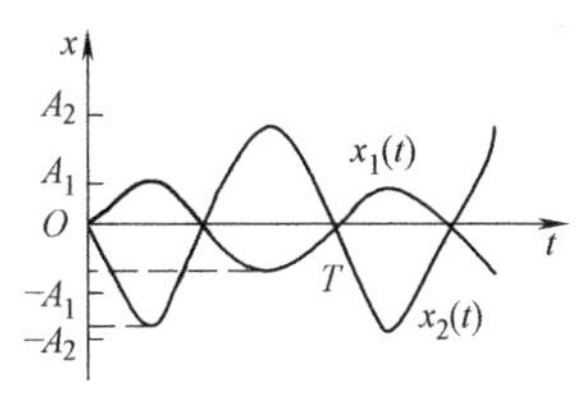

填空题4图

5. (本题4分)在自由端$x=0$处反射的反射波表达式为$y_2 = A\cos 2\pi(\nu t + x/\lambda)$.设反射波无能量损失,那么入射波的表达式为 y_1 = __________; 形成的驻波的表达式为y = ______________.

6. (本题4分)根据量子论,氢原子中核外电子的状态可由四个量子数来确定,其中主量子数n可取的值为____________,它可决定______________.

7. (本题2分)由绝热材料包围的容器被隔板隔为两半,左边是理想气体,右边是真空(见填空题7图).如果把隔板撤去,气体将进行自由膨胀过程,达到平衡后气体的温度______(填“升高”“降低”或“不变”),气体的熵______(填“增加”“减小”或“不变”).

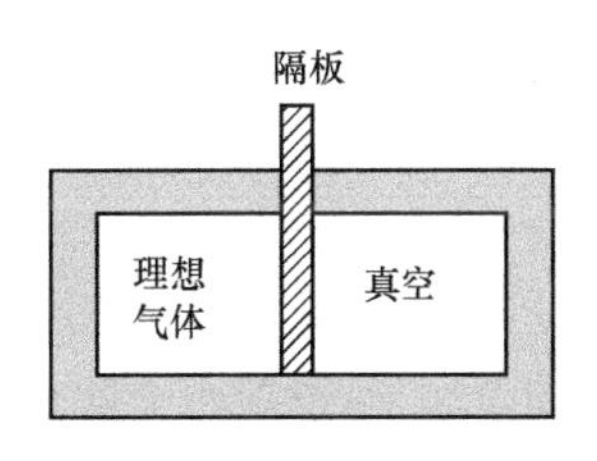

填空题7图

8. (本题2分)德布罗意波的波函数与经典波的波函数的本质区别是__________________.

9. (本题2分)某种透明介质对于空气的全反射临界角$i_0 = 45°$,则光从空气射向此介质时的布儒斯特角__________________.

10. (本题2分)折射率分别为n_1和n_2的两块平板玻璃构成的空气劈尖,用波长为λ的单色光垂直照射.如果将该劈尖装置浸入折射率为n的透明介质中,且$n_2 > n > n_1$,则劈尖厚度为e的地方两反射光的光程差的改变量是__________.

11. (本题4分)在光学各向异性晶体内部有一确定的方向,沿这一方向寻常光和非常光的______相等,这一方向称为晶体的光轴.只具有一个光轴方向的晶体称为______晶体.

二、理论推导题（本题 6 分）

12. 试证：如果确定一个低速运动的粒子位置时，其位置不确定量等于该粒子的德布罗意波长，则其速度不确定量将大于等于该粒子的速度.（不确定关系 $\Delta x \cdot \Delta p_x \geqslant h$）

三、计算题（共 56 分）

13.（本题 12 分）如计算题 13 图所示，在宽度 $a = 0.6\text{mm}$ 的狭缝后 40cm 处，有一与狭缝平行的屏幕. 今以平行光自左面垂直照射狭缝，在屏幕上形成衍射条纹，若离零级明条纹的中心 P_0 处为1.4mm的 P 处，观察到第 4 级明条纹. 求：(1) 入射光的波长；(2) 从 P 处看该光波时在狭缝处的波前可分成几个半波带？

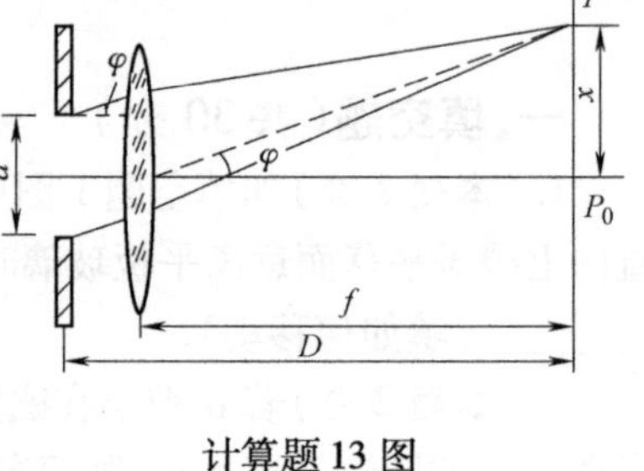

计算题 13 图

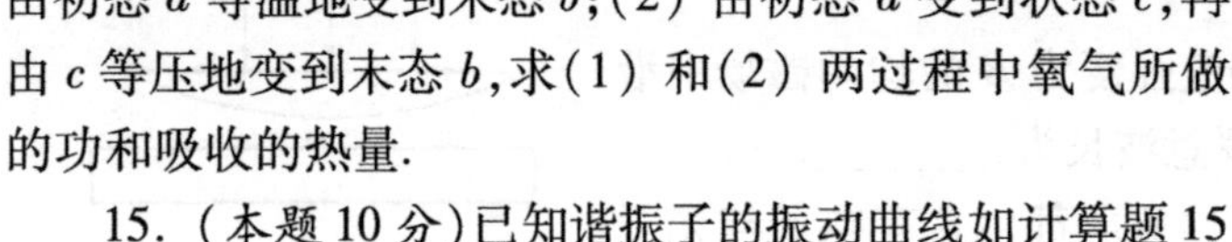

14.（本题 12 分）如计算题 14 图所示，1mol 氧气 (1) 由初态 a 等温地变到末态 b；(2) 由初态 a 变到状态 c，再由 c 等压地变到末态 b，求 (1) 和 (2) 两过程中氧气所做的功和吸收的热量.

15.（本题 10 分）已知谐振子的振动曲线如计算题 15 图所示. 试求其振动表达式.

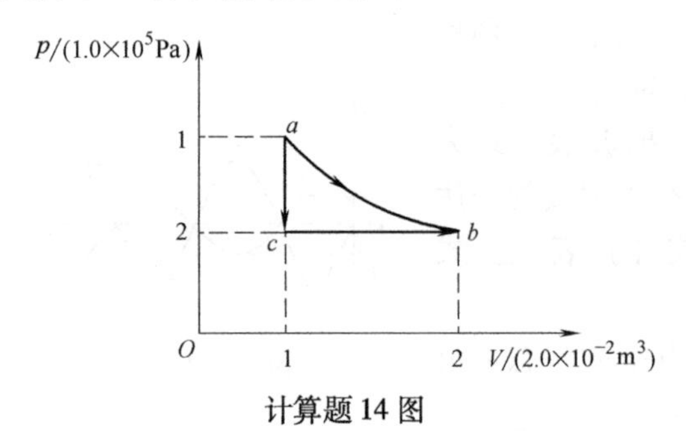

计算题 14 图

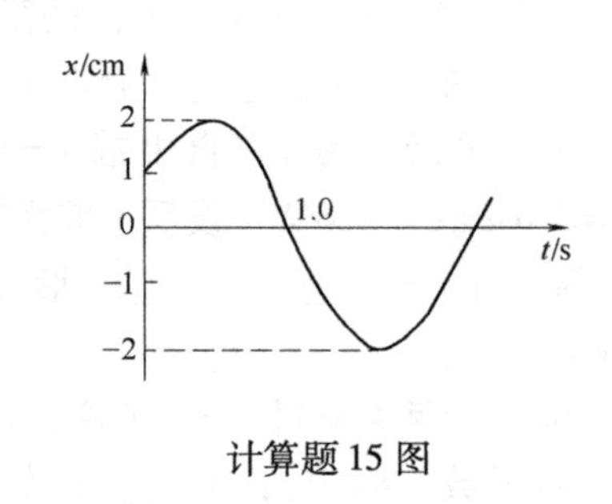

计算题 15 图

16.（本题 10 分）用单色光照射某一金属产生光电效应，如果入射光的波长从 $\lambda_1 = 400\text{nm}$ 减到 $\lambda_2 = 360\text{nm}$，遏止电压改变多少？数值加大还是减小？（$h = 6.63 \times 10^{-34}\text{J} \cdot \text{s}$，$e = 1.60 \times 10^{-19}\text{C}$）

17.（本题 12 分）设入射波表达式为 $y_1 = A\cos\left(\omega t + \dfrac{2\pi x}{\lambda}\right)$，在 $x = 0$ 处发生反射，反射点为一固定端，设反射时无能量损失，求：(1) 反射波的表达式；(2) 驻波方程；(3) 波腹和波节的位置.

四、设计应用题（本题 10 分）

18. 现有一台激光器、一个直径未知的细丝、一个屏幕. 激光波长已知. 细丝直径小于激光光斑直径. 请利用所学知识，设计一个测量细丝直径的实验方法，并简要说明原理.

要求：(1) 画出该应用的结构示意图；(2) 说明其工作原理；(3) 描述清楚具体的测量思路.

模拟试题卷 4 解答

一、填空题

1. 向内收缩（2 分）.

2. $\dfrac{h}{2eRB}$(2 分).

3. 康普顿(2 分).

4. $|A_1-A_2|$(2 分),$x=|A_1-A_2|\cos\left(\dfrac{2\pi}{T}t+\dfrac{1}{2}\pi\right)$(2 分).

5. $A\cos[2\pi(\nu t-x/\lambda)]$(2 分),$2A\cos(2\pi x/\lambda)\cos(2\pi\nu t)$(2 分).

6. 1,2,3,…(正整数)(2 分),原子系统的能量(2 分).

7. 不变(1 分),增加(1 分).

8. 德布罗意波是概率波,波函数不表示某实在物理量在空间的波动,其振幅无实在的物理意义(2 分).

9. $i_0=35.3°$(2 分).

10. $2(n-1)e-\lambda/2$ 或者 $2(n-1)e+\lambda/2$(2 分).

11. 传播速度(2 分),单轴(2 分).

二、理论推导题

12. (本题 6 分)证:不确定关系 $\Delta x\cdot\Delta p_x\geqslant h$

已知 $\Delta x=\lambda$,则 $\Delta p_x=h/\Delta x=h/\lambda$ (2 分)

又因 $\Delta p=\Delta(mv)=m\Delta v$ (2 分)

所以 $\Delta v=h/(m\lambda)=p/m=mv/m=v$ (2 分)

三、计算题

13. (本题 12 分)解:(1) 按题意,第 4 级衍射明条纹应满足

$$a\sin\varphi=(2k+1)\frac{\lambda}{2}=(2\times4+1)\frac{\lambda}{2}$$

即 $a\sin\varphi=4.5\lambda$ ⓐ (3 分)

因为通过透镜光心的光线方向不变,且透镜离单缝很近,所以 $D\approx f$,且 φ 角甚小,故由计算题 13 解答用图,可知

$$\sin\varphi\approx\tan\varphi=\frac{x}{f}\approx\frac{x}{D}\quad ⓑ \quad (2\text{ 分})$$

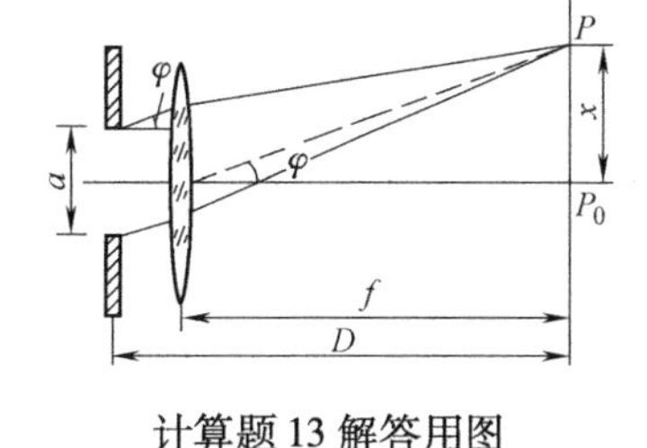

计算题 13 解答用图

将式ⓑ代入式ⓐ,得

$$\frac{ax}{D}=4.5\lambda \quad (2\text{ 分})$$

代入题给数据,由上式可求得波长为

$$\lambda=\frac{ax}{4.5D}=\frac{(0.6\times10^{-3})\times(1.4\times10^{-3})}{4.5\times40\times10^{-2}}\text{m}=4.67\times10^{-7}\text{m}=467\text{nm} \quad (2\text{ 分})$$

(2) 考虑到式ⓐ,从 P 点来看,由于

$$a\sin\varphi=9\left(\frac{\lambda}{2}\right)$$

所以单缝处波前可分为 9 个半波带. (3 分)

14. (本题12 分)解:从计算题14 解答用图的 p-V 图上可知,氧气在 $a\to b$ 和 $a\to c\to b$ 两过程所做的功不同,其大小可由 $\int p(V)\mathrm{d}V$ 求得,而内能是温度的单值函数,其变化的量值与过程

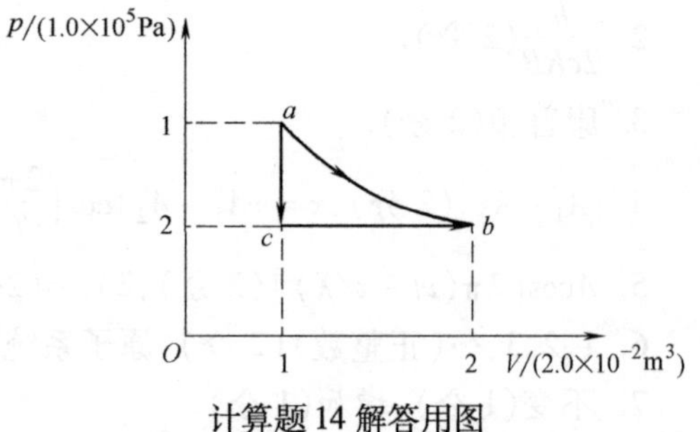

计算题 14 解答用图

无关,由于初态和终态的温度 T_a 和 T_b 相同,即 $T_a=T_b$,故 $\Delta E=0$,根据热力学第一定律 $Q=\Delta E+A$,可求出每一过程所吸收的热量.（2 分）

$a\rightarrow b$ 为等温膨胀过程,系统对外做功,代入数据,可得

$$A_{ab}=\frac{m}{M}RT\ln\left(\frac{V_b}{V_a}\right)=p_aV_a\ln\left(\frac{V_b}{V_a}\right)$$

$$=\left(2.0\times10^5\times1.0\times2.0\times10^{-2}\ln\frac{2}{1}\right)\text{J}$$

$$=2.77\times10^3\text{J} \qquad (4\text{ 分})$$

根据热力学第一定律,此过程系统吸收的热量

$$Q_{ab}=A_{ab}=2.77\times10^3\text{J} \qquad (2\text{ 分})$$

同理,$a\rightarrow c\rightarrow b$ 过程中系统做功和吸收的热量分别为

$$A_{acb}=A_{ac}+A_{cb}=A_{cb}=p_c(V_2-V_1)=2.0\times10^3\text{J} \qquad (2\text{ 分})$$

$$Q_{acb}=A_{acb}=2.0\times10^3\text{J} \qquad (2\text{ 分})$$

15.（本题 10 分）解:由计算题 15 解答用图可知,

$$t=0\text{ 时},x_0=1\text{cm},\text{而 }A=2\text{cm},v_0>0 \qquad (2\text{ 分})$$

$$\text{所以}\quad \cos\varphi=x_0/A=1/2 \qquad \varphi=-\frac{\pi}{3} \qquad (2\text{ 分})$$

由图及旋转矢量法(见计算题 15 解答用图)可知,1s 转过角度为

$$\frac{\pi}{2}+\frac{\pi}{3}=\frac{5\pi}{6} \qquad (2\text{ 分})$$

故
$$\omega=\frac{5\pi}{6} \qquad (2\text{ 分})$$

振动表达式为
$$x=2\cos\left(\frac{5\pi}{6}t-\frac{\pi}{3}\right)(\text{cm}) \qquad (2\text{ 分})$$

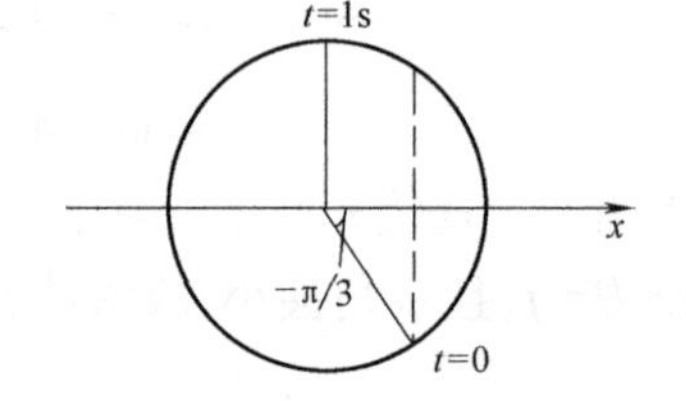

计算题 15 解答用图

16.（本题 10 分）解:由爱因斯坦方程

$$h\nu=\frac{1}{2}mu^2+A \qquad (2\text{ 分})$$

$$\frac{1}{2}mu^2=e|U_0| \qquad (2\text{ 分})$$

得遏止电压
$$|U_0|=\frac{h\nu-A}{e} \qquad (2\text{ 分})$$

由已知可得
$$\lambda_1=400\text{nm},\lambda_2=360\text{nm}$$

所以遏止电压改变量
$$\Delta|U_0|=\frac{hc}{e}\left(\frac{1}{\lambda_2}-\frac{1}{\lambda_1}\right)=0.345\text{V} \qquad (3\text{ 分})$$

数值增大.（1 分）

17.（本题 12 分）解:入射波在 $x=0$ 处的振动方程

$$y_{0\lambda}=A\cos\omega t$$

反射端为固定端有半波损失,则反射波在 $x=0$ 处的振动方程

$$y_{0反}=A\cos(\omega t-\pi)$$

所以反射波表达式为 $$y_{反}=A\cos\left(\omega t-\frac{2\pi x}{\lambda}-\pi\right)$$

所以驻波方程为 $$y_{驻}=2A\cos\left(\frac{2\pi x}{x}-\frac{\pi}{2}\right)\cos\left(\omega t+\frac{\pi}{2}\right)$$

当$\frac{2\pi x}{\lambda}-\frac{\lambda}{2}=n\pi-\frac{\lambda}{2}$时,为波节位置,可得

$$x=\frac{n\lambda}{2},n=0,1,2,\cdots$$

当$\frac{2\pi x}{\lambda}-\frac{\lambda}{2}=n\pi$时为波腹位置,可得

$$x=\frac{\lambda}{4}+\frac{n\lambda}{2},n=0,1,2$$

四、设计应用题

18.(本题10分)解:(1)简图如设计应用题18解答用图所示.

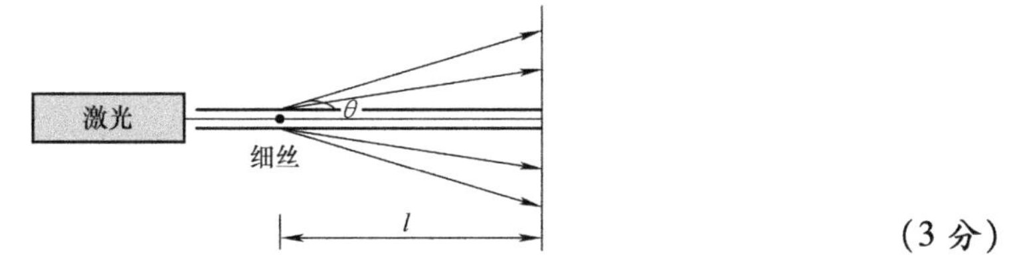

(3分)

设计应用题18解答用图

(2)工作原理:利用单缝夫琅禾费衍射的原理.细丝会像单缝一样在后方屏幕上会出现衍射条纹,根据条纹的宽度,细丝与屏幕的距离l,即可计算出细丝的直径.　(3分)

(3)具体测量思路:除中央明纹外的其他级次条纹的线宽度公式为

$$\Delta x=\frac{f\lambda}{a}$$　(2分)

其中$f=l$,a为细丝直径.测量出屏幕到细丝的距离l,测出条纹线宽度Δx,计算即可得出细丝直径a.　(2分)

参 考 文 献

[1] 程守洙,江之永.普通物理学:上册[M].7 版.北京:高等教育出版社,2016.
[2] 程守洙,江之永.普通物理学:下册[M].7 版.北京:高等教育出版社,2016.
[3] 杨仲耆.大学物理学:力学[M].北京:人民教育出版社,1979.
[4] 林润生,彭知难.大学物理学[M].兰州:甘肃教育出版社,1990.
[5] 李洪芳.热学[M].上海:复旦大学出版社,1994.
[6] 顾建中.原子物理学[M].北京:高等教育出版社,1986.
[7] 刘克哲,张承琚.物理学[M].北京:高等教育出版社,2005.
[8] 漆安慎,杜婵英.力学[M].3 版.北京:高等教育出版社,2016.
[9] 蔡领.物理学简明讲义[M].马鞍山:华东冶金学院,1987.
[10] 唐端方.物理[M].上海:上海科学普及出版社,2001.
[11] 上海市物理学会,上海市中专物理协作组.物理阅读与辅导[M].上海:上海科学普及出版社,1994.